組織行為

第 **2** 版

張仁家　主編
湯誌龍、羅彥棻、黃銘福　合著

Organizational Behavior

國家圖書館出版品預行編目資料

組織行為 / 張仁家等編著. - -二版. - -
新北市：全華圖書,2018.04
　　面　；　公分
　　ISBN 978-986-463-773-7(平裝)
　1. 組織行為
494.2　　　　　　　　　　　107003167

組織行為(第二版)

作者 / 張仁家、湯誌龍、羅彥棻、黃銘福

發行人 / 陳本源

執行編輯 / 洪佳怡、鄭皖襄

封面設計 / 曾霈宗

出版者 / 全華圖書股份有限公司

郵政帳號 / 0100836-1 號

印刷者 / 宏懋打字印刷股份有限公司

圖書編號 / 0818201

二版三刷 / 2022 年 2 月

定價 / 新台幣 580 元

ISBN / 978-986-463-773-7

全華圖書 / www.chwa.com.tw

全華網路書店 Open Tech / www.opentech.com.tw

若您對書籍內容、排版印刷有任何問題，歡迎來信指導 book@chwa.com.tw

臺北總公司(北區營業處)
地址：23671 新北市土城區忠義路 21 號
電話：(02) 2262-5666
傳真：(02) 6637-3695、6637-3696

南區營業處
地址：80769 高雄市三民區應安街 12 號
電話：(07) 381-1377
傳真：(07) 862-5562

中區營業處
地址：40256 臺中市南區樹義一巷 26 號
電話：(04) 2261-8485
傳真：(04) 3600-9806(高中職)
　　　(04) 3601-8600(大專)

▶ 作者序

　　「組織行為」從字面上即可看出該書是探討與組織相關的各種人類行為。依此定義來看，組織行為幾乎無所不包，因為組織內會不斷發生各式各樣的行為，但真正有趣的並非人類行為，而是行為背後的原因與行為後的結果。舉個例子來說，有人參加組織內的會議，無論他選擇發言或沉默，都可能是基於某些原因而採取的行為，積極發言可能是為了求個人表現，也可能是背負著某一部門的整體心聲而代表他們發聲；沉默可能是對於會議的議題相當贊同，也可能是礙於有力人士共同出席而敢怒不敢言，或可能是對會議的決策歷程毫不關心等原因。若您身為管理者，肯定想有效掌控這個會議的決策品質與結果，對於與會成員他們背後的原因，您就不可不事先瞭解了。組織行為即以社會學、心理學、人類學等學理作為基礎，探討人們在組織中的各種行為、原因與結果。為了便於討論，本書將組織中的行為分為個人、團體與組織三個層次進行討論，並且將員工的背景變項作為自變項，以離職率、曠職率、工作績效、工作滿意度、組織公民行為等作為依變項，提供給管理者能進一步對組織員工的行為加以瞭解、預測，甚至控制。

　　湯誌龍教授與我早已熟識，多年來我們都一直在科技大學擔任組織行為的授課與研究，現為新竹內思高工校長，正是體現組織行為的最佳參與者。在黃廷合顧問的引介之下結識了實踐大學的羅彥棻教授，初次見面即一拍即合，原來她對本土的組織行為早已深耕多年；黃銘福主任從事技職教育研究工作多年，在台東大學教育系攻讀博士期間，對出身背景、教育分流與勞力市場地位取得的主題有非常深入的研究，同時兼具組織行為深厚的理論基礎。我們皆有感於許多國內學者所撰寫的組織行為教科書，發現絕大部分直接翻譯自英文書，不但辭不達意，而且有「見樹不見林」的感覺。近年來，有些組織行為教科書由多位不同背景的學者合作撰寫，內容拼湊不連貫，體例也不一致。同時，有些教師採用英文本的教科書，許多科技大學的學生表示閱讀之後仍然一知半解，對組織行為無法獲得清晰的概念。其次，坊間組織行為相關的書籍甚多，一類屬於學術性，另一類屬於通俗讀物。就前者來說，台灣已出版的組織行為大學用書，普遍缺乏本土案例資料，不符合臺灣社會的需求。就後者而言，大眾化的組織行為書籍充斥市面，有些確實對讀者有益，可是其中也有不乏偏離學術之類。基於上述，一本符合科技大學學生的需求，又具有本土案例的組織行為專書於是誕生。

▶ 作者序

本書的結構分為四篇 14 章,第一篇為組織行為的概念介紹(由我本人執筆),包括:第一章認識組織行為學、第二章組織內的多樣性;其後的三篇, 即依據個人、團體與組織三個層次編排, 有第二篇組織行為的個體層次,內有第三章價值觀、態度與工作滿足感(黃銘福執筆)、第四章人格與情緒、第五章知覺與個體決策、第六章激勵(湯誌龍執筆);第三篇為組織行為的團體層次(羅彥棻執筆),包括:第七章團隊與合作、第八章溝通、第九章領導的基本論述、第十章權力與政治行為、第十一章衝突與協商,以及第四篇組織行為的組織層次(張仁家執筆),內有第十二章組織結構的基本介紹、第十三章組織文化、第十四章組織變革及壓力管理。

組織行為是研究人類行為的基礎科學。在社會變遷快速,資訊爆炸的新世紀,組織行為的知識一日千里。本書為組織行為的入門書籍,不但適合技專校院學生使用,同時適合各行各業從業人員以及一般社會大眾閱讀,對讀者的工作績效、工作滿意、員工領導與激勵等方面,都有莫大的助益。感謝讀者先進們的支持,在第一版推出後,給我們許多的支持與回饋,基於前述的理念以及讀者先進們的厚愛,在進行第二版的改稿時,爰依循以下原則:文詞力求簡明通順;內容取材最新穎;兼具學術性和通俗性;內容份量適中;提供重點摘要及問題與討論等,讓讀者有機會溫故知新;本土案例說明,讓讀者可學以致用。

本書的付梓是結合多數人的專業能力與時間心力的結晶,在此一一特致感謝之忱。首先要感謝全華陳董事長本源的慨允出版及編輯小組林芸珊及洪佳怡小姐的細心校對,設計小組以其專業水準設計封面,傳達了本書的專業性與時尚感,採用的圖片展現了極為旺盛的求知慾,完全掌握了本書的要旨。最後,本書為了提供讀者最新的訊息,因此不斷更新內容,並在出版之前再三校正,但因作者們在撰寫的過程中,同時負責教學、行政、推廣及研究工作,書中疏忽之處在所難免,懇請國內外賢達先進不吝指正,感激不盡。

張仁家　謹識

2018 年 5 月於美國 俄亥俄州立大學

目次

第 1 篇　組織行為的基本概念

CHAPTER 01　認識組織行為學

1.1　組織行為的定義 1-5

1.2　組織行為的學理基礎 1-5

1.3　組織行為的範疇 1-7

1.4　OB 與管理者的關係 1-8

1.5　為何我們要學習組織行為 1-11

1.6　組織行為研究的變項 1-14

1.7　結論：組織行為未來將面臨的挑戰 1-17

CHAPTER 02　組織內的多樣性

2.1　組織多樣性的定義 2-3

2.2　員工多樣化 2-3

2.3　組織多樣性的原因 2-4

2.4　組織常見的人口變項 2-8

2.5　職場歧視 2-12

2.6　組織多元化對組織的好處 2-14

2.7　執行多元化管理的策略 2-15

2.8　結論與建議 2-16

▶目次

第 2 篇　組織行為的個體層次

CHAPTER 03　價值觀、態度與工作滿足感

3.1　價值觀是什麼？ 3-5

3.2　價值觀的類型 3-6

3.3　不同文化價值觀之比較 3-9

3.4　態度的意涵 3-10

3.5　態度形成的影響因素與主要成分 3-11

3.6　工作態度與組織行為 3-12

3.7　工作滿足的意涵 3-13

3.8　工作滿足的影響因素 3-14

3.9　工作滿足的職場效應 3-14

3.10　結語 3-15

CHAPTER 04　人格與情緒

4.1　人格特質的意涵 4-3

4.2　人格的五大模式 4-4

4.3　影響組織行為之人格屬性 4-5

4.4　不同國家人格特質 4-6

4.5　情緒的來源 4-7

4.6　情緒的外在限制 4-7

4.7　情緒勞務的意涵暨影響組織之層面 4-8

4.8　結語 4-10

CHAPTER 05 知覺與個體決策

5.1　知覺與影響因素 5-3

5.2　歸因理論 5-5

5.3　知覺判斷常見的偏誤 5-7

5.4　個體決策 5-9

5.5　決策的評估與有限理性 5-13

5.6　常見的決策偏差與謬誤 5-16

CHAPTER 06 激勵

6.1　激勵理論 6-3

6.2　激勵理論應用 6-15

第 3 篇　組織行為的團體層次

CHAPTER 07 團隊與合作

7.1　團體的定義 7-5

7.2　團隊的定義與發展過程 7-7

7.3 團隊規範 7-9

7.4 團隊角色 7-11

7.5 工作團隊 7-12

7.6 團隊凝聚力 7-15

7.7 團隊決策 7-17

7.8 建立有效的團隊 7-21

CHAPTER 08 溝通

8.1 溝通定義與功能 8-3

8.2 溝通的模型 8-5

8.3 溝通的方向 8-6

8.4 溝通的方式 8-8

8.5 溝通的策略 8-10

8.6 組織溝通 8-15

8.7 跨文化的溝通 8-23

8.8 溝通的雜音 8-26

CHAPTER 09 領導的基本論述

9.1 領導是什麼？ 9-3

9.2 特質理論 9-5

9.3 行為理論 9-7

9.4 權變理論 9-11

9.5 領導者－成員交換理論 9-15

9.6 領導者參與模式 9-17

9.7 當代領導類型 9-18

9.8 華人領導學 9-21

9.9 當代領導角色 9-22

9.10 領導學新議題 9-24

CHAPTER 10

權力與政治行為

10.1 權力的定義 10-3

10.2 組織權力的來源 10-4

10.3 權力的功能 10-6

10.4 權力的特性 10-7

10.5 權力的運用 10-8

10.6 權力運用策略 10-9

10.7 組織政治 10-12

10.8 影響政治行為的因素 10-17

10.9 政治行為的回饋 10-18

CHAPTER 11

衝突與協商

11.1 何謂衝突？ 11-3

11.2 衝突形成原因 11-7

11.3 組織衝突的種類 11-11

▶目次

11.4 衝突的行為 11-14

11.5 衝突的管理與技巧 11-14

11.6 協商 11-21

11.7 協商過程 11-23

第 *4* 篇　組織行為的組織層次

CHAPTER 12　組織結構的介紹

12.1 組織結構的定義 12-6

12.2 組織結構設計的要素 12-6

12.3 企業組織結構的型式 12-14

12.4 企業組織結構的演變 12-18

12.5 企業組織結構的發展趨勢 12-19

12.6 企業組織結構扁平化 12-20

12.7 扁平化管理的策略 12-20

12.8 結論與建議 12-21

CHAPTER 13　組織文化

13.1 何謂組織文化？ 13-5

13.2 組織文化的功能與負面影響 13-8

13.3 組織文化的創造與維護 13-9

13.4 組織文化的類型 13-12

13.5 員工如何學習組織文化 13-13

13.6 建立正面的組織文化 13-15

13.7 結論及對管理者的啓示 13-16

CHAPTER
14

組織變革及壓力管理

14.1 何謂組織變革？ 14-4

14.2 組織變革的時機 14-4

14.3 組織變革的基本觀念 14-5

14.4 變革管理的理論基礎與方法 14-9

14.5 組織變革的實務議題 14-12

14.6 壓力管理 14-14

14.7 結論與建議 14-18

APPENDIX

附錄

附錄 A　教學活動 A-1

第 *1* 篇

組織行為的基本概念

Chapter 01　認識組織行為學

Chapter 02　組織內的多樣性

01

認識組織行為學

學習目標

1. 了解何謂組織行為。
2. 組織行為所探討的範疇。
3. 組織行為所研究的變數有哪些。
4. 為何我們要研究組織行為。
5. 組織面對快速變遷的環境,未來將有哪些挑戰等。

本章架構

1.1 組織行為的定義
1.2 組織行為的學理基礎
1.3 組織行為的範疇
1.4 OB 與管理者的關係
1.5 為何我們要學習組織行為
1.6 組織行為研究的變項
1.7 結論:組織行為未來將面臨的挑戰

「美寶成飯店（化名）新竹分店吹熄燈號」，斗大的新聞標題揭露國內一家知名品牌的連鎖飯店，因不堪每年新台幣 2 億元的虧損，不得不在 2017 年將新竹分店關門歇業。主管

當局深入檢討，意外發現離職員工的工作知能尚佳，甚至不乏有工作多年的資深員工，在總公司一波一波的變革中，這些員工紛紛出走。由於人員出走的流動率過高，導致服務未能到位，顧客觀感不佳等一連串的骨牌效應，最終，顧客再上門的意願降低，缺乏營收，不得不走向關店的命運。近年來，兩岸的觀光人潮銳減，許多飯店旅館業者莫不積極創新求變，美寶成這家連鎖飯店也不

例外。在變革的過程中，總公司聘請了一些高級顧問，這些穿西裝、打領帶的人在飯店進進出出，卻沒人跟員工解釋他們是誰、來做什麼；而分店經理當時也因為花許多時間在總公司開會，常讓員工找不到人。

於是，公司要裁員的謠言不脛而走，且愈滾愈大，員工們逐漸相信他們即將被公司遺棄。最後，飯店分崩離析，員工拒絕執行已不再被信任的分店經理所指派的任務。總公司的高層主管檢討後認為，這位分店經理沒有讓員工參與影響他們的決策，也沒有解釋公司做決策的目的，以及此決策對員工日後職涯的影響。由於缺乏事前的溝通，也沒納入員工共同參與決策，所以不論立意是好是壞，員工們因為不信任公司，而拒絕了許多變革[1]。

 問題與討論

1. 你覺得員工不信任公司的原因有哪些？

2. 如果你是分店經理，你會如何提升公司的績效？

3. 承上題，如果你聽到公司要裁員的謠言（並非事實），你會如何處理？

1.1　組織行為的定義

　　研究組織行為（organizational behavior, OB）的目的在於了解個體、團體及組織結構對組織成員行為所產生的影響，並應用這些知識來提高組織效能[2]。組織行為是社會科學（social science）的一支，是探究在組織中行為的應用科學，它與管理學有著密不可分的關係。基本上，組織行為提供了現代管理的科學基礎，讓管理原理不再是基於某些憑空的想法，而是建立在堅實的研究佐證上[3]。簡單地說，組織行為是一門探討組織中之個體、團體，以及整體組織的學科，其目的是要改善組織的效能。透過系統的研究，我們更能了解組織中的人們為何會有如此的行為，並對這些行為加以解釋，甚至預測員工的行為。

1.2　組織行為的學理基礎

　　組織行為是行為的應用科學。因此，許多與行為有關的學科，包含心理學、社會學、人類學及政治學等，都對它有重大的學理貢獻，如圖 1-1 所示。茲分述如下[2]：

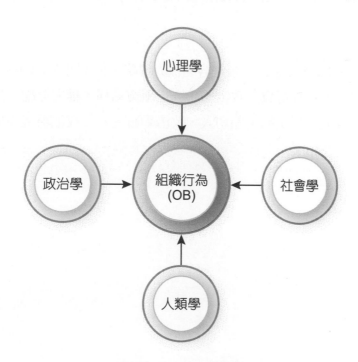

▶ 圖 1-1　OB 的學理基礎

1.2.1 心理學

心理學（psychology）的目的在測量、解釋並改變人類或其他動物的行為。心理學家專注於了解並研究個體行為，特別是學習理論、性格理論、心理諮詢及工業暨組織心理學家等方面的行為學研究，對組織行為有相當的貢獻。

1.2.2 社會學

社會學（sociology）的研究則著重在人們與其同伴間的關係，對於組織中的團體行為，特別是在那些正是與複雜組織中的行為研究，對於組織行為的貢獻最為顯著。其中包括了團體動力學、工作團隊的設計、組織文化、正式組織理論及結構、組織技術、溝通、權力，以及衝突等方面的相關研究。

1.2.3 人類學

人類學（anthropology）主要研究人類及其活動。人類學在文化及環境等方面的努力，使我們了解在不同文化及組織中，人們在價值觀、態度及行為上有何不同。目前我們對組織文化、組織環境以及對國家文化差異的了解，都要歸功於人類學者的研究。

1.2.4 政治學

雖然政治學（political science）經常容易被人忽略，但不可否認的是，藉由政治學有助於我們了解組織中的各種行為。政治學研究從衝突結構、權力分配，以及人們如何為了個人利益而操縱權力等特定的主題切入，政治學研究對於政治環境中個體與團體的行為許多深入的分析。

1.3　組織行為的範疇

組織行為（organizational behavior, OB）在研究個人、團體及組織的互動與運作對組織成員所產生的影響，並應用這些知識來提高組織效能。這意味著 OB 有一套普遍的專業知識，以決定研究組織行為的要素：個人、團體及組織。此外，OB 也是應用學科，它應用上述知識，以增進組織效能。

組織行為的研究對象是「組織」，而組織（organization）可以被定義為兩個或兩個以上的人，為了達到某些目的而彼此協調的一個社會單位（social unit）。總之，OB 主要是在研究組織中人們的行為，以及這些行為將對組織績效產生怎樣的影響。正因為 OB 特別關注工作環境，所以常會發現它有很多論點都與工作滿意度、曠職率、離職率、生產力、人員績效及管理有關。

麥當勞樂園辦激勵會　總裁垂降逗員工
http://youtu.be/HgKGkG9Uw4k

OB 應涵蓋的主題，大致上已有共識，只是哪些主題較重要，仍有相當大的爭議[4]。普遍認為，OB 的主題應包括：態度形成、認知與決策、學習作用、衝突、激勵、領導行為與權力、人際溝通、團體結構與過程、創新變革、工作設計及工作壓力等議題。除此之外，組織的整體系統牽涉到組織的結構設計，這一部分則是應用社會學的相關理論。另外，有關於組織文化的探討則來自人類學對於文化的探討，將這些想法借用到組織的研究中。綜言之，組織行為可以說是一門涵蓋甚廣的學科，只要是能夠幫助吾人認識更多的組織現象，都可以納入成為組織行為的研究課題，OB 所探討的範圍大致如圖 1-2 所示。

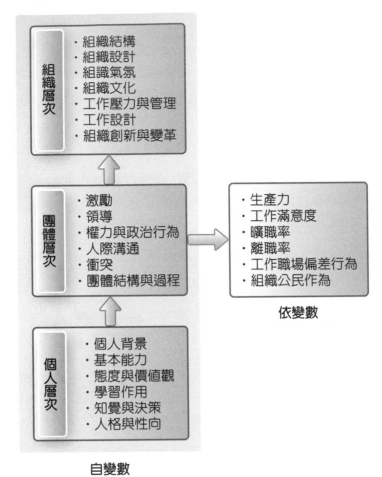

圖 1-2　OB 的探討範疇

1.4　OB 與管理者的關係

　　對管理者而言，了解 OB 至爲重要[2]。例如：在競爭激烈的職場中，如何發展人際技能（interpersonal skills）以幫助組織取得並留住優秀人才，對於管理者來說是必須要面臨的課題。許多研究發現，工作內容以及工作環境所提供的支援，才是他們決定是否留在組織的原因，諸如王品餐飲、統一企業、誠品、Google 等以對待員工良好而聞名的企業，就擁有這種優勢。因此組織中的管理者，若能擁有良好的人際技能，擅長經營令人愉快的工作環境，便容易取得或留住優秀員工。

幸福企業 公司放員工情緒假
http://youtu.be/330QM6emTnE

1.4.1　管理活動

　　上述所謂的管理者（manager），是指透過他人來完成工作的人；他們制定決策、分派資源，以及引導他人的活動以達成目標[5]。一般而言，管理者常所進行的管理活動有四[6]：規劃（planning）、組織（organizing）、領導（leading）及控制（controlling），如圖 1-3 所示。

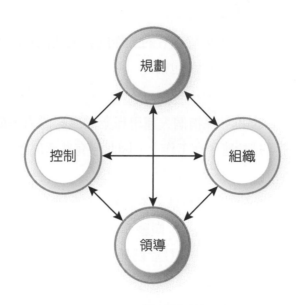

▷ 圖 1-3　管理的主要活動

1. **規劃**

   包含了界定組織目標、建立全盤性策略以完成目標，以及發展各種計畫整合與協調組織活動。

2. **組織**

   管理者也必須設計組織結構，決定組織中有哪些工作要做、由誰去做、這些活動要如何分組、部屬與上司關係的界定，以及組織中的決策權要如何分配，這就是組織[7]。

3. **領導**

   由於組織的成員是人、所以管理者必須發揮領導功能，引導及協調組織成員，激勵部屬、指揮他人的活動、選擇最有效的溝通管道，並解決成員間的衝突。

4. **控制**

   為了確保每件事都如預期發展，管理者必須監看組織績效，並將實際績效與預定績效加以比較。如果差異顯著，管理者就必須加以追溯檢討，必要時還得採行修正步驟。這種監看、比較、採行修正的過程，就是控制。

簡言之，管理者的工作，就在於如何規劃、組織、領導及控制等 4 項活動，而這 4 項活動所涉及的主體都是人，了解人的工作行為、理解人的心理狀態，適時鼓勵、激發潛能，正是學習 OB 的重要目的。

華爾街之狼 (The wolf of wall street) 的激勵片段
http://youtu.be/uGSvpkk3iYE

1.4.2 管理者所需的技能

羅伯特‧凱茲（Robert Katz）就管理者的工作內容及其任務成效，界定出技術性、人際性及概念性技能等 3 種基本技能[8]。包括：

1. 技術性技能

技術性技能（technical skills）係指個人運用專業知識的能力，個人可在受過完整、正式的訓練後，並將該技能應用在工作上。因此，有些管理者是具有專業技術的。

2. 人際性技能

人際性技能（human skills）強調的是，不論在一對一或團體之中，都能與他人合作，能了解並激勵他人，像是表達、傾聽、洞察他人需求或處理衝突等能力。例如：我們常見一個會說話的主管，往往能撼動人心、激勵員工。

3. 概念性技能

面對複雜情況的時候，管理者必須有分析、運算、推論及診斷能力，這種能力稱之為概念性技能（conceptual skills）。例如：有些管理者能在紛雜的討論後，歸納出具體的重要結論，該管理者即具有良好的概念性技能。

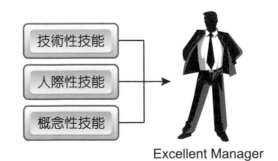

▶ 圖 1-4　管理者所需的技能

上述可知，OB 分析人們在管理中的行為，而管理實踐了 OB 的重要概念，OB 與管理之間的關係可說是密不可分，我們可透過對 OB 的學習與理解，將有助於管理工作的進行。

1.5　為何我們要學習組織行為

　　學習組織行為乃是為了讓我們更加了解組織中各種有關於組織成員的現象。但是除了滿足人們的求知慾以外，組織行為這門學科還可以幫助我們達到預測的目的。我們希望能夠透過組織行為的知識，更準確地預測人們的行為。例如，如果研究結果顯示，某一種個人特性是造成員工缺勤的主要因素，那麼我們便可以經由衡量組織成員的個人特性，來預測組織未來的缺勤率。除此之外，對於管理者來說，有了組織行為的知識，他不但可以預測未來的行為，也可以嘗試改變組織成員的行為。

1.5.1　因應組織變革的需要

　　以往管理者在經歷一段長時間的穩定後，才會思考或嘗試小幅度的變革；但現今管理者則必須長時間面臨一連串變革，使得管理者及員工總是處在短暫的「暫時」狀態。由於組織員工所從事的工作內容或環境常有變動，所以，組織中的個人也必須經常學習新知或新技能，才能符合變革後的工作需求[2]。例如，鴻海集團旗下最大的富士康公司手機事業部總經理戴豐樹，雖然有在豐田汽車任職 8 年的經驗，但他被郭台銘招募進公司時，曾有不少質疑聲浪，認為做車子的，能把手機做好嗎？但郭台銘說：「車子的零件有兩千多種，但手機只有兩百多種，你說做得起來嗎？」果然，從歐洲關鍵零件開發到順利打開美國市場，戴豐樹規劃手機事業的全球佈局令人刮目相看，也讓鴻海 5 年內創造出兩千億的營收[9]。因此，現代的管理者或員工都必須學習如何在快速變遷的情境下生存、如何讓自己更具有彈性，才能因應各種隨時可能發生且無法預測的變革。對組織行為學的探究，將有助於了解變革的內涵、克服對變革的抗拒，以創造一個無懼於變革的企業文化[10]。

1.5.2　彌補以直覺判斷的不足

　　不論是否有意，人們終其一生幾乎都在「閱讀別人」，觀察別人的行為，並試著找出行為動機；此外，也會試著去預測人們在各種不同情境下的反應、行為。不幸的是，隨意地以個人常識去閱讀他人，常會導致錯誤的預測[11]。然而，以系統化方式來補強直覺想法，可增進對行為的預測能力。相對於其他學科，OB 不僅僅是在介紹許多觀念或理論而已，還得挑戰多年來我們對人類行為或組織所認定的「事實」，例如「無法教會老狗新把戲」、「領導是天生特質無法後天養成」、「三個臭皮匠勝過一個諸葛亮」，但是這些「事實」未必正確，所以 OB 這門學科的目的之一，就是將以科學為基礎的推論，「取代」這些先入為主全心相信的偏見[4]。

在人類行為中，存在一些基本的共同性，只要找出這些共同性加以修正，就可以反映出個人差異。行為是可以預測的，而「系統化研究」行為，才能對行為做出合理準確的預測。系統化研究（systematic study）這個名詞，意味著會在科學證據下，尋求行為之間的關係、成因及影響。我們常常會過於強調自己已經很了解真相了，但事實往往比想像中的真相來得更糟糕。最近一項調查透露，有 86% 的管理者認為組織是很善待員工的，然而認為自己有被善待的員工卻只有 55%。

1.5.3 了解 OB 中少有絕對的事物

在解釋組織行為時，少有簡單的通則。而在自然科學中，像是化學、天文學、物理學，則可找到一致且可廣泛應用的定律，這些定律使得科學家了解萬有引力，且信心十足地送太空人上去修理人造衛星。一位行為學者就曾說過：「上帝把所有簡單的問題，都留給物理學家。」人類行為十分複雜又互異，所以很難推導出簡單、正確且可推論的通則。不同的人在相同情境下，常會有不同的行為表現；而同一個人在不同情境下，行為也會有所不同。例如，金錢常無法有效地激勵每一個人；而人們在週日教堂與週末狂歡舞會上，也常會有不同的行為[4]。

1.5.4 提供滿足顧客的服務

今日在已開發國家中，大多數員工從事的是服務業[12,13]。例如，在美國有 80% 的就業人口從事服務業，澳洲為 73%，英國、德國與日本的比率分別為 69%、68% 與 65%。這些工作包括了技術支援人員、速食店櫃檯人員、售貨員、服務生、護士、汽車維修技師、各種諮詢顧問、貸款核貸人員、個人理財專員及空服員等，其共同特質是工作者都需要與組織顧客之間有相當多的互動。透過對組織行為的了解，這些服務業主管或從業人員可以進一步了解顧客的需求，回應顧客的需求，提供滿足顧客需求的服務[2]。

1.5.5 可對個人與對組織有益

　　學習 OB 除了上述 4 點之外，還可對個人與對組織有許多益處，如圖 1-5 所示，包括：

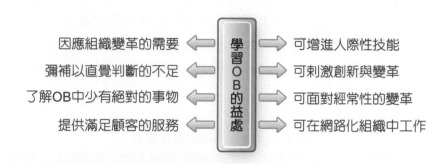

因應組織變革的需要 ⇐ 學習 OB 的益處 ⇒ 可增進人際性技能

彌補以直覺判斷的不足 ⇐ ⇒ 可刺激創新與變革

了解 OB 中少有絕對的事物 ⇐ ⇒ 可面對經常性的變革

提供滿足顧客的服務 ⇐ ⇒ 可在網路化組織中工作

▷ 圖 1-5　學習 OB 的益處

1. **可增進人際性技能**

   要做好管理工作就必須具備人際性技能 (interpersonal skills)[14]。學習 OB 的目的之一就在幫助管理者或未來將成為管理者的人，增進自身的人際性技能。

2. **可刺激創新與變革**

   組織員工可能是創新與變革的原動力，也可能是主要的絆腳石。管理者所面臨的挑戰是，要刺激員工的創造力，以及提高其對變革的容忍度，在達成這些目標上，OB 領域提供了許多方法與技術。

3. **可面對經常性的變革**

   全球化、產能快速擴充及科技的進步，各種變革不斷地發生，無可避免的組織必須要更有彈性與反應迅速，才能得以生存。所以現代的管理者及員工總是處在為時不久的「暫時」狀態中。現代的管理者或員工都必須學習如何在快速變遷的情境下生存，如何讓自己更具有彈性，以應付各種隨時發生且無法預測的變革。對 OB 的探究，將有助於了解各個接踵而來的變革內涵、如何克服對變革的抗拒，以及如何創造一個無懼於變革的企業文化。

4. **可在網路化組織中工作**

   對許多員工而言，資訊化、網際網路，以及組織內部或組織之間的電腦連線，創造了一個相當不同的工作環境——網路化組織。它使得人們相距千里之外，仍可溝通無礙。當有愈來愈多的員工利用網路連線進行工作時，管理者也需要發展新的管理技能。在磨練相關的新技能時，OB 可以提供相當的幫助。

1.6 組織行為研究的變項

變數（variable）或稱變項，是指表現在研究對象的某一屬性因時地人物的不同，而在質或量有了變化，也是科學研究的基本元素。簡單來說，變數就是我們所欲觀察具有變動屬性的事物。例如：性別、工作年資、工作滿意度等，都會隨著不同的個人而有不同的結果。本節即要釐清 OB 的領域中各個重要的變數，並區隔出重要的自變數及依變數，讓讀者在探討 OB 時能有一個清晰的整體架構。通常我們會假設自變數是原因變數，而依變數是結果變數。

表 1-1　OB 領域中的重要變數

自變數			依變數					
個人層次變數	團體層次的變數	組織層次的變數	生產力	曠職	離職	工作滿足感	工作場所偏差行為	組織公民行為

1.6.1　模式概述

模式（model）是把真實情形予以抽象化的闡釋，用以簡化真實世界的現象。我們對 OB 的分析方式，將從個人層次、團體層次，進而至組織層次，有系統地增加我們對組織行為的了解。這三個層次的關係就好比疊磚塊一樣，前一個層次成為下一個層次的基石。欲了解團體行為的概念，就必須先從了解個人行為開始；而要建構好個人與團體層次的行為認知之後，才有助於探討組織層次的行為。

1.6.2　依變數

會受到其他因素的影響的變數就是依變數（dependent variable）。通常，我們想要探究或預測的變數即為依變數。什麼是 OB 主要的依變數？學者較強調生產力（productivity）、曠職（absenteeism）、離職（turnover）及工作滿足感（job satisfaction）4 個。近年來，又多添增 2 個變數——職場偏差行為（workplace withdraw behavior, WDB）與組織公民行為（organizational citizenship behavior, OCB），被列入討論範圍。現在就讓我們來分別檢視這些變數，了解它們的涵義及其所以成為主要依變數的理由。

1. 生產力

生產力同時概括效能（effectiveness）及效率（efficiency）。若是以最低成本完成這些需求，則稱之爲有「效率」。企業若能達成其預定的銷貨目標或市場占有率，則爲有「效能」，但生產力還得視其能否以有效率的方式來達成目標[15]。衡量企業效率的常見指標，包括投資報酬率、銷貨利潤邊際及每工時的產值。總之，生產力爲OB 的一個重要變數。在考慮生產力時，我們必須了解哪些因素會影響到個人、團體，甚至是整個組織的效率及效能。

2. 曠職

曠職是指員工在未告知且未請假的情況下沒去上班。員工曠職常使雇主成本增加，以及工作排程受到干擾。若員工未照常到職，公司必將難以正常運作並達成既定目標，不僅工作流程受到干擾，而且重要的決策也常因而拖延。對於裝配工廠而言，員工曠職無疑是個致命傷，不僅產品品質受到影響，甚至會使整個生產程序停頓下來[16]。所以，如果曠職率超過正常範圍時，必會直接影響到組織的效能及效率。

3. 離職

離職則是員工自願或非自願地永久離開組織。高離職率意味著增加組織在招募、甄選及訓練上的成本，到底成本是多少？這個數字可能比我們想像的要來得高[17]。例如，典型的資訊科技公司如果要塡補一名程式設計師或系統開發師，大約要花費新臺幣1,091,200 元；零售業想塡補一名零售員，則要花新臺幣 334,240 元。此外，若公司所失去的是具有專業知識或經驗之人才，將使組織運作效率下降，付出更多的成本。

4. 工作滿足感

工作滿足感，有時也可稱爲「工作滿意度」，係指員工對其工作所抱持的全部感受。與前面 3 個變數不同的是，工作滿足感是指態度而非行爲。爲什麼它會成爲OB 主要的依變數呢？因爲其與績效及價值偏好兩個原因有關，而且許多 OB 研究者對其特別重視。通常，影響我們工作滿意度的因素有 5 個：(1) 與同仁的關係是否融洽；(2) 薪資福利是否公平合理；(3) 工作環境是否適宜；(4) 是否可以獲得成就感；(5) 工作是否符合個人價值與興趣。

5. **職場偏差行為**

「職場偏離行為」（又稱為工作場所偏差行為）指違背組織規範，意圖傷害組織及其成員的行為。組織規範指的是什麼？可以是明文規定禁止特定行為的公司政策，像是禁止偷竊；也可以是不成文但是大家都有的默契，像是不可以在工作區域高分貝播放音樂。例如，有個喜歡聽音樂的員工，工作時用喇叭大聲播放他自己喜歡的樂曲，或許他樂在其中，但是同事與顧客可能感受不佳，心情煩躁也可能因此而延誤工作。而職場偏差行為有可能比這還要嚴重，例如侮辱同僚、偷竊、散佈流言，或是從事破壞組織的正常運作，這些都會傷害組織。

6. **組織公民行為**

組織公民行為是員工在正式工作要求之外，所從事的無條件自願付出行為，而有助於提升組織效能。成功的企業，需要員工做的比其職責更多，並且有超乎預期的表現。組織希望員工能有上述這些沒有列在工作說明書的行為，證據顯示擁有這種員工的組織，在各方面的表現都比缺乏這種員工的組織要來得好。所以，OB 將這種組織公民行為當成是一個依變數。

1.6.3 自變數

自變數（independent variable）就是造成依變數變動的因素。自變數是較不受任何因素影響的前置變數，常是個人或團體、組織中早已存在且較不容易改變的因素的事物，例如：工作年資、價值觀、組織文化等。本章以個人、團體及組織三個層次來描述在一個組織中可能遇到的變數。

1. **個人層次變數**

在表示人在進入組織前，即具有會影響到日後工作行為的個人特徵。較明顯的人口變項，如年齡、性別、婚姻狀態、人格特徵、先天情緒、價值觀與態度、基本的能力水準等，上述這些因素都會影響員工行為，但其中極少是管理者可以改變的。影響員工行為的個體層次變數尚有：知覺、個人決策、學習與激勵。

2. **團體層次的變數**

人在團體中的行為，遠多於個別行為的總和，並且不同於個別獨處時的行為[18]，這使得 OB 模式變得更複雜。本書第 7 章會對團體行為的動態變化做基本的解說。討論內容包括，角色期望如何影響個人在群體中的行為；何者是團體能認可及接受的行為標準；團體成員間彼此吸引的程度，並探討如何設計一個成功的工作團隊。第 8 章到第 11 章將討論溝通型態、領導風格、權力與政治行為，以及衝突層次如何影響團體行為。

3.　組織層次的變數

在先前建立之個人行為及團體行為的知識基礎上，再加上正式結構後，組織行為會變得極為複雜。就如同團體行為永遠較個人行為的總和要來得多且複雜，組織的行為也不單是幾個團體行為的總和而已。正式的組織設計、組織文化、組織的人力資源政策與實務（即甄選程序、員工訓練與發展、績效評估方法）都會影響依變數。

1.7 結論：組織行為未來將面臨的挑戰

由前述可知，組織行為是一門應用的學科，它以心理學、社會學、人類學、政治學為基礎，又與管理學習習相關。無論在生活或工作中，組織行為的議題一直縈繞在我們的周遭，例如領導與信任、激勵與動機、工作滿意度等，也因為組織行為所涉及的議題與我們直接關聯，讓許多人力資源或企業管理領域的專業人士，莫不將 OB 視為實務推動或理論研究的重要基礎。對於 OB 的關注焦點，往往會受到內外部環境的變動而產生新興的議題。例如，在過去的半個世紀中，勞動力的結構有了很大的變動，女性就業者之比率增加快速，在臺灣，女性主管的比率也有大幅提升。其次，年輕就業者也大量的加入了職場，使得組織之平均年齡下降。年輕就業者的想法與價值觀，跟之前的就業者之想法與價值觀是相當不同的，這給管理階層帶來新的挑戰[3]。除了女性與年輕人加入職場外，臺灣的勞動市場近年來也加入了外籍就業者，這些就業者的文化背景與本地的文化不同，多元文化更帶來了組織行為的新課題。

另外，由於地球村的概念、經濟市場的開放，不但是外籍就業者加入了臺灣的就業市場，臺灣企業也隨著全球化的浪潮進入了全球的競爭市場中。在全球化的環境下，臺灣的管理者需要更加了解其他文化的組織是如何運作的。因此，組織行為的相關知識與技能對於躋身國際市場的臺灣管理者而言，顯得越來越重要[3]。

不可否認，最近 10 年來資訊科技對於組織的運作方式有極大的影響。組織中，許多人與人之間的溝通透過內部網路來進行，某些人力控管也可以透過資訊科技來達成。由於網際網路的影響，有些組織發展出電子通勤（telecommuting）的工作形式，工作者可以不需要身處公司內辦公室，而是在另一個處所或甚至在家中，透過電腦或是其他資訊設備來執行工作任務[3]。

OB專欄

年紀大小 vs. 工作生產力

　　當一個員工退休時，公司會失去一個人手，同時失去這個人長久累積的知識和專業技能。如果有很多員工即將退休，而且很難找到替補人選，公司就會面臨所謂的能力風險，也就是公司提供產品或服務的能力可能會變差。而在某些情況下，年歲增長也可能會讓生產力大打折扣。例如，年長的員工可能體力不足，無法從事需要勞力的製造工作；或是跟不上科技變革的腳步，無法讓技術升級。有時候，他們覺得發展機會愈來愈少，所以變得愈來愈消極。他們也會變得比較容易生病，因而時常缺勤，或是只好改做一些次要的工作。因此，雖然隨著員工年紀和經驗的增長，更能勝任許多職務，但在某些工作上，年紀大的員工可能會降低生力。

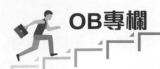

OB專欄

加班的效率是否會增加？ [19]

加班的效率是否會增加之觀點如下表 A：

▶ 表 A　加班與效率增加之觀點

觀點一	長期加班非常態 許多人認為加班可以提升工作效率，但真的是如此嗎？研究表示，若每天工作超過 12 小時，工作效率會提升，但這樣的高效率並不持久，因為只要過了 4 個星期就會開始下降，這點告訴我們，長期的加班絕對不是常態，偶爾相當不錯。
觀點二	寧可上班時數多也不願意上班日數多 根據調查，以每週的工作時數 40 個小時來計算（也就是每天 8 小時乘以 5 天 =40 小時），如果一間公司一週只工作 4 天，多數人認為這 4 天每天工作 10 個小時沒關係，長期下來也不會怎麼樣，如果一週只工作 3 天呢？一天塞 13 或 14 個小時都還可以接受！

觀點三	加班的工作效率比較高，常常是錯覺 加班的時候大家「錯覺」好像工作效率很高，其實比不加班還低：曾有人找兩組人做實驗，一組讓他們超時工作，一組是正常時數，結果發現，超時工作的那組會覺得自己的「工作效率」比以前還高，但實際上測量他們的產出，其實「沒這麼高」（也就是真的有比較高，但沒有他們「想像」的這麼高！）。有趣的是，過了 4 個星期之後，超時工作的依舊超時工作，這時候工作效率已經開始降低了，他們有感覺到，但他們依然「堅持」這時候超時的工作效率依然比正常時數的工作效率還要高，但實際上，他們的工作效率已經「低於」正常時數的工作效率，卻渾然不覺！他們說，這是因為已經習慣一天工作 12 小時的人，會覺得「工作 8 小時的產出一定比較少」，這樣的習慣的想法，讓他們對於正常時數的工作已經「沒有信心」，以致於造成錯覺。
觀點四	員工喜歡比較同業的加班待遇 員工加班的情緒是建立在員工和其他公司的比較，若比其他公司好就「不會不滿意」，譬如別人一週上五天班，而你一週只要上四天班，就算一天比別人晚走都還可以接受；這也說明了為何有些產業如科技公司或廣告公司有的天天都是午夜才走，大家卻甘之如飴，因為整個產業都是這樣的！

資料來源：改編自世貿人才網（2011）。http://hr.wtojob.com/hr147_63775.shtml

個案分析

如果您身為美寶成飯店新竹分店的主管，您會如何做決策才會讓員工信任您呢？章前的個案告訴我們主管在制定變革目標時，也可以盡量將員工的意願和企業的目標結合，以求得兩者之間利益的平衡。

哈佛醫學院心理學教授列文森（Harry Levinson）在《管理目標，誰來制定？》（Management by Whose Objectives ？）中舉例，一家企業在制定業務員獎金制度時，徵詢了人事、總務、業務主管等人的意見，卻獨漏該領獎金的業務員，結果業務員依舊對制度不滿，公司高層卻始終不知問題何在。金緯燦（W. Chan Kim）和莫伯尼（Renee Mauborgne）也曾在《程序公正：知識經濟下的管理》（Fair Process: Management in the Knowledge Economy）中支持列文森的看

法。他們認為，在企業從生產型經濟轉型為知識型經濟的過程中，價值的創造倚賴於員工的創新，當員工認為公司的程序公正時，才會信任公司，並願意提出好點子。但是當員工無法參與決策過程時，就會對經營階層的決策公正性產生懷疑，這將嚴重打擊工作動機。如果您是主管，您還在絞盡腦汁思考激勵員工的方法嗎？您可以考慮參考巴多尼（John Baldoni）在《向領導大師學激勵》（Great Motivation Secrets of Great Leaders）中舉出 8 種有效的激勵法[1]：

1. 以身作則。
2. 用聆聽來表達了解與關心。
3. 用授權培養部屬的領導才能。
4. 指導你的部屬，幫他們發展工作計畫。
5. 表揚優秀的員工，也關心表現較差的員工。
6. 願意為組織或團體，率先犧牲自己的利益。
7. 用清楚的遠景來感召部屬追隨。
8. 用不會陳義過高的目標鼓勵部屬去挑戰。

主管如何與員工建立信任感？
https://www.youtube.com/watch?v=cIBKMtu7ZLc

本章摘要

1. 組織行為（organizational behavior）是一門探討組織中之個體、團體，以及組織整體的學科，其目的是要改善組織的效能，透過系統的研究，讓我們更了解組織中的人們為何會有如此的行為，並對這些行為加以解釋，甚至預測員工的行為。

2. 組織行為學是行為的應用科學，因此，許多與行為有關的學科，包含心理學、社會學、人類學及政治學等，對它都有重大的貢獻。

3. 為了探究 OB 的前因與後果，許多學者專家為了便於討論，故將 OB 所涉及的變項區分為依變數與自變數。

4. OB 主要的依變數，學者較強調生產力（productivity）、曠職（absenteeism）、離職（turnover）及工作滿足感（job satisfaction）、職場偏差行為（workplace withdraw behavior, WDB）與組織公民行為（organizational citizenship behavior, OCB）。

5. 自變數（independent variable）就是造成依變數變動的因素。自變數通常是較不受任何因素影響的前置變數，OB 的主要自變數有：常是個人或團體、組織中早已存在且較不容易改變的因素的事物，例如：工作年資、價值觀、組織文化等。

6. 我們學習組織行為乃是為了讓我們更加了解組織中各種有關於組織成員的現象。但是除了滿足人們的求知慾以外，組織行為這門學科還可以幫助我們達到預測的目的。我們希望能夠透過組織行為的知識，更準確地預測人們的行為。對於管理者來說，有了組織行為的知識，他不但可以預測未來的行為，也可以嘗試改變組織成員的行為。

本章習題

一、選擇題

(　　) 1. 會受其他因素而改變的變數，稱為：(A) 自變數 (B) 依變數 (C) 中介變數 (D) 調解變數。

(　　) 2. 會影響其他變數的前置變數或原因變數的變數，稱為：(A) 自變數 (B) 依變數 (3) 中介變數 (4) 調解變數。

(　　) 3. 下列哪一個不是 OB 的主要探討層次？ (A) 個人 (B) 團體 (C) 家庭 (D) 組織。

(　　) 4. 下列哪一個不是 OB 的主要探討的自變項？ (A) 工作年資 (B) 態度 (C) 價值觀 (D) 決策。

(　　) 5. 下列哪一個不是 OB 的主要探討的依變項？ (A) 工作滿意度（JS） (B) 組織公民行為（OCB） (C) 工作場所偏差行為（WDB） (D) 情緒（motion）。

(　　) 6. 員工在正式工作要求之外，所從事的無條件自願付出行為，而有助於提升組織效能的行為是？ (A) 無私行為 (B) 組織公民行為 (C) 工作場所偏差行為 (D) 從眾行為。

(　　) 7. 違背組織規範，意圖傷害組織及其成員的行為是？ (A) 無私行為 (B) 組織公民行為 (C) 工作場所偏差行為 (D) 從眾行為。

(　　) 8. 下列哪一個不是 OB 的學理基礎？ (A) 心理學 (B) 管理學 (C) 社會學 (D) 人類學。

(　　) 9. 下列哪一個不是我們學習 OB 的主要目的？ (A) 組織變革的需要 (B) 彌補以直覺判斷的不足 (C) 提供滿足顧客的服務 (D) 控制員工的行為。

(　　) 10. 下列敘述何者為非？ (A) OB 所探討的議題大多數是絕對的 (B) OB 所涵蓋的學科相當廣泛 (C) OB 所涉及的議題可以概分為個人、團體及組織層次 (D) OB 可幫助管理者解釋員工為何有如此的行為。

二、名詞解釋

1. 組織行為（OB）

2. 組織（organization）

3. 變數（variables）

4. 工作滿意度（job satisfaction）

5. 離職（turnover）

三、問題與討論

1. 主管若是和員工共同參與決策，員工的生產力就會比較高嗎？

2. 每個人都喜歡挑戰性的工作嗎？

3. 金錢足以激勵任何人嗎？

4. 您覺得有哪些因素會影響您的工作滿意度？

5. 您在乎薪水是否比別人多嗎？

參考文獻

1. 經理人月刊（無日期）。員工薪水愈高，工作動機愈強？擷取自 http://www.managertoday.com.tw/?p=220

2. Robbins, P. S. & Judge, T. A. (2012). Organizational behavior (15th ed.). Harlow, England: Pearson Education, Inc.

3. 戚樹誠 (2008)。組織行為（增訂一版）。臺北：雙葉書廊。

4. 黃家齊譯 (2011)。組織行為學。(Stephen Robbins 原作者 , 13th ed)。臺北：華泰。

5. Mintzberg, H. (1973). The nature of managerial work. Upper Saddle River, NJ: Prentice Hall.

6. Kraut, A. I. Pedigo, P. R. McKenna, D. D., & Dunnette, M. D. (2005). The role ofthe manager: What＇s really important in different management jobs? Academy of Management Executive, 19(4), 122-129.

7. Heath, C., & Sitkin, S. B. (2001, February). Big-B versus Big-O: What is organizational about organizational behavior? Journal of Organizational Behavior, 22, 43-58.

8. Katz, R. L. (1974, September). Skills of an effective administrator. Harvard Business Review, 90-102.

9. 伍忠賢 (2006)。億到兆的管理 - 郭台銘的 7M 鐵則。台北：五南。

10. 郭思妤、蔡卓芬編譯 (2012)。組織行為。Stephen P. Robbins & Timothy A. Judge 原著，Organizational behavior (15th ed.)。新北市：普林斯頓國際。

11. Rousseau, D. M., & McCarthy, S. (2007). Educating managers from an evidence-based perspective. Academy of Management Learning & Education, 6(1), 84-101.

12. Liao, H., & Chuang, A. (2004, February). A multilevel investigation of factors influencing employee service performance and customer outcomes. Academy of Management Journal, 47(1), 41-58.

13. Rucci,A. J. Kirn, S. P., & Quinn, R. T. (1998, January). The employee-customer-profit chain at sears. Harvard Business Review, 76(1), 83-97.

14. Wu, P., Foo, M., & Turban, D. B. (2008). The role of personality in relationship closeness, developer assistance, and career success. Journal of Vocational Behavior, 73(3), 440-448.

15. Fulmer, I. S., Gerhart, B., & Scott, K. S. (2003, Winter). Are the 100 best better? An empirical investigation of the relationship between being a 'Great place to work' and firm performance. Personnel Psychology, 56, 965-993.

16. Kronos Incorporated. (June 28, 2010). Unplanned absence costs organizations 8.7 percent of payroll, more than half the cost of healthcare, according to New Mercer Study sponsored by Kronos. Retrieved from http://www.kronos.com/pr/ unplanned-absence-costs-organizations-over-8-percent-of-payroll.aspx.

17. Sturman, M. C., & Trevor, C. O. (2001, August). The implications of linking the dynamic performance and turnover literatures. Journal of Applied Psychology, 86(4), 684-696.

18. Casey-Campbell, M., & Martens, M. L. (2008). Sticking it all together: A critical assessment of the group cohesion-performance literature. International Journal of Management Reviews, 11, 223-246.

19. 世貿人才網 (2011)。上班族必知加班理論：效率高是錯覺。取自 http://hr. wtojob.com/hr147_63775.shtml

NOTE

02

組織內的多樣性

💡 學習目標

1. 了解何謂組織的多樣性。
2. 為何會有多樣性。
3. 組織常見的人口變項。
4. 組織如何管理多樣性,未來將有哪些挑戰等。

🔍 本章架構

2.1 組織多樣性的定義

2.2 員工多樣化

2.3 組織多樣性的原因

2.4 組織常見的人口變項

2.5 職場歧視

2.6 組織多元化對組織的好處

2.7 執行多元化管理的策略

2.8 結論與建議

案例「性傾向歧視」申訴

申訴內容

陳君（男性）自 2002 年 11 月服務於某幼兒補習班，原與資方關係良好，但工作 5 個月後，園長開始對陳君產生不滿，起因是頭髮染色過淺，後經第三者告知，陳君有作修飾，但情況不見好轉。園長向另一名老師說陳君言行不檢、穿著暴露、不男不女，陳君相當不以為然，一狀告到了法院。園長透過該老師告訴陳君改進。並於 2003 年 5 月園長透過該老師告知請陳君離職。

IKEA 工作環境的多元性與包容性
https://www.youtube.com/watch?v=2cTKFbV1DVE

2.1　組織多樣性的定義

　　多樣性（diversity）有時我們也稱為多元化。由於經貿全球化、企業國際化，使得一家企業所接觸的顧客、消費者或員工已不再是單一的國籍、種族、宗教及膚色了；也因為女性投入工作職場的比例日增，許多組織也不乏女性主管；加上醫療科技進步，延緩了員工的退休年齡，年輕主管領導資深員工的情形也時有所聞，以上這些現象日趨普遍，顯示組織存在著多樣性或多元化（diversity）。因此，無論國籍、宗教、膚色、性別、年齡等的複雜化，使得組織的組成漸趨多元，組織的多樣性成了必然，也是趨勢之一。

　　根據維基百科對「多樣性」的定義為：「在社會中，不同種族、民族、宗教或社會群體在一個共同文明體或共同社會的框架下，持續並自主地參與及發展自有傳統文化或利益[1]。」無論多樣性或多元化都是抽象的詞彙，而企業中所稱之「組織多樣性（organizational diversity）」係指組織聘請不同人口統計變項和經驗的人，使這些不同經歷、學歷、年齡及背景的人們匯集在同一組織中執行工作。在多元社會中，不同族群相互間展示尊重與容納，從而使他們可以安樂共存、相互間沒有衝突或同化。許多人認為多元化是現代社會的最重要特徵之一，也是科學、社會、經濟等發展的關鍵性推動力量。

2.2　員工多樣化

　　誠如上述，今日的企業組織所雇用的員工愈來愈有差異性了，我們將此稱為「員工多樣化（workforce diversity）」，就是指組織的員工在性別、年齡、種族、宗教及性別等取向上，並不一致。換言之，多樣化意味者在你（妳）的組織中，會有更多女性、有色人種、殘障人士、年長或同性戀的員工。另一個我們常見的名詞為「全球化」（globalization），它是專注於不同國家在人們之間所造成的差異；和這裡所謂的「員工多樣化」則是在某個既定的國家或組織中，探討人們之間的差異，兩者探討的範圍並不一致。

由於員工多樣性使得組織也產生了「接受多樣性」的課題。以往我們總認為組織像是個熔爐，不同的人進入組織後，多少會自動地尋求同化。但現在人們進入組織工作後，也不會揚棄自己既有的文化價值觀、偏好的生活方式，以及個別差異。因此組織所面臨的一大挑戰，就是要如何容納各種生活方式、家庭需求及工作方式互異的員工。這種接收並尊重個別差異的觀念，已逐漸取代熔爐的想法[4]。

儘管如此，但許多經理人還是常常忘了，他們必須瞭解並善用員工身上的差異性，使員工產生最大的貢獻。透過有效的多元化管理，組織有機會獲得更多不同的技能、想法。然而經理人也須瞭解，人們的差異性可能會造成溝通不良、誤會、衝突等狀況[2]。

2.3 / 組織多樣性的原因

由於組織成員的組成多元化、企業經營因應全球化等因素的影響，組織的多樣性已成必然。

2.3.1 就業人口結構的改變

臺灣與世界各主要國家就業人口結構的變化頗為雷同，就像 20 世紀後半女性就業人口的急速增加一般，21 世紀前葉不同種族員工的增加，以及嬰兒潮世代的老化（這一點美國最為明顯），也將改變就業市場的風貌。以我國為例，勞動力是指年滿 15 歲以上可以工作之民間人口，包括就業者及失業者；勞動參與率：指勞動力占 15 歲以上民間人口之比率。根據行政院主計處統計，我國的勞動力在 2006 年的平均勞動力為 1,052 萬 2 千人，2016 年的勞動力增加為 1,172 萬 7 千人。很明顯的，這 10 年來除了人口增加之外，可以投入職場的人數越來越多。再進一步分析，勞動力參與率在 2006 年，平均勞動力參與率為 57.92%，其中，女性為 48.68%，男性為 67.35%。按年齡結構觀察，25 ～ 44 歲及 45 ～ 64 歲年齡者之勞動參與率情形分別 82.98% 及 60.01%，而到了 2016 年平均勞動力參與率則為 58.75%，其中女性為 50.80%，男性為 67.05%。按年齡結構觀察，25 ～ 44 歲及 45 ～ 64 歲年齡者之勞動參與情形分別 87.82% 及 62.42%。更可以發現近 10 年來，我國的勞動力和勞動參與率都是增加的，進一步分析發現，投入職場的女性比率提高了不少；同時，就業人口也有出現老化的現象。

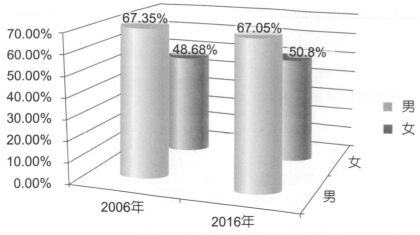

(a) 不同性別的勞動參與率

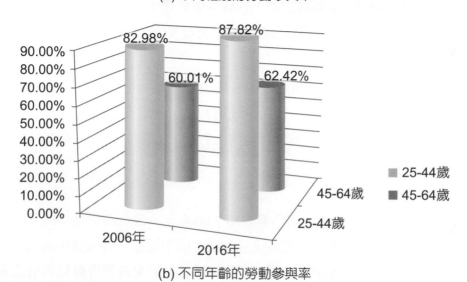

(b) 不同年齡的勞動參與率

▶ 圖 2-1　臺灣近 10 年來的就業人口結構變化

OB專欄

嬰兒潮

　　在美國，「嬰兒潮」一代是指二戰結束後，1946 年初～ 1964 年底出生的人，人數大約有 7800 萬。這一批人趕上了上世紀 70 年代～ 90 年代美國的經濟繁榮，他們有許多人在青年、中年時期投資房地產或股票，本以為可以在年老時積累一筆較為可觀的財富，使自己的退休生活有保障。然而，2008 年爆發的金融危機讓這一代許多人的投資打了水漂，他們恐怕要面臨困窘的退休生活。

資料來源：互動百科。

http://www.baike.com/wiki/%E5%A9%B4%E5%84%BF% E6%BD%AE%E4%B8%80%E4%BB%A3）

2.3.2　因應全球化的需求

由於全球化的關係，組織無論是外派分公司、赴國外出差、或與外國人貿易往來等，企業組織為了順應環境的變動，逐漸走向多樣性，其主要的原因如下：

1.　海外派任的增加

由於國內企業與國外的接觸頻繁，不只進口商品，我們的出口也不遑多讓。隨著進

出口產品多元化及服務的即時性，許多企業在海外設立分公司，管理者可能被派往公司位於他國的海外分公司或出差，屆時所要管理的人，不論在需求、偏好、態度或習慣上，都與管理者在母國所接觸的人相差很多。

2.　與不同文化背景的人共事

即使留在本國工作，一起共事的上司、同僚或部屬，仍有可能出生及成長於不同的文化背景。這時如果你想與他們有效地共事，就需要了解其他人的文化、地理位置與宗教信仰，以及這些因素對他們的影響，並修正自己的管理風格，以因應這些差異[4]。

3.　降低成本的考量

臺灣在 2017 年 8 月的最低工資為新台幣 22,000 元，最低時薪是 140 元；在一些先進國家，最低工資每小時通常是 6 美元起跳，而中國和一些開發中國家，每小時工資可以低到 0.3 美元，這使得先進國家的管理者，愈來愈覺得難以與低工資國家競爭。所以，許多美國人身上穿的成衣是中國製造的，用的電腦是臺灣生產的，看的電影則是加拿大拍攝的。在全球經濟下，低成本提供企業競爭優勢，而就業機會也會流向那些區域[4]。

OB專欄

印度女外交官在美遭脫衣檢查

印度駐紐約副總領事科布拉加德 2013 年 12 月 12 日在美國被逮捕，引發兩國外交關係緊張。為表示報復，印度政府 17 日移除美國駐印大使館門前道路上的混凝土路障。印度外長胡爾希德 18 日表示，印度一定要幫助科布拉加德「恢復尊嚴」，將不惜一切代價讓她回國。

圖片來源：壹電視

緣起：女外交官遭脫衣檢查

現年 39 歲的女外交官科布拉加德是印度駐紐約副總領事，2013 年 12 月 12 日因涉嫌偽造資料為其管家獲得美國簽證，並拖欠傭人工資，在紐約遭警方拘押，在繳納 25 萬美元保證金並交出護照後獲保釋。

印度媒體說，科布拉加德在公共場合被戴上手銬並對她進行脫衣檢查，被關押的牢房還有一群吸毒者。美國執法官局 17 日發表聲明確認，拘押科布拉加德的程序沒有不當之處，包括脫衣檢查及與其他女嫌疑人共同關押。聲明說，如果沒有特別風險或隔離命令，嫌疑人通常被安置在多人間。美國國務院副發言人瑪麗‧哈夫說：「我們理解，這對不少印度人而言是敏感問題。因此，我們正在調查拘押科布拉加德的程序，確保程序合理和給予適當禮節。」她說，美國對待外交人員的安全非常慎重。聯邦當局將與印度合作處理這一事件，不希望影響雙邊合作關係。

罪名：涉嫌「壓榨」女僕

紐約檢察官說，科布拉加德聲稱支付印度女僕月薪 4500 美元，但實際支付的工資低於美國最低工資。外交人員為其隨員辦理在美簽證需要出示證據，證明簽證申請人能領取與美國員工相當水準的工資。檢方說，科布拉加德原先告訴這名女僕每月可以得到大約 573 美元，即每小時 3.31 美元，但後者從 2012 年 11 月～ 2013 年 6 月為她效力，每週工時遠超 40 小時，所獲月薪還不到 573 美元。

根據美國勞工部數據，紐約州最低工資標準為每小時 7.25 美元，每週 40 小時。科布拉加德的律師上週說，科布拉加德不認罪，打算以外交豁免權為由迴避指控。如果兩項罪名成立，科布拉加德面臨最高 15 年監禁。科布拉加德的律師丹尼爾‧阿爾什阿克說，科布拉加德應該有外交豁免權。不過，哈夫說，作為副總領事，科布拉加德僅在行使領事職能時有某些領事豁免權。

反應：印度國內群情激憤

　　科布拉加德遭拘事件迅速成為印度國內的大新聞，一些政客呼籲印度政府採取外交手段進行回應。印度國家安全顧問希夫尚卡爾・梅農說，科布拉加德在美國所遭受的行為是「卑劣和野蠻」的。印度執政黨和反對黨領導人 17 日拒絕會見美國一支前往印度首都新德里的代表團。

　　印度政府稱，對外交官在美國遭羞辱的方式感到「震驚」。科布拉加德的父親烏塔姆・科布拉加德 17 日接受印度一家電視台採訪時說，女兒在美國的遭遇「相當可憎」，對整個家庭帶來不可彌補的創傷。

　　印度國內反應之所以這麼大，與印度文化不無關係。

　　2011 年印度前總統阿卜杜勒・卡拉姆在紐約甘迺迪機場遭搜身檢查就曾引發兩國之間口水戰，最後以美國駐印度大使館發表致歉聲明平息。而印度議會前議長索姆納特・查特吉此前拒絕參加在澳大利亞舉行的一場國際會議，原因是他沒有得到無需過安檢的保證，他認為即使安全掃描也是「對印度的冒犯」。

新聞資料來源：新浪全球新聞 - 印度女外交官在美遭脫衣檢查
http://dailynews.sina.com/bg/news/int/phoenixtv/20131218/11145281947.html

2.4 組織常見的人口變項

　　人口變項（biographical characteristics）如年紀、性別、種族、身心障礙程度與服務年資等，是區別員工差異的最明顯特徵。而這些表象的多元性特質，很可能是大家歧視其他階層員工的基礎。因此，這些特質與工作表現的關係是否密切，值得加以瞭解。事實上，許多特質不如大家想像得重要，而且若將這些特質進行比較，來自相同背景的團體，遠比來自不同背景的團體得出的變化來的大。

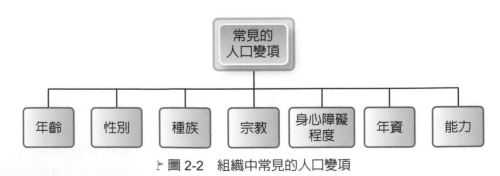

▶ 圖 2-2　組織中常見的人口變項

2.4.1　年紀

對雇主而言，年長工作者讓他們喜憂參半。年長工作者具備許多有助於工作發展的正面素質，如經驗、判斷力、職業道德，以及對工作品質的自我要求。然而，年長工作者也被認為缺乏彈性，容易抗拒新技術。當組織積極尋找適應力強，且願意接受挑戰的員工時，伴隨年紀而來的負面因素將阻礙年長者的錄取機會，而組織一旦裁員，年長者也容易率先被資遣。

我們都知道年紀越大的人越不容易辭職。工作者年紀越長，可供選擇的其他工作機會越少，而受雇於同一家公司時間越久，他們獲得的薪資越高，休假越多，退休基金的報酬也越高[14]。多數研究的確顯示，員工的年紀與缺勤率呈負相關，但若進一步調查即可發現，負相關部分起因於請假是否能被避免[15]。一般來說，年長員工可避免的缺勤率的確較年輕員工低。然而，非得缺勤的狀況，例如因為年紀大而產生的健康問題、受傷後需要更長時間康復等，卻較年輕員工更高[16]。

多數人相信，員工的生產力將隨著年紀增加而減少。通常，大家假設人們的速度、靈活度、力氣與協調力等能力，將會隨著時間增長而降低，再加上長期的工作倦怠與缺乏動腦需求和刺激，都是導致年紀越大，生產力越低的原因[18]。

對於年紀與工作滿意度的關係，相關研究的結果也無絕對定論[13]。年紀與工作滿意度，至少在 60 歲前，都呈現正相關。然而也有研究認為，年紀與工作滿意度的關係呈現 U 型反轉。專業性工作員工的滿意度，會不斷隨著年紀增長而增加，而非專業性員工的工作滿意度則在員工壯年時降低，之後才又增加[17]。

大公司小老闆（In Good Company）的精華片段
https://www.youtube.com/watch?v=w0ggO6WVuTo

2.4.2　性別

過去 40 年來，隨著女性大量投入職場，加上重新思考所謂的女性角色與男性角色的構成要素後，我們可以假設，男性與女性在工作上的生產力並無明顯差異。不幸的是，很多人的認知仍受性別影響[7]。舉例來說，女性若在傳統上男性主導的世界裡取得成功，往往被認為較不討喜，很多人對她們也懷有較多敵意，或是較不喜歡女性主管[24]。男性與女性在工作時間表上的偏好則似乎不盡相同，尤其擁有學齡前小孩的婦女更加明顯。

職業婦女偏好較具彈性、以工時計算的工作，尤其喜愛透過視訊設備或網際網路工作，如此一來，她們的家庭責任能有效安排。女性偏好能讓她們兼顧家庭的工作，但也因此使自己的職涯選擇受到限制[21]。不過也有例外，像 facebook 的營運執行長，雪莉聖堡（Sheryl Sandberg）育有一子一女，堅持工作與家庭兼顧，每天 17:30 準時下班回家，每年依然可以替公司賺進數十億美元[6]。

不過，一項有趣的研究結論亦指出，不論男性或女性，只要身爲父母，他們對工作的承諾、可靠性以及力爭上游的程度，都會比沒有小孩的員工低，而職業婦女又來的更低，頗值得主管們留意。

2.4.3 種族

種族（race）是深具爭議性的議題。在美國，很多人以種族團體作爲自己的認同。美國人口調查局（U.S. Bureau of the Census）將國民廣泛分類爲 7 大族群：美洲印地安人與阿拉斯加原住民、亞洲人、非裔美國人或黑人、夏威夷原住民與其他太平洋島民、其他種族、白種人、兩種或多種種族混血的族群[4]。例如，著名的高爾夫球選手老虎・伍茲（Tiger Woods），就拒絕將自己歸類爲單一種族，而強調自己融合多元的族群特性。

種族的因素常會反映在與雇用決策、績效評核、薪資設定與職場的不公平待遇上[8,19]。例如：在職場環境裡，遇到績效評核、升遷或加薪決策時，一般人的確傾向偏袒與自己同文同種的同事；或是在美國反種族歧視的鼓勵措施中，支持反歧視措施的非裔美國人遠比白種人多；有時他們在雇用員工時，非裔美國人在面試時取得的薪資水準、得到的績效評核、實際的給薪以及升遷機會也都比美國白人來的少[29]。

2.4.4 身心障礙程度

身心障礙人士可定義爲因身體或心智受損，而使個人大部分生活活動因此受限者，例如肢體傷殘、癲癇、唐氏症、耳聾、精神分裂、酗酒、糖尿病、慢性病痛等的人。以上症狀幾乎無共同之處，所以沒有一體適用的解釋能說明以上症狀與雇用的關係[22]。

爲使身心障礙人員之進用作業有所依循，以落實身心障礙者權益保障法之規定，行政院特訂定「進用身心障礙人員作業要點」。該要點特別指出在行政院及所屬機關學校、各直轄市、縣（市）及鄉（鎮、市）地方行政機關學校及立法機關（以下簡稱地方機關），及公營事業機構均須依據該要點聘任持有身心障礙手冊的人員，至少達該單位機關總人數的 2%(含) 以上。若未達到該法定名額一定的時間，該單位機關首長將受到不等程度的懲處；相反的，若進用超過法定人數比例，首長也會受到獎勵。

並非所有的工作都無法由身心障礙人士來擔任，如果我們檢視績效評核的報告，常會看到身心障礙者的績效評核較其他人高，但檢視結果也發現，即便身心障礙者的績效傑出，但一般人不僅對身心障礙者的期望較低，也比較不願雇用他們。這些負面效果對身心障礙者的影響很大[24]。

　　一般人都以需要特別協助的非正常人來對待精神病患，但是身心障礙的人常被認定在某些人格特質，如可靠性與潛力上有傑出的表現。例如：財團法人陽光社會福利基金會所設立的陽光加油站，第一線的服務人員都是身心障礙人士，他們親切、準確的服務令人稱道，或許下次車子需要加油，可以去體會一下他們親切的服務哦！

2.4.5　能力

　　我們討論了多元性對工作績效的影響，接下來要深入探討與工作表現關係密切的能力問題。能力是什麼？當我們提到能力（ability），指的是個人目前在工作上的各方面表現[20]。整體能力由兩組因素構成：智力與體力。

1.　智力能力

　　智力能力（intellectual abilities）指的是心智活動的創造能力，如思考、推理與解決問題等。有 8 種最常被提到的智力面向包括：數字能力、表達能力、知覺速度、歸納能力、演繹能力、音樂能力、空間透視能力與記憶力等。不同的工作內容所需的智力能力也不相同。例如：會計人員較需要數字能力；室內設計師就要比較好的空間透視能力；身為銷售人員就需要更多的記憶力來熟記客戶或商品的名字。

　　有趣的是，雖然智力有助大家將工作做好，卻不代表智商高的人更滿意他們的工作，或工作的更開心[26]。因為智商高的人工作表現較佳，也比較可能取得更有趣的工作，但他們也更可能批評現有的工作環境[27]。因此，聰明的人雖然表現較佳，但期待的也更多。

2.　身體能力

身體能力（psychomotor abilities）代表工作所需身體的各項能力與彈性、協調性、平衡感及韌性。現代年輕人常被譏為「缺乏韌性」，即是無法持續維持長時間努力動作的能力。此外，身體能力往往所展現出來的程度會受到個人的態度或價值觀等心理因素所影響[28]。一個處事積極的人，我們經常看到他所呈現的身體能力是有精神、有活力。

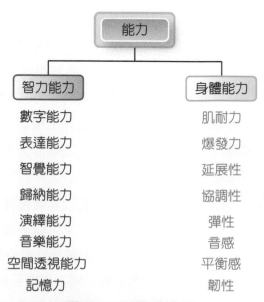

▶ 圖 2-3　人體的各項能力

2.4.5　其他背景特質：年資、宗教

年資

　　有關年資與生產力的關係的探討不少。如果我們定義年資（seniority）為一個人在一特定工作上所花費的時間。最新的研究結果認為，工作生產力與年資的關係成正比。因此，年資也就是所謂的工作經驗，可被視為勞動生產力的有效預測指標[23]。證據亦指出，年資與工作滿意度成正相關。然而，當我們把年紀與年資分別看待時，年資與工作滿意度的正相關性又比年紀與工作滿意度的正相關性更一致，也更穩定。

宗教

　　不論是有宗教者或無宗教者，都可能質疑他人的信仰體系[30]。通常，宗教信仰不同的人，彼此的信念也常常有衝突[31]。也許最嚴重的宗教多元化議題正出現在現今的美國，而且與伊斯蘭教有關。美國境內約有兩百萬名穆斯林，而伊斯蘭教更是全球最多人信仰的宗教之一[32]。臺灣由於外籍新娘與外籍幫傭的增加，對於她們的宗教我們也應有基本的認識，例如：印尼人大多信仰回教，回教徒是不吃豬肉的。所以，千萬不要好心請她們吃排骨飯而造成不必要的困擾。

2.5　職場歧視

　　歧視（discrimination）意指特別關注事情的差異性，當我們談到歧視，通常也意味著允許自己的行為被對某群人的刻板印象所左右[12]。歧視往往是刻意忽視群體中的個人特質，而假設群體中的每個人都一模一樣，因此，歧視常對組織與員工造成莫大傷害。

　　表 2-1 為組織內不同形式的歧視提出定義，並舉例說明。案例中的許多行為雖然被法律禁止而幾乎無法成為公司的官方政策，但根據統計，每年仍有幾千筆職場歧視的案件被提報，更不用說那些無法浮上檯面的爭議[25]。由於歧視遭受越來越多的法律檢視與社會撻伐，多數公然的歧視已逐漸消失，但暗地裡的歧視，如無禮、排擠等現象，卻越來越常見。

　　長期以來國人對於雇主的就業歧視行為可能因為是認知或資訊不足，常是採取默然接受或忽視的態度。但近些年來，隨著勞工意識的抬頭與勞工教育水準的提升，不論在實務界或學界，就業歧視的問題受到愈來愈多的重視。又因國際勞工組織自 2000 年起，將 1951 年通過之「男女勞工同工同酬公約」及 1958 年所通過之「禁止歧視（就業與職業）公約」增列於「核心國際勞動基準」，視為勞動者基本人權。基於此，為保障國民

就業機會平等，「就業服務法」第 5 條第 1 項已完成修法，於 2007 年 5 月 23 日總統令公布施行，法律規範雇主對求職人或所僱用員工，不得以種族、階級、語言、思想、宗教、黨派、籍貫、出生地、性別、性傾向、年齡、婚姻、容貌、五官、身心障礙或以往工會會員身分為由，予以歧視。上開法律修正後，各公務機關、公民營事業機構、民間社團等在招募人才及僱用上，均須依本法條規定辦理，因而對民眾之就業權益保障將大幅提昇。

▶ 表 2-1　歧視的形式

歧視的種類	定　義	說明案例
歧視的政策或實踐	組織未提供平等的績效表現機會，或未針對績效給予平等的獎勵。	年長員工容易因為薪資與紅利較高而被鎖定為資遣對象。
性騷擾	性冒犯，或使工作環境深具敵意、防衛性，與性有關的口頭或肢體接觸。	公司業務員到脫衣舞酒吧消費，由公司買單，還以慶祝升遷為由，把脫衣舞孃帶進辦公室，引發員工對性話題議論紛紛。
恫嚇	對特定團體的員工施以公開威脅，或直接霸凌。	有些公司的美國非裔員工常在辦公室中被嘲笑比較笨。
嘲弄與羞辱	開玩笑或負面的刻板印象；有時是因為玩笑開得太過火。	阿拉伯裔美國人曾於職場被問到是否參與恐怖組織，睡覺時是否得抱著炸彈。
排擠	將某些人排除在工作機會、社交活動、討論，有時屬於無心之過。	許多金融業的女性員工認為，她們做的工作較不重要，或工作量較輕，使得她們無法升遷。
無禮	不尊重的對待，包括舉止充滿侵略性、打斷他人談話，或忽視他人意見。	女性律師發現，男性律師常打斷她們發言，或向她們提出不當的評斷。

資料來源：Robbins & Judge(2013). p.28。

　　表達歧視的方式很多，造成的影響不一。歧視可能是組織環境內的偶發事件或個人對其他成員的偏見，也可能是排擠他人或對他人無禮的舉動。後者尤其難以根除，因為排擠與無禮的行為不易被察覺，甚至當事人根本不知道自己的舉動已對他人形成排擠或侵犯。

就業零歧視

網址 https://www.youtube.com/watch?v=P_BoatPpfss

2.6　組織多元化對組織的好處

　　社會上不乏對多元化，如年齡、種族、性別、族群、宗教與身心障礙等的討論，但如今專家也發現，以上所提的人口變項僅是冰山一角。人口變項最能反映出表象多元性（surface-level diversity），這類多元性反映不出想法或感受，卻可能導致員工以刻板印象或一些假設前提來看待其他同事[34]。然而，證據也顯示，當人們真正認識其他人，覺得彼此相互分享更多重要的深層多元性（deep-level diversity）要素，如隱性知識、價值觀等後，對人口變項差異的疑慮就會降低。

　　Nonaka 與 Takeuchi（1995）提出「組織多樣性」有助於組織知識創造，其引用了 Ashby（1956）的觀點，認為組織的多樣性必須和外在環境的複雜度相匹配，才能應付外在環境的挑戰，為確保組織的多樣性，組織必須提供員工平等獲取資訊的機會，以便讓員工能以最少的步驟和最快的方式，獲得最多的必備的資訊[35]。在實務上，組織結構扁平化、組織結構的定期調整，以及人員的定期輪調，都有助於促使員工獲得多方面的知識，協助他們應付多樣的問題和難以預期的環境變動[36]。

　　若組織中每一個人的在思考風格或文化背景上都很類似，對事情的看法、想法往往大同小異，而無法提供出不同的觀點，故幾乎所有的創意專家皆強調讓組織多元化是增加思考廣度、發掘特殊想法的重要措施[37]。當組織在能力、思維上具多元化的特質時，員工們即可將各自的想法、經驗或技能集合起來，進而從這許多不同的觀點中激發出創意。

友善職場不歧視，輕鬆育兒真喜事 - 寶寶日記完整版
網址 https://www.youtube.com/watch?v=4tdGfGeFXJ0

2.7 執行多元化管理的策略

多元化管理（diversity management）的目的在於讓組織成員都能意識並感受到他人的需求，以及他人跟自己的差異[33]。因此，多元化的專案不僅有其必要，對大家也都深具意義。一旦大家認為多元化與自己有關，而非只是讓少數人或特定團體獲利，企業才更有可能成為推展多元化（diversity）政策。

1. 吸引、篩選、發展與留住多元背景的員工

公司內部如有哪些人口背景的員工佔較低比例，則針對具有這些背景條件的人傳遞招募訊息，也是加強職場多元性的做法之一[38]。例如，公司可以透過廣告向特定背景的團體宣傳；例如，大專院校或其他機構中具弱勢或少數族裔身份者，可以成為公司的招募對象；另外，與女性工程師社團、少數族群的商業協會等團體建立夥伴關係，也是不錯的做法。因為研究顯示，在招募文宣中載明對多元化政策有長期承諾的公司，的確較獲得女性與弱勢族群的青睞；而在招募廣告中出現多元背景的企業員工，也能吸引女性與少數族裔的應試者，這也可能是多數企業在招募文宣中呈現多族員工的主要原因。

篩選是推廣多元化最重要的一環。經理人的雇用選擇不應有偏見，而應該重視公平性、客觀性，以及新員工的生產潛力。以定義完善的雇用說明來評估應試者的能力，且清楚將禁止歧視列為首要條件的公司，才能以受雇資格，而非人口背景選項，作為雇用決策的最重要指標。這麼做能創造職場內部尊重多元化的氛圍，反之，無法鼓勵反歧視氛圍的公司，就很容易出現問題。

2. 團體的多元性

現今的工作多半需在團體環境中密集作業。員工在各種團體裡工作，需要建立一套看待與完成工作的一般性做法，並不時與其他人溝通。一旦缺乏身為團體中一份子的歸屬感與向心力，團體反而容易身受其害。

與同質性高的團體相比，團體中成員的專業與教育背景差異較大者，團隊的效能也較佳。同樣地，若一個團體裡多數人都意見獨斷，事事都想置喙，或相反地，團體裡人人都只想聽從領導者指揮，他們的團體效能一定比混合領導者與跟從者的團體來的差。

不論團體的組成為何，團體都能善用差異性，創造超級績效。最重要的方法在於強調隊員間更高層級的相似性。換句話說，領導人若以團隊能為大家創造的共同利益為號召，則多元背景的團隊成員將更能發揮效能。

3. 有效的多元化方案

組織能使用各種方法鼓勵多元化，包括我們討論過的招募與篩選員工，以及後續的訓練及發展。鼓勵多元性的有效方案應包含三項要素[3,4]。第一、方案應教導經理人應有的法律概念，包括工作平權，以及禁止因人口統計而產生的歧視。第二、方案也應教導經理人，為何多元化的職場更能迎合多元化市場，並面對不同的消費者與顧客。第三、方案應該為個人量身打造發展方法，提供所有員工相關技能與能力，並教導大家瞭解，差異化的觀點反而能有效大提升大家的績效。

2.8 結論與建議

本章從各觀點檢視多元化的意涵，並特別關注人口變項與能力。以下摘要是我們認為對經理人很重要，且經理人應試著瞭解的組織行為重點。

1. 能力的差異

能力會直接影響員工的績效水準。面對積極表現的員工，經理人該怎樣善用他們的能力？首先，有效的篩選流程能改善員工與工作條件間的落差。工作分析能提供目前工作的相關資訊，以及工作所需的員工能力。第二、升遷與轉調部門的決定對在職員工影響甚鉅[4]。因此，升遷或調職的決策結果應如實反應員工的能力。第三、經理人可以藉由微調工作內容，讓現有員工更能發揮所長。通常，調整的動作以不影響現有工作的基本活動為前提，如不能改變設備，或團體內的組織性工作，但可以讓員工的特定專長發揮得更徹底。

2. 人口變項的尊重

人口變項的特質在外觀上一目了然。然而，管理階層進行決策時，卻不能直接受人口變項的因素影響。但我們也需要瞭解，自己或其他經理仍可能暗地裡對人口變項有所偏見[4]。唯有尊重他人，才能換來別人對你的尊敬。

3. 多元化管理

多元性雖然能為組織創造各種機會，然而有效的多元性管理仍以消弭不公平的歧視為目標。多元化管理必須是一項在組織各階層中持續進行的承諾。團體管理，以及員工的招募、雇用、保留與發展等的做法，都可藉由有心的設計，來達到善用多元化並增進組織競爭力的目標。只要政策設計能充分反應員工想法，則藉由政策方式增進組織內多元化氛圍，也能獲得成效[3,9]。員工多樣化對管理當局而言，有相當重要的意涵。管理者要改變以往的管理理念，對於員工差異要加以認定及因應，同時不能有差別待遇及歧視等，才能留住員工並提高其生產力。

OB專欄

組織成員多樣性的好與壞 [10]

　　多樣性對於一個組織，其實是有利有弊，但因為多樣性所以才會出現有異質性，異質性較高的組織對於創造、判斷的工作比較擅長，不過，也會因此而降低凝聚力與增加疏離感。過往學界在組織研究中，通常是針對少數群體來加以觀察，比方說：在軍隊中女性官士兵的表現，或是大陸臺籍幹部在企業中的表現等。換言之，我們觀察的重點都是少數群體在組織中和多數群體互動時所可能面臨的問題與障礙。那麼，多數群體在面對組織中的多樣性（群體樣態的多種類）或異質性（群體性質的差異化）時，他們又該如何調整？他們又要如何適應？這個問題卻較少人去關注。

　　我們為什麼需要關心這個命題？隨著臺灣產業界的外移，越來越多的大陸臺資企業面臨勞動短缺的情形，為了補充所需人手，因此在生產線上出現了許多不同省籍、文化的勞工。在這樣的情況下，人為了滿足心理、社會的需要，往往會開始進行自我歸類的過程。人在自我歸類的時候會趨向於同質性，也因此在群體形成的過程中，不同規模或屬性的群體就會逐步成形，最後則會出現主要群體與次要群體的情況。

　　面對次要群體，我們會遇到一個問題，就是這類群體的組織依附程度很低。依附低，那就離職嘛！但離職這件事情卻不是說到就能做到，受到經濟或現實的約束，很多人必須待在原先組織，這時候，他的低依附程度就有可能造成其與組織的疏遠，進而導致工作效率或配合程度降低的結果，更重要的是，他將不再對組織做出積極的承諾。

　　低程度的組織依附是個大問題，那何不去強化組織依附？強化認同、強化紀律等方式，以此來化解這個問題？這麼做的確有效，但組織一旦如此操作，那麼他就會欠缺多樣性，進而使得其「彈性」與「創新」的能力不足。所以，我們既要注意組織依附程度降低所可能導致的成本，但同時也要小心為了強化組織依附而可能帶來的傷害。

　　因此，對於組織內的多樣性，我們必須要謹慎對待，特別是次要團體的組織依附程度，我們要加以注意，但是在處理這些問題時，我們也要留神主要團體的狀態。因為主要團體對於組織內部的變化也具有高度的敏感性，倘若相關議題處理不當，他們雖然不致於受到嚴重的衝擊，但其對於組織的依附程度也會降低，特別是，來自於主要團體的組織承諾是組織正常運作的重要原因，倘若主要團體降低了其組織承諾的程度，這將會有損組織效率與執行能力。

個案分析

　　我們可以思考一下，章前個案的雇主能否因無法接受受僱人之穿著而予以解職？

　　經查本個案雇主雖以本身是補教文化業，重視企業文化與補習班形象，且一般大眾對於老師有比較刻板和保守的印象，所以希望陳君打扮樸素、穩重，讓人一看就知道是男或女的鮮明印象，雖然陳君經規勸，裝扮有所改進，仍無法達到雇主期望，致使雇主開始挑剔陳君同性戀的打扮，懷疑其為同性戀，而將其解雇。

　　另經陳姓在職老師證實，園長很明確表示一個男生怎麼可以這樣穿（戴鍊子、染頭髮、穿喇叭褲）的話，但對兩位穿迷你裙、小可愛、染髮的女老師，及穿緊身、白色、無袖上衣及塗誇張眼影的美術女老師則沒有意見；另離職周姓老師亦證實，園長曾說為何陳君不穿 T-shirt、牛仔褲及球鞋，他的穿著不合身分，而女生愛漂亮很正常。周老師認為園長可能認為一個人的打扮應讓人一看就知道性別。

　　本案陳君因打扮、髮型，出現男同性戀中比較明顯之女性化傾向，致雇主覺得陳君是個同性戀或不男不女，同樣是暴露的穿著，對男女有不同對待，應是性別歧視。同時因雇主懷疑陳君是同性戀者而將其解雇，即構成「性傾向」歧視。

因此，我們可以歸納以下的結論：

(1) 查容貌就業歧視係指雇主對受僱者與生俱來的容貌加以歧視，本案雇主對陳君穿著打扮之批評非屬容貌就業歧視，因此經該案發生地之政府就業歧視評議委員會議裁定「容貌」就業歧視不成立。

(2) 雇主無法提出具體事證證明陳君穿著打扮確有影響補習班形象之情事，亦經證人證實雇主因懷疑陳君的性傾向而將其解雇，已構成「性傾向」歧視。
經該政府兩性工作平等委員會議依行政院勞工委員會 2002 年 7 月 25 日勞動三字第 091100345431 號「兩性工作平等法中有關禁止性別歧視及性騷擾防治之規定，為就業服務法第 5 條之特別規定。」函釋規定，裁定違反兩性工作平等法第 11 條第 1 項規定，應依同法第 38 條處以新台幣 1 萬元以上 10 萬元以下罰鍰。

(3) 此一案例評議之作成，是在 2007 年 5 月立法院進一步修正就業服務法第 5 條，而將性傾向列為法定禁止項目之前，為我國目前唯一處理類似此類爭議之第一件，雖未直接觸及申訴人之性傾向為何，但可提供日後處理此類申訴案件參考之用。

組織所面對的多元員工、多元文化、多元消費型態、多元服務等已是必然，組織當然也應以多元管理面對如此多元的環境。以美國國稅局在華盛頓的總部為例，該單位有超過 60% 的婦女，超過 40% 的有色人種，超過 10% 的殘疾人士，可說是一個充分體現多元化的組織。美國是一個以聯邦法律立法的民主國家，更是一個實踐多元化的國家，透過立法強調，無論種族、膚色、宗教、性別，在工作、教育、民生消費等都不應有歧視存在。

　　反觀我國，以性別為例，早在 20 年前國道高速公路的收費員還訂有「禁婚令」，禁止收費員結婚的規定，直到 1995 年 7 月才解禁，使得不少女收費員因此錯過姻緣。為了杜絕企業訂有性別歧視的條文，希望雇主能提供一個無歧視、重平等的友善職場，致力於職場平權之實踐，特別於 2002 年訂立「性別工作平等法」，以落實性別工作平等。

　　女性投入職場愈來愈普遍，但往往因為懷孕，而擔心會在職場上遭受到老闆或主管不公平的對待？或有此方面困擾，卻不知該向誰詢問？又或者雇主也因為女性勞工懷孕感到困擾，深怕不瞭解相關法令規定而觸法？有鑑於此，勞委會為消弭職場性別歧視，鼓勵事業單位對於女性勞工懷孕、產假階段應給予支持，訂定「禁止懷孕歧視勞工版及雇主版檢視表」兩種，提供勞雇雙方與社會各界參考（行政院勞工委員會，2009）。

　　有關勞工版檢視表主要功能在使勞工瞭解懷孕歧視的禁止規定，以維護自身的權益。檢視表的主要內容包括：工作環境氛圍及法令規定事項、協助勞工檢視身處職場是否有遭受懷孕歧視的情形，同時並提供法令諮詢及申訴管道。至於雇主版檢視表的主要功能，是在提醒雇主遵守性別工作平等法或勞動基準法等相關法令規定，消除職場懷孕歧視，協助雇主建立友善的工作環境，對懷孕勞工能夠採取正確與支持的態度，增加勞工向心力，從而提昇事業單位有形的競爭力及無形的企業形象。

　　隨著人們跨界的連繫越來越緊密，許多政府與企業組織已體認到組織多元化的價值與重要性。

圖片來源：行政院官網

本章摘要

1. 多樣性（diversity）是指在社會中，不同種族、民族、宗教或社會群體在一個共同文明體或共同社會的框架下，持續並自主地參與及發展自有傳統文化或利益。

2. 組織多樣性（organizational diversity）係指組織聘請不同人口統計變項和經驗的人，使這些不同經歷、學歷、年齡及背景的人們匯集在同一組織中執行工作。

3. 員工多樣化（workforce diversity）是指組織的員工在性別、年齡、種族、宗教及性別等取向上並不一致。

4. 組織多樣化的原因有：(1) 就業人口結構的改變；(2) 因應全球化的需求。

5. 組織常見的人口變項包括：年齡、性別、種族、宗教、身心障礙程度與服務年資、能力等，是區別員工差異的最明顯特徵。

6. 能力（ability）是指個人目前在工作上的各方面表現。一個人的整體能力則是由兩組因素構成：智力與體力。

7. 智力包括數字能力、表達能力、知覺速度、歸納能力、演繹能力、音樂能力、空間透視能力與記憶力等。

8. 體力代表工作所需身體的各項能力與彈性、協調性、平衡感及韌性。

9. 我國就業服務法第 5 條第 1 項規範雇主對求職人或所僱用員工，不得以種族、階級、語言、思想、宗教、黨派、籍貫、出生地、性別、性傾向、年齡、婚姻、容貌、五官、身心障礙或以往工會會員身分為由，予以歧視。

10. 常見的職場歧視有性騷擾、恫嚇、嘲弄與羞辱、排擠、無禮等行為。

11. 多元化管理（diversity management）的目的在於讓組織成員都能意識並感受到他人的需求，以及他人跟自己的差異。

12. 執行多元化管理的策略：(1) 吸引、篩選、發展與留住多元背景的員工；(2) 團體的多元性；(3) 有效的多元化方案。

13. 鼓勵多元性的有效方案應包含三項要素：第一、方案應教導經理人應有的法律概念，包括工作平權，以及禁止因人口統計而產生的歧視。第二、方案也應教導經理人，為何多元化的職場更能迎合多元化市場，並面對不同的消費者與顧客。第三、方案應該為個人量身打造發展方法，提供所有員工相關技能與能力，並教導大家瞭解，差異化的觀點反而能有效大幅提升大家的績效。

本章習題

一、選擇題

( ) 1. 多元化是抽象的詞彙,而職場多元化則可用來泛指任何_____相異的特質。
(A) 個人與個人 (B) 他人與他人 (C) 個人與他人 (D) 以上皆非。

( ) 2. 歧視可能是組織環境內的偶發事件或個人對其他成員的偏見,也可能是排擠他人或對他人無禮的舉動。(A) 前者尤其難以根除 (B) 後者尤其難以根除 (C) 均難以根除 (D) 以上皆非。

( ) 3. 「女性的工作表現是否與男人旗鼓相當」的議題,一直以來都比其他議題的相關辯論、誤解和反對意見來得:(A) 多 (B) 少 (C) 不一定 (D) 一樣。

( ) 4. 社會上不乏對多元化,如:(A) 種族 (B) 性別 (C) 年齡 (D) 以上皆是。

( ) 5. 年紀與工作表現的關係,已成為日益重要的議題,主要原因有:(A) 高素質的求職者中,年長者佔了絕大部分 (B) 工作表現會隨著年紀漸長而下降 (C) 臺灣勞工已不必在 55 歲退休 (D) 以上皆是。

( ) 6. 容易被看出性別、種族、族群、年紀或身心障礙等的差異性特質是:(A) 表象多元性 (B) 進階多元性 (C) 深層多元性 (D) 以上皆是。

( ) 7. 我國反就業歧視的相關法令主要公告於:(A) 勞動基準法 (B) 公平交易法 (C) 就業服務法 (D) 性別平等法。

( ) 8. 年紀究竟對流動率、缺勤率、生產力與滿意度會產生何種影響?何者為非:(A) 年紀越大的人越容易辭職 (B) 獲得的薪資越高,休假多 (C) 可供選擇的其他工作機會越少 (D) 退休基金的報酬高。

( ) 9. 區別員工差異的最明顯特質之一,何者為非? (A) 性別 (B) 服務年資 (C) 身心障礙程度 (D) 興趣。

( ) 10. 回教徒不吃什麼肉:(A) 牛肉 (B) 羊肉 (C) 雞肉 (D) 豬肉。

二、名詞解釋

1. 多樣性（diversity）
2. 組織多樣性（organizational diversity）
3. 員工多樣化（workforce diversity）
4. 能力（ability）
5. 多元化管理（diversity management）

三、問題與討論

1. 在工作場域中有越來越多元的工作夥伴，如果你身為主管，恰巧你的部門是個多元員工的部門，你將如何發掘員工的長處？又如何將他們形成團隊以有效地運作？
2. 在職場中常見的歧視有哪些？你有被歧視的經驗嗎？你當下如何處理？
3. 承上題，如果你是雇主，有員工跟你反映他受到歧視時，你將會如何處理？
4. 承上題，如果你是員工，但你的同事跟你哭訴他受到主管的歧視，你將如何處理？

參考文獻

1. 維基百科。多元的定義。http://zh.wikipedia.org/wiki/%E5%A4%9A%E5%85%83

2. Robbins, P. S. & Judge, T. A.(2012). Organizational behavior (15th ed.). Harlow, England: Pearson Education, Inc.

3. 戚樹誠 (2008)。組織行為（增訂一版）。臺北：雙葉書廊。

4. 黃家齊譯 (2011)。組織行為學。（Stephen Robbins 原作者, 13th ed）。臺北：華泰。

5. 行政院主計處 (2013)。人力資源調查提要分析。http://www.dgbas.gov.tw/public/Attachment/332514554871.pdf

6. 洪慧芳譯 (2013)。挺身而進。（原著：Lean in: Women, work and the will to lead。原作者 Sheryl Sandberg）。臺北：天下。

7. DiNatale, M., & Boraas, S. (2002). The labor force experience of women from generation X. Monthly Labor Review (March 2002), 1-15.

8. Eagly, A. H., & Chin, J. L.(2010). Are memberships in race, ethnicity, and gender categories merely surface characteristics? American Psychologist, 65, 934-935.

9. 行政院勞工委員會職訓局 (2009)。防制就業歧視宣導手冊。臺北：行政院勞工委會職業訓練局。

10. 張弘遠 (2013)。組織成員多樣性的好與壞。2013 年 10 月 30 取自 http://g4260503.wordpress.com/2013/03/18/%E7%B5%84%E7%B9%94%E6%88%90%E5%93%A1%E5%A4%9A%E6%A8%A3%E6%80%A7%E7%9A%84%E5%A5%BD%E8%88%87%E5%A3%9E/

11. Chattopadhyay, P., Tluchowska, M., & George, E. (2004). Identifying the in group: A closer look at the influence of demographic dissimilarity on employee social identity. Academy of Management Review, 29(2), 180-202.

12. Cortina, L. M. (2008). Unseen injustice: Incivility as modern discrimination in organizations. Academy of Management Review, 33(1), 55-75.

13. Grossman, R. J. (May 2008). Keep pace with older workers. HR Magazine, 39-46.

14. Posthuma, R. A., & Campion, M. A. (2009). Age stereotypes in the workplace: Common stereotypes, moderators, and future research directions. Journal of Management, 35, 158-188.

15. Ng, T. W. H., & Feldman, D. C (2009). Re-examining the relationship between age and voluntary turnover. Journal of Vocational Behavior, 74, 283-294.

16. Ng, T. W. H., & Feldman, D. C (2008). The relationship of age to ten dimensions of job performance. Journal of Applied Psychology, 93, 392-423.

17. Ng, T. W. H., & Feldman, D. C (2010). The relationship of age with job attitudes: A meta-analysis. Personnel Psychology, 63, 677-718.

18. Kunze, F. S., Boehm, A., & Bruch, H. (2011). Age diversity, age discrimination climate and performance consequences- A cross organizational study. Journal of Organizational Behavior, 32, 264-290.

19. Avery, D. R., McKay, P. F., & Wilson, D. C. (2008). What are the odds? How demographic similarity affects the prevalence of perceived employment discrimination. Journal of Applied Psychology, 93, 235-249.

20. Hom, P. W., Roberson, L., & Ellis, A. D. (2008). Challenging conventional wisdom about who quits: Revelations from corporate America. Journal of Applied Psychology, 93(1), 1-34.

21. Scott, K. D., & McClellan, E. L. (Summer 1990). Gender differences in absenteeism. Public Personnel Management, 229-253.

22. Louvet, E. (2007). Social judgment toward job applicants with disabilities: Perception of personal qualities and competences. Rehabilitation Psychology, 52(3), 297-303.

23. Ng, T. W. H., & Feldman, D. C (2010). Organizational tenure and job performance. Journal of Management, 36, 1220-1250.

24. Bell, B. S., & Klein, K. J. (2001). Effect of disability, gender, and job level on ratings of job applicants. Rehabilitation Psychology, 46(3), 229-246.

25. King, E. B., & Cortina, J. M. (2010). The social and economic imperative of lesbian, gay, bisexual, and transgendered supportive organizational policies. Industrial and Organizational Psychology: Perspectives on Science and Practice, 3, 69-78.

26. Ganzach, Y. (1998). Intelligence and Job Satisfaction. Academy of Management Journal 41(5), 526-539.

27. Ganzach, Y. (2003). Intelligence, education, and facets of job satisfaction. Work and Occupations, 30(1), 97-122.

28. Fleishman, E. A. (June 1979). Evaluating physical abilities required by jobs. Personnel Administrator, 82-92.

29. Ziegert, J. C., & Hanges, P. J. (2005). Employment discrimination: The role of implicit attitudes, motivation, and a climate for racial bias. Journal of Applied Psychology, 90, 553-562.

30. McKay, P. F., Avery, D. R., & Morris, M. A. (2008). Mean racial-ethnic differences in employee sales performance: The moderating role of diversity climate. Personnel Psychology, 61(2), 349-374.

31. Sacco, J. M., & Schmitt, N. (2005). A dynamic multilevel model of demographic diversity and misfit effects. Journal of Applied Psychology, 90, 203-231.

32. McKay, P. F., Avery, D. R., Tonidandel, S., Morris, M. A., Hernandez, M., & Hebl, M. R. (2007). Racial differences in retention: Are diversity climate perceptions the key? Personnel Psychology, 60(1), 35-62.

33. Kearney, E., & Gebert, D. (2009). Managing diversity and enhancing team outcomes: The promise of transformational leadership. Journal of Applied Psychology, 94(1), 77-89.

34. Anand, R., & Winters, M. (2008). A retrospective view of corporate diversity training from 1964 to the present. Academy of Management Learning and Education, 7(3), 356-372.

35. Nonaka, I., & Takeuchi, H. (1995). The knowledge-creating company. New York: Oxford University Press.

36. 徐聯恩 (2002)。組織知識創造情境之建構。研習論壇月刊，14，25-32。

37. 鄭君仲 (2006)。打造創意團隊的七項修煉。經理人月刊，16，74-77。

38. Roberson, Q. M., & Stevens, C. K. (2006). Making sense of diversity in the workplace: Organizational justice and language abstraction in employees' accounts of diversity-related incidents. Journal of Applied Psychology, 91, 379-391.

39. Crisp, R. J. & Turner, R. N. (2011). Cognitive adaptation to the experience of social and cultural diversity. Psychological Bulletin, 137, 242-266.

NOTE

第2篇
組織行為的個體層次

Chapter 03 價值觀、態度與工作滿足感

Chapter 04 人格與情緒

Chapter 05 知覺與個體決策

Chapter 06 激勵

03

價值觀、態度與
工作滿足感

學習目標

1. 了解價值觀的意涵，及個人價值觀對行為表現的影響。
2. 探討價值觀的類型有哪些？
3. 探討不同文化中哪些屬性對個人的價值觀具重要影響。
4. 了解態度的定義，與個人工作態度的重要性。
5. 探討態度形成的因素與主要成分為何？
6. 探討工作態度與組織行為的關係。
7. 探討影響個人工作滿足的因素為何？
8. 分析個人工作滿足的職場效應，及其對職場所產生的績效為何？

本章架構

3.1 價值觀是什麼？

3.2 價值觀的類型

3.3 不同文化價值觀之比較

3.4 態度的意涵

3.5 態度形成的影響因素與主要成分

3.6 工作態度與組織行為

3.7 工作滿足的意涵

3.8 工作滿足的影響因素

3.9 工作滿足的職場效應

3.10 結語

扭曲的價值觀 毒害「糖果妹」！

　　毒品的問題不僅造成吸毒者的身體傷害，更對其家庭、社區或整個社會，形成極大的隱憂與問題。而在持續追蹤毒品問題後發現，這些迷染毒癮者，其意識與價值觀屢屢出現扭曲及錯亂。

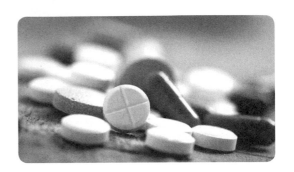

　　觀察時下某些女子，往往在染上毒癮後，竟以身體做為金錢交易，與陌生人發生不當性行為，只為了換取毒品吸食，也就是所謂的「糖果妹」。知情人士透露，這些「糖果妹」大部分年紀都很小，只因為過度追求物質享受，沉溺於聲色場所，或從事不法聲色行業，進而接觸藥頭，在一時好奇下吸了毒，最後終致染毒成癮，一旦沒錢買毒，便喪失道德與價值觀，淪落為以性交易換取毒品的工具，成為社會治安的毒瘤！

扭曲的價值觀 毒害「糖果妹」！
https://youtu.be/neaLMDzrv7Y

 **問題與討論**

1. 不法賺取金錢的犯罪手法時有所聞，您認為其中最大的誘因是什麼？

2. 「以性換毒」究竟是個人的自願行為？還是被犯罪集團以毒品控制的悲哀？您的看法又是如何？

3. 個案主角若是您的家人，您將如何阻止？若身為朋友，您又該如何幫助他們呢？

3.1 價值觀是什麼？

3.1.1 價值觀的概念

▶ 圖 3-1　價值觀的概念圖

3.1.2 價值觀的定義

參照圖 3-1 可以發現，價值觀（value）是一種抽象、普遍的概念，可作為指導個人行為的準則；也具有自我激勵之屬性，能讓有理想目標的個人努力達到。每個人在生活之中都擁有眾多的價值觀，而這通常都是在成長環境中經由父母、師長、朋友的影響所形成，由於每個人所經歷的人生不同，因此，每個人都擁有自己獨特的價值體系，例如覺得安全感、獨立性、智慧、善良、快樂是重要的，但這些特定的價值觀並不適用於其他個體，所以也就不容易讓學者的看法聚焦形成共識[26]。

然而，價值觀通常隱含著一種對於某些方式、目的與生活情況的強烈偏好，而當價值觀建立之後，就會讓個人決定出正向或反向的行為模式[21]。價值觀也是超越具體情境與持久的信念，是具有層次與可比序的屬性，例如，健康身體比擁有財富重要，志工付出比獲取報酬好[21,26]。而與組織行為有關的工作價值觀（work values），係屬價值觀體系，當然也就具備價值觀應有的屬性。而所謂的工作價值觀，是個人對於工作事項所反映出的價值取向或期望[16,30]。

Johri 在 2005 年的研究指出 [14]：管理者的經營方式，自身的優點與努力獲得賞識，能獲得培訓和發展的機會、獲得薪資報酬、與同事互動的關係，都會影響員工本身的工作價值觀。而其中又以薪資報酬與獲得升遷機會之工作價值觀，被認爲是選擇工作時最爲重要的參考因素，也會使得個人對選擇工作具一定程度的影響 [15]。

3.2 價值觀的類型

3.2.1 價值觀的基本類型

價值觀之所以多樣性，是由於每個人與生俱來的條件差異與後天經歷的環境不同所造成，若從個人與社會的觀點而言，價值觀可大致區分爲兩種類型 [21]：

1. **精神價值層面**：包括對於宇宙奧秘的解釋，是不能經由個人感官獲得驗證、發展或排斥的有神論思想，個人與宇宙整體之間的關係，涉及生命的起源與生活目的、美感與同情的含意等。

2. **社會價值觀層面**：包括所有職業中皆明示或暗示著社會價值，有時是反映社會工作者的道德規範、理想正向的行爲，是在團體中被共同認可或遵守等等價值，亦即個人與團體之間理想行爲。

3.2.2 Rokeach 價值量表

Rockeach 在 1973 年將價值分成兩組，各有 18 個題項的架構 [23]（見表 3-1）：一組爲工具性價值（instrumental value）：係指個人欲達到終極性的價值，偏好採行的策略或行爲方式；另一組爲終極性價值或稱爲目的性價值（terminal value）：係指個人在一生當中想成就的最終目標，做爲分析每個人（含自己）對某項工作價值的描述。

▷ 表 3-1 Rokeach 價值量表

終極性價值	工具性價值
舒適的生活（富足的生活）	雄心勃勃（刻苦耐勞、奮發向上）
平等（兄弟情誼和機會均等）	勇敢（堅持自己的信仰）
振奮的生活（刺激、積極的生活）	心胸開闊（氣度恢宏）
家庭安全（照顧自己所愛的人）	寬容（諒解他人）
自由（獨立和自主選擇）	樂於助人（為他人的福利工作）
愉快（享受的人生）	符合邏輯（理性的）
內心和諧（免於內心衝突）	富於想像（大膽、有創造性）
成就感（持續的貢獻）	能幹（有能力、有效率）
和平的世界（沒有衝突和戰爭）	歡樂（輕鬆愉快）
美麗的世界（藝術和自然的美）	清潔（乾淨、整潔）
成熟的愛（性和精神上的親密）	獨立（自立更生、自給自足）
國家的安全（免遭攻擊）	智慧（有知識、善思考）
快樂（滿足、休閒的生活）	正直（真摯、誠實）
普世（救世的、永恒的生活）	博愛（溫情的、溫柔的）
自尊（自重）	順從（有責任感、忠於職守）
社會認同（尊重、讚賞）	禮貌（有禮的、性情好）
真摯的友誼（親密關係）	負責（可靠的）
睿智（對生活有成熟的理解）	自我規範（自律的、約束的）

資料來源：整理自 Rokeach（1973）。

3.2.3 工作價值觀的類型與涵義

Schwartz 在 1994 年指出：理想的工作價值觀應具有跨情境目標的屬性，且每個目標都有著各種不同的重要性，可做為個人在社會層面生活互動之指導原則。而此價值觀隱含的目標包括：(1) 符合社會層面的利益；(2) 可以激勵出具有方向和情感強度的行為；(3) 具有正確判斷和合理化行為的功能；(4) 兼具符合社會主流價值與獨一無二的學習 [25]。

具體而言，價值觀是代表所有個人與社會之間有意識的目標形式，能針對 3 個普遍要求作回應，包括個人作為生物有機體的需求、社會協調互動的必要條件和團體順利運作和生存需求。且個人工作價值觀依屬性（見圖 3-2），可區分為自我提升（權力、成

就），樂於接受改變（追求快樂、自我激勵、自我導向），保守約制（安全性、一致性、傳統性），積極超越（普世、友善）等 4 個層面，10 種類型[25,26]，茲分述如下：

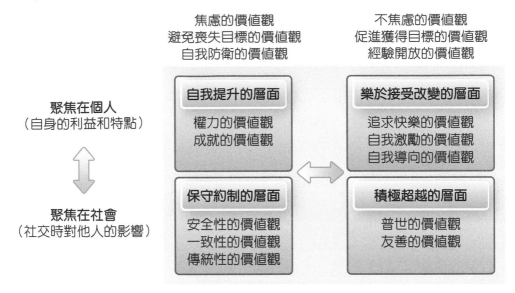

▶ 圖 3-2 工作價值觀之類型

資料來源：整理自 Schwartz（1994,2006）。

1. **權力**：社會地位和聲望，可以控制支配員工和資源。例如社會權力、個人財富。

2. **成就**：個人的成功是依據社會標準所展現的競爭力。例如事業成功、有能力。

3. **追求快樂**：快樂和滿足感性的自己。例如歡樂、享受生活。

4. **自我激勵**：在生活中保有興奮、新奇與挑戰。例如氣魄、生活多樣化、精彩的生活。

5. **自我導向**：能獨立的思想和行動、選擇、創造、探索。例如有創造力、好奇心、自由心思。

6. **安全性**：具有安全、和諧的信念，及對社會與自我關係的穩定。例如國家安全、社會秩序。

7. **一致性**：能克制可能擾亂或損害的行為。例如禮貌、順從、孝敬父母或長輩。

8. **傳統性**：個人對於文化與宗教信仰，保有尊重、承諾與接納的思維。例如謙卑、虔誠、在生活中接受我的一部分。

9. **普世**：對每個人都能展現諒解、感謝、寬容的器度。例如寬闊的胸襟、社會公義、平等的、保護生態環境。

10. **友善**：個人與週遭人們頻繁的接觸，且能秉持維護和增進社會福祉。例如幫助、誠實、寬恕。

3.3　不同文化價值觀之比較

3.3.1　跨文化價值觀分析

　　雖然任何一組價值觀取向，皆無法檢測是否能涵蓋全面性的動機目標。不過，上述的 10 個工作價值觀，已經大致涵蓋了早期價值理論所發現的獨特內容類別，與世界各文化所認可的核心價值觀。Schwartz 在 1994 年參照 44 個國家（含臺灣）中 97 個樣本群，計 25,863 受訪者，進行跨文化的價值觀分析[25]：人們的年齡、學歷、性別等背景變項對生活上的價值觀有很大程度的影響，這包括個人的社交層面、學習經驗、扮演的社會角色、接受的期望和制裁，以及能力的發展。因此，不同的背景特徵代表著不同的生活環境，對價值觀的影響也就產生不同的優先次序，茲分述如下：

1. **隨著年齡的增長**：個人為因應可預見的環境沒落變化，會較重視屬於安全性的價值觀，而對於自我激勵的價值觀則認為較不重要，因為新奇與生活多樣化都更具風險；同時也會因為感官享受的能力下降，對於追求快樂的價值觀，會認為較不重要，而轉為重視一致性與傳統性之價值觀。

2. **就性別而言**：男性特別重視的是權力、成就、追求快樂、自我激勵和自我導向的價值觀；而女性則特別重視的是友善、普世、一致性和安全性的價值觀。

3. **就學歷而言**：教育的歷程是可以促進知能的開放性、靈活性和增廣視野，對於自我導向與自我激勵的價值觀至為重要；但也會造成挑戰現行規範與較高的期望，進而降低一致性與傳統性的價值觀。且日益增加的能力，足以應付生活，而降低對安全的價值觀。學歷越高，自我導向、自我激勵與成就的價值觀呈現正相關，而與一致性、傳統性和安全性的價值觀呈現負相關。

3.3.2　不同文化呈現的價值觀

　　即使人們具有上述這些基本類型的價值觀，對於不同文化團體所呈現重視的程度仍應該是有所區別。例如美國普遍強調個人主義，兒童自幼所受教育傾向於獨立的思想，對事物的探索、是具好奇心等自我導向的價值觀；而日本則強調集體主義，兒童自幼所受教育則傾向於道德養成、重視國家安全、社會秩序等價值觀的層面。不過，有相當多的證據顯示，這 10 個類型的工作價值觀，彼此之間具有衝突性與兼容性，例如部分類型的價值觀雖然站在相互對立（例如道德與才幹、個人與社會的），但它們也可能是相互依存的關係。

顯然，上述跨文化類型的價值觀索引，可以被應用到任何社會工作價值觀的研究。此外，結構理論有利於對涉及工作價值觀類型問題的假設，並以一致的方式進行推導。有助於針對不同國家的團體、社會政策、個人經驗、行為與態度等工作價值觀，進行分析工作價值觀的優先次序，以做為區分具體社會和文化環境相互影響的通用程序。

人治 v.s. 法治 東西方管理差異加大
https://youtu.be/F3VGGw0uU2c?t=30

3.4 態度的意涵

3.4.1 態度的概念

態度與價值觀的層面不同，價值觀涉及的層面較廣，屬於抽象、普遍性，乃至於道德操守符合社會期望，而態度（attitude）則趨向於個人具體表徵的現象（見圖 3-3）。事實上，態度並不是與生俱來，乃是經由個人經驗，尤其是與他人互動而獲得。不論是做為企圖影響或改變他人的態度者，或只是做為一個被動接受的對象，人們所產生出的態度皆已被嵌入在日常生活中的社會互動中。

多數學者都認同，態度至少涉及 3 個方面[7]：(1) 態度的對象：不單只是一個物理對象，它也可以是一個抽象的概念；(2) 對於好的或壞的態度對象產生的一組信念；(3) 行為會隨著個人對於態度對象的喜惡而傾向。

態度！

喜愛的籃球明星及代言球鞋品牌

喜歡聆聽音樂

我熱愛公益活動

偏好某政黨候選人的競選政見

支持某企業的行銷商品

認同某宗教團體的傳教理念

▶ 圖 3-3　態度的概念圖

3.4.2　態度的定義

　　態度除了是人格的一個面向，也涉及認知、情感和動機層面。個人初期對於事件的態度是不會改變的，但隨著個人意念的改變，態度也會變動[32]。態度在涉及情感事件的情況下，會使得個人行動做出傾向或遠離和這些有關信念的反應，同時反應出一組不同的問題和價值觀，也可能是一種心態判斷所形成的副產物。且態度在情感、信念表現出一定的連貫性，對於態度事件要求提出公開行動。在情感與外顯行為之間的變數，僅有一個干擾變數，此即態度[32]。因此，若知道一個人的態度，將可獲知個人一些的行為線索，尤其在做為判斷一個人在特定情況下所採行的行動。

　　多數態度理論的中心假設指出，個人對於事件的評價，能穩定不受時空背景而影響。然而，多數實徵研究顯示，個人對於指定事件仍可保存多種態度。這包含單一事件的多種態度評價，可以是膚淺的反映，低基準的認知情感，或者對於不一致架構下仍能維持穩定的態度反應。也有很多的態度，是受到長久影響的反應，或者穩定地在社會脈絡與情境下，個體的內化傾向。這或許就是態度有時會被批評僅為個人反應事件的附帶現象，或是預期未來影響所做出的不同情緒反應的重要因素[32]。

3.5　態度形成的影響因素與主要成分

3.5.1　影響態度形成的因素

　　態度的形成與個人的生活經驗有關，主要是個人在學習經歷中，經由父母、師長、同儕所獲得。態度雖然是經由長時間的學習經驗累積，是一種有組織、一致性和持續性

的心理傾向。不過，與價值觀相比較，當生活經驗略有變異，個人可能對某一事件或對象的態度也就隨之改變，仍屬於較低的穩定性。例如，個人會因為某位擔任保險經理人是要好的朋友，而改變投保公司。而個人在組織行為中若將工作與工作環境視為一特定事件或對象，此時，個人對工作環境的感受與行動意圖，則形成了工作態度[7]。

3.5.2 態度形成的主要成份

個人因為對環境有主導的企圖，以及表達出真實的自我，進而形成態度。而個人的態度形成包括了認知、情感與行為等[29]。

1. **認知成分**：是指個人既有的知識、想法或學習經驗，對於某一事件或對象有關的信念。例如，吸煙與嚼食檳榔有害身體健康。

2. **情感成分**：是指個人對於某一事件或對象所引起的情感反應。例如，當個人身處髒亂的環境中，噁心與不高興的情感訊息就會被髒亂環境所觸發。

3. **行為成分**：是指個人對某一事件或對象，所表現出特定的行為傾向。例如，個人對於學生上課中嚼食口香糖，一直認為是不當的態度表現。

3.6 工作態度與組織行為

3.6.1 工作態度與組織行為之關係

工作態度之所以在個人心理層面產生維持或改變的特徵，主要是因為自身在與組織互動的過程中，會受到對事件的動機與專業知識、不斷接受重覆的訊息事件，以及對訊息來源認同度所影響[29]。換言之，個人在與組織互動的過程中，會不斷產生刺激反應與調適的行為表徵，而在組織工作的行為表現方面，主要是針對能確保獲得薪資報酬、避免自我產生衝突和焦慮、社會情境適應與價值觀的展現[17]。

職涯發展的四大關鍵提問
https://youtu.be/ENe2P0G_dok

3.6.2 工作態度相關之層面

組織行為的研究領域，與工作態度有關而經常被提及的層面包括：工作滿足、工作投入與組織承諾。

1. **工作滿足**：是指個人在組織內從事任務工作中，對工作本身、主管監督、工作待遇、工作條件、工作夥伴的人際關係等[28]，具有正面情感的心理狀態。一般而言，員工內心若感受到工作滿足，其在任職的工作中即會表現出正向態度；反之，員工內心若無法獲致工作滿足，則會在任職的工作中表現出負向態度。

2. **工作投入**：是指個人對於任職工作所產生的興趣高低程度。一般而言，對於任職工作感到興趣程度較高的員工，其工作投入與出勤率較高，而離職率較低；反之，員工對於所任職的工作興趣較低，則工作投入程度相對偏低，而產生較高的缺勤或離職率。

3. **組織承諾**：是指員工認同組織目標的強度。一般而言，員工高度認同組織的目標，會對組織產生高度的承諾，願意與組織維持很好的關係，當接收到外界對組織的批評時，願意適時替組織辯護；反之，員工對組織目標的認同程度不足，除了造成對組織忠誠度明顯下降，也會對自身從事的任務工作產生或多或少的忽視行為。

3.7 工作滿足的意涵

3.7.1 工作滿足之概念

工作滿足的概念，就是員工在工作職場執行任務的情況下，對於所從事的工作與工作相關事項，在生理與心理方面所感受的滿意度 [16]，這包含個人對其工作所抱持之正面或負面感覺的程度。它並非單一取向，而是多面向的組合，例如薪資條件，與雇主、同事的關係 [28]。不過，個人也可能因為長期從事重複性的工作，而影響工作滿足 [13,27]。也就是說，員工若在所任職的工作中若感受到正面情感，則產生工作滿足並表現出正向的工作態度；反之，員工若對所從事的工作產生負面情感，則內心無法獲致工作滿足，也就表現出負向的工作態度。

3.7.2 工作滿足的情感表現

工作滿足在組織行為的探討上，大致分為二個方面：

1. **單一層面的工作滿足**：是指個人對於工作單一特定的層面，生理與心理產生主觀的工作滿足程度，例如個人在薪資報酬感到滿足，卻對單位主管的行事風格感到不滿。

2. **整體層面的工作滿足**：是指個人對於工作各個層面，所感受的工作滿足之總和後的平均值。至於與工作滿足有關因素，大致包括個人工作價值觀、成就感、工作待遇或福利、升遷、主管賞識、組織政策、工作夥伴的人際關係 [18,29]。

3.8 / 工作滿足的影響因素

3.8.1 工作滿足與雙因子理論之關聯

探討影響工作滿足的實徵研究中，雙因子理論（two-factor theory of emotion）對於促進管理者注意組織內工作環境與員工的工作滿足關係，頗具積極意義。研究發現：在工作場所中存在一定的因素，會讓員工感到工作滿足，也會存在著另一組獨立的因素，讓員工感覺不滿，工作滿足和工作不滿足彼此間的因素互異。個人在工作方面並不滿足於低層次的需求滿意，例如這些需求與最低工資水平或安全、舒適的工作環境有關。反之，個人尋求的是較高層次的滿足，包括必要的成就、受到認可、被賦予責任、提升與工作本身的性質[11]。

如何找尋自己的職場價值！
https://youtu.be/OzO0KsnCFJk

3.8.2 雙因子理論與含意

有關涉及個人對於工作性質直接的特徵反應，這是屬於工作本身內在的條件，包括獲得成就、能力受到表揚、獲得職務升遷、個人價值與自我成長，能讓個人感到高興和滿意，進而獲得很高的滿足，即屬激勵因子[10]（motivators）。但是，個人如果因為對工作環境所引起不滿的特徵反應，這是屬於工作本身的外在狀況，如公司政策、督導、工作薪資、工作夥伴的人際關係和工作條件，將使得個人對工作產生不滿，此即保健因子（hygiene factors）。因此，在組織中擔任管理階層，若希望讓員工增加工作滿足感，應著重於員工獲得升遷的機會、勇於承擔責任、自我成長等工作性質的提升。另一方面，也須專注於擬訂適宜的政策、程序、監督、工作條件等工作環境的改善，以降低員工對組織產生的不滿[11]。有關雙因子理論部分，在本書的第六章有更詳細的敘述。

3.9 / 工作滿足的職場效應

3.9.1 工作滿足與組織承諾

親密感雖然可以把人與人之間的距離拉得更近，但承諾才是使得彼此間的關係經得起時間考驗的因素，它包含使個人努力提升，維持與他人成為伙伴關係的各種力量。至於個人與組織之間的關係，產生和維持承諾的一個主要因素，即屬組織的滿意程度，如獲得薪資報酬。隨著與組織間關係的繼續，承諾通常會緩慢地增長，而從關係中產生越來越高的滿意度，並認為其他替代關係更不理想[6]。

　　組織承諾（organizational commitment）在組織行為學的概念是員工從內心深處認同整個組織與組織目標的強度。而組織的管理者若能本著重視員工的經營理念，視員工為組織內部的顧客，提供適宜的工作條件，就能將組織目標與想法行銷給員工，並提升員工對組織工作的滿足程度，進而提升對組織的承諾，將可降低離職的意願[8]。此即，組織承諾越高的員工，對組織會產生濃厚的情感、歸屬感及忠誠度[19,20]。此外，工作價值觀、薪資報酬與工作投入，皆能讓員工在組織行為的表現上產生激勵效用，而獲取薪資報酬與組織工作滿足又深具關聯性[12]。

3.9.2　組織承諾之類型

　　組織承諾在組織行為的探討上，分為三類因素[19]：

1. **情感性承諾（affective commitment）**：也可稱為態度性承諾，是屬於個人內心對組織目標產生調節的性質，包括員工對組織與組織目標在調節過程所產生情感依賴、認同和投入。而員工具有高情感性承諾，在組織工作方面會表現出努力工作、積極主動及強烈的忠誠度。

2. **持續性承諾（continuance commitment）**：是指員工願意繼續留在組織工作的傾向。由於員工認知到離開組織可能會為自己造成某些程度的損失，不願意失去多年來投入組織工作所獲取的報酬，而不得不繼續留在組織內工作的一種承諾。例如，服務年資、工作薪資、工作福利、工作夥伴的人際關係等。

3. **規範性承諾（normative commitment）**：是指員工對組織所抱持的規範信念。而在組織行為上的反映就是員工對繼續留在組織的義務感，這是由於員工本身長期受到社會的影響，所形成一種特定的社會責任，而產生願意留在組織內工作的承諾。

3.10　結語

　　個人在組織中所反映出的工作價值觀，會受到管理者所選擇的經營方式有所影響。可見得管理者所選擇的核心價值觀，會讓員工與組織間的互動發生截然不同的氛圍。例如，管理者採「唯才是用」的價值觀，則能讓有能力的員工，獲得升遷的前瞻性。或是提供較優渥的薪資報酬，留住優秀人才，都能促使組織內的員工不斷創新，並提升組織中各項產品的附加價值，使得組織能永續經營。不過，管理者選擇的核心價值，並沒有絕對的是與非，畢竟員工在組織行為的互動過程中，管理者可以依其經營的價值觀，選擇認為優秀的員工，而優秀員工也可以選擇適合的組織從事工作。

雖然價值觀涉及的層面較廣，屬於一種抽象、普遍性，乃至於道德操守符合社會期望，而態度則趨向於個人在組織內的具體表徵。不過，了解個人工作價值觀，將有助於分析個人的工作態度。儘管每個員工所具有的價值體系並不相同，身為組織的管理者，只要留意員工的工作態度，將能適時發現潛在的問題徵兆，做好及時因應與處理。例如，提供適宜的工作條件，就能將組織目標與想法行銷給員工，並提升員工對組織工作的滿足程度與承諾，而降低離職的念頭。而組織承諾越高的員工，對組織會產生濃厚的情感、歸屬感及忠誠度，而獲取薪資報酬與組織工作滿足又深具關聯性。因此，身為管理者若想讓組織內的員工降低離職率，就必須清楚了解員工的工作態度，進而分析員工可能反映的行為表現。

至於管理者如何才能讓組織內員工獲得工作滿足，以增進工作績效並降低離職率？可從下列 4 個層面著手[3]：

1. **提供具心智挑戰性的工作（mentally challenging work）**

   對於組織內優秀的員工，管理者應提供具多樣性任務、高自由度、能發揮本身技能及有回饋性的工作，這些特徵會讓勇於挑戰與創新的優秀員工，獲得相當程度的工作滿足。

2. **公平的待遇（equitable rewards）**

   組織內的員工希望薪資報酬、職務升遷制度是公平公正的。薪資結構若能依據員工的技能水平與同業標準來給付，員工也較能達到工作滿足。同理，升遷制度可讓員工促進自我成長與增進社會地位，故若員工能感受到管理者有一套慎重、公平的升遷決策，員工也就較能獲得工作滿足。

3. **支持性的工作環境（supportive working conditions）**

   組織內的員工通常重視工作環境中的舒適感及執行工作的便利性。此外，大多數的員工偏好工作地點不需離家太遠，工作設備能整潔與符合現代科技。上述各項工作環境若能符合員工的期望，亦能增進其工作滿足。

4. **支持性的夥伴（supportive colleagues）**

   對大多數的員工而言，從工作中獲得的薪資報酬或是職務地位以外，工作的同時也期望能與工作夥伴相處愉快，獲得良好的人際互動。身為管理者若能適時給予員工鼓勵、打氣、傾聽員工需求，將能有助於提升員工的工作滿足。

錢多事少離家近，就是「幸福企業」？
https://youtu.be/_iOgiqWi-v0

OB專欄

三分鐘生活課之「情場價值觀 - 關上潘朵拉的盒子」[1]

　　你曾窺探過親密好友的手機嗎？相對的，如果對方要求看你手機，你願意分享嗎？相信這個議題絕大多數人，會以強烈的個人立場認為：「當然要看！如果他不給我看，我要怎麼信任他？」但是也會有：「當然不能看！這是我的隱私權，憑什麼要給他看？」兩種截然不同的反應。

　　一方面我們希望能有「隱私權」的維護；而另一方面，我們也希望有「信任感」的考量，到底哪個比較重要呢？無法信任與缺乏安全感的焦慮，會對兩人之間的親密關係造成威脅，而這種威脅，會增加雙方尋求其他對象的可能性。

　　因此，即使你拿到了對方的密碼，也不要打開這個潘朵拉的盒子，因為這個盒子裡，沒有什麼東西可讓你獲得快樂，你們應該做的是用時間陪伴彼此，增進信任感和安全感，這才能讓彼此找到平衡、健康的愛情價值觀！

三分鐘生活課之「情場價值觀 - 關上潘朵拉的盒子」

https://youtu.be/wxwrPuaarbw

OB專欄

機會是給預備好的人～職場菜鳥的生存之道[2]

　　在職場中，到底要堅持工作原則？還是要為了人際關係而妥協讓步？本文將提供「LOHAS 職場樂活技巧」。包含「Love 熱情－真心喜歡並熱愛自己的工作」，「Open 開放心胸－願意接納他人、轉換新思維」，「Habit 人格特質－塑造自己的獨特風格」，「Ability 承擔能力－承接微小工作、儲備大挑戰的能力」，「Skill 工作技能－你能為公司提供多少產值？」

　　這五個職場樂活技巧，提供職場新鮮人正確的方向，並鼓勵大家不要只埋首於自己的工作，應該適時抬起頭來，用更高的角度看待人、事、物，才能在職場上擁有更寬廣的胸襟與視野。

機會是給預備好的人～職場菜鳥的生存之道

https://youtu.be/DLsRwcWYif8

 個案分析

　　台灣現今社會中，網路應召站及色情網站充斥，甚至朝集團化的模式經營。除誘騙女性賣淫外，甚至更以毒品逼迫在學的女學生賣淫。長期以來，此嚴重戕害青少年的犯罪行為，已造成台灣各地、各級校園，從事援交與吸毒人口的大量增加。

　　除此之外，再從全國警方近年來所破獲的諸多吸毒與網路賣淫事件，明顯可發現，毒品不僅已成為犯罪集團脅迫青少年的重要工具，更是結合了不當援交方式，成為台灣當前非常嚴重的「複合犯罪」問題。

圖片來源：自由時報

　　要完全根除或防制「複合犯罪」並非容易之事，必須從其衍生的根源因素積極介入、阻斷，才能有效減少此類犯罪問題；尤其對於援交集團藉由毒品控制少女，並逼迫其從事賣淫的惡劣行為，已經危及國內經濟發展、社會治安，甚至是對人民生命的巨大衝擊。已不亞於「非傳統安全」的威脅，因此更需要台灣不同領域的專家學者集思廣益，共同合作，設計出真正有效的防制方案[5]。

　　為避免青少年遠離毒品與援交，可採取的預防對策[4]：

1. 家庭方面：

　　(1) 加強親職教育與改善親子關係。

　　(2) 對不當管教的父母給予處罰。

2. 學校方面：

    (1) 導正青少年對援助交際的觀念。

    (2) 加強宣導青少年正確的社交行為。

    (3) 開設正確健康的兩性課程與活動。

    (4) 對高危險群的青少年特別輔導與關注。

3. 社會方面

    (1) 從嚴要求網咖業者的自律自清。

    (2) 導正錯誤、偏差的觀念。（例如：「笑貧不笑娼」）

4. 政府方面

    (1) 落實網路資訊的分級管理政策。

    (2) 安置並輔導以援交為業的少女。

    (3) 加強網路犯罪的偵查與防治工作。

    (4) 嚴懲誘引青少年吸毒、援交的業者。

本章摘要

1. 價值觀（value）是一種抽象、普遍的概念，可作為指導個人行為的準則；具自我激勵、有層次與可比序的屬性；且具有超越具體情境與持久的信念。

2. 每個人都擁有獨特的價值體系，且通常都是在成長環境中經由父母、師長、朋友的影響而形成。

3. 工作價值觀是個人對於工作事項所反映出的價值取向或期望，而有關管理者的經營方式、自身的優點與努力獲得賞識、能獲得培訓和發展的機會、獲得薪資報酬、與同事互動的關係，皆會影響員工本身的工作價值觀。

4. 理想的工作價值觀應具有跨情境目標的屬性，且每個目標都有著各種不同的重要性，可做為個人在社會層面生活互動之指導原則。

5. 價值觀可大致區分為兩種類型：(1) 精神價值層面，如不能經由個人感官獲得驗證、信仰、個人與宇宙間的關係、涉及生命的起源與生活目的、美感與同情的含意等。(2) 社會價值觀層面，如反映社會工作者的道德規範、社會上共同認可並遵守的行為規範。

6. 價值觀隱含的目標包括：(1) 符合社會層面的利益；(2) 可以激勵出具有方向和情感強度的行為；(3) 具有正確判斷和合理化行為的功能；(4) 兼具符合社會主流價值與獨一無二的學習。

7. 價值觀是能針對 3 個普遍要求作回應，包括個人作為生物有機體的需求、社會協調互動的必要條件，以及團體順利運作和生存需求。

8. 工作價值觀依屬性可區分為權力、成就、追求快樂、自我激勵、自我導向、安全性、一致性、傳統性、普世、友善等 10 類。

9. 每個人重視的工作價值觀有所差異，主要是受到不同的年齡、學歷、性別等背景變項的影響。

10. 不同文化團體所重視工作價值觀也有所區別，如美國強調個人主義，兒童自幼所受教育傾向於獨立的思想、對事物的探索、具好奇心等自我導向的價值觀；而日本則強調集體主義，兒童自幼所受教育則傾向於道德養成、重視國家安全、社會秩序等價值觀。

11. 態度與價值觀的層面不同，價值觀涉及的層面較廣，屬於抽象、普遍性，乃至於道德操守符合社會期望；而態度則趨向於個人具體表徵的現象。

12. 態度並不是與生俱來，乃是經由個人經驗，尤其是與他人互動而獲得；態度至少涉及 3 個方面：(1) 態度的對象：不單只是一個物理對象，它也可以是一個抽象的概念；(2) 對於好的或壞的態度對象產生的一組信念；(3) 行為會隨著個人對於態度對象的喜惡而傾向。

13. 態度除了是人格的一個面向，也涉及認知、情感和動機層面。個人初期對於事件的態度是不會改變的，但隨著個人意念的改變，態度也會更動。

14. 態度在涉及情感事件的情況下，會使得個人反應出一組不同的問題和價值觀，也可能是一種心態判斷所形成的副產物。

15. 態度在情感、信念表現出一定的連貫性。而在情感與外顯行為之間的變數，僅有一個干擾變數，此即態度。

16. 態度的形成與個人的生活經驗有關，主要是個人在學習經歷中，經由父母、師長、同儕所獲得。

17. 個人在組織行為中若將工作與工作環境視為一特定事件或對象，此時，個人對工作環境的感受與行動意圖，則形成了工作態度。

18. 個人的態度形成包括了認知成份、情感成份與行為成份。

19. 工作態度之所以在個人心理層面產生維持或改變的特徵，主要是因為自身在與組織互動的過程中，會受到對事件的動機與專業知識、不斷接受重覆的訊息事件，以及對訊息來源認同度所影響。

20. 組織行為的研究領域，與工作態度有關而經常被提及的層面包括：工作滿足、工作投入與組織承諾。

21. 工作滿足的概念，就是員工在工作職場執行任務的情況下，對於所從事的工作與工作相關事項，在生理與心理方面所感受的滿意度。

22. 工作滿足分為二個方面：(1) 單一層面的工作滿足，是指個人對於工作單一特定的層面，生理與心理產生主觀的工作滿足程度；(2) 整體層面的工作滿足，是指個人對於工作各個層面所感受的工作滿足之總和後的平均值。

23. 涉及個人對於工作性質直接的特徵反應，這是屬於工作本身內在的條件，包括獲得成就、能力受到表揚、獲得職務升遷、個人價值與自我成長，能讓個人感到高興和滿意，進而獲得很高的滿足，即屬激勵因子（motivators）。

24. 個人因為對工作環境的引起不滿的特徵反應，這是屬於工作本身的外在狀況，如公司政策、督導、工作薪資、工作夥伴的人際關係和工作條件，將使得個人對工作產生不滿，此即保健因子（hygiene factors）。

25. 在組織中擔任管理階層者，如希望讓員工增加工作滿足感，應著重於員工獲得升遷的機會、勇於承擔責任、自我成長等工作性質的提升；另一方面，則須專注於擬訂適宜的政策、程序、監督、工作條件等工作環境的改善，以降低員工對組織產生的不滿。

26. 親密感雖然可以把人與人之間的距離拉得更近，但承諾才是使得彼此間的關係經得起時間考驗的因素，它包含使個人努力提升和維持與他人成為伙伴關係的各種力量。

27. 組織承諾（organizational commitment）在組織行為學的概念是員工從內心深處認同整個組織與組織目標的強度。

28. 組織承諾越高的員工，對組織會產生濃厚的情感、歸屬感及忠誠度。另外，工作價值觀、薪資報酬與工作投入皆能讓員工在組織行為的表現上產生激勵效用，而獲取薪資報酬與工作滿足又深具關聯性。

29. 組織承諾分為三類因素：(1) 情感性承諾（affective commitment）：也可稱為態度性承諾，是屬於個人內心對組織目標產生調節的性質；(2) 持續性承諾（continuance commitment）：是指員工願意繼續留在組織工作的傾向；(3) 規範性承諾（normative commitment）：是指員工對組織所抱持的規範信念，在組織行為上的反映就是員工對繼續留在組織的義務感。

本章習題

一、選擇題

( ) 1. 可作為指導個人行為的準則,並具有可比序性與超越具體情境與持久的信念稱之為? (A) 組織承諾 (B) 工作滿足 (C) 態度 (D) 價值觀。

( ) 2. 能讓組織內員工對於工作反映出應有價值取向或期望,下列何者為非? (A) 努力獲得賞識 (B) 獲得培訓的機會 (C) 社會道德規範 (D) 獲得薪資。

( ) 3. 下列何者並非價值觀所隱含的目標? (A) 符合社會層面的利益 (B) 可以激勵出不具方向性和情感強度的行為 (C) 具有正確判斷和合理化行為的功能 (D) 兼具符合社會主流價值。

( ) 4. 與價值觀的層面不同,是趨向於個人具體表徵的現象稱之為? (A) 態度 (B) 人格 (C) 情緒 (D) 知覺。

( ) 5. 在情感與外顯行為之間的變數,僅有一個干擾變數,稱之為? (A) 態度 (B) 人格 (C) 情緒 (D) 知覺。

( ) 6. 態度的形成,主要是受到那些影響,下列何者非? (A) 精神價值 (B) 父母 (C) 師長 (D) 同儕。

( ) 7. 態度除了是人格的一個面向,也涉及三個層面,下列何者為非? (A) 認知 (B) 情感 (C) 動機 (D) 規範。

( ) 8. 個人在組織行為中若將工作與工作環境視為一特定事件或對象,此時個人對工作環境的感受與行動意圖,則形成? (A) 工作滿足 (B) 工作態度 (C) 組織承諾 (D) 工作價值。

( ) 9. 員工在工作職場執行任務的情況下,對於所從事的工作與工作相關事項,在生理與心理方面所感受的滿意程度,稱之為? (A) 情感性承諾 (B) 工作滿足感 (C) 持續性承諾 (D) 規範性承諾。

( ) 10. Herzberg 提出雙因子理論中,「激勵因子」是指涉及個人對於工作性質直接的特徵反應,屬於工作本身內在的條件,下列何者為非? (A) 能力受到表揚 (B) 獲得成就 (C) 工作夥伴的人際關係 (D) 獲得職務升遷。

二、名詞解釋

1. 價值觀

2. 態度

3. 工作滿足

4. 激勵因子

5. 保健因子

三、問題討論

1. 何謂「價值觀」？價值觀重要性為何？

2. Schwartz 指出：工作價值觀依屬性可區為 4 個層面 10 個類型，請簡述之。

3. 何謂態度？個人態度的形成包含哪些成份？

4. 何謂工作滿足？工作滿足的影響因素有哪些？

5. 何謂組織承諾？組織承諾可區分為哪 3 類因素？

參考文獻

1. 天下文化 (2017)。三分鐘生活課之「情場價值觀 - 關上潘朵拉的盒子」。2018 年 01 月 09 日，取自 https://youtu.be/wxwrPuaarbw

2. 好消息電視台 (2017)。機會是給預備好的人～職場菜鳥的生存之道。2018 年 01 月 7 日，取自 https://youtu.be/DLsRwcWYif8

3. 李青芬、李雅婷、趙慕芬（合譯）(2006)。Robbins, S. P. (2000) 著。組織行為學（第 11 版）(Organizational behavior)。台北：華泰。

4. 張淑中 (2006)。網路援交行為與預防對策之探討。犯罪與刑事司法研究，6，65-98。

5. 張淑中 (2015)。「吸食毒品與網路援交」複合犯罪探討及防制政策建議。犯罪、刑罰與矯正研究 6(1)，70-90。

6. 莊耀嘉、王重鳴（譯）(2001)。Smith, E. R., & Mackie, D.M. (1996) 著。社會心理學 (Social psychology)。台北：桂冠。

7. Culbertson, H. M. (1968). What is an attitude? Journal of Cooperative Extension, 7(2), 79-84.

8. Currivan, D. B., (1999). The causal order of job satisfaction and organizational commitment in models of employee turnover. Human Resource Management Review, 9(4), 495-524.

9. Douglas, B. C. (1999). The causal order of job satisfaction and organizational commitment in models of employee turnover. Human Resource Management Review, 9(4), 495-524.

10. Herzberg, F. (1968). One more time: How do you motivate employees? Harvard Business Review , 46 (1), 53–62.

11. Herzberg, F., Mausner, B., & Snyderman, B. B. (1959). The motivation to work (2nd ed.). New York: John Wiley.

12. Hogan, J., & Hogan, R. (1996). Motives, values, preferences inventory manual. Tulsa, OK: Hogan Assessment Systems.

13. Hoppock, R. (1935). Job satisfaction. New Youk: Harper and Brothers.

14. Johri, R. (2005). Work values and the quality of employment: A literature review. New Zealand: Department of Labour.

15. Judge, T. A., & Bretz, R. D. (1992). Effects of work values on job choice decisions. Journal of Applied Psychology, 77(3), 261-271.

16. Kalleberg, A. L. (1977). Work values and job rewards: A theory of job satisfaction. American sociological review, 42(1), 124-143.

17. Katz, D. (1960). The functional approach to the study of attitudes. Public Opinion Quarterly, 24, 163-204.

18. Locke, E. A. (1973). Satisfiers and dissatisfiers among white-collar and blue-collar employees. Journal of Applied Psychology, 58(1), 67-76.

19. Meyer, J. P., & Allen, N. J. (1991). A three-component conceptualization of organizational commitment. Human Resource Management Review, 1, 61–89.

20. Meyer, J. P., Stanley, D. J., Herscovitch, L., & Topolnytsky, L. (2002). Affective, continuance, and normative commitment to the organization: A meta-analysis of antecedents, correlates, and consequences. Journal of vocational behavior, 61(1), 20-52.

21. Rice, E. P. (1968). Changing social values in public health. American Journal of Public Health and the Nations Health, 58(8), 1323-1328.

22. Robbins, S. P. (1998). Organizational Bchavior 8th ed, Upper Saddle River, NJ:Prentice-Hall.

23. Rokeach, M. (1973). The nature of human values. New York: The free press.

24. Schermerhorn, J. R., Hunt, Jr. J. G. & Osborn, R. N. (1994). Managing organizational bchavior. New York: Wiley.

25. Schwartz, S. H. (1994). Are there universal aspects in the structure and contents of human values? Journal of Socail Issues, 50(4), 19-45.

26. Schwartz, S. H. (2006). Basic human values: theory, measurement, and application. Revue francaise de sociologie, 47(4), 249-288.

27. Shimmin, S. (1975). People and work: some contemporary issues. British Journal of Industrial Medicine, 32, 93-101.

28. Smith, P. C., Kendall, L. M., & Hulin, C. L. (1969). The measurement of satisfaction in work and retirement. Chicago: Rand McNally.

29. Sternberg, R. J. (2004). Psychology (with CD-ROM and InfoTrac). Wadsworth, a division of Thomson Learning, Inc.

30. Super, D. E. (1970). Manual: work values inventory. Boston: Houghton-Miffin.

31. Treviño, L. K., & Brown, M. E. (2005). The role of leaders in influencing unethical behavior in the workplace. Managing organizational deviance, 69-87.

32. Wood, W. (2000). Attitude change: Persuasion and social influence. Annual review of psychology, 51(1), 539-570.

NOTE

04

人格與情緒

學習目標

1. 了解人格特質的意涵。
2. 探討情境因素對遺傳與環境的調節及影響。
3. 了解人格的五大模式,及其對所從事工作的影響。
4. 探討人格的屬性有哪些?及其對組織行為的影響為何?
5. 了解跨文化人格的比較,及不同國家的人格特質有何異同?
6. 了解情緒的定義與來源,及情緒管理的重要性。
7. 探討情緒對個人與組織內工作之影響層面。
8. 了解情緒勞務的意涵,及其對組織效能有何影響?

本章架構

4.1 人格特質的意涵
4.2 人格的五大模式
4.3 影響組織行為之人格屬性
4.4 不同國家人格特質
4.5 情緒的來源
4.6 情緒的外在限制
4.7 情緒勞務的意涵暨影響組織之層面
4.8 結語

玉石俱焚的情殺悲劇

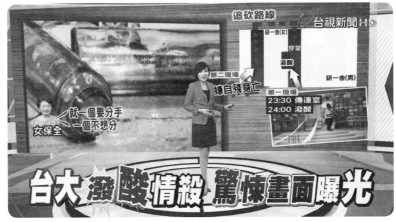

圖片來源：台視新聞

　　張姓男子（台科大碩士 23 歲），與謝姓男子（台大心理研究所 23 歲）是交往多年的情侶關係，因感情生變而協議分手。張男為求復合，以「拿東西」為由企圖找謝男談判，並預謀攜帶兩瓶裝滿硫酸的玻璃瓶，水果刀、電擊棒前往謝男所住宿舍前。過程中謝生為自保，也找來駱姓男同學（23 歲）陪同。

　　談判中兩人發生爭吵，引起女宿的谷姓女保全上前介入，企圖排解張男的情緒，但不料張男卻佯裝要喝飲料，降低彼此戒心後，藉機持硫酸朝謝生潑灑，再以水果刀追砍謝生，導致謝生背部多處中刀。

　　目擊者還原現場：「兩個人身上都是『黑泥』、全身都在冒煙」，接著就見到張男持水果刀猛割自己脖子，當場鮮血狂噴倒地。」最後張男因傷及大動脈失血過多當場身亡，謝生、駱生及谷姓女保全則被送醫治療，最後釀成 1 死 3 傷的悲劇。

玉石俱焚的情殺悲劇
https://youtu.be/z1bx-KviTdc

 問題與討論

1. 你認為愛情的發展，是否該建立在循序漸進的歷程？

2. 處理情緒失控的分手對象，你認為有哪些安全適宜的做法？

3. 當身邊的家人或朋友出現憤怒、衝動或焦慮的情感問題時，你會如何面對及解決？

4.1　人格特質的意涵

4.1.1　人格的概念

人格（character）是指人類心理特徵的統整表現，是一個相對穩定的結構。並在不同時間與空間環境之下，影響著內隱的心理特徵和外顯的行為模式。人格也展現出一個人的特點和與眾不同，使得個人具有一定程度的獨特性與持久性。所以社會存在著不同的人格特質，組合成一個個性格迥異的個體。簡言之，人格是指在各種情境下的個人行為表徵，例如與家人、朋友和同事間的相處，以及對於本身外貌、能力、動機、抱負、大方、順從性、精力充沛或精神萎靡、歇斯底里或猜疑、歡樂或沮喪等情緒反應，它都無法以任何單一的層面來涵蓋[15]。

4.1.2　人格定義

在定義人格時，必須考慮到幾個事實：首先，每一個個體都具有唯一人格，絕不會有兩個個體具有完全一樣的氣質、行為與偏好。其次，個體在任何情況下，也不會有完全相同的行為方式產生。第三，雖然每個個體皆是獨一無二，並且沒有完全一致的情況可以跨越，但在人類行為上，卻有相當多的共同點。也就是說，個體在細節上雖然有明顯的差異，但是仍有一些人會表現出相似的行為模式。因此人格類型的描述，可以讓我們在一定範圍內，更準確地描述個體一些重要的行為模式[19]。

Robbins 在 1998 年指出：人格主要是受到遺傳基因與後天環境因素的交互影響，並藉由個人所處的情境調整而成[20]，茲分述如下：

1. **先天遺傳因素**：遺傳是生物經由受精作用，讓親代與子代之間、子代個體之間具有相似的特徵。此即，父母親的性徵傳遞到下一代子女身上的現象，包括害羞、恐懼、苦惱、性別、臉型等特質，絕大部分皆在母體受孕時就已決定。舉例而言：父親患有哮喘，子女因承繼父親哮喘基因，致使患有哮喘或其他過敏性疾病的機率會增大。
2. **後天環境因素**：每個人在生命成長的歷程中，舉凡所受到家庭規範、親友與同儕、社會團體、文化背景等生存空間的因素，皆會對人格養成有所影響。舉例而言：北美洲文化強調成就、競爭與獨立的信念，在此文化背景成長下之子女，較容易養成積極、具冒險精神的人格特質。

3. **情境調整因素**：人格特質雖然受到遺傳與環境等因素影響而具有穩定性與一致性，但也並非一成不變。個人在特殊情境下，人格特質也可能出現即時性、短暫性的調整改變，包括與自己的同儕、同事、朋友、近鄰等接近的機會增多，就容易產生不同的情感或建立進一步的情誼。舉例而言：個人期望和鄰居維持友好關係，就會對鄰居做出正面觀感，並試圖說服自己去認同及接受這是令人愉悅與喜愛的環境，而促進相互之間的良好關係發展。

孩子品格 先天決定？
https://youtu.be/-Si3N_57f9Q

4.2　人格的五大模式

在組織行為的實徵研究資料顯示，員工具有的五項人格特質 (Big Five of characters)，對於所從事的工作類型具有重要的影響，也可以適用在不同文化的情境之中 [20,21]。

1. **情緒穩定之程度（neuroticism）**：是指衡量一個人抗壓的程度。情緒穩定的員工會展現出冷靜、鎮定、自信、胸有成竹，不易產生工作壓力；反之則會出現精神緊張、情緒不穩定、憂鬱、易怒、擔憂等不穩定的情緒狀態。

2. **外向性程度（extraversion）**：是指員工在組織人際互動中，表現出舒適自在的程度。外向者大都喜愛社交活動、有自信、較能合群；反之，內向者則會表現出羞澀、安靜、愛思考、保守、喜歡獨處的特質。

3. **經驗開放的程度（openness）**：是指一個人對新奇事物的著迷程度。員工越具有開放程度，則越具有創造力與想像力，也多半願意嘗試及聆聽新的想法；反之，則顯得保守封閉、缺乏求知慾、對新的事物也欠缺興趣。

4. **親和性程度（agreeableness）**：是一種在社交場合中，能具同理心與友善他人的程度。隨和友善的員工會展現出善解人意、友好、誠實、正直、容易相信他人的特質；反之，則會表現猜忌、重視自身的需求、缺乏同理心、顯得冷漠、與人意見不合的情形。

5. **專注感之程度（conscientiousness）**：在事件處理的過程，屬於專注、細膩且謹慎的人格特質。盡責的員工，會表現出認真負責、組織性強及勤奮可靠的特色；反之的員工，則會表現出粗率、計畫不周延、散漫或自律性低的特色。

4.3 影響組織行為之人格屬性

組織行為領域的研究中，多項人格屬性是頗具行為預測之效力，包括內外控、權謀、自我尊重、自律、風險及 A 型人格等取向[20]，茲分述如下：

1. **內外控取向**：是指個人行為受制於內在或外在因素的信念架構。在組織中，屬於內控取向的員工，相信自己可以掌控自己的命運，工作的表現通常較好、易升遷到較佳的職位、工作滿意度高、離職的機率相對也較低；反之，屬於外控取向的員工，與工作環境較為疏遠、曠職率較高、工作滿意度較低，也比較無法投入工作。

2. **權謀取向**：高度權謀取向的人，屬於行事專斷、刻意與人保持情感距離，而且主張為達目的可以不擇手段。高權謀屬性者除了在工作需要談判技巧或輸贏有實質報酬的表現優異，也在下列三項情境中有較佳的表現：(1) 與人面對面接觸，而非間接溝通；(2) 情境賦予的規定和限制較少，容許自由發揮的空間較大；(3) 涉及到情感投入因素，可能對事件的決策造成影響。

3. **自我尊重取向**：所謂的自我尊重，乃是指個人了解自己在團體中所處的位置，並給予正面的評價程度。高度自我尊重者，相信自己是有價值的人，對自己在工作方面的表現有較高的信心，可輕易完成任務；反之，低度自我尊重者，對外在反應較為敏感、對自己的意見沒有把握、較缺乏信心、希望尋求他人的肯定與認同。

4. **自律取向**：是指個人為因應外在因素或情境變化，快速調整自我行為。高度自律者，適應能力較強、對於環境氛圍具高度敏感、能依不同情境隨時調整自我行為舉止；反之，低度自律者，在團體互動中不擅長掩飾自己，會將自己真實行為表露無遺。

5. **風險取向**：是指在某一特定環境或時間內，個人承擔達到目標與實際結果之間落差的損失。屬於高度風險取向者，決策過程所使用的時間與情資較少，會讓自己的新想法付諸行動；反之，低度風險取向者，在工作決策過程中，則屬於須精準、細心檢核，會讓組織趨向更為保守。

6. **A 型人格取向**：在人際行為的表現，具有下列特徵：(1) 說話速度快、好動、好爭辯；(2) 對現狀總是不滿或缺乏耐性；(3) 相信盡個人力量可以同時完成多件事；(4) 認為休閒是一種奢侈的浪費；(5) 衡量個人成就以完成多少事件為依據。一般而言，A 型人格屬性者較有競爭性、投注較多的時間在工作上，不過他們過於強調時間與完成工作數量而不是品質，所以在做決策的品質方面偶爾會出現瑕疵。

4.4 不同國家人格特質

4.4.1 跨文化人格分析

組織文化學者強調的人格五大模式是一種分層結構，所概括的特徵從兒童至成人，乃至於跨文化，已經在澳洲、中國、德國、以色列、日本和韓國等國家的比較中被驗證並接受[17,21]。而跨文化人格比較的特點是：(1) 著重在個人差異而非特別的人格特質，如價值觀與信仰等；(2) 針對普遍共同具有的現況做多元文化比較；(3) 使用傳統標準化的心理問卷，同時測量人格與文化；(4) 兼顧跨文化中的理論建構與措施[7]。

人格五大模式的特徵大都與個人情感有關，特別是在經驗開放度、親和性與外向性等人格特質，例如外向性程度越高者，在日常生活中會表現出正向情緒，而屬於情緒穩定度偏低者，則與生活適應不良有關，如會表現出不友善與較高的自我防衛，且屬於情緒穩定度偏高特徵者，則往往會與較高的外向性特徵具關聯[21]。當然人格具有遺傳基因，在所有文化團體中皆認為，個人有被隱含的特質信念，並非所有文化都具有相似的人格結構[7,22]。

4.4.2 不同文化呈現的人格特徵

舉例而言，屬於愉悅、專注、確定性、應付潛在和目標需要等情緒的表徵，在美國、日本、中國和香港非常相似。相較之下，屬於多層向度，如控制、責任和預期工作的相關性，在跨文化則完全不同[16]。實徵研究顯示：從事單調、略沉悶的工作，美國較日本會顯現出對正面情緒造成負面影響。這些差異是因為美國較偏好屬於較興奮的情緒工作，而日本則偏好屬於較安定的情感性工作，故而當美國人從事屬於較靜態沉悶的工作時，就會讓自身的情緒受到負面影響。也就是說屬於動態工作經驗的價值觀，會對屬於靜態工作經驗產生貶值的情緒[7]。

又例如歐裔與拉丁美裔的美國人，認為驕傲能促進正面情緒，但日本、印度與亞裔美國人，則認為驕傲可能會同時帶來正面與負面情緒。不過，對於中國的研究指出，如孝順父母與溫和勸導，則遠遠超出實際調查狀況，這可能與特定文化結合的行為。所以建議應先蒐集各國基本的人格特質，才能更為聚焦出重視的順序性[7]。

4.5　情緒的來源

情緒（emotion）是複雜的心理歷程，是每個人受到周遭環境，或經驗的影響所自然產生的本能反應，它是可以由個人自身來完成，也可以經由與他人互動中所引起，例如個人遇到挫折會表現出生氣[11]。簡言之，情緒是個人對自我身體與心理等攸關事件的認知、評估所觸發，這包括個人對於環境問題或經驗的正面與負向情緒的主觀感覺。其中，正面情緒是指個人所接受的情緒刺激，讓自己產生正向的感覺，如快樂、喜悅、興奮等情緒。至於負面情緒是指個人所接受的情緒刺激，造成自己產生負面思維，想要逃避威脅性情境的感覺，如憂慮、憤怒、恐懼等[5]。而個人對情緒刺激所產生的反應，皆屬每個人在適應生活中所具有的獨特功能。當情緒管理則是個人面對正向或負向情緒產生時，能有效地調節自身在認知與行為方面的情緒反應，以使個人維持情緒的和諧[11]。

《擁抱 B 選項》穿越逆境，培養韌性，重新開始
https://youtu.be/S2kH1SxI5qE

4.6　情緒的外在限制

4.6.1　情緒與組織效能之關係

在全球市場競爭激烈的今天，員工的情緒表現對於日常生活與組織發展方面，扮演著舉足輕重的角色。也有越來越多的組織，藉由重視員工的情緒表現，以提升管理階層的領導效能，同時增進員工的工作績效[10]。而情緒會影響個人之行為、思考，以及與他人的人際互動[14]。例如組織內的員工若是屬於充滿焦慮、煩悶、不安、易怒等負面情緒者，將會以不友善的態度對待顧客；反之，組織內的員工若是屬於愉悅、高興、笑容滿面等正向情緒者，則會樂於協助顧客，將有利於組織績效的提升。

4.6.2 情緒對組織內工作之影響

實徵研究顯示，在組織內的員工若能產生正向情緒，的確能有好的態度與行為表現，且其對組織發展有良好的影響。包括：(1) 員工內心感受到希望、效能、樂觀和韌性等正向情緒，就會在組織發展中，表現出良好的態度與行為反應；(2) 員工內心產生正向情緒，就能更專注在與組織間的良性互動上；(3) 員工心理層面會透過正向情緒，表現出積極的態度與行為[6]。

至於如何晉用適合組織發展的員工呢？這牽涉到員工情緒與組織效能之間的關係。員工面對就業機會和工作環境，需要的又是何種情緒[9]？多數的企業經營者大都意識到，組織內的員工是生產力的主要來源，唯有訂定符合員工期許的制度，以及重視組織內情緒智商管理，才能讓組織向上發展。且組織內管理者需具備了解、體恤員工的能力，才能讓組織內員工產生正面的情緒反應，而增進組織績效。因此，每家企業的管理者都期望能招到適合的員工，但這卻非是一件簡單的任務。一般而言，管理者會透過情緒智商的檢測方式，從複雜的社會情境內，甄選出最符合組織要求之員工[10]。

如何找到自己喜歡的工作？
https://youtu.be/6a2IJpYb4lc

4.7　情緒勞務的意涵暨影響組織之層面

4.7.1 情緒勞務之意涵

情緒勞務（emotional labor）是指個體在人際交流過程中，為了符合組織所期待的情緒表現，所呈現出適宜的臉部表情、語言與肢體動作[12,18]。在規畫組織情緒勞務的管理時，必須重視情感的表現規則（display rules），例如組織應促請從事服務接待工作的員工，適當隱藏負面情緒，讓顧客感到愉悅和友善。基於組織內員工所表現出這樣的情感規則，有助於規範公共領域的情緒表現，也可以被當作是員工績效[8]。

4.7.2　情緒勞務之工作性質

　　屬於情緒勞務工作的行業，則必須符合下列三種屬性：(1) 工作者與消費顧客之間，必須是當面以聲音交談或肢體語言作互動接觸；(2) 工作者在消費顧客面前，必須表現出組織要求的特定情緒狀態；(3) 組織單位主管可以對工作者的情感表現，採取督導或訓練的方式作某種程度的規範 [12,23]。

　　換言之，服務性質的工作即透過員工與消費顧客做面對面的互動，員工在接待顧客的過程中，必須隱藏自身的眞實情緒狀態，使其持有的情緒符合顧客或組織的希望與預期，以展現出良好服務品質的態度，此類性質的人員即稱之爲情緒勞務工作者，這與提供勞力工作有所區隔。

　　雖然情緒勞務與工作倦怠的定義，存在著某種程度的收斂相關，不過較重要的是情緒勞務的架構，也能用以預測工作倦怠。情緒勞務已經被概念爲兩種主要方式：(1) 工作爲重點的情緒勞務，是指在一個職業情感訴求的層次，且被視作衡量職業名稱，例如從事服務性工作，工作者須與顧客之間高度接觸，必須控制自身情緒，使符合組織與顧客的期望；(2) 員工爲重點的情緒勞務，是指員工管理情緒和展現符合工作要求的經驗，這也被當作衡量情緒失調，此即當工作者展現出的內心感受與情緒調節的過程發生差距，工作者須控制本身的情緒，使其持有的情緒符合工作要求 [8]。

4.7.3　情緒勞務對組織效能的影響

　　影響員工與管理者之間的關係爲何？管理者該如何能防止員工離開？好的管理者就是能觀察到員工，對自己工作情況開始感到洩氣或不滿時，便能進行適宜的引導與處置。且有效的老闆也能管理自己的情緒，讓員工對他產生信任，願意與他合作 [9]。但組織內有哪些問題，會讓管理者與員工共同認爲是最大的挑戰？這包括需要應付大量、快速的變化，也需要更多的創意，以推動創新。需要管理大量的訊息，需要提高客戶忠誠度，需要更大動力和決心，需要更好的協同工作。所以組織需要提供較多元的環境以留住特殊人才，組織需要確定潛在的領導者能與員工一起打拼，組織需要識別、招募頂尖人才，組織需要開拓新的市場、產品和策略聯盟的決策，組織需要準備能派遣擔任海外工作的夥伴。

　　而情緒勞務在很多層面將會影響組織效能，主要包括員工招聘和挽留、人才發展、團隊合作、員工的承諾、士氣和健康、創新、生產力、效率、服務質量、客戶忠誠度等。既然個人與團體的情緒勞務有助於組織效能，那麼在組織中，有什麼可以助益於個人和團體的情緒勞務呢？答案就是個人與組織團體之間的互動關係。而如何讓優秀的員工繼續留在組織工作，這便是身爲企業管理者極須用心思索的課題 [9]。

4.7.4　情緒勞務負荷模式之層面

「情緒勞務負荷模式」包含四個向度：(1) 情緒表達的頻率（frequency of emotional display）：係指工作者與消費顧客之間互動的頻率，當工作者與消費顧客的互動或接觸愈高時，其所要表現出的情緒規範也愈多，因此其情緒勞務就愈大；(2) 專注於情緒表達規則的程度（attentiveness to required display rules）：這包含兩個部分，情緒表達的持續性（duration of emotional display）及情緒表達的強度（intensity of emotional display）。簡言之，與消費顧客互動時間愈長，所需要表達規範情緒的時間也愈長，因此需要較大的情緒勞務；同樣地，為使消費顧客改變行為，就必須更用心思考與扮演更具親善的情緒表現強度，也就需要較大的情緒勞務；(3) 情緒表達的多樣性（variety of emotional to be expressed）：是指工作者會隨著不同的人、事、時、物來改變情緒，當工作所需展現的情緒越多樣，工作者的情緒勞務就越重；(4) 情緒失調（emotional dissonance）：是指當工作者內心的真實感受與組織規範的表達規則有所差距，則發生情緒上的衝突。當差距越大時，衝突愈大，情緒勞務也就越大 [18]。

4.8　結語

　　人格是受到個人認知、行為與慾念，在一定的時間與空間的影響下所凝聚而成，是一個相對穩定的組織結構。並在不同時間與空間環境之下，影響著內隱的心理特徵和外顯的行為模式，使得每個人皆具有一定程度的獨特性與持久性。鑑於人格主要是受到遺傳基因與後天環境因素的交互影響，並藉由個人所處的情境中調節而成。故而形塑健康的人格並非是個人與生俱來，它除了受到先天遺傳因素之外，更重要的是需要從日常生活之中一點一滴地累積，讓自己能兼具正確的思維、正面積極、樂觀、親和及情緒穩定的生活態度，而自然地散發出獨特的人格特徵。

　　由於人格特質與情緒管理、社交能力會產生交互作用，且情緒會影響個人之行為、思考，以及與他人的人際互動。如外向性程度較高者，在日常生活中會表現出正向情緒，而屬於情緒穩定偏低程度者，則與生活適應不良有關，如會表現出不友善與較高的自我防衛。且每個人情緒會在受到周遭環境問題或經驗的影響下，自然產生本能反應，它是屬於複雜的心理歷程。

而由前文得知，在組織內的員工若能在面對正向或負向情緒時，能有效地的調節自身在認知與行為方面的情緒反應，就能使自身維持情緒的和諧，且對組織發展有良好的影響。如員工內心感受到希望、效能、樂觀和韌性等正向情緒，就會在組織發展中表現出良好的態度與行為反應；員工內心產生正向情緒，就能更為專注在與組織間的良性互動；員工心理層面的確會透過正向情緒，表現出積極的態度與行為。

　　在市場競爭激烈的現代社會，員工除了本身具備專業技能外，對於組織發展與個人成功不可或缺的重要因素，就屬健康的人格特質。一個擁有健康特質的員工，不僅是組織發展的重要因素，更能為組織帶來無限發展的潛能。因此組織管理階層在招募人才的過程中，可藉由人格特質做為預測個人未來，是否具有良好工作績效的指標。過去的研究大都證實，情緒穩定性較高者，對於各項不同類型的工作，皆能表現良好的工作績效。而外向性和親和性較佳者，則可以在需要較多人際互動技巧的工作上表現稱職。歸納出成為組織內優秀員工的特質，應包括下列 7 項[4]：

1. **不強調個人職務範疇**：在客戶計劃出現問題時，卓越的員工不需提醒、刻意要求，就能主動幫忙並具備獨當一面的能力。

2. **進退得宜**：當一個重要的挑戰出現時，最佳的員工懂得適時調整情緒，停止表現其個人風格，而與團隊合作無間。

3. **不吝於公開讚美**：卓越的員工會懂得認同其他人的奉獻與能力。

4. **懂得給別人留台階**：卓越的員工能夠清楚地區分一些敏感的議題，他們會選擇私下討論，以避免所可能引發的紛爭。

5. **幫助弱勢族群**：卓越的員工具有與生俱來的靈敏度，會關注四周的弱勢族群，體察他們的需求，並適時替其發聲。

6. **以能力來證實自己**：教育、智能、天賦以及技能雖重要，但傑出的員工更會展現出自我驅力。

7. **力求完美**：卓越的員工是力求完美，並從中不斷地修正、調整，以找到更流暢的方式進行。

OB專欄

你到底是誰？探索人格潛能，看見更真實的自己 [2]

你真的了解自己嗎？平時與朋友互動和善；為何對家人卻沒有耐心？為何我們有時開朗健談；有時卻內向沈默？究竟哪個才是真實的你？如何能更透徹了解自己，發揮潛力？我們或許比自己想像的還要複雜許多，需要某種思考自己與他人的新方式。因為若無法正確認識自己，將會限制自己發展的潛力！

《探索人格潛能，看見更真實的自己》打破過去簡單的性格分類，讓我們更加了解我們是誰？為什麼有那樣的行為？我們能改變與不能改變的是什麼？以及該如何隨順我們的「本性」？讓生命獲得最好的發展！

同時也提供一個重新看見自己、重新認識他人的新架構，透過精彩故事、研究資料、切身經驗及有趣的互動式評量，讓每個人都可以更完整的了解自己的不同面向。讓自己在不同的情境下做適當調整，在追求個人目標與計畫的同時，也能適性發揮，獲得最大快樂與成就！

你到底是誰？探索人格潛能，看見更真實的自己

https://youtu.be/0UKaFDUNLu4

OB專欄

《情緒靈敏力》：職場篇 [1]

你也曾有以下困擾嗎？「辦公室的人際關係不好」，「對上司總是有怒不敢言」，「同事之間的競爭常讓你喘不過氣」，「對工作沒有熱情，卻還是得苦撐面對」，「覺得生活與工作平衡是不可能的任務」，「工作壓力好大，快要撐不下去」，「想要兼顧工作跟生活，但總是兩頭都落空？」

哈佛心理學家蘇珊·大衛用《情緒靈敏力》告訴你，你腦中那些嘮嘮叨叨、自責不已的情緒，不代表你「真實的人生」。它只是反映你看事情的觀點！一位情緒靈敏力強的人，在面對狀況時，能夠冷靜的活在當下，回應情緒的警示系統，並改變自己的行為，然後從情緒的陷阱裡成功逃脫！

如果學會與情緒共存，「負面情緒」就像電影「腦筋急轉彎」的憂憂一樣，讓你保持警覺，並且成為幫助你跨越困難的助力！而重塑工作的第一步，就是留意自己最受哪些活動吸引？然後主動提出新的想法或做法，「自告奮勇」往往是突破工作界限很好的方式！

《情緒靈敏力》：職場篇

https://youtu.be/c7ua-b1A5wc

面對分手時，情緒管理顯得相當重要，被分手的一方，難免陷入憂傷情緒無以釋懷。台大校園的潑酸事件，造成 1 死 3 傷就是這類的悲劇。媒體在報導相關事件、民眾閱覽相關訊息時都應更節制謹慎，不要輕易妄下判斷和批評。

如果發現自己或身邊親友有這類情緒起伏，應該多予關心及陪伴，同理傾聽，鼓勵他們往前看，不要陷在悲傷事件的漩渦中。若真的走不出低潮，要儘速求助專業人士或單位協助，避免落入怨懟、自己得不到別人也別想得到的偏激心態，走入恐怖情人的結局。

此外提出分手的一方，則務必要尊重對方，勿口出惡言指責對方不好，要抱持祝福對方的心態，進行溝通協議分手，避免憾事發生。每個人在成長歷程中，要如何養成智慧的能量去溝通？取得彼此的諒解與接受？也是值得大家省思的課題。

而如何形塑一個完整人格？可藉由家庭教育、學校教育、社會教育乃至國家政策等方面，去進行探討與努力[3]。

1. 家庭教育的努力

   父母的思維應具前瞻性，並了解子女的感受及需要，因為子女將來所要面對的是國際化的競爭，更多元的情緒類型，更開闊的人際關係，更多元的互動模式。因此引導子女投入學習領域的先決條件，應是投其興趣，讓他能在生活中達自我滿足與自我實現的結果。

2. 學校教育的努力

   學校教育除了做為提供知識的場域，也是孩子學習人際關係、職能發展、性別與婚姻觀的最佳場所。省思台灣當前教育，仍以發展智育為最優先的前提，而較忽略了人格教育的重要性，這將會使得部分孩子得不到肯定，造成被學校或家庭忽視，最後形成負面的人格發展。其實，學校應全面性規劃孩子的人際關係、社會化與職能的教導，經由正向明確的指引，才可能在生命歷程中，創造較為美好的情境。

3. 社會教育的努力

有鑑於青少年階段的孩子，心智情緒尚未穩定成熟，為避免其處於氾濫的色情與暴力媒體當中，造成心理不健康、偏差、畸形的人際互動關係，實應針對媒體失衡不當的播放，有更妥當的檢核要求機制。畢竟媒體是青少年認識社會的一種途徑，若能在這方面更為嚴謹、更重視道德觀、具備專業良知，則能做為青少年身、心、靈的人格發展的一道把關，以「人」的觀點去關懷，就可以協助他們健全的成長。

4. 國家政策的努力

以宏觀的角度來思考，所謂的國力強盛與否？應該是參考國民是否具備良好的人個素養為依據。唯有國民具備健全的人格特質，國家才可能有正面、強勁的生命力可言。所以養成良好的人格特質，對於未來生命歷程的發展必然極具重要性。而當前台灣的現況，多數家庭較為注重物質與感官上的享受，反而容易造成個人精神與內心感到空乏。未來國家政策，應針對國民心理的導正著手，發揮人格及物質的雙向關懷，才是有益於國民發展正確的人格藍圖。

本章摘要

1. 人格是個人認知、行為與慾念在一定的時間與空間的影響下所凝聚而成，使得個人具有一定程度的獨特性與持久性。且人格的外顯表現是無法獨立於社會環境之外，它是個人與環境所交互影響下形成。

2. 人格是指在各種情況下的個人行為表現的特徵方式。它都無法以任何單一的層面來涵蓋。

3. 人格的定義必須考慮到：(1) 每一個體皆具唯一人格，絕不會有兩個個體具有完全一樣的氣質、行為與偏好；(2) 個體在任何情況下，也不會有相同的行為方式；(3) 雖然每個個體皆是獨一無二，並且沒有完全一致的情況可以跨越，但在人類行為上卻有相當多的共同點。因此，廣泛人格類型的描述，可以讓我們在一定範圍內準確地描述個體一些重要的行為模式。

4. 人格主要是受到遺傳基因與後天環境因素的交互影響，並藉由個人所處的情境中調節而成。

5. 先天遺傳因素：遺傳是生物經由受精作用，讓親代與子代之間、子代個體之間具有相似的特徵。

6. 後天環境因素：每個人在生命成長的歷程中，舉凡所受到家庭規範、親友與同儕、社會團體、文化背景等生存空間的因素，皆會對人格養成有所影響。

7. 情境調節因素：人格特質雖然受到遺傳與環境等因素影響而具有穩定性與一致性，但也並非一成不變。個人在特殊情境下，人格特質也可能表現出即時性、短暫性的調整改變。

8. 人格的五大模式：情緒穩定之程度、外向性程度、經驗開放的程度、親和性程度、專注感之程度。

9. 情緒穩定之程度（neuroticism）：是指衡量一個人抗壓的程度。

10. 外向性程度（extraversion）：是指員工在組織人際互動中，表現出舒適自在的程度。

11. 經驗開放的程度（openness）：是指一個人對新奇事物的著迷程度。

12. 親和性程度（agreeableness）：是一種在社交場合中，能具同理心與友善他人的程度。

13. 專注感之程度（conscientiousness）：在事件處理的過程，是屬於專注、細膩且謹慎的人格特質。

14. 組織行為領域的研究中，多項人格屬性頗具行為預測之效力，包括內外控權謀、自我尊重、自律、風險及 A 型人格。

15. 內外控取向：是指個人行為受制於內在或外在因素的信念架構。

16. 權謀取向：高度權謀取向的人，屬於行事專斷、刻意與人保持情感距離，而且主張為達目的可以不擇手段。高權謀屬性者尤其在下列三項情境中有較佳的表現：(1) 與人面對面接觸，而非間接接觸溝通；(2) 情境賦予的規定和限制較少，容許自由發揮的空間較大；(3) 涉及到情感投入因素，可能對事件的決策造成影響。

17. 自我尊重取向：所謂的自我尊重，乃是指個人了解自己在團體中所處的位置，並給予自己正面的評價程度。

18. 自律取向：是指個人為因應外在因素或情境變化，快速調整自我行為。

19. 風險取向：是指在某一特定環境或時間內，個人承擔達到目標與實際結果之間落差的損失。

20. A 型人格取向：在人際行為的表現，具有下列特徵：(1) 說話速度快、好動、好爭辯；(2) 對現狀總是不滿或缺乏耐性；(3) 相信盡個人力量可以同時完成多件事；(4) 認為休閒是一種奢侈的浪費；(5) 衡量個人成就常以完成多少事件為依據。

21. 組織文化學者強調的人格五大模式是一種分層結構，所概括的特徵從兒童至成人，乃至於跨文化，已經在各國家的比較中被驗證並接受。

22. 跨文化人格比較的特點是：(1) 著重在個人差異而非特別的人格特質，如價值觀與信仰等；(2) 針對普遍共同具有的現況做多元文化比較；(3) 使用傳統標準化的心理問卷，同時測量人格與文化；(4) 兼顧跨文化中的理論建構與措施。

23. 人格五大模式的特徵大都與個人情感有關，例如外向性程度越高者，在日常生活中會表現出正向情緒，而屬於情緒穩定偏低程度者，則與生活適應不良有關，如會表現出不友善與較高的自我防衛。

24. 屬於愉悅、專注、確定性、應付潛在和目標需要等情緒的表徵，在跨文化比較中非常相似；相較之下，屬於多層向度，如控制、責任和預期工作的相關性，在跨文化則完全不同。建議應先蒐集各國基本的人格特質，才能更爲聚焦出重視的順序性。

25. 情緒是複雜的心理歷程，是每個人受到周遭環境問題或經驗的影響，所自然產生的本能反應，它是可以由個人自身來完成，也可以經由與他人互動中所引起。

26. 對情緒刺激所產生的反應，皆屬每個人在適應生活中所具有的獨特功能。

27. 情緒管理則是個人面對正向或負向情緒產生時，能有效地調節自身在認知與行爲方面的情緒反應，以使個人維持情緒的和諧。

28. 員工的情緒表現對於日常生活與組織發展方面，扮演著舉足輕重的角色。也有越來越多的組織藉由重視員工的情緒表現，以提升管理階層的領導效能與增進員工的工作績效。

29. 情緒會影響個人之行爲、思考，以及與他人的人際互動。

30. 在組織內的員工若能產生正向情緒，其對組織發展有良好的影響。包括：(1) 員工內心感受到希望、效能、樂觀和韌性等正向情緒，就會在組織發展中，表現出良好的態度與行爲反應；(2) 員工內心產生正向情緒，就能更專注在與組織間的良性互動上；(3) 員工心理層面會透過正向情緒，表現出積極的態度與行爲。

31. 多數的企業經營者大都意識到，組織內的員工是生產力的主要來源，唯有訂定符合員工期許的制度，以及重視組織內情緒智商管理，才能讓組織向上發展。且組織內管理者唯有具備能了解、體恤員工的能力，才能讓組織內員工產生正面的情緒反應，而增進組織績效。

32. 情緒勞務（emotional labor）是指個體在人際交流過程中，爲了符合組織所期待的情緒表現，所呈現出適宜的臉部表情、語言與肢體動作。

33. 在規畫組織情緒勞務的管理時，必須重視情感的表現規則（display rules）。

34. 屬於情緒勞務工作的行業，則必須符合下列三種屬性：(1) 工作者與消費顧客之間，必須是當面以聲音交談與肢體語言作互動接觸；(2) 工作者在消費顧客面前，必須表現出組織要求的特定情緒狀態；(3) 組織單位主管可以對工作者的情感表現，採取督導或訓練的方式作某種程度的規範。

35. 情緒勞務與工作倦怠的定義，存在著某種程度的收斂相關，不過，較重要的是情緒勞務的架構也能用以預測工作倦怠。

36. 情緒勞務已經被概念為兩種主要方式：(1) 工作為重點的情緒勞務，是指在一個職業情感訴求的層次，且被視作衡量職業名稱，例如從事服務性工作，工作者須與顧客之間高度接觸，必須控制自身情緒，使符合組織與顧客的期望；(2) 員工為重點的情緒勞務，是指員工管理情緒和展現符合工作要求的經驗，這也被當作衡量情緒失調，此即當工作者展現出的內心感受與情緒調節的過程發生差距，工作者須控制本身的情緒，使其持有的情緒符合工作要求。

37. 組織內有哪些問題會讓管理者與員工共同認為是最大的挑戰，這包括需要應付大量、快速的變化，也需要更多的創意，以推動創新。需要管理大量的訊息，需要提高客戶忠誠度，需要更大動力和決心，需要更好的協同工作。所以組織需要提供較多元的環境以留住特殊人才，組織需要確定潛在的領導者能與員工一起打拼，組織需要識別、招募頂尖人才，組織需要開拓新的市場、產品和策略聯盟的決策，組織需要準備能派遣擔任海外工作的夥伴。

38. 情緒勞務在很多領域會影響組織效能，主要包括員工招聘和挽留；人才發展；團隊合作；員工的承諾、士氣和健康；創新；生產力；效率；銷售；收入；服務質量；客戶忠誠度；客戶的學習成果。

39. 「情緒勞務負荷模式」包含 4 個向度：(1) 情緒表達的頻率；(2) 專注於情緒表達規則的程度；(3) 情緒表達的多樣性；(4) 產生情緒失調。

40. 情緒表達的頻率（frequency of emotional display）：係指工作者與消費顧客之間互動的頻率，當工作者與消費顧客的互動或接觸愈高時，其所要表現出的情緒規範也愈多，因此其情緒勞務就愈大。

41. 專注於情緒表達規則的程度（attentiveness to required display rules）：這包含兩個部分，情緒表達的持續性（duration of emotional display）及情緒表達的強度（intensity of emotional display）。簡言之，與消費顧客互動時間愈長，所需要表達規範情緒的時間也愈長，因此需要較大的情緒勞務；同樣地，為使消費顧客改變行為，就必須更用心思考與扮演更具親善的情緒表現強度，也就需要較大的情緒勞務。

42. 情緒表達的多樣性（variety of emotional to be expressed）：是指工作者會隨著不同的人、事、時、物來改變情緒，當工作所需展現的情緒越多樣，工作者的情緒勞務就越重。

43. 產生情緒失調（emotional dissonance）：是指當工作者內心的眞實感受與組織規範的表達規則有所差距，則發生情緒上的衝突。當差距越大時，衝突愈大，情緒勞務也就越大。

本章習題

一、選擇題

( ) 1. 個人認知、行為與慾念在一定的時間與空間的影響下所凝聚而成，且具有獨特性與持久性，稱之為？ (A) 人格 (B) 價值觀 (C) 情緒 (D) 態度。

( ) 2. 人格在定義上必須考慮的層面，下列何者為非？ (A) 每一個體皆具唯一人格 (B) 在任何情況下，個體不會有相同的行為方式 (C) 沒有完全一致的情況可以跨越 (D) 人類行為上沒有共同點。

( ) 3. 衡量一個人抗壓的程度，稱之為？ (A) 情緒穩定之程度 (B) 外向性程度 (C) 親和性程度 (D) 專注感之程度。

( ) 4. 員工在組織人際互動中，表現出舒適自在的程度稱之為？ (A) 情緒穩定之程度 (B) 外向性程度 (C) 親和性程度 (D) 專注感之程度。

( ) 5. 在社交場合中，能同理心與友善他人的程度，稱之為？ (A) 情緒穩定之程度 (B) 外向性程度 (C) 親和性程度 (D) 專注感之程度。

( ) 6. 跨文化人格比較的特點，下列何者為非？ (A) 著重在個人差異而非特別的人格特質 (B) 針對共同具有的現況做多元文化比較 (C) 使用標準化的心理問卷，同時測量人格與文化差異。 (D) 僅著重在跨文化的理論建構。

( ) 7. 是複雜的心理歷程，且每個人會受到周遭環境問題或經驗的影響，稱之為？ (A) 人格 (B) 價值觀 (C) 情緒 (D) 態度。

( ) 8. 能有效地調節自身在認知與行為方面的情緒反應，稱之為？ (A) 情緒管理 (B) 工作態度 (C) 情緒失調 (D) 情緒勞務。

( ) 9. 當工作者內心的真實感受與組織規範的表達規則有所差距，稱之為？ (A) 情緒失調 (B) 情感性承諾 (C) 情緒勞務 (D) 情緒管理。

( ) 10. 情緒勞務負荷模式包含四個的向度，下列何者為非？ (A) 情緒表達的頻率 (B) 專注於情緒表達規則的程度 (C) 情緒表達的多樣性 (D) 產生情感性承諾。

二、名詞解釋

1. 人格
2. 情緒
3. 人格五大模式
4. 情緒勞務
5. 情緒管理

三、問題討論

1. 何謂「人格」？影響組織行為的人格有哪些？請簡述之。
2. Robbins 認為：人格會受到哪些因素影響，請簡述之。
3. 何謂情緒？個人情緒對組織內工作的影響為何？
4. 屬於情緒勞務工作的行業，必須符合哪三種屬性？
5. 「情緒勞務負荷模式」包含哪四個向度？

參考文獻

1. 天下文化 (2017)。《情緒靈敏力》：職場篇。2018 年 01 月 09 日，取自 https://youtu.be/c7ua-b1A5wc

2. 天下雜誌 (2017)。你到底是誰？探索人格潛能，看見更真實的自己。2018 年 01 月 09 日，取自 https://youtu.be/0UKaFDUNLu4

3. 王金石 (1998)。如何型塑心理健康的整全人格。曠野跨世紀小百科，7，54-61。

4. 唐依旋、李成俊（編譯）(2012)。成為職場達人必備的七種人格特質。2014 年 01 月 18 日，取自 http://www.epochtimes.com/b5/12/4/9/n3561081.htm

5. Arnold, M. B., (1960). Emotion and personality. US: Columbia University Press.

6. Avey, J. B., Wernsing, T. S., & Luthans, F. (2008). Can positive employees help positive organizational change? Impact of psychological capital and emotions on relevant attitudes and behaviors. The Journal of Applied Behavioral Science, 44(1), 48-70.

7. Benet-Martínez, V., & Oishi, S. (2008). Culture and personality. Handbook of personality: Theory and research, 542-567.

8. Brotheridge, C. M., & Grandey, A. A. (2002). Emotional labor and burnout: Comparing two perspectives of "people work". Journal of vocational behavior,60(1), 17-39.

9. Cherniss, C. (2001). Emotional intelligence and organizational effectiveness. In Cherniss, C. & Goleman, D. (Ed), The emotionally intelligent workplace: How to select for, measure, and improve emotional intelligence in individuals, groups, and organizations(pp. 3-12). San Francisco: Jossey-Bass.

10. Fazlani, T. A., Hassan Ansari, N., Nasar, A., Hashmi, P., & Mustafa, M. (2012). Influence of emotional intelligence and leadership performance on organizational development in the prospect of Pakistan's corporate culture. Interdisciplinary Journal of Contemporary Research in Business, 3(9), 1289-1311.

11. Hochschild, A. R. (1979). Emotion work, feeling rules, and social structure. American Journal of Sociology, 85(3), 551-575.

12. Hochschild, A. R. (1983). The managed heart: Commercialization of human feeling. CA: University of California Press.

13. Jolijn Hendriks, A. A., Perugini, M., Angleitner, A., Ostendorf, F., Johnson, J. A., De Fruyt, F., Hrebickova, M., Kreitler, S., Murakami, T., Bratko, D., Conner, M., Nagy, J., Rodriguez-Fornells, A., & Ruisel, I. (2003). The five factor personality inventory: cross cultural generalizability across 13 countries. European Journal of Personality, 17(5), 347-373.

14. Macaleer, W. D., & Shannon, J. B. (2002). Emotional intelligence: how does it affect leadership? Employment relations today,29(3), 9-19.

15. Marks, I. (1968). Measurement of personality and attitude: applications to clinical research. Postgraduate medical journal, 44(510), 277-285.

16. Mauro, R., Sato, K., & Tucker, J. (1992). The role of appraisal in human emotions: A cross-cultural study. Journal of Personality and Social Psychology, 62(2), 301-317.

17. McCrae, R. R., & John, O. P. (1992). An introduction to the five factor model and its applications. Journal of personality, 60(2), 175-215.

18. Morris, J. A., & Feldman, D. C. (1996). The dimensions, antecedents, and consequences of emotional labor. Academy of management review, 21(4), 986-1010.

19. Murphy, K. R. & Davidshofer, C. O. (2005). Psychological testing: principles and applications(6th edition). New Jersey: Upper Saddle River.

20. Robbins, S. P. (1998). Organizational behavior: Concepts, controversies, applications. New Jersey: Prentice-Hall, Inc.

21. Sternberg, R. J. (2004). Psychology (with CD-ROM and InfoTrac). Wadsworth, a division of Thomson Learning, Inc.

22. Triandis, H. C., & Suh, E. M. (2002). Cultural influences on personality. Annual review of psychology, 53(1), 133-160.

23. Wharton, A. S. (1993). The affective consequences of service work managing emotions on the job. Work and Occupations, 20(2), 205-232.

NOTE

05

知覺與個體決策

學習目標

1. 了解「知覺」的定義，以及個人知覺在組織行為上的重要性。
2. 探討影響個人知覺的因素有哪些？
3. 能了解知覺與歸因理論之關係，以及歸因理論的模式。
4. 了解影響個人決策的因素有哪些？
5. 能了解理性決策模式的種類及理性模式應用的假定條件為何？
6. 能了解決策模式的評估標準以及為何決策都採用有限理性的概念？
7. 探討常見的決策偏差與其謬誤現象。

本章架構

5.1 知覺與影響因素
5.2 歸因理論
5.3 知覺判斷常見的偏誤
5.4 個體決策
5.5 決策的評估與有限理性
5.6 常見的決策偏差與謬誤

標準決定品質
巨大集團創辦人創業初期的決策

巨大集團創辦人劉金標，年輕時在父親的公司上班，總覺得礙手礙腳，有潛力卻無法發揮，因此決定自己創業。創業初期做過很多行業，包括：貨運、進口飼料、養鰻魚、做木材、五金等等，直到 38 歲開創了巨大機械工業公司，當時以 OEM 代工方式為主，因代工大客戶出走了，所以自創捷安特品牌，充分表現與運用危機就是轉機的改變現況定律。

圖片來源：GIANT 官網

自創品牌之後，劉金標方才體會到品牌不能只做短線，品質才是命脈，唯有踏實地將品牌品質列為第一，才能永續獲得客戶的認同，市場方能具佔有率。在決策的過程中，當然有許多的衝擊與抉擇。其中，很重要的決策是：訂定標準零件。從了解與學習日本工業標準 JIS 對產品的重要性，努力不懈的開創自行車標準零件制度化，結合 CNS 我國的國家標準，努力不懈的說服自行車製造業者共同努力，這項決策推動不容易，是自行車行業的創舉。但是，因為劉金標的堅持，讓捷安特建立了很穩固的品質基礎，開創巨大的一片天。

決策很重要，因為劉金標在遇到大客戶出走後，深深體會品質是命脈，且判斷標準零件制度是最重要的先決條件，努力不懈的推動與堅持此關鍵要素，方能創出巨大基石。

 問題與討論

1. 對一位經理人而言，決策很難拿捏，正確的決策更是智慧的表現，您對於巨大集團初創的品質與標準的理念，有何回饋？

2. 決策是因為個人對事物的分析、知覺成功與失敗的可能情境，以巨大集團不斷進步，從台灣的一家代工機械工廠，邁向世界自行車的國際集團，您認為最重要的成功因素為何？

3. 巨大集團現階段仍持續在精進中，無論是公司信念、產品、相關企業社會責任、活動推廣等，請您找尋相關資料，並提出您個人對巨大集團嘗試找出其決策上的特質，提出分享。

　　基於每個人成長過程有著不同背景知識或經驗，當遇到同一件事物時，每個個體可能分別產生不同的感受或衍生不同的看法。對於組織中的個體而言，對人的感受尤重於對事物的回應，事物的形成過程或產生的結果，大多可以採客觀的儀器量測或分析獲得答案，但每個人的思維、信念卻受個體獨特的人格、價值、與態度而對人的行為所進行的推論將有所差異，據此影響了每個人對他人的行為產生了不同的回應。

　　不同人可能對相同的一個行為產生相同的感受，當然也可能會對相同的行為卻有截然不同的反應。例如：某位同事今天突然對產品介紹失去了自己一向的自信，介紹時結巴、思緒停頓、表情上顯現膽怯的感覺，完全與過去表現不符，高階主管在場非常不悅。高階主管並不了解他的過去表現，平常也只看報表了解業績，因此認為這位同事能力差，指示其直屬主管應予以減薪處理。實際上，他過去的表現非常良好，他的直屬主管了解，可能是昨天未獲好眠，甚至有感冒跡象，精神不濟所致，或是家裡發生事故而分心；因為，當下表現失常與過去並不具有「一致性」，此種情況係因為外在因素所影響，直屬主管給予再次表現的機會，將可以改變高階主管的「知覺」。

5.1　知覺與影響因素

5.1.1　何謂知覺

　　當任何外在的事物呈現在眼前時，每個人都會對這事物有自己獨特的看法或自己獨特的反應，如果同時有其他的人在場，或許產生與同時遇見此事物者有相同的反應；也有可能產生不同的觀感或反應。例如：某高級餐廳的服務人員端一盤菜到桌上時，擺放的當下因為不小心盤底碰到桌面發出了聲音，有些客人不在意，完全當做沒事發生；但是，有些客人就立即有不悅的反應，尤其是有受過餐飲業服務禮儀訓練者，或是在這桌用餐的東家，一定相當不悅，因為此行為對公司的服務品質大打折扣。舉另一個例子，當生產線上電腦所列印之報表，對一般員工而言，看到的就是一連串的數字或圖形，以及生產數量而已，但是主管可能從同一張報表中看出產量的多寡與上一期產量的增減；換上產線的工程師，在同一張報表所代表的意義可能是某個生產步驟已有警訊發生。

　　上述兩個例子，可以讓我們了解相同事物的出現，會因為不同人的價值觀、背景知識、或其他因素，產生相同或不同的解讀或反應，這種個人對外在事物的反應與解讀的過程及現象，稱之為知覺（perception）。本書提出兩位學者對知覺所下的定義供讀者參考，其一，戚樹誠引用學者 Schiffmann 1990 定義：知覺是一種心智過程，是指人們將所

接受的外在訊息予以組織，並且理解這訊息的意義之過程[1]。其二，另有學者 Woolfolk 從學習心理的觀點認為：知覺是針對外在刺激物（任何現象或是事物）給予解讀並予以意義化[2]。本書作者略以「知覺就是個人對外在事物的反應與解讀的過程及現象」。

會毀掉自己的人是誰呢
https://www.youtube.com/watch?v=2KvAE1a7RAk

5.1.2 影響個體知覺的因素

前段提及每個人面對相同的外界刺激或外界呈現的事物（或現象）可能有相同的反應、相同的解讀過程；也很有可能會有不同的解釋。其原因很複雜，首先，以公司內的每個個體而言，絕大多數從不同的家庭背景、尚未到公司前已經形塑的價值觀、個人人格特質、個人對工作的態度、個人對職務與工作的動機等都屬於個體個人的內在因素；其次，公司所規範的各種政策，包括：激勵、考核、薪級、升遷等，也是可能造成對相同的事物產生不同反應、不同的知覺的因素之一，甚至是多重因素之交互影響造成之結果，這些屬於個體無法掌控的因素來自外在，稱之為外在因素。外在因素還可擴展到公司以外的外在環境問題，都可能是影響個體知覺的因素。

據此，如果需要精準分析產生不同知覺的因素，相當困難，事實上對公司或組織而言，並無特別需要大費周章的進行十分精準的分析。這些對知覺的分析，公司只要針對個別員工工作上的行為進行較客觀、較合理的分析即可。那麼，是否有哪些方法策略可以在合乎經濟條件、且能有效的判斷之下，避免公司內部組織對個體，因分析而造成不同知覺？對於主管而言，相當重要。因為，對於公司或任何組織而言，了解與分析組織內個體對公司或單位執行事務時，或針對內部待解決之問題，是否有較為接近的知覺，將會是組織內部單位間、個體間，和諧相處、有效溝通、提升績效的重要元素之一。如果影響組織行為個體因素之知覺著重在工作動機或工作表現結果，那麼歸因理論（attribution theory）[3] 應該是較為簡易且可行的判斷方法。

5.2　歸因理論

　　歸因理論（attribution theory）是解釋個體某種行為或事件的形成過程，並加以分析推測找出形成某行為或事件的原因之方法。Kreitner and Kincki 認為較常用的歸因理論模式有兩種[4]，分別為 Harold Kelley 及 Bernard Weiner 的模式（Kelley's Model of Attribution；Weiner's Model of Attribution）

5.2.1　Kelley 的歸因模式

　　Kelley 依據 Fritz Heider 的歸因理論，分析事件的原因可大略分為內在與外在兩個面向，內在是基於個體本身控制的因素，例如：能力；外在則以工作者或個體所處的環境因素，例如：工作的難易度。Kelley 認為如果要更明確的解釋事件發生的過程，除了內外在因素兩個面向外，可以再細分 3 個向度（dimensions），分別為：共同性（consensus）、獨特性（distinctiveness）、一致性（consistency）等。茲分別說明如下：

1. **就共同性而言**：例如：某位員工遲到，如果從相同路線來公司上班的同仁都遲到，表示共同性高，那麼應該是外在因素，可能路上遇到車禍或交通班車的問題；如果相同路線來上班的同仁中，只有某位同仁遲到，表示共同性不高，那麼應該歸因為內在因素，可能是沒搭上車或是睡過頭了。通常共同性分析「人」的因素較契合。

2. **就獨特性而言**：如果公司的瑕疵產品，檢視結果都是來自生產線上的某個裝配工作站的責任，且每條生產線都有此問題，那麼此現象並不獨特（低獨特性），應屬於內在因素，可能是工作站的工具或裝配程序、或零件、或量測儀器有問題；但是如果檢測結果只有某條生產線的某個工作站有狀況，那麼應該是獨立事件，屬於高獨特性，就應該歸類在外在因素，生產線的所有設備儀器，標準作業程序等都沒問題，其因素可能是產線工作者方法錯誤或不用心造成。通常獨特性分析「事」或「環境」因素高於「人」的因素。

3. **就一致性而言**：例如：某位售貨員從未有過客訴，過去半年統計數據一直都表現良好，突然本月份被客訴且非常嚴厲的告狀，這與過去的狀況不符合，一致性很低。可能原因為顧客的誤解、或顧客記錯服務人員編號、或櫃台的姓名標示不清楚，應該歸屬於外在因素。反之，如果某位銷售員每個月經常性的接到客訴，很明顯的是一致性很高，通常會歸類在內在個人因素。分析一致性的問題大多需設定一段時間或一段期間內。三個向度的分析彙整詳見表 5-1 所示。

外在因素較不可控制，需要理解，甚至應忽略個體因外在因素所產生的行為表現，另外給予表現機會以再次驗證其能力；反之，如果幾次問題都歸因於內在因素，那麼個體應該需要加強培訓，如果仍無改善，應該勸其改變工作環境，甚至給予應有的懲罰。

表 5-1　Kelley 歸因模式因素彙整表

	共同性		獨特性		一致性	
	高	低	高	低	高	低
內在因素		◎		◎	◎	
外在因素	◎		◎			◎

5.2.2　Weiner 的歸因模式

Weiner 認為絕大部分成功或失敗的因素可歸為[3]：(1) 場所（locus），屬於外在或內在的因素；(2) 穩定性（stability），事件屬於常態（經常如此）或可變（偶而發生）的；(3) 職責的（responsibility），可由個體本人掌握的可控或不可控等 3 個向度（dimensions）。Weiner 以動機為例，如果影響因素屬於內在的，成功帶給個體信心也提高動機；反之，如果失敗的因素屬於內在的，容易削弱自尊，降低動機。至於穩定性的向度與期望較有關係，例如學習某個科目，如果失敗是因為科目較難（考題一直都不容易，穩定性因素），個體將預期未來一定無法通過考試；反之，如果失敗是因為運氣或情緒造成的（非穩定性因素），個體將預期後續的考試一定會有比較好的成績。另外，有關職責的向度，較受個體的情緒，例如：氣憤、憐憫、感動、羞澀等影響，使這些原本應可控制的因素造成失控，進而使績效不良，且常伴著自責或窘迫的感受。凡是眼前呈現的事物或現象，依據上述 3 個向度應可以歸納出較為合理的原因，也可讓相關人員對某相同的刺激事物，在個別個體的內心中產生較接近的知覺，較易產生共識。

如果以參加某種測驗為例，包括：升遷、晉級、進修入學、乃至學生的期末考試等，以上述 3 種向度可以有 8 種組合，其歸因向度與可能原因詳見表 5-2 所示。

▶ 表 5-2　Weiner 歸因模式因素彙整表

歸因向度	失敗的原因
內在 - 穩定 - 不可控	平常態度就不積極。
內在 - 穩定 - 可控	從來就沒有準備的習慣。
內在 - 不穩定 - 不可控	考試或測驗當天生病了。
內在 - 不穩定 - 可控	就此次的考試沒有特別準備。
外在 - 穩定 - 不可控	本次的考試內容特別難、要求特別嚴格。
外在 - 穩定 - 可控	本次考試的題型與內容偏離範圍。
外在 - 不穩定 - 不可控	本次的考試運氣很糟，包括題型、生理等。
外在 - 不穩定 - 可控	想依靠同學或朋友協助複習，但朋友爽約。

　　當我們使用歸因理論分析或判斷個體在組織中發生之事件的可能原因時，雖可應用上述兩種歸因模式，但 Robbins 提出很重要的概念，歸因理論運用時可能會有誤差現象[5]。在歸因的過程，因為個人知識或背景及其他因素，很可能產生歸因偏誤或誤導，稱之為「歸因誤差」（fundamental attribute error）。其中，如果因為個體個人的本位主義，就會把一些失敗的原因歸為外在因素，把成功的結果歸因為內在因素。譬如：業務員績效表現差時，把責任歸為運氣或歸為其他公司激烈的手段造成；而績效表現好時，全歸功於自己很長時間努力推銷以及自己的銷售宣傳技巧很高。這種行為稱之為「自利偏見」（self-serving bias）。

5.3　知覺判斷常見的偏誤

　　歸因理論可幫助個人消弭知覺上可能產生的偏誤，但歸因的過程中，仍可能伴隨著偏誤的產生，較常見的知覺判斷偏誤有下列幾種現象。

1.　**選擇性知覺（selectivity perception）**：顧名思義，在知覺的過程中，僅接受自己喜好的事實或行為，對於自己不在意的行為並不關心。另一種解釋為：僅關心與自己價值觀或信念較相近者，其餘都與己無關，予以忽略。例如：主管較注意部門的紀律，關心某位員工衣著以及出勤狀況，但卻忽略了上班過程中的績效。

2. **假設相似性**（**assumed similarity**）：物以類聚是假設相似性最好的解釋，興趣、觀點、個性相近等關係，總會有較佳的印象，因此造成似己效果，會以自己的觀感認為被觀察者或行為者有相同的知覺。

3. **刻板印象**（**stereotyping**）：過去的印象，尤其是團體、團隊、族群、種族、國籍等，常帶給我們先導性的、置入性的、先入為主的概念，總會認為這種族群或團隊的人，可能存在某種特質。也許過去的經驗與刻板印象可以幫助判斷，但也有產生偏誤的可能。例如：過去臺灣的教育與人才培育制度下，讓民眾普遍認為技職體系的學生將來是從事實務操作（黑手）工作，實務能力比理論強。然而，就目前的體制規劃之課程以及實際培育情況而言，可能理論與實務並重，甚至有些科技大學培育的學生，理論高於實務。所以在徵才的背景資料審查階段，需要謹慎，不應受刻板印象影響。

4. **防衛性知覺**（**perceptual defense**）：以自己的基本立場為優先考量點，並且以防衛性的保護為前題做知覺的判斷。例如：當員工指出主管的能力不足勝任管理者的角色時，管理者以被管理者的各種小缺失作為管理失敗的原因。管理者認為生產線的問題是線上的工作人員不服從領導造成，與管理者的能力無關。

5. **月暈效應**（**halo effect**）：單一特徵的印象影響了判斷，就像是圍繞著月亮邊的陰影，受月光的影響。例如：初見面時，因為談吐、衣著給人很好的印象，就容易被認為他／她可能是一位負責認真且具有智慧的好員工。但，有可能在真正工作時並不一定有此特質；或者某位同仁在銷售方面能力很強，主管可能伴隨著一種想法，他的為人處事以及管理能力都很強。這種知覺判斷現象稱為月暈效應。與月暈效應相關聯的效應有：前期（primacy effect）與近期（recent effect）效應，前期效應就是第一印象，第一印象好，常伴隨或影響後續的知覺判斷；而近期效應偏向最近的記憶，可能將之前的表現結果遺忘了，僅記住近期的表現，當作判斷依據。

6. **投射**（**projection**）：投射可以簡單的解釋為從別人身上看到自己的影子，可以從外觀、從個性、從舉止、從態度看到自己的影子，也因此會在知覺的過程，容易造成判斷的偏誤。例如：某人的長相與主管的親人有些相似，而有特別的好感產生；或者是某位同仁的個性與自己有些接近，總有久逢知己的感覺，在考績或其他表現的評語上，容易產生投射而給予較佳的考評結果。

7. **對比效應（contrast effect）**：某人的表現與周遭人員的表現如有明顯落差，特別差或特別好，那麼這種情況就容易落入對比效應。例如：某位應徵者的前後兩位都表現非常優秀，這位應徵者雖屬於中上水準，因為對比的情況之下，其表現似乎容易被列為差強人意。但如果前後兩位表現平平，甚至未達一般水準，這位中上水準的應徵者，會因為對比效應而被認為表現較佳。

5.4 個體決策

　　每個人每天自起床張開眼睛起，時時刻刻都在內心中作「抉擇」，心中所呈現的應該是下一秒鐘要做什麼？洗臉？刷牙？還是上廁所？還是先披一件保暖衣服？當您出門的時候是考慮要搭大眾交通工具還是自行開車（騎車）？如果選擇搭大眾交通工具，又是在大都會區，到底要上哪條路線的公車或捷運？嚴格的說，每一個體的每一刻都在面臨「決策」（decision making）也同時等待著下一個「決策」。換個角色，如果您是生產線的課長，您面臨的是如何調配產線的員工班表、如何降低產線不良率，以提升產線品質；如果您是經理，您手頭上有兩條生產線或兩個以上部門主管提出的檢討改進計畫，適巧兩個計畫差異滿大的，您面臨的是如何下「決策」？越高層級的主管，例如：董事長、總裁、總經理、機關首長，每天面臨的是更多更重要的決策。那麼，個體應該如何做決策較能有效能？俗話說：錯誤的政策比貪汙還可怕，如何可以防範不適切的決策？有何理論可依循？這是本節的重點。

危機處理能力
https://www.youtube.com/watch?v=QSowOt2Pvfw

5.4.1 理性決策與模式

　　討論決策時，絕大部分書籍或文章都論及「理性決策」（rational decision making），為何是理性決策？面對兩案併呈甚至更多選擇時，個體所做的決策將會依據個人的背景知識與經驗而有所差異，且對個體而言，一定是以對個人或對團體最有利的結果優先考慮。事實上，這最後的決定不見得是最理想的，也可能會違背某些規範，但決策者願意承擔後果，所以決策者基於個體的理性分析後，採取他個人認為最有利與最佳化的選擇，也因此是「理性決策」。

　　理性決策的過程中，決策者可能有依循組織所訂定的規則按部就班的檢視、分析、比較後才作成決策，我們可以稱之為「制式決策」（programmed decision making）；如果因為所遇見的情境或事件的特殊性，無法依據現有規範或程序進行分析比較，決策者自由心證或直覺的判斷，這種過程我們可稱之為「非制式決策」（non-programmed decision makin）。一般人在生活上所作的決策，大多屬非制式決策，即使決策之結果有任何差錯，應屬於個人自己的責任；然而，對組織而言，決策者所做的決定繫乎組織任務的成敗，相當的重要，不得馬虎。不過對於一位高層的決策者而言，表面上似乎是自由心證或靠直覺判斷，但是基本上，決策者已然具備了深厚的知識背景以及多年經驗，其過程在某個程度而言，已經包含了制式的理性決策過程了，因此本節主要討論理性決策模式（rational decision making model）的過程，應可兼顧制式與非制式決策之說明。

5.4.2　理性決策模式

Kreitner and Kincki 理性決策模式

　　Kreitner and Kincki 認為理性決策模式有四個步驟[6]，分別為：(1) 定義問題（identifying problem）；(2) 發展可行方案（generating solutions）；(3) 選擇可行方案（selecting a solution）；(4) 執行與評估方案（implementing and evaluating the solution）。分別說明如下：

1. **定義問題**：係指理想的情況與實際情況有落差時，才是所謂的問題，例如：每個月須要提撥退輔基金，本月份的退撫基金增加了，因與原先預算數有落差，所以退撫基金不足。其問題的定義應該是為何退撫基金增加，而不是退撫基金的金額不足。再舉一例子：某汽車廠銷售的汽車，在保固期限內回廠維修次數增加了、維修支出增加了，其問題定義應該是為何回廠維修的次數與預期有落差，而不是維修支出增加了。

   Pounds 提出看法認為：一位經理人員可用三種方法來定義問題[7]：(a) 過去的歷史資訊（historical cues）；(b) 系統思考計畫（planning approach）；(c) 其他相關人員的觀點（other people's perceptions）。過去的歷史資訊，包括經理本人的經驗以及所有部門內的系列統計資料，可以查出問題端倪；系統思考計畫可以透過情境模擬技巧以預測可能的問題以及可能的解答；其他人員的觀點，係指供應商、客戶、相關利害關係人等，所提供的資訊，例如：顧客對餐廳服務人員客訴問題就是最佳的定義問題之資訊來源。

2. **發展可行方案**：係第二個步驟，主要在於針對問題點盡量提出兩種以上的可行方案，這涉及推估與創意，針對問題提出多種假設，除了經驗外還需要有創造思考能力，一般而言，創造思考能力在某個範圍內仍屬於可培訓的。

3. **選擇一個方案**：係將前項所提出的幾個可能策略，經過分析後選擇一個理想的方案。這個步驟很不容易，主要是因為決策涉及價值與成敗。通常在此階段應該先訂定評定之規準（standard criteria），且這些規準必須能夠：(a) 有效度；(b) 規準須能符應上一階段所提的幾種可選擇方案；(c) 決策者能真正使用該規準，否則所擬定的規準形同虛設。

4. **執行與評估**：決策者依據決策下令執行所選擇之方案，執行前最好能夠先評估可以成功獲得解決問題的因素，以及可能會失敗的因素，並訂定執行過程理想目標值。執行過程如果獲得的結果與預期解決的目標落差高時，可能需要從第一步驟重新思考，再按部就班依序做決策據以解決問題。

Harrison 的理性決策模式

　　Harrison 提出的理性決策模式共有六個步驟，分別為[8]：(1) 問題之定義（define the problem）；(2) 決策規準之辨別（identify decision criteria）；(3) 決策規準之加權值（weight the criteria）；(4) 可行方案之發展（generate alternatives）；(5) 將各方案依規準排序（rate each alternative on each criteria）；(6) 最佳決策之估計（compute the optimal decision），簡述如下：

1. **問題定義**：問題係指預期的成果與實際表現不同；或者是設想不周，造成事件與預期過程有落差。例如：生產線上每日的產品數量未達目標，原以為係設備需更新，但經分析結果是原物料的供應接續性不足，原物料供應才是問題根源。

2. **決策規準之辨別**：所謂的規準（criteria）應該是解決已定義的問題，須達到的目標為何，如何才是已經解決問題？規準的辨別會受決策者本身的價值觀、經驗、個人的偏好而影響，如何透過適切方式訂定決策規準很重要。例如：上述的生產線原物料供應可能涉及供應商、庫存與訂貨時間、檢驗問題、或者其他相關人員的問題等，如何決定辨別之規準是影響做決策的重點工作。

3. **決策規準之加權值**：當問題點與決策規準有優先或影響深淺之因素時，需要訂定規準的加權。例如：決策者分析判斷前，可以將前述所提的：供應商、庫存政策、訂貨時間、檢驗等要項，依據重要或優先給予加權數，作為決策的重要參考。

4. **可行方案之發展**：完成上述 3 個步驟之後，決策者或提供決策資訊之團隊應先擬定問題解決之可行方案或替代方案以解決問題。例如：更換供應商、或變更庫存政策、或提出檢驗替代方案等。

5. **將各方案依規準排序**：第五個步驟是將上述的可行或替代方案進行分析，並以第二及第三步驟所擬定的規準以及加權等加以排序，例如：更換供應商是否因此而符合規準值，此做法是否能解決「達到日生產量的目的」。

6. **最佳決策之估計**：最佳的做法應該是將第四步驟所發展的各種方案或替代方案，依序的依據加權值計算之後，選出最理想的解決方案作為決策，這個步驟我們稱為最佳估計過程。例如第三步驟所提幾種方案中，依據加權值計算結果，庫存政策中的庫存量改變，最能符合達到日產數量之目標，且整體而言，其工作流程變動影響最少，那麼最佳方案為「庫存值改變」。

TOYOTA 汽車的危機管理，犯了什麼錯？/ 情境決策第一集
https://www.youtube.com/watch?v=Mj1WKTdboMM

5.4.3　理性模式的假定

理性模式是否有效，仍受限在幾個假定（assumptions of the rational decision making model）之下[9]，包括：(1) 明確的問題（problem clarity）；(2) 提出已知的選擇方案（known options）；(3) 明確的了解優先偏好（clear preferences）；(4) 穩定的優先條件（constant preferences）；(5) 沒有時間及成本的限制（no time or cost constraints）；(6) 最大化的回收效益（maximum payoff），茲說明如下：

1. **明確的問題**：決策者必須獲得非常明確的問題定義，如果問題是模糊的或無法全盤性了解問題，可能誤導了問題方向，最後雖解決了某些事項，但卻不是真正的核心問題。

2. **提出已知的選擇方案**：決策者須獲得所有的解決問題之可能的方案或替代方案，以及方案所需比對的規準，否則也將誤導決策者做決定的方向。

3. **明確的了解優先偏好**：所有的規準與方案之呈現與評估方式都能完備且可以量化的排列優先次序，以增加決策者決策時的效度。

4. **穩定的優先條件**：所有的量化規準之評量數據是具有信度、是穩定的，不會因為不同單位不同人員的評定而產生很大的落差，否則會影響決策者的偏誤。

5. **沒有時間及成本的限制**：提供給決策者的參考資料應盡可能完整，提供資訊以及提出選擇方案時，不應考慮時間及成本的限制，否則會漏掉眞正解決問題的核心點。例如：爲解決生產線的日產量未能達到標準的問題，但又考量目前的人力不宜擴張以及因景氣問題造成的資金不甚充裕之情況下，未將日生產量與設備更新之關聯性，提供給決策者參考，這種現象會造成決策者的思考受限，無法做最佳決策。

6. **最大化的回收效益**：決策者最後選擇的方案應以最大回收效益爲主，即所謂投資報酬的問題。當然，這涉及到決策者的經驗與智慧，然而最高的智慧如果沒有詳細與完整的資訊，也仍無法做出最佳的決策。

5.5　決策的評估與有限理性

5.5.1　決策的評估標準

決策的適切與否端看事件大小、影響層級以及決策者背景經驗與智慧。一般而言，決策的評估大致有下列四個標準[10]，包括：品質（quality）、即時性（timeliness）、接受度（acceptance）、倫理（ethical appropriateness）等（圖 5-1）。

所謂的決策品質，應該屬於事後評斷的，也可以說是落後指標之一。因為一個決策是否有品質，必須等到依據決策執行後，是否能達成目標方能知道其決策品質是否優良。當然可以依據決策者過去的成果作爲重要參考依據。

其次談到即時性，中國人常用一句話形容凡事要深思熟慮，做決定可稍微緩點，稱之爲：事緩則圓；2011 年經濟學諾貝爾獎得主康納曼 Daniel Kahneman，也提出了快思慢想（Thinking, Fast and Slow）的決策概念。但是，決策仍有其時效性，太過延遲反而會失去機會的，有一句話常告誡大家，必要時做決定必須快刀斬亂麻，因爲機會稍縱即逝。因此，決策太快擔心思慮不周全、決策太慢擔心錯過時機，如何拿捏？如何才算是適切？如何才算是有效的即時性？是決策者的智慧。

再談第三項：接受度，決策可能涉及執行決策的相關人員，絕大部分組織的決策與團隊、團體、或機構有關，決策者也都是上層具權力（right power）者。但業務推動或執行者卻是中階或者基層人員爲主，如果訂定頒布的決策爲大多數執行者所不能接受，例如：執行者感覺窒礙難行、權益受損、甚至執行者未獲其利反受其害，那麼決策在執行上必定會有很大的衝擊，不易達成目標，最終可能功虧一簣。當然，這也涉及第四個問題：倫理問題，如果決策者面臨正義、價值、組織的發展、甚至組織的生存危機時，所

做的決策將損及部分人的權益，一定會遭受利益關係人的抗爭，認為這決策不妥、無法接受。但是，決策者面臨的利益關係人層面廣泛，亦可能涉及國家政策層面，面對此情境，只有考驗決策者的智慧了。

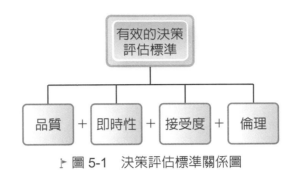

▶ 圖 5-1　決策評估標準關係圖

5.5.2　有限理性

前節談到理性決策模式，舉凡事件或問題的解決可依據理性決策模式的步驟按部就班的執行，應可獲得理想的解決方案。然而，這些模式的規範，係一種理想的模式，且係在某些限定的假設下，才能確定決策的效用。1978 年諾貝爾經濟學家賽蒙（Simon Herbert, A.）認為決策者受限於自己的能力、有限的資訊、不充足的時間，所以下決定時並非全然的理性，賽蒙稱之為有限理性（bounded rationality）[11]。基於有限的理性，賽蒙認為決策者所做的決定應該屬於滿意的決策（satisfied）多於理想（optimal）的決策。以一般生活的情境而言，有限理性的解釋應為：夠好的決定就可以了，不一定需要獲得最好的決定。

通常有限理性的決策可能在前述兩種理性模式的過程中，擬定規準之後，依據加權值加以分析並排定優先次序的過程，決策者可能為了簡化模式、過去的經驗、或注意到較熟悉的理論應用、或近期有過的相似案件作為最後的選擇，這就是典型的有限理性的作為。以前一節生產線的案例，經分析比較結果，庫存量的庫存值改變是其中的一個方案，因決策者對庫存系統的概念與公司採用的軟體功能不甚熟悉，不敢貿然改變。然而，決策者曾有段較長時間在物料品檢單位工作，對物料品檢較關注，基於個人的經驗與偏好，最後以修訂物料品檢的程序作為問題解決的決策，這便是有限理性使然。

基於上述理念，絕大部分的決策落在有限理性的範圍，決策者的知識背景、工作經驗、團隊資源與支援等都是影響決策最重要的因素。此外，也有學者主張創意（creativity）也是決策過程重要的項目。創意到底是否有效影響或有效達成問題解決的目的？其實是見仁見智。

　　創意 4P 說，包括：人格特質（personality）、產品（products）、過程（process）、環境（pressure）等，敘述創意可從這四個方向討論。創意需要有特別的「人格特質」，例如：右腦思考、與眾不同的獨特概念、富想像力、有好奇心、有冒險性、有挑戰性且思慮需快捷等；創意可從「產品」的獨特性展現出來，例如：不同功能的儀器組合一起減少了空間需求（四合一列表機），如電話具備電腦功能（智慧型手機）、信用卡加悠遊卡加現金卡等，在問題解決上是否同時考慮多重問題的解決也是一種創意，但是創意產品需特別注意實用性問題。先談「環境」，環境的英文字以 pressure 為代表，創意需要有適切的環境，例如：能放輕鬆思考的辦公場所、有充分的設備提供創意思考者進行嘗試或試驗、給予足夠的空間與時間等，但是這些環境必然伴隨著壓力，其意義在於創意必須在適度的思考壓力下才有更好的創意產出。

　　最後再談「過程」，過程是創意的重點，Wallas 提出創意的過程有四大階段[12]，包括：準備期（preparation）、醞釀期（incubation）、豁朗期（illumination）、驗證期（verification）。四個階段除了人格特質、所處環境為基礎外，這四個階段與決策者的智慧、經驗都有密切關聯性。換言之，在決策者以有限理性的情境下，採用理性模式的過程進行分析比較各種可行方案，再從方案中選擇一個適切且滿意的決策，如果該決策是有創意的決策，其準備期與醞釀期等同於決策者過去累積的智慧與經驗；豁朗期則是透過現有資料或資訊的分析，思考中蹦出的非最理想但卻是滿意的決策點；最後所謂的驗證期與理性模式的最佳決策評估同樣屬於落後指標，必須是執行解決策略之後方能確認解決方案的有效性。具有高度創意的決策並非萬靈丹，創意需兼具實用，如同有限理性所主張：「滿意的決策優於理想的決策」，具創意且能獲得決策者及執行者滿意的方案才是有意義、有效能的決策。

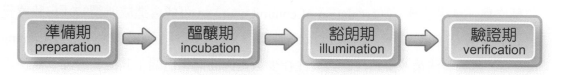

▷ 圖 5-2　創意過程示意圖

5.6 常見的決策偏差與謬誤

決策過程或問題的分析，依據待解決的問題類別，有很多方法可依循，例如：魚骨圖、五力分析、SWOT、PEST、STEEPLE⋯等，各有得失。本章主要介紹歸因理論與決策，因此在本章範圍內，作者建議在分析過程，決策者需特別注意歸因理論所提的知覺偏誤問題。此外，決策可能在決策過程不經意地造成決策的偏差或產生謬誤現象。常見的決策偏差謬誤有下列幾種，簡述如下：

1. **過度自信的錯誤（overconfidence bias）**：決策者因為自己的自信心過高，認為自己的判斷一定不會有錯誤，也因此容易以直覺或者是憑感受做判斷，沒有應用完整的資訊做基礎再檢視與再深思，造成失誤。

2. **定錨效應（anchoring effect）**：有些作者翻譯成「基準與調整」（anchoring and adjustment bias），是決策者固著於過去或初期資訊，或受過去文化的影響，決策者概以最初的資訊為起點，即使相關人員取得並提供新的資訊做為參考，決策者仍堅持最初的決策案。此種現象，與「選擇性觀點偏差」（selective perception bias）有相似之處，決策者先入為主的觀念或者是刻板印象，不願意拋開固有思維依據新資訊進行分析，而造成決策偏差現象。

3. **佐證偏差（confirmation bias）**：通常決策者因個人因素或選擇性偏好，對於較有利於自己做決策的資訊較為重視，對於決策的方案較為不利的描述較不重視，甚至忽略了。此種僅採用正向資料，忽略反向資訊的行為，常因為佐證資訊的偏差，造成決策的誤差。從另一個角度看佐證偏差，如果獲得的資訊對於決策者不想採納的方案有點負面的描述的資料，決策者便將其列為支持自己決策的重要佐證時，此種現象稱之為「承諾遞升」（escalation of commitment），可能會造成所謂的「自我感覺良好」的阿Q心態。另一種相似的偏差決策行為稱之為「框架影響偏差」（framing bias），意味著決策者僅將注意力灌注在少數幾個面向，遺漏了其他參考點，其決策思維被框住了。

4. **易獲得性偏差（availability bias）**[13]：以最近期或者是身邊發生的、垂手可得的資料為判斷事件的依據，例如：目前臺灣的業務員薪資待遇狀況，總是以認識的人或侷限於了解的幾家公司狀況為判斷基準。因沒有完備的資訊，造成偏誤。某個程度而言，知覺偏誤與月暈效應有些接近。

5. 羊群效應（herding effect）：係指企業領導者如同一群羊，其中會有一頭領頭羊。當某個企業領導者需對某項投資或某事件做決策時，可能會參考領頭羊的方向，當然有其風險，端看決策者的智慧，有些僅將領頭羊的現況或相關資料作為分析的資訊之一，最後還是以自己的判斷做決策，此種稱之為「假羊群效應」；反之，如果一切以領頭羊的走向為依據，就稱之為「真羊群效應」。

6. 代表事件偏差（representation bias）：決策者採用了過去的資訊，或刻板印象為基準，忽略了時空或者是環境背景的差異，例如：應徵者的能力與畢業學校排名總被列為是絕對相關，可能因此錯用了人才。

7. 隨機偏差（randomness bias）：係指決策者未經詳細分析或者未能獲得更詳細的資訊，可能將兩件或以上不相干的事湊在一起，以為是相依事件，因而造成錯誤的判斷。例如：某生產線的產量記數控制器故障，同一時段另一生產線也有相同問題，主事者直接判斷為相同事件。然而，其中一生產線的控制器是電源電壓不穩定造成的問題；而另一生產線的問題卻是操作人員設定錯誤的問題。這兩件相同的器具故障，卻是兩個截然不同的緣由。

8. 沉沒成本錯誤（sunk cost error）：有些決策者，屬於較沒遠見的主管，可歸類於短視、不敢投資的主管，僅關注過去所花費的精力、時間、經費，擔心過去的投資浪費了，所以裹足不前、舉步維艱。事實上，機會稍縱即逝，投資者在做決策時，成本固然重要，前景更需掌握。此種決策偏誤與「立即滿足偏誤」（immediate gratification bias）有相似之處，決策者屬於短視者，注重眼前利益與立即回饋，不求永續的打帶跑概念。

9. 後見之明（hindsight bias）：即所謂的「馬後炮」，事先沒有萬全的準備或詳細的分析，做完決策之後，如果執行結果不理想，主事者卻沒有擔當，反而認為自己之前就已設想到後果，之所以會不成功是可預見的。換個角度，如果成功，也認為是自己的決策非常睿智，已經早就料到此結果了。這種偏誤與自我中心（self-serving bias）在某個程度上有些相同，自我中心的偏誤決策者，常將「功勞歸己、失敗怪人」。

 **OB專欄**

【奮起臺灣 8-2】錯誤決策比貪污糟！

　　屏東縣恆春五里機場及屏東市的屏東航空站的倉促建設，缺乏正確詳細的分析資料，使得航空站經營沒幾年就落得蚊子航空站的下場，臺灣共有 18 座的飛機場，我們真的需要嗎？缺乏細膩的分析，在政策的主導下不甚理想的決策，讓我們耗掉很多經費。另外有關海港的建設也有相同現象，高雄茄萣區的興達港，共花了六年的時間興建，耗資 79 億元，因為對海洋漁業以及海洋法規的估算不正確，同樣在建設後，至今 15 年，也淪落為蚊子海港。影片中有深入的報導與分析，是否如同影片的標題：錯誤的決策比貪污糟？當然需要大家共同以本章的知覺歸因以及決策模式與決策過程依據的理論加以探討。

奮起臺灣 8-2
https://www.youtube.com/watch?v=A4C3B9Ht6ts

OB專欄

【奮起臺灣 8-3】蚊子館浩劫與重生！

圖片來源：TVBS NENS

　　20 多年前臺南市擬將市區的海安路建造成為地下街，因此耗資 30 億歷經多任市長規劃持續執行，但是因為臺南市有 5 條水路在地下街鄰近範圍中，滲水問題，以當時的技術很難防治與解決。此外還有工程利益的綁標問題，造成流標、標案停滯，始終無法完工。後期為了交通順暢，先行將路面鋪回，也請造街藝術家進行藝術造街，並且在無更為理想的解決方案前，將原先完成的地下街變更為停車場使用，至少還能夠發揮公共工程建設的功效。這 20 多年來工程的規劃與執行前，市議會的研議、市長的裁決都是一連串的「決策行為」。本 OB 專欄兩個案，可做為課堂討論之主題，至少可包括：決策前的分析、法令規章之限制與決策之關係、兩個案的決策者的知覺行為、主事者或團隊採用哪種決策模式？未來有類似案件，可以事先防範的措施為何？

奮起臺灣 8-3
https://www.youtube.com/watch?v=wFirsWZGcLI

個案分析

標準決定品質 巨大集團創辦人創業初期的決策

公司的營運過程，無時無刻不在檢討及調整目標與方向。易言之，每個時段都不停的在做決策。適切的決策是以知覺為基礎做出的判斷，依其結果提出適切方案，規劃進程並持之以恆，且不斷改進，企業方能有成，永續經營。

圖片來源：鉅亨網

巨大集團創辦人，除了在初期建立標準零件、以品質為產品以及公司永續生存之命脈，令人感佩。老爺酒店集團執行長沈方正在「沒有唯一，哪來第一：捷安特劉金標與您分享的人生考題」一書的序言中說：巨大劉金標從不經意間進入自行車業的門外漢，到做到世界第一；從只是為了試車而騎自行車，到七十三歲決心單車挑戰環台，標哥可說是有著無比毅力、耐力與決心的企業家，但書中提到從代工轉向品牌、巨大集團自行研發領先的碳纖車架、結合競爭者成立 A-Team 建立台灣自行車產業競爭力，乃至成立基金會推廣自行車運動，進而投入 YouBike 等的突破，卻不是光有決心和毅力就能夠達成。

決心、膽識與毅力之外，巨大集團對於自行車行業本身，自行車各種功能用途的區隔性、不同國度使用者的身材體型、年齡層、性別等特色與功能設計、不同消費對象的需求研發設計，零件製造的過程、組裝、品質要求等，有其獨特的知覺，更需要精準的決策，這方是巨大在自行車國際市場上屹立不搖的主因。

當然，劉金標本人的人格特質，每一段話都存在著「知覺與決策」，以他書本中一段佳言可深深體會：「我常對年輕人說，就像騎自行車，向前跨出去一步，才能看到前面的風景；生涯的過程也是一樣，一定要跨出去不要怕，做了以後自然就會看到下一個機會。」

本章摘要

1. 知覺就是個人對外在事物的反應與解讀的過程及現象。

2. 如果影響組織行為個體因素之知覺著重在工作動機或工作表現結果，那麼歸因理論（attribution theory）[3] 應該是較為簡易且可行的判斷方法。

3. 較常用的歸因理論模式有兩種[4]，分別為 Harold Kelley 及 Bernard Weiner 的模式（Kelley's Model of Attribution; Weiner's Model of Attribution）。

4. Kelley 認為如果要更明確的解釋事件發生的過程，除了內外在因素兩個面向外，可以再細分 3 個向度（dimensions），分別為：共同性（consensus）、獨特性（distinctiveness）、一致性（consistency）等。

5. 外在因素較不可控制，需要理解，甚至應忽略個體因外在因素所產生的行為表現，另外給予表現機會以再次驗證其能力；反之，如果幾次問題都歸因於內在因素，那麼個體應該要加強培訓，如果仍無改善，應該勸其改變工作環境，甚至給予應有的懲罰。

6. Weiner 認為絕大部分成功或失敗的因素可歸為[3]：(1) 場所（locus），屬於外在或內在的因素；(2) 穩定性（stability），事件屬於常態（經常如此）或可變（偶而發生）的；(3) 職責的（responsibility），可由個體本人掌握的，等 3 個向度（dimensions）。

7. Robbins 提出很重要的概念，歸因理論運用時可能會有誤差現象[5]。在歸因的過程，因為個人知識或背景及其他因素，很可能產生歸因偏誤或誤導，稱之為「歸因誤差」（fundamental attribute error）。

8. 歸因理論可幫助個人消弭知覺上可能產生的偏誤，但歸因的過程中，仍可能伴隨著偏誤的產生，較常見的知覺判斷偏誤有下列幾種現象，包括：選擇性知覺（selectivity perception）、假設相似性（assumed similarity）、刻板印象（stereotyping）、防衛性知覺（perceptual defense）、月暈效應（halo effect）、投射（projection）、對比效應（contrast effect）等。

9. 每一個體的每一刻都在面臨「決策」（decision making），也同時等待著下一個「決策」。

10. 個體所做的決策將會依據個人的背景知識與經驗而有所差異，且對個體而言一定是以對個人或對團體最有利的結果優先考慮。

11. 決策者基於個體的理性分析後，採取他個人認爲最有利、最佳化的選擇，也因此是「理性決策」。

12. Kreitner And Kincki 認爲理性決策模式有四個步驟[6]，分別爲：(1) 定義問題（identifying problem）；(2) 發展可行方案（generating solutions）；(3) 選擇可行方案（selecting a solution）；(4) 執行與評估方案（implementing and evaluating the solution）。

13. Harrison 提出的理性決策模式共有六個步驟，分別爲[8]：(1) 問題之定義（define the problem）；(2) 決策規準之辨別（identify decision criteria）；(3) 決策規準之加權值（weight the criteria）；(4) 可行方案之發展（generate alternatives）；(5) 將各方案依規準排序（rate each alternative on each criteria）；(6) 最佳決策之估計（compute the optimal decision）。

14. 理性模式是否有效仍受限在幾個假定（assumptions of the rational decision making model）之下[9]，包括：(1) 明確的問題（problem clarity）；(2) 提出已知的選擇方案（known options）；(3) 明確的了解優先偏好（clear preferences）；(4) 穩定的優先條件（constant preferences）；(5) 沒有時間及成本的限制（no time or cost constraints）；(6) 最大化的回收效益（maximum payoff）。

15. 決策的適切與否端看事件大小、影響層級以及決策者背景經驗與智慧，一般而言決策的評估大致有下列四個標準[10]，包括：品質（quality）、即時性（timeliness）、接受度（acceptance）、倫理（ethical appropriateness）等。

16. 1978 年諾貝爾經濟學家賽蒙（Simon Herbert, A.）認爲決策者受限於自己的能力、有限的資訊、不充足的時間，所以下決定時並非全然的理性，賽蒙稱之爲有限理性（bounded rationality）[11]。基於有限的理性，賽蒙認爲決策者所做的決定應該屬於滿意的決策（satisfied）多於理想（optimal）的決策。

17. 創意 4p 說，包括：人格特質（personality）、產品（products）、過程（process）、環境（pressure）等。

18. Wallas 提出創意的過程有四大階段[12]，包括：準備期（preparation）、醞釀期（incubation）、豁朗期（illumination）、驗證期（verification）。

19. 決策可能在決策過程，不經意地造成決策的偏差或產生謬誤現象。常見的決策偏差謬誤有：過度自信的錯誤（overconfidence bias）、定錨效應（anchoring cffect）、佐證偏差（confirmation bias）、易獲得性偏差（availability bias）、羊群效應（herding effect）、代表事件偏差（representation bias）、隨機偏差（randomness bias）、沉沒成本錯誤（sunk cost error）、後見之明（hindsight bias）等。

本章習題

一、選擇題

( ) 1. 個人對外在事物的反應與解讀的過程及現象稱之為：(A) 解說 (B) 分析 (C) 知覺 (D) 決策。

( ) 2. 解釋某個體的某種行為或事件形成的過程稱之為：(A) 解說 (B) 歸因 (C) 知覺 (D) 決策。

( ) 3. 如果同一交通路線的同仁都未準時到班，其原因應歸為：(A) 高共同性 (B) 高一致性 (C) 高獨特性 (D) 低共同性。

( ) 4. 如果績效表現良好就歸功自己，表現差就推托為別人不配合或景氣等外在環境因素，此種行為稱之為：(A) 歸因誤差 (B) 自利偏見 (C) 穩定外在因素 (D) 近期效應。

( ) 5. 如果連續兩位應徵者表現都很優秀，第三位表現雖已達能力標準，但仍會受到前面應徵者表現的影響，而使獲得之成績顯得比應得的成績低，這種現象稱為：(A) 投射效應 (B) 對比效應 (C) 第一印象 (D) 刻板印象。

( ) 6. 因某人的長相與親朋好友之一很相似、個性亦相符，因而產生好感，影響了知覺，此現象稱為：(A) 投射效應 (B) 對比效應 (C) 第一印象 (D) 刻板印象。

( ) 7. 在歸因的過程中，因為個人知識或背景等其他因素，很可能會有偏誤造成誤導，此現象稱為：(A) 自利偏見 (B) 穩定偏差 (C) 歸因誤差 (D) 控制變項。

( ) 8. 擔心過去的投資，忽略遠景為目標，造成舉步維艱、裹足不前的決策行為我們稱之為：(A) 後見之明 (B) 隨機偏差 (C) 易獲得偏差 (D) 沉沒成本錯誤。

( ) 9. 個體常容易將近期的印象或最近的記憶掩蓋了過去的實際的表現情形，此種現象稱之為：(A) 近期效應 (B) 月暈效應 (C) 投射效應 (D) 前期效應。

( ) 10.因為被觀察者的行為與自己頗為相似，所以觀察者以自己的觀感解釋被觀察者的行為，可稱之為：(A) 刻板印象 (B) 月暈效應 (C) 防衛性知覺 (D) 假設性相似。

二、名詞解釋

1. 月暈效應

2. 代表性偏差

3. 定錨效應

4. 歸因誤差

5. 沉沒成本錯誤

三、問題討論

1. 何謂「知覺」？可能影響個體知覺的因素有那些？

2. 請問 Kelley 的歸因理論與 Weiner 的歸因理論有何異同點？

3. 請分別說明制式決策與非制式決策的概念，並且說明可能採用這兩種決策的時機為何？

4. 「理性決策」與「有限理性決策」有何差異？何種情境會採用有限理性決策？

5. 請簡述決策評估的標準有哪些？其評估重點為何？

參考文獻

1. 漆樹誠 (2010)，《組織行為：台灣經驗與全球視野》，雙葉書廊有限公司，頁 158

2. Woolfolk, A. E. (2001), "Educational Psychology, 8 th ed." Person Education Company. P.245.

3. Woolfolk, A. E. (2001), "Educational Psychology, 8 th ed." Person Education Company. P.373-374.

4. Kreitner, R., and Kincki, A. (2004), "Organizational Behavior, 6th ed." McGraw-Hill. P.241-P.243.

5. Robbins, S. (2003), "Essential of Organizational Behavior, 7th ed." Prentice Hall, P.23-25.

6. Kreitner, R., and Kincki, A. (2004), "Organizational Behavior, 6th ed." McGraw-Hill. P.373-375.

7. Pounds, w., F. (1969), "The Process Of Problem Finding," Industrial Management Review, P1-19.

8. Harrison E,. F. (1999), The Managerial Decision Making Process, 5th Ed. Boston: Houghton Mifflin, P.75-102.

9. Robbins, S. (2003), "Essential of Organizational Behavior, 7th ed." Prentice Hall, P.70-71.

10. Gordon, J. R. (1999), Organizational Behavior: A Diagnostic Approach. 6th Ed. Prentice Hall.

11. Simon, H. A. (1991), "Bounded Rationality and Organizational Learning," Organizational Science 2(1). P.125-134.

12. Wallas, G. (1926), The Art of Thought. New York: Harcourt Brace.

13. 謝明瑞 (2006)，＜企業管理人的決策偏差行為之探討—以過度自信與羊群效應為例＞，《國政研究報告》，財金 (研) 095-022 號，2014/01/05 擷取自：http://old.npf.org.tw/PUBLCATION/FM/095/FM-R-095-022.htm

06

激勵

學習目標

1. 了解工作動機與員工激勵的意義。
2. 探討激勵理論的種類與意涵。
3. 了解行為改變技術在員工激勵措施的功能。
4. 了解工作特徵模式與工作再設計。
5. 了解常用的員工激勵方式。

本章架構

6.1 激勵理論
6.2 激勵理論應用

適切的員工激勵方案，是成效的基石

凌凌公司是一家以各項人力培訓為主的服務業，最近一任的執行長苦思許久，與主要幹部討論，公司應如何激勵員工，也找了許多的案例，再加上各種理論的支持，諸如：XY 理論、二因子理論、工作再設計，也分析許多的工具，例如等第比較、360° 全面評估等，由執行長領導的主要幹部團隊終於決定採用 360° 評估做為考核工具，以獎勵金以及薪資調整作為最重要的實質獎勵方案，在多次修訂辦法規則，並說服董事會後終於有了定案，也正式公告實施了兩年。

兩年來的結果，員工面對獎勵制度會有不同的反應，即使這種情境是預先可得知的，甚至可能已預估將有極端不滿者，應該也是在所難免。兩年來也積極的在檢討：成效是否達成？效能是否增加了？員工普遍滿意度是否提升了？最後，針對兩年來執行結果發現，此激勵策略仍有很大的努力空間，即使有些成效、效能也些許提升了，但是員工士氣仍與預期有落差，不滿者影響滿意者，不滿者滿腹牢騷、抱怨連連；滿意者，低調工作，也造成有部分滿意的員工，因為公司員工人際氛圍，而不會因為被激勵了而更努力工作。

凌凌公司對兩年來的結果深感困擾，激勵雖是公司提升士氣很重要的一環，卻無法達到理想的成效，但是沒有激勵，卻又擔心公司情境會更糟，尤其是幾乎沒有員工對執行長所規劃的激勵策略與措施，以及主要幹部們的努力道聲謝謝，造成執行長的挫折與失落，執行長面對公司的成長與發展，又面臨員工的工作情境以及對公司的工作滿意度，真是兩難。要找到合宜適切的激勵策略，確實相當不容易；雖然如此，公司仍持續在檢討與發展新的激勵策略，期能有效獲得成果，讓公司永續經營。

 問題與討論

1. 凌凌公司的執行長認為激勵策略對於提升員工的工作士氣是相當重要的一環，您有何看法？請敘述您的認同點為何？反之，您為何不認同？

2. 凌凌公司以培訓人力為主，相較於一般的生產產品為主的公司，您認為其激勵策略是否有更佳的方案？請舉例說明？

3. 案例中，採用 360° 評估做為工具，對服務業員工考核作為激勵的依據，您認為是否理想，理由為何？

6.1 激勵理論

一位擁有大宅院、家僕多、還有多位精湛廚藝之廚師的有錢員外，他很好客，三天兩頭就邀請三五好友、每月至少一次宴請達官顯要在員外的宅院中大快朵頤、吟詩作樂。員外常在賓客前自誇他府上的各種大餐，非常受親朋好友的讚揚，尤其是主廚有道拿手菜：鴨子五吃。無論是烤、炒、煮、燜、涼拌等，每樣做法都能捉住客人的胃，

廚藝大受賓客讚賞。一段時間過後，有常客發現，他最喜歡的醋味涼拌鴨掌—非常香脆、有嚼勁的菜餚，有幾次未出現了，員外也已經多次發現此情形，但尚未詢問廚師為何不見涼拌鴨掌，甚至，最近幾次宴會中，連烤鴨的鴨掌也在端出桌前就被剁掉了。

幾週過後，員外終於忍不住到廚房興師問罪，且認定一定是廚師們私下分享了，或藏起來當宵夜了。廚師們都說：「不知道，主廚帶領我們，我們只是依據主廚的步驟做，我們不清楚。」，員外問主廚何以鴨掌不見了？主廚回以：「這些鴨子，本來就沒掌啊！」，員外不悅的說：「豈有此理？」，主廚道：「現在的鴨子已經都沒掌啦，不相信您自己回想看看。」，員外想了又想，也到鴨寮走了一趟。回到廚房，員外怒斥：「胡言亂語，鴨子都是我們自己養的，我剛剛才從鴨寮走過來，鴨子一隻隻全健康完好，怎會沒鴨掌？」，主廚回答說：「您喜歡宴客，我們很高興的做菜服務您的親朋好友，大家都認為我們廚房做的菜很好，但是您卻從來沒有到廚房讚賞我們一句，您們吃的是『鴨子』，我們要的是『掌聲』，沒有『掌聲』，上桌的鴨子有需要連『鴨掌』一起出嗎？」，員外終於了解其中原因：廚師們雖然不愁吃、不愁穿，但是仍期待員外給予當面的獎勵。

在激勵理論中，Herberg 的「二因子理論」就是最好的解釋，在員外家不愁吃、不愁穿，這就是所謂的「保健因子」；雖然已具備了保健因子，但員工不一定滿足；這還得伴隨著「激勵因子」，給予再成長或成就感的鼓勵，過去農業時代員外的讚賞就是激勵因子。現代工業科技社會，薪資已經是一種單純的保健因子之一，公司要能提供升遷、自我成長的環境、自我提升、自我認同、自我責任感與成就感等激勵措施，方能留住人才，有效發揮人力。

讀者了解激勵之前，平常較有接觸的相關名詞，如能先行體會將更容易進入激勵的概念，包括：「動機」與「需求」。我們做任何事情需要有動機（motivation），基本上，對某些工作或活動，有意願、想要做，才有動力，換言之：動機是面對事物或工作的迎拒力。動機又分為內在（intrinsic motivation）與外在動機（extrinsic motivation）[1]，以工作者而言，內在動機諸如：興趣、能力、個性、責任感、向心力、組織承諾等；外在動機如：薪酬、獎勵、福利、升遷機會等。另一個與動機相關的名詞為「需求」（need），有需求才會有意願，為達到需求的滿足，動機才會強烈，有動機才有圓滿完成任務的可能；動機不夠強，就需要「激勵」（incentive）。因此，激勵是提升工作動機與工作效率的重要因素。

本章介紹幾個著名的激勵的理論，除了上述故事中所提的賀茲伯格（Frederick Herzberg）二因子理論外，還包括：馬斯洛（Abraham Maslow Hierarchy of Needs Theory）的需求理論，他將人的需求依據不同階段分成五個層級，有生理需求、安全需求、社會需求、被尊重的需求、自我實現的需求等；麥克格列革（Douglas McGregor）的 XY 理論，他認為人性可分兩種，所謂的 X 理論的人性，人是被動的，只要聽命行事，需用規定框住，否則工作者不會主動的努力工作，也不會有雄心大志，如果沒有嚴屬的罰則，可能都會偷懶，沒有績效；另一種所謂的 Y 理論的人性，他主張，每個人在團體中工作時，都會主動的、全力以赴的為職責盡力，不須訂定某些規定，這些員工就能自動自發有效率的工作。此外，還有 David McClelland 的三需求理論，他主張每個人在工作中應該會有三種需求：成就的需求、權力的需求、人際親和的需求等。這些理論都說明每個人都有不同層次的需求，如果能讓個人需求滿足，就能產生激勵作用，讓每個人發揮最大的工作績效，讓組織產生最大的效能。因此，本章目的在探討個人在工作上的需求，以及組織可能對員工個人需求層次規劃激勵措施或激勵的方式，據以提升個人的工作效能，增加組織的團隊績效。

6.1.1　需求層級理論

馬斯洛（Maslow）於 1943 年發表了需求層級理論（hierarchy of needs theory）[2]，他假設每個人在需求上，應有五個層級，分別為：生理需求（physiological needs）、安全的需求（safety needs）、社會的需求（Social needs）、被尊重的需求（esteem needs）、自我實現的需求（self actualization）。分別說明如下：

1. **生理需求**：就是一個人能有衣穿有飯吃、有個基本的溫飽，不受飢寒、任何與身體有關的需求，這是最基本的第一層級的需求。

2. **安全的需求**：即個體能安全的生存，無論是身體或是心理上都能獲得保護，不會受到傷害。在社會的任一角落、在工作環境中，隨時都能獲得保護，具安全感，是具備生理需求後再高一層級的需求。

3. **社會的需求**：或稱為愛（Love）的需求，即是具備了生理以及安全的需求後，每個人會有被愛或愛人的期望；會有被接受的感覺、有歸屬的感覺、友誼存在的感覺。一個人在生理需求有所滿足，且獲得了家庭與工作的安全感，接下來應該希望有朋友、有被愛的感覺，有歸屬感。

4. **被尊重的需求**：包括：好名聲、自尊心、成就感、被認同、受重視、以及自信心提升等。一個人在工作或家庭中，雖然獲得了安全與社會歸屬的感覺，更深一層的感受就是被尊重的感覺，讓自己覺得有價值。

5. **自我實現的需求**：歸類為追求理想與自我實現，是為圓夢的層次，透過自我能力的發揮，自我提升、自我實現夢想。

馬斯洛的需求理論中，本文作者認為，這五個層級有其分配上的假定，無論是所佔的人數比例，或者是個體一生中追求這些層級所佔的比例，都會有一種現象：越低層次的需求，例如生理的需求，所佔的比例較大；愈高層次，如自我實現，其需求比例較低。五個層級可以用金字塔型的分配[3]如圖 6-1 所示。

▶ 圖 6-1　馬斯洛的需求理論階層圖

資料來源：作者繪圖

　　馬斯洛的需求理論之所以用層級圖表示，係因為馬斯洛的需求理論在追求滿足的過程是一階一階的往上挪動的，易言之：如果生理需求沒有滿足，不應該會進入安全需求的階段；安全需求階段未達滿足之情境，不太會進入社會需求的階層，更不可能進入被尊重的需求階段，如果需要追求自我實現，最起碼應該先有被尊重的需求，否則應該不會將自我實現列為一個具體可行的重要目標。當然，上述兩段有關階層與比例之描述會有例外，基本上應與個人的背景與社會結構有關，可參考表 6-2 之比較關聯分析表。

【60 秒，Cheers!】主管如何有效激勵團隊？鼎王餐飲集團董事長陳世明：從尊重員工開始
https://www.youtube.com/watch?v=qSl5ppWykhY

6.1.2　McClelland 與 ERG 需求理論

McClelland 的三需求理論

　　工作動機與需求是另一種需求理論，McClelland 認為在工作場合所追求的是：成就感的需求（need for achievement）、權力的需求（need for power）、以及親和的需求（need for affiliation）等三大需求項目，分述如下[4]：

1. **成就感的需求**：工作場域中，追求優越的驅動力，在某種標準之下追求成就、奮力求成功的毅力與企圖心。

2. **權力的需求**：掌控別人，使別人順從自己的慾望。

3. **親和的需求**：與工作周遭的人能友善與親近的人際關係之慾望。

　　在職場中，無論是主管或下屬，都會設法追求成就，希望自己做得比以前更好，甚至於追求精神上成就感的慾望大於工作完成獲得物質上酬勞的需求。然而，每個人的個性、能力及表現方式有所差別，因此在追求成就時，成功與失敗機率的判斷，做為是否持續努力的決策，或者個人意志力、人格特質，都會影響個人在成就需求的強度。易言之，每個人都具有成就的需求，只是不同職務、不同環境、不同的責任感與個人人格特質之條件下，成就感需求的強度有所差異。

　　有關權力慾望，任何人都希望擁有權力，擁有駕馭別人、影響別人、掌控主導的權力。有些人權力慾高、有些人較低。工作職場的主管是組織或團隊授予權力，並非全然是主管人員權力慾望高才當主管的，也並非所有下屬工作人員因為受上級的管轄而沒有權力慾望。當然在工作職場中，不乏人格特質屬於自卑感高、自信心低、不想表達自己意見，只希望聽命行事的工作者，但可能不是原本的人格特質，而是礙於現實的工作職場環境中，不便展現個人的權力慾望，也許離開工作場合，仍樂於展露出個人的權力慾，支配朋友或掌控事務主導活動。

　　至於親和力的需求，應該是每個人期望獲得的感受，絕大多數的人都希望自己受他人的歡迎、人際關係良好、是大家樂於親近者，如此工作才有快樂的感覺。

　　三種需求如果大略區分為高低兩個層級，那麼 McClelland 的三需求理論在職場上工作者可能的組合特質（詳見表 6-1），包括：高親和力、高權力、高成就需求者；高親和力、高權力、低成就需求者；高親和力、低權力、高成就需求者；高親和力、低權力、低成就需求者；低親和力、高權力、高成就需求者；低親和力、高權力、低成就需求者；低親和力、低權力、高成就者；低親和力、低權力、低成就需求者。其中，有兩種屬於權力需求高，但是成就需求低的情況較特殊，也較不合理，但仍有可能存在。

　　三需求理論的應用，有利於選對適切的人員放在適切的職務並且把工作做好。主管人員如以本節所舉的 8 種組合需求特質，適切安排職務，對工作效能當有所助益。例如：生產線工作管理員，選用高親和力、低權力、高成就感的人員可能優於低親和力、高權力、高成就感者，因為基層人員比較希望能與打成一片的主管一起通力合作，搏感情的管理較容易獲得基層人員的合作。但是，著重業績單位的業務主管，可能低親和力、高權力、高成就者優於高親和力、低權力、高成就感者。一般而言，嚴厲且具權力的主管通常有助於業績的成長。當然，相同職務在不同行業中，需要的工作者特質會有差異性，主管如何應用下屬的人格特質以達成組織或團隊的目標，有待經驗的累積。

表 6-1　McClelland 的三需求理論在職場上工作者可能的組合特質

親和需求	權力需求	成就需求	填入適合職務（課堂練習）
高	高	高	
高	高	低	
高	低	高	
高	低	低	
低	高	高	
低	高	低	
低	低	高	
低	低	低	

資料來源：作者整理。

Alderfer 的 ERG 需求理論

　　另有一位學者 Alderfer 也提出三需求，分別為：存在的需求（existence need）、關係的需求（relation need）、成長的需求（growth need）[5]，分述如下：

1. **存在的需求**：任何一個人活在世上為的就是求生存，工作最初的目的就是獲得生存的基本條件，獲取賴以為生的物資；繼而養育下一代，生生不息。

2. **關係的需求**：獨立的工作幾乎已經不存在，任何人必須與他人共同以團隊或組織方式完成任務；即使一人公司也需要有客戶、有供應商；即使有獨特的環境不需要工作，家庭的成員間也需要有維持人際關係的需求。任何人與他人相處，都希望能有良善的情感交流、獲得關懷與尊重的感覺。

3. **成長的需求**：生存與人際關係是人生追求的目的，另外還有更重要的是追求成長、追求自我發展、自我超越的需求，訂定成長目標應該是每個人在人生中的重要里程碑。有成長的需求且能達到目標，才會受他人尊重，持續的成長才會有自我實現的成就感。

　　Alderfer 的 ERG 理論與 Maslow 的需求階層理論有三個主要不同論點[6]。其一：需求不應該只限制在某個階層，如果以階層區隔人的需求，充其量只能稱之為「行為」而不完全是「需求」，例如：被尊重的感覺在任何層級都可能出現，如果侷限在一個層級內，被尊重應被解釋、或等同於一種行為（Behavior），以 Maslow 的需求層級而言，現實的生活或工作場域中，「被尊重」應該存在任何一個層級中。其二：每個人的需求並非完全依據 Maslow 的層級拾級而上，需求同時包含兩個以上層級，甚至跳躍一個且包含兩

個以上層級的可能性不低，例如：被尊重的感覺並不是因為具備了生存、安全、社會三個需求層級才能進入被尊重的層級；大部分的人在任何層級都希望有被尊重、被愛的需求。其三：人們可能有一種「挫折—退縮」（frustration – regression）的可能，因為挫折而退而求其次。例如：當員工本身或工作環境在人際關係的品質有所挫折時，他可能退而求其次，只剩工作待遇與福利的需求。

　　本節將 Maslow 的需求層級、McClellan 的三需求、Alderfer 的 ERG 需求理論做個比較分析，以便讀者了解理論間的異同點，詳表 6-2。

▶ 表 6-2　Maslow、McClellan、Alderfer 的需求理論比較分析表

	需求層級	三需求	ERG
理論學者	Maslow	McClelland	Alderfer
需求類別	生理需求	親和需求 權力需求 成就需求	存在需求
	安全需求		
	社會需求		關係需求
	被尊重的需求		
	自我實現需求		成長需求
主要論點	需求有階層，大多是拾級而上的。	同時具有三種需求，每種需求的高低強弱，可作為人員職務的調配參考。	需求並非依據層級拾級而上，當產生挫折時，會有退縮現象，退而求其次。

資料來源：作者整理。

6.1.3　X 理論與 Y 理論

　　孟子提人性本善說，荀子則提人性本惡說。善惡到底是與生俱來？還是後天環境使然？仍有一番辯解。西方在人力管理與組織行為上，也有相似的說法。Douglas McGregor 提出：當你認為人是被動的、工作態度是負面的、沒有嚴屬的罰則，大多不會努力工作，除了特別有獎勵誘因外，對公司的向心力很低，這種看法被稱為 X 理論；反之，當你認為工作者都會自動自發、對公司都是正面的工作態度、是主動積極為公司努力不懈、向心力很高，這種看法被稱為 Y 理論。X 理論與人性本惡的理念接近，而 Y 理論則是與人性本善的理念也頗符合。

　　公司對員工的上班以及工作績效訂定嚴格的罰則，例如：遲到 1 分鐘就扣 1 小時的薪資，因為沒有重罰，員工不會準時上工；員工的日產量未達一定的數額，必須扣日薪一定的百分比，因為沒有扣薪制度，員工不會努力工作，數量一定無法達到要求；此類

做法的主管就是以 X 理論經營。反之，員工上班沒有遲到問題，所以不需要打卡，甚至沒有規定幾點幾分必需抵達辦工作場所上班，因為老闆認為每個員工都會盡力的配合時間，自我要求，全力以赴。對於業績，也沒有特別的規定，反而在多少數量以上，公司就給獎金，未達數量，也沒有扣薪水問題，因為老闆認為每位員工都會朝目標自我努力，不需要鞭策。這種老闆係以 Y 理論的基礎在管理員工。

也許之所持 X 或 Y 理論的經營或管理理念者，可能係經營者本身的人格特質、被管理以及管理的經驗、或者是經營的行業類別環境造成，實務上 XY 理論都有其管理的假定，分述如下 [7]：

X 理論有四個假定，包括：

1. 員工天生就不喜歡工作，只要有機會一定設法偷懶或逃避工作。
2. 因為員工不喜歡工作，所以必須給予嚴厲的規定、採處罰威脅控制員工，以達預期的績效。
3. 員工通常會逃避責任，但會盡可能依循公司規定行事。
4. 絕大多數的員工會以工作保障為優先考量因素，很少會對工作有所抱負。

Y 理論也有四個假定，包括：

1. 員工會將工作視為天經地義，就如同人需要休息與玩樂般的自然。
2. 只要承擔工作目標就會對工作忠誠，員工都會自主性的自我管控。
3. 一般的員工都會學習去接受，甚至尋找自己應負的工作責任。
4. 創新決策的能力是普遍的（大部分員工都會有此能力），不是管理階層才需具備的本能。

如果我們將 McGregor 的 XY 理論與 Maslow 的需求層級兩個作比較，X 理論的管理較歸屬於低層級的需求，例如：生理需求與安全需求的層級；Y 理論的管理在需求層級上，屬較高層次者，例如：被尊重或自我實現的層級。然而，對於需求理論與激勵措施之間是否有規則可依循？其答案應是見仁見智，最重要的是，需求與激勵的影響因素很複雜，至少包括了：工作性質、工作環境、組織文化、以及工作者與管理者本身的人格特質等。

6.1.4　二因子理論

Herzberg 提出了激勵保健理論（motivation-hygiene theory），又稱之為二因子理論（two-factor theory）[8]。Herzberg 認為工作任務之成功或失敗，繫於員工對工作的態度，態度佳、具熱忱、責任感重者，任務成功率較高，反之較容易失敗。他用問卷的方式請員工詳細的描述：預期工作成功或預期工作任務可能不如意時的工作內容與情境，並將其分析後分類為保健因子與激勵因子。

Herzberg 分析員工調查的結果，一類為保健因子，包括：管理品質、薪資、公司政策、工作環境、同仁關係、工作安全等；另一類為激勵因子，包括：升遷機會、個人知能成長機會、認同、責任、成就等。公司或組織對兩類的影響因子提供的高低優劣程度，會影響員工的滿足程度。Herzberg 認為一般的觀念，員工會對自己的工作大略分為工作滿足與工作不滿足。但是他認為：因為影響工作滿足之類別可分為激勵因子與保健因子，這兩類對工作滿足造成不同的感受，分述如下[8]：

其一為激勵因子，如果具備激勵因子，工作會「滿足」（satisfaction）；如果缺少激勵因子則工作「無滿足」（no satisfaction），這裡所談的無滿足，並不是絕對的不滿足，而是不會滿足但也未達不滿足的感覺。例如：中高階主管，已經在該職務上有多年的工作累積，薪水每年依據員工薪資制度調整百分比，該有的福利都有，但是並無其他獎勵或升遷機會，此刻雖然薪資有提升，工作不會不滿足，但是又未達滿足的層次，總覺得缺少些激勵，此種情境可稱之為「無滿足」，亦即缺少了「激勵因子」。如果公司給予上述人員公開表揚、或職位提升、或者是其他榮譽，即使薪資已經到頂，無再加薪的機會，員工仍感滿足，因為具備了「激勵因子」。就如同獲得高層級被尊重與自我實現的需求，而具有滿足感。

另一為保健因子，與激勵因子不同的是，保健因子會影響員工「不會不滿足」（no dissatisfaction）與「不滿足」（dissatisfaction）的感受。享有保健因子不會不滿足，但缺乏保健因子就一定不滿足。前段有關激勵因子談的是「無滿足、滿足」的概念，保健因子所談的卻是「不滿足、不會不滿足」的概念。薪資與福利就是最好的例子，薪資低、薪資未依年資調升、缺少應有的福利等，員工一定不滿足。反之，薪資達到一定水平，也具備了應有的福利，但是員工可能還未獲得滿足感，充其量，只不過是不會不滿足而已。

Herzberg 的二因子理論採用員工自述式的問卷，且以滿足為主題，缺乏有關工作績效或產能方面的交叉分析，同時也忽略了有關環境方面的影響因素，因此該理論受到許多的批評，諸如[9]：發展二因子理論之方法論有所限制，包括大多數的人都會將成就歸功自己、失敗怪罪他人或環境的習性；因為採用自陳問卷，分析解讀者與自述者間會有意義上的落差；自陳者可能僅提出自己部分工作的感受，容易造成以偏概全的現象等。雖然有上述負面批判，但是激勵與保健二因子的概念仍可作為管理者做為激勵措施決策前之重要參考。

easy221.com：給員工薪酬之外的激勵
https://www.youtube.com/watch?v=i38HIEsUFEQ

6.1.5 公平理論

有句話：「人比人氣死人」，因為公平性不足，人會生氣；因為公平性不足，組織氣氛不好；因為公平性不足，整體團隊績效無法提升。這些都因公平性而引起，那麼，何謂公平？世界上除了每個人每天都分配到 24 小時外，似乎沒有絕對公平的事。員工在相同部門、相同職務的工作崗位上所獲得的酬勞、福利、獎勵即使完全相同，是公平還是不公平？見仁見智，甚至花一輩子的時間也無法討論出「公平」的結果。例如：一位大學剛畢業的學生，剛投入職場每個月獲得 32,000 元的月薪，已經比該地區類似行業的大學畢業平均薪資要高些。經過一兩個月與同仁熟悉之後，他發現有同仁與他相似的背景、類似的工作部門與工作職務，其月薪卻是 34,000 元，頓時覺得有些沮喪。事實上他的薪資已經比平均薪資高出不少，但沮喪的原因卻不是薪資本身，而是所謂的「公平」（equity），他內心認為相對於這位同事的薪資所得，公司對他不公平。

何謂公平？公平理論（equity theory）強調投入（input）與結果（outcome）間的平衡。例如員工自己 (A) 的「結果 (O1) 與投入 (I1) 的比值」(A = O1 / I1)，與相對應職務的人員 (B) 的「結果 (O2) 與投入 (I2) 的比值」(B = O2 / I2)，兩者間的差異將評斷是否公平的依據。如果 A=B，員工的感受會是公平；如果 A>B，員工自己認為自己獲得的回饋或酬勞偏高，屬於不公平現象；如果 A<B，員工同樣認為不公平，且是自己的回饋或酬勞偏低。

當一位員工覺得所獲得的待遇不公時，會有哪些反應？綜合戚樹誠[10]與 Robbins[11]的看法，有下列可能的情境：

1. 改變自己對工作的投入與結果，例如：台語諺語「領多少、就做多少」，改變投入以符合自認的公平酬勞。

2. 改變投入與結果的參考值，例如：獲得不滿意的待遇之後，經過反思與比對，可能自己調整自己認為合理的參考標準，改變目標值以求自我平衡。

3. 改變參考對象的認知，例如：尋找部門內或部門間具備大約相同或接近的背景同仁所呈現的投入與結果，重新擬定投入與結果的參考值，以自我調整對投入與結果的認知。

4. 直接改變參考對象，如能依據前述的參考對象認知的分析過程，員工可以適切的、明確的更換參考對象重新調整公平性的衡量標準。

5. 選擇離開工作，有句諺語「此處不留爺、自有留爺處」，投入與結果不滿意又無法獲得協商，最後就離職了；另也可能有較特殊情形，有些人格特質獨特者，甚至反過來迫使參考對象離職，以求取自己對投入與結果的安心。

公平理論屬於「組織正義理論」的一環，組織正義所談的三大議題為：分配正義（distribution justice）、程序正義（procedural justice）、互動正義（interactional justice）[10]。分配正義著重在資源分配是否達到適切；程序正義著重在決策過程是否公平；互動正義涉及單位或單位間人際互動與人際對待是否尊重；有關互動正義，如無法滿足，因涉及個人的人格特質，員工比較不會對組織產生不滿。有關分配正義，如果未能讓相關人員感到滿足，也許會期待改善的空間，但會尊重主管權衡組織發展或利益的決策。然而，程序正義卻是非常容易造成組織的不安，就如同所有政府法案、重要決策或政府官員未能依程序行政時，違反程序原則會造成社會紊亂，國民或被執法者可提抗議以推翻決策。在組織內部盡可能提升程序正義，有助於組織的和諧，讓員工感覺公平。提升組織程序正義的原則有下列幾點：(1) 在決策過程中盡量給員工參與及發言的機會；(2) 員工有違反規定或犯錯時，儘可能給予改過的機會，所謂未教而誅之謂之虐；(3) 所有組織制定的條文規定必須前後一致；(4) 決策的規定必須一視同仁，符合法規規定不得有歧視或偏袒情事。

雖然有許多理論或相關規範可以讓員工有機會獲得公平正義，但除了老天給每人每天 24 小時相同的時間外，真的還不容易找出真正公平的事件。然而，只要能夠認清自己、認清環境，調整自我，積極用心，持有正向的價值觀，自然會讓自己覺得滿足，心中雖存著不甚公平，但還算滿意的感受。

6.1.6 期望理論

　　期望引領員工朝目標前進，如果期望能夠滿足，一定可以激勵員工的士氣。期望與事實產生落差，員工對工作一定興趣缺缺。因此，員工依據一定的進度、既定的排程，樂意進行工作的投入程度，與達成預期成果的程度是有關連的，預期成果達成程度越高，員工對工作越感興趣、越有成就感，工作對員工越具有吸引力。因此，期望理論（expectancy theory）具有下列三個變數[12]：

1. **吸引力（attractiveness）**：個體對工作期望越高，成果達成潛力越大，此項工作會使個體產生高的吸引力。吸引力係指個體對工作能達成成果的潛力以及達成成果的回饋的重視程度。尤其是對個體不滿意的需求部分，對員工更具有吸引力。例如：工程師雖對於創新產品的專利申請審查意見很不以為然 (產生不滿意)，但工程師對於此項新產品在市場的擴散可能性頗具信心，也激起工程師對此項工作的興趣，更為重視此項研發且更努力的投入，因為這項潛在的成果對工程師本身而言，努力的投入一定會有成功滿意的回饋。

2. **努力與績效的關聯（effort/performance linkage）**：指努力付出與成功機率的契合度。係指員工相信其努力與任務是否能成功的相關程度，亦即員工的工作信心問題。員工越具信心，越有激勵作用，員工成就越高。

3. **績效與回饋的關聯（performance/reward linkage）**：是個體對工作的信任程度，個體相信在達到某特定的層級績效並能獲得滿意的回饋，必定能引導個體邁向成功。例如：如果員工預先設定 1,000 件為每日生產量目標，產線操作人員對工作的熟練程度可預知此特定產量並不困難，也同樣對公司給予的獎勵或薪資回饋具有信心，自然能達到激勵的效果。

　　上述期望理論所提的三項變數，似乎有點複雜。事實上，其道理並不太困難：員工預期達成任務的機率與努力投入成正向比例，且員工完成任務後從上司或組織獲得的回饋或獎勵亦如員工所預期，員工自然對工作具有濃厚動機，公司所派給的任務就愈具有吸引力，員工工作自然有效率，組織就能提升效能，此刻就進入良性循環，工作本身就是激勵因子了。反之，如員工無法預期投入與任務能達成的關聯性，亦即：成功達成任務的比例無法預估，也從來無法了解努力工作是否有相對應的回饋？員工工作沒有目標，沒有成就感，員工工作效率低、組織的工作效能差，此現象等同於沒有激勵作用，組織容易造成低效能的惡性循環。

「期望理論」可以歸納三個重點如下：

首先，期望理論著重酬賞，顧名思義就是預期待遇目標與實際獲得待遇間的落差。期望與實際成果落差愈大，例如：薪資如果是期望目標之一，努力工作後員工所獲得的薪資與員工預期的待遇有落差時，尤其是負向落差，員工就會不滿意。因此，員工對待遇的目標與公司所給的實際待遇是否一致就是重要的期望因素，期望與實際回饋一致，員工一定滿意；其次，期望理論強調預期的行為，員工是否能預期自己的能力與態度是何種程度？是否能自知？是否了解自己的工作在上司或相同部門的同仁對自己的評價？

最後，期望理論注重個體對自己的期望，員工會以自己對薪酬、任務目標、工作表現以及對自我目標的滿足之期望為基礎，決定員工希望付出的努力程度。總之，如果員工自我期望與所獲得之回饋有落差，員工不會滿足；只要期望落空，且無其他激勵補救措施，員工不會積極努力，組織就無法提升效能。

6.2　激勵理論應用

上節所談的幾種基本的激勵理論係在一般的情境下，由幾位學者分別依據當時的情境所發展出來的，哪個激勵理論適合在何種組織上應用？涉及許多因素，諸如：公司或組織規模、組織的性質與類型、組織所處的社會環境、當地人民的風俗文化、公司或組織的營運模式、甚至經營者的個人人格特質等。而且理論並非一成不變、單獨的應用，可能同時採用兩種以上的理論基礎的概念，綜合發展出適合於個別組織應用的策略，以提升員工的效率以及組織的效能。例如：以設計開發為主的組織，其員工的激勵策略，可能以 Y 理論的管理概念，尊重個別員工的構思，給予超越自我的環境或空間，在獎勵制度上，以激勵因子取代保健因子；以代工為主的公司，其激勵策略可能與研發設計為主的公司有所差異，基於產量與品質是代工行業的命脈，速度與謹慎才是獎勵的重點，因此保健因子可能重於激勵因子，提高日產量與降低不良率就獲得高報酬；此外，設備更新獲得的績效可能遠比員工自我期許、自我要求與自我超越還要高；此種情境，X 理論的應用將有可能比 Y 理論的效果佳。

因此，公司或組織對激勵理論的應用，需要靠管理者的經驗，針對公司員工的背景以及文化與環境加以分析，選用適切的理論加以應用，才能發揮實際的激勵效用。本節分別介紹「行為改變技術」、「工作特徵模式與工作再設計」、「常用的員工獎勵方式」等三大項供讀者作為激勵理論應用的參考。

6.2.1　行為改變技術

激勵的策略企圖能改變組織內個體的行為，以符合組織或團隊的期望。如何能夠改變個體符合組織認定的正向行為，例如：努力、用心、主動、盡職、負責、投入、具高度組織忠誠度與組織承諾，是執行激勵策略重要的目標。

行為改變技術源自於 Pavlove 的古典制約理論（classical conditioning）[13]，及 Thorndike[14] 以及 Skiner[15] 的操作制約理論（operant conditioning），後人以此兩種理論發展出改變行為技術（behavior change 或 behavior modification）。古典制約談的是個體接受外界刺激物（stimulus）時，個體生理上產生的自然反應（response），例如：動物看到喜歡吃的東西時（非制約刺激 unconditioned stimulus），自然會想吃而流口水，此種現象為非制約性的自然反應（非制約反應 unconditioned response），意思是此刻並未對個體進行制約。當發生此事件之同時或提早一些時間給予另一種與刺激物可能無任何關聯，伴隨出現的刺激，稱之為制約刺激（conditioned stimulus），例如個體看到想吃的東西出現同時或是很短時間前給予特別的刺激，譬如：鈴聲，此時個體將會有被制約的現象，此現象（食物與鈴聲的同時出現）經過幾次的連結後，即使未出現非制約刺激（食物），僅出現制約刺激（鈴聲），個體也會有制約反應（流口水），這種個體的刺激反應稱之為古典制約。古典制約可以應用在生產線之環境條件因素與生產量的關係，應用空調、燈光、優雅或調整心情的音樂等外在環境建置，以提高生產線的產能。

另一種與員工個體激勵更為密切的制約理論屬於「操作制約」，其中 Thorndike 主要提出「效果律」（law of effect），意思是：練習能產生效果，個體經過多次的嘗試錯誤後，能找出正確的方法，完成正確的事；Skinner 則強調刺激反應的關係，且刺激反應是連續性的反應，前一次的刺激產生的反應結果，將會是另一個新的刺激。例如：員工工作過程中因疏忽而製造出不良品，經領班或檢驗員告知錯誤原因，員工記在心上，下次遇到相同情境，會注意改善，以順利完成合格的產品。不良品的產生是經檢驗後告知的一種反應結果，下次再製造此產品時，員工已經知道過去的工作方法不正確（新的刺激），將會調整作法以求獲得良好品質產品。此現象經過多次連結後，自然形成良好的工作方法，因此不再出現人為的不良品產生，這就屬於練習效果律的應用現象。

　　我們應用操作制約最重要的觀念為「增強理論」（reinforcement）與「懲處」（punishment）。增強是指當員工在進行或完成某件任務且績效很好時，當下或一段時間內，給予獎勵，員工接受物質上（加薪、獎金、獎品、有薪假等）或精神上（升遷、記功嘉獎、獎勵累積、公開表揚等）鼓勵，

讓員工對工作任務之效率越高，組織的效能提升。通常增強分為「正增強」（positive reinforcement）、「負增強」（negative reinforcemen），正增強是指當員工表現好時給予員工喜好的獎勵，使員工覺得樂於繼續表現良好。負增強則是當員工表現不佳時，將員工所喜好的獎勵移除，例如：當員工表現不佳，則取消免費參加員工旅遊活動的資格。當然，還有另一種操作制約的理念為「懲處」，當員工表現不佳時，尤其影響公司產品的品質、違反公司出缺勤紀律、或造成公司利益損害，公司訂定罰則給予員工適度的懲處，以儆效尤，期能透過懲處讓員工遵守公司的規定，達到個人工作效率與組織工作效能的目標。

　　採用增強理論以改變行為，在前一節所談的激勵基本概念中，經營者與管理者如果採用 X 理論的觀點，可能以「懲處」的規則大於「增強」，認為嚴屬的處分將會使員工恪守規定認真工作；反之，如果以 Y 理論的觀點，可能「增強」的概念大於「懲處」，或者會以「負增強」取代「懲處」，增強才能讓員工提升組織承諾，主動為公司的發展努力，以協力促使公司永續發展為工作目標。再以 Maslow 的需求階層理論看行為改變，事實上，真正的獎勵措施的選擇不在於階段別，而是員工條件、職務別、與工作環境等因素，且任何階段都可以並用增強或懲處的策略，以滿足員工與組織的需求。乃至其他各種激勵理論，包括：二因子、三需求、ERG 理論等亦復如此，增強與懲處在哪種理論的應用上如何拿捏，最後仍將面臨通用性與公平性。通用性是指所有相同組織或部門的人員都能適用相同策略；公平性係指大家都能感覺到組織所採用的激勵策略對員工在實質上是公平的。當組織考慮公平性時，激勵理論中的「期望理論」與「公平理論」就必須同時兼顧了。當組織採用獎勵以正增強方式給予員工激勵時，評量不同層次的獎勵指標需要明確的訂定，不但須讓員工覺得實質上的公平外，也需要符合員工的期望，方能有效激勵員工。

6.2.2　工作特徵模式與工作再設計

工作特徵模式

前節各種激勵理論中：受尊重與自我實現的需求（Maslow）、成長的需求（ERG）、成就的權力的需求（McClelland）、激勵因子（Herzberg）等各種觀點，都是分析員工工作激勵需求的重要因素或重要項目。欲滿足員工這些層次或需求，也應了解員工背景條件與工作特質間的關係，甚至如何調整或設計工作以促使員工能夠被激勵，以提升員工本身的效率以及組織工作效能。

Hackman 和 Oldham 所提出的「工作特徵模式」（Job Characteristics Model, 簡稱 JCM）[16]，可透過簡易的公式：「激勵潛能指數」（motivating potential score），讓組織了解員工或員工本身自我了解工作的激勵性有多高，亦即該項工作特質是否能激勵員工努力以達成任務。

工作特徵模式包含三個主要的部分，分別為：核心工作特質（core job dimensions）、關鍵心理狀態（critical psychological states）、員工成長需求強度（employee growth need strength）等。核心工作特質包含五個向度（dimensions），敘述如下：

1. **技能多樣性（skill variety）**：係指工作需具備多項技能，因為工作內容變化多樣，員工需要靈活技巧以及解決問題的潛能。例如：工作內容除了櫃檯的收銀外，還有機會進行成本分析以及參與商品訂貨項目與數量之研議。

2. **任務的完整性（task identity）**：工作內容非片段的，工作是一組完整的項目。例如：完成一具電話機組裝、或完成一件採購案。不是僅處理電話機組的鍵盤組裝，或只負責採購案中填寫與整理請購單據而已。

3. **任務的重要性（task significance）**：工作項目是否對自己的生活或對其他人具有重要影響力。例如：負責成本分析與訂貨工作，該項工作具有專業性，只有特定且受訓過的人員才能代理，且工作所學的知能對自己以及家庭經濟都能轉換應用。

4. **工作自主性（autonomy）**：對所負責的工作規劃與執行過程中，能獲得主管充分授權，工作有自主權與決策權。

5. **回饋性（feedback）**：工作任務完成後，能清楚且直接的獲得工作過程與成果的資訊，以了解自我的工作成效。例如：可以從檔案中獲得自己工作的績效分析結果，做為自我改善或自我突破的參考依據，尤其是推動業務工作者，最期望能即時了解工作推展在市場上以及業務上的消長資訊。

　　五項核心工作特質與員工是否能激起工作興趣與工作挑戰性有很大關聯。工作是否多樣可調整工作者的興趣，過於單調的工作容易降低工作動機；完整性的工作任務可以激起工作者對任務的挑戰，當然需要適切，否則任務太過複雜會讓員工產生挫折感；任務是否重要會影響員工自我尊重與自我價值觀，進而影響員工對工作職務的自信心。以上三項核心特質，如果都在正向的層次，例如：工作具多樣性、工作內容較為完整、工作性質普遍重要；那麼，在關鍵心理狀態上，讓員工感到工作的意義高，個別工作成果（personal and work outcome）會有正向的表現，如：高工作內在動機、高工作績效、高工作滿意度、低缺席率與低離職率。

　　五項工作特質的後兩項，包括自主性與回饋對工作者的影響也很大。首先，任務是否獲得主管的授權與增權，會影響工作者對工作職務的自我價值觀，也影響其他人對該職務工作者的尊重態度。在關鍵心理狀態部分，自主性對員工工作表現的責任感有很大的關連性；其次，有關回饋性的部分，如果工作者能獲得即時的回饋資訊，更能捉住機會自我成長、超越自我。整體而言，在工作特質模式的架構下，如果各種核心工作特質都能兼具、員工在關鍵心理狀態部分會呈現正向的感受，自然能促使員工在工作成果上有優良表現，同時能促進員工的知識成長。

　　上述五種核心工作特質與各特質可能影響或產生的關鍵心理狀態，都與員工的自我成長需求強度（employee growth need strength）有關，如果每項都能讓員工感受在正向的程度，員工的需求獲得高強度的滿足感，員工一定愉快任勝，且提升自我成長動機，個人能提升工作效率，也會讓組織更有效能（如圖 6-2）。

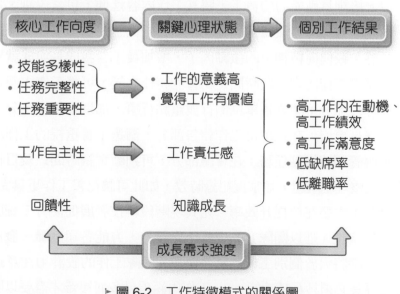

▶ 圖 6-2　工作特徵模式的關係圖

工作再設計

　　激勵理論的應用中，工作特質模式可以讓組織了解員工或員工自我了解工作特質會影響員工的動機以及工作效能。組織則可應用工作設計（work redesign），將工作職務與工作性質依據員工的背景條件，加以調整工作任務、項目與內容。工作再設計大致上可分為：工作輪調（job rotation）、工作擴大化（job enlargement）、工作豐富化（job enrichment）、團隊工作設計（team based work designs）等四種方式[17]，分別簡述如下：

1. **工作輪調**：員工在同一單位工作時間過長之後，容易讓員工覺得過度例行（Over-Routinization），容易覺得疲乏、無聊，缺乏再衝刺的動機。此刻可以採取工作輪調的方式，讓員工有機會學習多元技能，服務不同型態的工作，且可以給員工自我再成長的機會。但有些公司或組織不太有意願進行工作輪調，因為組織必須給予員工再訓練的時間並投入訓練費用、或者因為工作輪調的前期會影響工作的進度，也有些員工因為擔心責任更大了而有所逃避。然而，有系統的規劃工作輪調，不但可以讓員工提升工作興趣與工作動機，同時可以兼顧工作代理制度，以備員工請假或臨時事件的代理之需。

2. **工作擴大化**：係指工作內容在水平方向的工作內涵，與工作特質模式中所談之核心工作向度的工作多樣性。例如：某秘書原先工作只有登記主管行程以及繕打內外部公文信件，工作擴大化可增加擬公文稿、安排主管行程、彙整各單位工作報告、撰寫會議紀錄等。工作擴大化雖增加工作內容廣度，但稍欠缺上下層縱向的完整性。

3. **工作豐富化**：係指工作內容的縱向的延伸，與工作特質模式中核心工作向度的工作完整性類似。培訓具備能力的員工，將其工作內容延伸，包含規劃、執行、考核等一貫工作內涵；如此可促使員工感覺工作項目的完整性、獨立性、回饋性，以及提升工作責任感。較偏向精神上的激勵因子，增加員工自我成長與成就感。例如：前段所談擴大秘書工作內容一段時間，秘書能勝任之後，可將工作內涵延伸更為完整性。在主管行程部分：調查各單位例行與重點行事，加以彙整後，分析先後緩急規劃與安排主管行事曆；在各單位工作報告部分，篩選主管重視的工作成效項目，重點提示主管應管制或推動任務；在會議部分，可判斷會議時間以及目標，並依據其重要性先行完整規劃議題，並掌握紀錄時效，如此可讓祕書工作更具完整性。

4. **團隊工作設計**：主要在於提升效率。尤其現階段科技發展促使分工細膩，每個人的專長也越來越窄化。唯以團隊方式進行工作設計，方能各司其職、發揮綜效，亦即團隊的工作效率將大於個別工作效率之總和。團隊工作的設計須注意以下幾點：(a) 團隊成員之專長必須具互補功能；(b) 工作內涵項目多而複雜才需要以團隊進行；(c) 團隊人員須具備達成預期成果之潛能。

以上四種基本型態的工作再設計，事實上與工作特質模式的關係非常密切，尤其是核心工作特質中五個向度，包含：多樣性、完整性、自主性、重要性、與回饋性等，且工作再設計可提升正向的員工關鍵心理狀態，如：提高工作興趣、自覺工作的價值、工作責任感與忠誠度的提高、以及工作知能增加、自我成長與成就感的提升。工作再設計如能同時兼顧團隊的工作綜效（synergy），將更能有效提升員工與組織的效能。然而，工作特質模式與工作再設計的核心概念仍與前節幾位學者所提的需求理論之中：受尊重與自我實現的需求（maslow）、成長的需求（ERG）、成就的權力的需求（McClelland）、激勵因子（herzberg）等各種觀點都有所關聯，組織透過員工背景條件、工作特質與工作職務分析及再設計，可激勵員工提升本身的效率以及組織工作效能。

靠 KPI 給獎懲 會有盲點
https://www.youtube.com/watch?v=O4zqbVAR2H8

6.2.3　常用的員工獎勵方式

前述有關行為改變技術談到增強概念，也有學者認為正增強的功能較為有效[18]。確實在企業界獎勵員工的部分以正增強及懲處兩種行為改變技術較能發揮功能。員工較不擔心企業會剝奪員工福利，因為絕大部分與薪資及休假制度有關的福利制度，都受法律的保障，例如：勞動基準法。因此負增強的做法並不容易達到員工行為改變的功效。員工獎勵的方式依據各公司行業的性質以及該從業人員所擔任的職務等因素而有所差異。何種激勵方式較為有效果，見仁見智，且激勵制度有利有弊，端視經營者對公司的性質、工作特質、以及員工的背景條件等，規劃選用最適切的激勵策略。

為便於讀者分類員工激勵措施，本節以二因子的分類方式粗略的將常用的員工獎勵方式分為「保健因子」與「激勵因子」兩類，保健因子相當於外在回饋，激勵因子相當於內在回饋，簡述如下供讀者參考：

保健因子（外在回饋）

1. **加薪**：表現良好的員工提高基本薪資，以激勵員工努力工作。
2. **工作獎金**：固定時段給予員工紅利或工作獎金，激勵士氣。
3. **彈性上班**：績效良好的員工，提供選擇性的彈性上班時間。基於工作性質，彈性上班較適合文書或研發等工作職務者。
4. **工作加給**：提供薪資以外的津貼，以鼓勵員工、提高員工的責任感。
5. **員工認股**：提供公司股票做為員工的獎勵，或以分紅方式將公司盈餘的一定比例額度提供員工做為獎勵。

6. **彈性薪資**：包含範圍很廣，例如：論件計酬、分紅、利益分享、利潤中心等，員工可以依據公司所訂的目標值為基準，達到基準之後，給予額外的彈性薪資，鼓勵員工提升效率、增加產能。

7. **提供膳宿**：雖然不屬於直接的薪資，但對於員工而言，有免費的膳宿等同於提高薪資額度。

8. **免費使用設施**：公司提供許多設施給員工免費使用，員工可節約許多開支。尤其受歡迎者為：提供幼兒照顧（托兒），讓員工上班時，幼兒有妥善的照顧而無後顧之憂。

激勵因子（內在回饋）

1. **公開表揚員工**：公司針對員工每季或每特定時段，給予員工公開表揚。例如「最佳服務員」、「親善服務」、「最佳品管優良人員」、「三年全勤」、「最佳月績」、「金牌年度營業額」等。

2. **鼓勵措施**：對公司或組織提供具體建議被採用者，給予「建言貢獻獎」，不但可以激勵員工提供建議，對公司的流程或相關事項改善外，還可提升組織效能。

3. **職務升遷**：表現優良的員工，給予職務升等。有些公司或組織給予員工職務升遷，但並不完全等同於薪資加薪。

4. **授權**：等於一種精神上的鼓勵，給予同仁更大的決定權，讓員工有受尊重的感覺，提升個人的價值觀以及工作成就感。

OB專欄

Ticket Max 萬券通 員工激勵篇

　　這是一篇虛構的激勵故事廣告，雖然是廣告的手法，但是不難看出以現今多樣化的社會，員工對激勵的期待，或稱為員工的需求，相當多元難以捉摸。因此，員工激勵券：「Ticket Max 萬券通」，一種符合員工需求的「激勵代用券」的概念，應運而生。經營者不需為滿足員工對激勵的需求之項目傷腦筋，交給代辦的公司處理就搞定了。讀者可以在課堂中討論這種模式的效能，以及此種模式能發展出哪些激勵內容。

Ticket Max 萬券通 員工激勵篇
http://www.youtube.com/watch?v=pfxi7OFkcdc

上對下，劉備對龐統激勵與領導

　　劉備是主公，龐統是軍師。以現代公司結構而言，類似董事長與經理，或者是總裁與總經理的關係。通常下屬都以上司的命令唯命是從，且較為貴重的物品或器具都是給上司用的；下屬絕不可能使用上司的專用設備或隨身物品。主公劉備為了軍師龐統的安全，居然將自己的御用馬匹給龐統乘騎，表示上司對下屬的器重。董事長如果將自己的專用設備給下屬使用，一定讓下屬備感重視，雖不至誓死效忠，但一定會全力以赴。如果您是老闆，您會如何對待下屬？有相類似的機會將自己專用設備提供給下屬使用，您會如何處理？您認為這種作為可能會產生哪些副作用？您會有何顧忌？

上對下，劉備對龐統激勵與領導
http://www.youtube.com/watch?v=frqVHx9vodE

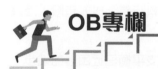

[奮起臺灣 2-2] 施耐德電機人才培訓

　　法商施耐德電機公司在臺發現臺灣在綠能產業有很大的發展空間，除了致力發展電動機車、智慧電網、綠建築外，極力培育本地人才。對員工的培訓投入很大的投資，包括：一年半內讓員工考取國際綠能證照、到大學延攬畢業生並送到歐洲參加比賽、將非主管的年輕員工送到國外實習一年以上，施耐德電機公司的李副總說：「公司認為花一筆經費對員工的培訓不是一種支出，而是投資的觀念」，因為優秀的人才發現他們被公司栽培，他們會更願意為公司投入，他們的產出會更大。這種概念也是激勵策略與人才培育的結合，如果您在這公司接受訓練，您認為您會如何面對公司的培育？您會如何回饋公司的培育？

[奮起臺灣 2-2] 施耐德電機人才培訓
https://www.youtube.com/watch?v=zMLwWU6rSD4

個案分析

適切的員工激勵方案，是成效的基石

在西方文化與自由思想衝擊之下，台灣的社會與各機關團體、公司行號，也因之備受影響。在此快速變遷環境之下，再加以公會與工會的逐漸影響，造成員工意識高漲，權利義務的不平衡，以及勞資雙方的爭議，讓一家公司，甚至已經幾十年基礎的機構或單位 (簡稱為凌凌公司)，員工老化了、效能低落了，過去的薪資福利結構也因整體效能不彰，無法有額外提升的條件，繼之，該機構、團體在不知不覺中落入「惡性循環」的漩渦中。多年來，為了提升效能，換了幾位執行長，成效有限，因為基本條件無法提升，員工薪資福利難以安撫員工的工作不滿。

基於各種法規對於員工工作權的保護，即使低成效、甚至已落至收支平衡已近困難的地步，只要員工不願離開，機構也無法強制辭去員工職務，無論是公司行號、機構單位，均有此現象發生，尤其是財團法人或公務機構，此種情境在我們台灣，屢見不鮮。當然，台灣企業最強的就是生存能力、創新開發能力，現況中也有很多單位、機構、企業都有傑出的表現，甚至在國際有很高的評價，產品行銷全世界，信譽很高者。

上述兩種不同成果的單位或公司行號，雖成果與成效展現截然不同，但是都有共同想法與作為：都認為「激勵員工」是最必要的一環。個案凌凌公司，執行長運用組織行為激勵策略、也收集許多有關績效考核的辦法與員工評核工具，包括了：XY 理論、二因子理論、工作再設計，也分析各種員工評核的可行工具，諸如：等第比較、360° 全面評估等，執行長親自領導的主要幹部團隊進行擬定研討後採用 360° 評估考核員工，並以獎勵金以及薪資調整作為最重要的實質獎勵方案，程序上也將辦法規則列為重要會議議案，在說服董事會後定案公告實施。然而，激勵策略是否成功？是否具有效能？理論與實務上仍有些落差，因為公司背景條件以及根深蒂固的公司文化、員工次級文化團體等，都是重要的影響因素，凌凌公司有心自我提升的作為，也許仍需外部人員的參與，獲得所有職員們共識，重新再出發。

本章摘要

1. 動機是面對事物或工作的迎拒力。動機又分為內在（intrinsic motivation）與外在動機（extrinsic motivation）[1]，以工作者而言，內在動機諸如：興趣、能力、個性、責任感、向心力、組織承諾等；外在動機如：薪酬、獎勵、福利、升遷機會等。

2. 馬斯洛（Maslow）於 1943 年發表了需求層級理論（hierarchy of needs theory）[2]，他假設每個人在需求上，應有五個層級，分別為：生理需求（physiological needs）、安全的需求（safety needs）、社會的需求（social needs）、被尊重的需求（esteem needs）、自我實現的需求（self actualization）。

3. McClelland 認為在工作場合所追求的是：成就感的需求（need for achievement）、權力的需求（need for power）、以及親和的需求（need for affiliation）等三大需求項目，稱之為激勵三需求理論。

4. Alderfer 也提出三需求，分別為：存在的需求（existence need）、關係的需求（relation need）、成長的需求（growth need）[5]，稱之為 ERG 激勵理論。

5. Alderfer 的 ERG 理論與 Maslow 的需求階層理論有三個主要不同論點[6]。(1) 需求不應該只限制在某個階層，如果以階層區隔人的需求，充其量只能稱之為「行為」而不完全是「需求」；(2) 每個人的需求並非完全依據 Maslow 的層級拾級而上，需求同時包含兩個以上層級，甚至跳躍一個且包含兩個以上層級的可能性不低；(3) 人們可能有一種「挫折——退縮」（frustration – regression）的可能，因為挫折而退而求其次。

6. Douglas McGregor 提出：當你認為人是被動的、工作態度是負面的、沒有嚴厲的罰則，大多不會努力工作，除了特別有獎勵誘因外，對公司的向心力很低，這種看法被稱為 X 理論；反之，當你認為工作者都會自動自發、對公司都是正面的工作態度、是主動積極為公司努力不懈、向心力很高，這種看法被稱為 Y 理論。

7. 需求與激勵的影響因素很複雜，至少包括了：工作性質、工作環境、組織文化、以及工作者與管理者本身的人格特質等。

8. Herzberg 分析員工調查的結果，一類為保健因子，包括：管理品質、薪資、公司政策、工作環境、同仁關係、工作安全等；另一類為激勵因子，包括：升遷機會、個人知能成長機會、認同、責任、成就等。

9. 具備激勵因子，工作會「滿足」（satisfaction）、如果缺少激勵因子則工作「無滿足」（no satisfaction）；保健因子會影響員工「不會不滿足」（no dissatisfaction）與「不滿足」（dissatisfaction）的感受，享有保健因子不會不滿足，但缺乏保健因子就一定不滿足。

10. 公平理論（equity theory）強調投入（input）與結果（outcome）間的平衡。例如員工自己 (A) 的「結果 (O1) 與投入 (I1) 的比值」(A = O1 / I1)，與相對應職務的人員 (B) 的「結果 (O2) 與投入 (I2) 的比值」(B = O2 / I2)，兩者間的差異將評斷是否公平的依據。

11. 公平理論屬於「組織正義理論」的一環，組織正義所談的三大議題為：分配正義（distribution justic）、程序正義（procedural justice）、互動正義（interactional justice）[10]。

12. 「期望理論」可以歸納三個重點如下：(1) 期望理論著重酬賞，顧名思義就是預期待遇目標與實際獲得待週間的落差；(2) 期望理論強調預期的行為；(3) 期望理論注重個體對自己的期望。

13. 何種激勵理論適合在何種組織上應用？涉及許多因素，諸如：公司或組織規模、組織的性質與類型、組織所處的社會環境、當地人民的風俗文化、公司或組織的營運模式、甚至經營者的個人人格特質等。

14. Thorndike 提出「效果律」（law of effect），其意思是：練習能產生效果，個體經過多次的嘗試錯誤後，能找出正確的方法，完成正確的事。

15. Skinner 則強調刺激反應的關係，且刺激反應是連續性的反應，前一次的刺激產生的反應結果，將會是另一個新的刺激。

16. 增強分為「正增強」（positive reinforcemen）、「負增強」（negative reinforcement），正增強是指當員工表現好時，給予員工喜好的獎勵，使員工覺得樂於繼續表現良好。負增強則是當員工表現不佳時，將員工所喜好的獎勵移除。

17. 另一種操作制約的理念為「懲處」，當員工表現不佳時，尤其影響公司產品的品質、違反公司出缺勤紀律、或造成公司利益損害，公司訂定罰則給予員工適度的懲處，以儆效尤。

18. 工作特徵模式包含三個主要的部分，分別為：核心工作特質（core job dimensions）、
關鍵心理狀態（critical psychological states）、員工成長需求強度（employee growth
need strength）等。

19. 工作再設計可分為：工作輪調（job rotation）、工作擴大化（job enlargement）、工作
豐富化（job enrichment）、團隊工作設計（team based work designs）等四種方式[17]。

一、選擇題

(　　) 1. 下列哪個項目不屬於內在動機：(A) 興趣 (B) 獎勵 (C) 向心力 (D) 責任感。

(　　) 2. 五階層需求理論是哪位學者提倡的：(A)McClelland (B)Herzberg (C)Maslow (D)McGregor。

(　　) 3. Alderfer 的 ERG 三需求理論包含哪三項需求：(A) 存在需求、關係需求、成長需求 (B) 生存需求、社會需求、尊重需求 (C) 成就需求、權力需求、親和需求 (D) 生存需求、關係需求、親和需求。

(　　) 4. 激勵因子缺乏會讓員工感到：(A) 不滿足 (B) 無滿足 (C) 不會不滿足 (D) 以上皆非。

(　　) 5. 保健因子缺乏會讓員工感到：(A) 無滿足 (B) 滿足 (C) 不會不滿足 (D) 不滿足。

(　　) 6. 如果相同待遇之下，員工本身的工作結果與投入的比值高於相同部門其他員工的比值，員工會感到：(A) 公平 (B) 受委屈 (C) 適切 (D) 佔便宜。

(　　) 7. Thorndike 提出哪種理論，認為多練習能找出正確方法，可將工作做好：(A) 練習律 (B) 效果律 (C) 正增強 (D) 古典制約。

(　　) 8. 研究顯示，對於員工的出缺勤的管理較為有效的方式為：(A) 正增強 (B) 負增強 (C) 懲罰 (D) 以上皆是。

(　　) 9. 工作內容以水平方向擴展工作項目的設計的方式為：(A) 工作豐富化 (B) 任務完整性 (C) 工作擴大化 (D) 工作輪調。

(　　) 10. 工作內容以垂直方向延伸工作項目的設計的方式為：(A) 工作豐富化 (B) 任務完整性 (C) 工作擴大化 (D) 工作輪調。

二、名詞解釋

1. 正增強

2. 「保健 - 激勵」二因子理論

3. 組織正義理論

4. 關鍵心理狀態

5. 工作豐富化

三、問題討論

1. 請將 Maslow 的需求層級、McClellan 的三需求、Alderfer 的 ERG 需求理論做個比較分析，說明其理論間的異同點。

2. 請分別描述 XY 理論的假定問題。

3. 當員工認為自己在組織內未獲公平待遇時，可能會有哪些反應？

4. 請舉例說明期望理論的三個重要變數。

5. 如果您是一位工程師（或人事主管、或業務員），請以工作特徵模式的關係圖具體說明您認為理想的核心工作向度內容為何？

參考文獻

1. Woolfolk, A. E. (2001), "Educational Psychology, 8 th ed." Person Education Company. P.368-371.

2. Maslow, A. H.(1943), A Theory of Human Motivation. Psychological Review. 50, P.370-396. 2014.01.19 Retrieved by http://psychclassics.yorku.ca/Maslow/motivation.htm

3. Maslow, A. (1954), "Motivation and Personality," New York: Harper & Row.

4. McClelland, D. C. (1961), "The Achieving Society," New York: Van Nostrand Reinhold.

5. Kreitner, R., and Kincki, A. (2004), "Organizational Behavior, 6th ed." McGraw-Hill. P.264-P.265.

6. Alderfer, C. (1972), "Existence, Relatedness, and Growth: Human Needs in Organizational Settings," New York: Free Press.

7. Robbins, S. (2003), "Essential of Organizational Behavior, 7th ed." Prentice Hall, P.45.

8. Herzberg, F., Mausner, B., Synderman, B. (1959), "The Motivation to Work," New York: Wiley.

9. Robbins, S. (2003), "Essential of Organizational Behavior, 7th ed." Prentice Hall, P.46-47.

10. 戚樹誠 (2010)，《組織行為：臺灣經驗與全球視野》，雙葉書廊有限公司，頁 240-242。

11. Robbins, S. (2003), "Essential of Organizational Behavior, 7th ed." Prentice Hall, P.51

12. Robbins, S. (2003), "Essential of Organizational Behavior, 7th ed." Prentice Hall, P.52-53

13. Rokhin, L, Pavlov, I. & Popov, Y. (1963) Psychopathology and Psychiatry, Foreign Languages Publication House: Moscow. 擷取自：wiki 百科 http://zh.wikipedia.org/wiki/%E5%B7%B4%E7%94%AB%E6%B4%9B%E5%A4%AB

14. Thorndike, E. L. (1913), Educational Psychology: Vol. 2 "The Psychology of Learning," New York: Teacher College, Columbia University.

15. Skinner, B. F. (1950), Are Theories of Learning Necessary? Psychological Review, 57, P.193-216.

16. Hackman, J. R., Oldham, G. R.,(1976), "Motivation Through the Design of Work: Test of a Theory," Organizational Behavior and Human Performance, August. P.250-279.

17. Robbins, S. (2003), "Essential of Organizational Behavior, 7th ed." Prentice Hall, P.209-211.

18. Leong Teen Wei, (2014), The impact of Positive Reinforcement on Employees' Performance in Organizations, American Journal of Industrial and Business Management, 4, 9-12. Published Online January 2014. 擷取自：http://dx.doi.org/10.4236/ajibm.2014.41002 (http://www.scirp.org/journal/ajibm

NOTE

第 *3* 篇
組織行為的團體層次

Chapter 07　團隊與合作

Chapter 08　溝通

Chapter 09　領導的基本論述

Chapter 10　權力與政治行為

Chapter 11　衝突與協商

07

團隊與合作

學習目標

1. 認識團體與團隊。
2. 從團隊組織談規範與凝聚力。
3. 學習團隊角色對工作團隊的影響。
4. 從管理面探討學習團隊的效能。

本章架構

7.1 團體的定義

7.2 團隊的定義與發展過程

7.3 團隊規範

7.4 團隊角色

7.5 工作團隊

7.6 團隊凝聚力

7.7 團隊決策

7.8 建立有效的團隊

贏球的是團隊

臺灣籃球國手林志傑一度自暴自棄,他的伯樂將他重新找回球場上,成為隊上的靈魂人物和精神支柱,2013 年才有機會贏中國隊。他經歷過了一段自我探索期,從一開始三對三鬥牛時以自我為中心、一直以他心目中的麥克喬登為標竿,到後來終於體會到在球場上,成為得分王並不是唯一的榮耀,而是要能讓球隊一起獲得勝利,不然只能一枝獨秀而已。當他體會到團隊的重要時,在最後的 8 秒,本來大家以為他會出手投球時,他跌破大家眼鏡,竟然把球傳了出來給隊友們接

球、傳球、接球、投球,在最後的一秒投進了致勝的一球。曾經自恃甚高、不喜歡從基本動作練球的他,再次發出了習慣性的野獸怒吼,和隊友頭碰頭掉下了男兒淚。那一幕連不太特別看籃球的我都被感動了。

資料來源:今周刊 2013.10.25. 許耀仁,http://www.businesstoday.com.tw/article-content-80455-103249

 問題與討論

1. 林志傑的人格特質對團隊成功有何助益?

2. 團隊成功的關鍵因素為何?

3. 如何創造高度的團隊凝聚力?

 7.1 團體的定義

Forsyth（1990）對團體的定義為「兩個或兩個以上的獨立個體透過社會的互動（social interaction）彼此相互的影響著（influence one another）」。Thurlow 等學者（2004）則定義為「三個人或三個人以上且頻繁互動，並自認為是集合體的一部分」。由此可知，「互動」與「影響」兩項特性是團體行為的主要要素。

Homans 在 1950 年以系統理論的觀點，認為團體就是系統，團體動力包含活動（activites）、情感（sentiments）、互動（interaction）等三個團體行為構成的要素。李玉惠於 2001 年研究則認為團體動力的核心在於團體中人際互動所形成的社會性影響力，可以改變成員的思想、感覺與行為。目前的網路世界，人與人的互動與影響力在於透過媒介進行不受時間、地域、文化等因素影響著大規模人際互動與溝通，同時也產生了大量的人際溝通活動的紀錄（吳齊殷等人，2004）。

而團體與團隊有何不同？在團體（group）中，成員進行相互作用，是為了共享訊息，進行決策，但不一定是要完成共同努力的集體工作，也不一定有機會這麼做，通常團體都是被指派而成立的，非自動自發去做。至於團隊（team）則不同，他透過成員的共同努力，能夠產生積極的協同作用，以及團隊隊員努力的結果。

一個團體中，可能同時包含數個不同性質的工作團隊，二者於概念上有下列之差異：（陳玉娟，2002）

1. 團體較著重科層體制，集權化，有一位領導者並享有絕對的權威；團隊成員則為平等化、分權化，成員共享領導權。

2. 團體重視分工，因此著重個人的工作成果，強調個人的工作責任；團隊則是強調個人和團體的責任並重，著重集體的工作成果。因此，團體認為成員可以長時間的獨自工作，團隊則是認為成員之間必需每日或每週密切的協調工作。

3. 團體強調組織目標，因此成員的工作目的與組織任務相似；團隊則有特殊的任務目標。

4. 在解決問題方面，團體常用開會方式解決問題，會議中由領導者主導整個會議的進行，團隊則以公開討論的方式解決問題；此外在會議後，對於決議之執行，團體會由領導者授權他人或指派執行者處理，團隊則是由大家一塊進行問題處理。

我們可以將團體區分成指揮、任務、利益及友誼團體。指揮與任務團體聽命於正式團體，而利益與友誼團體則屬於非正式的結盟。

1. **指揮團體**（**command group**）：決定於組織結構，明定上司、部屬之間的轄屬關係。

2. **任務團體**（**task group**）：一樣是組織決定的，為了共同完成某項工作任務而組成。不過，任務團體的成員可以不受原有指揮關係所限制，也就是成員可以來自不同的管轄系統。應該注意的是，所有的指揮團體都是任務團體，但任務團體並不一定是指揮團體。

3. **利益團體**（**interest group**）：是一群共同關係某特定事物的人所形成的。員工為了更改假期的日子，為了聲援一名被主管解雇的同事，或為了爭取更多的福利，這些為追求共同利益的理由都會使員工結合成一個利益團體。

團體通常會因為有個別成員有著共同的特質而持續發展，這樣的組成我們稱為**友誼團體**（**friendship group**）。這種友誼多半屬於工作情境之外的社會性聯誼，好比相同年齡的友伴同樣支持「兄弟象」的棒球迷，或擁有相同政治理念的聯合團體等。

個體加入團體的原因不只有一個。實際上，大部分的人已隸屬於一些團體，因為不同的團員滿足成員不同的需求。表 7-1 彙總人們加入團體的主要理由。

▶ 表 7-1　人們加入團體的主要理由

主要理由	說明
安全	加入團體，個體可以減輕孤獨所帶來的不安全感，讓人較有勇氣信心去抵擋外在的威脅。
地位	加入團體可以替成員帶來認同與地位。
自尊	團體除能帶給成員名譽與地位之外，還可以增加成員的自我價值感。
親和	團體能夠充實人們尋求社會關係的需求。對許多人而言，在工作中與同事之間的互動關係，正是滿足親和需求的主要來源。
權力	個人無法辦到的事，往往可藉由團體達成。因此，團體是獲取權力的一項重要媒介。
目標達成	有時候，單憑個人能力是無法完成特定任務，需要擁有不同才能、知識及權力的人共同合作。這如同職場上，正式團體的使用一般。

7.2　團隊的定義與發展過程

7.2.1　定義

　　團隊（team）係指兩個或以上的人彼此互動並影響及互相負責，已達成與組織宗旨有關的共同目標，且認為自己是組織內部一個社會實體的群體。所有團隊的存在都是為了要實現某個目的。

　　經由結合關係的人所組成，因此團隊可以是正式的，也可以是非正式。正式團隊（formal team）只在組織結構的定義之下，有清楚明確之任務指派的工作團隊。正式團隊中的個人行為，均以團隊的目標為依歸，例如有 6 位飛行員所組成的團隊。反之，非正式團隊（informal team）則指不具有正式結構性，也不是由組織所決定的各種聯盟。這些非正式團隊是自然形成於工作環境中，基於滿足社會接觸的需求而結合。

7.2.2　團隊的發展過程

　　團隊發展有五階段模型提供了團隊如何經由形成、規範、混亂、形成及最後終止而演進的觀念。這個模型顯示團隊會依照順序從一個階段演進到下一個階段，但虛線也說明了他們可能會回到之前的發展階段，原因可能是因為新成員的加入或其他狀況中斷了團隊的成熟過程。

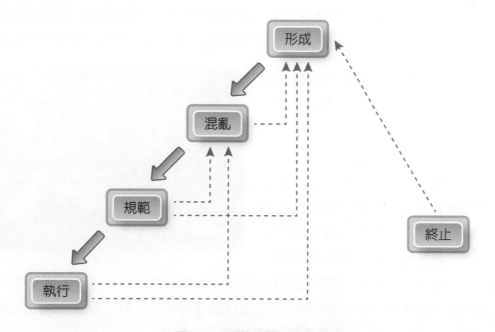

▶ 圖 7-1　團隊發展五階段模型

資料來源：Tuckman,B.W. and Jensen M.AC., "Stages of Small Group Development",Group & Organization Studies, Dec 1977, 419-429.

1. **形成**：團隊發展的第一個階段是成員彼此認識，並評估成員關係的利益和代價之檢驗和適應期。在這個階段成員間會自覺有禮貌，且會較順從正式或非正式領導者的現有權限，而這個領導者必須提供一套做出的規定和互動結構，此時成員們會努力發掘自己被期待什麼，以及應如何配合團隊。

2. **混亂**：隨著成員變得較積極主動且能勝任各種團隊角色，這個混亂階段將會出現人際間的衝突。成員可能形成聯盟來影響團隊的目標及目標達成的方式，而成員也會努力建立適當的行為規範和績效標準。此階段在團隊中是個脆弱的階段，尤其當領導者很獨裁且缺乏必要的衝突管理技能時會更顯現出來。

3. **規範**：在規範階段，隨著角色確立即團體目標相關事項的共識形成，團隊首次發展出真正的凝聚感，而成員間也發展出相當類似的心智模式，因此對團隊的目標應如何完成則有共同的期待和假設。這些共同的期待和假設會讓團隊成員更有效率地互動，如此便能進入下一個階段。

4. **執行**：團隊在執行階段會變得較任務取向。團隊成員已學會更有效率地協調並解決衝突，進一步的協調改善就必須依情況處理，但重點則是完成任務。在高績效團隊中，成員會密切合作、彼此高度信任、致力於團隊目標且認同團隊，團隊會有一種互相支持的氣氛，成員對承擔風險、犯錯或要求幫忙也較感到自在。

5. **終止**：大部分的工作團隊和非正式團隊都會終止。當專案完成時，任務小組就會解散，而當好幾個成員離開組織或被重新指派到他處時，非正式工作團體可能會達到這個階段，有些團隊則時因為裁員或工廠關閉而終止。不論團隊中止的原因為何，當成員了解他們的關係正在終止時，他們便會將注意力從任務取向轉向社會焦點。

　　許多人認為五階段模式中，團體發展經由第一到第四階段的演變，應是愈來愈有效能。這種設定一般來說是對的，但是我們必須了解一點：影響團體效能的因素比團體發展的模式要複雜得多。在部分條件之下，高衝突有助於團體績效的提升，所以我們或許可預期不難找到此種狀況；團體處於第二階段時的績效勝過處於第三

或第四階段的績效。而且，一個階段到下一個階段的進行並不是總可以清楚分辨。事實上，幾個階段可能同時進行，例如團體同時進行動盪期與執行期，甚至於有時候還會退

回到前面的階段。因此，就算此模式的忠誠支持者，也不能假定所有的團體都會精確地的按照五個階段來進行，或完全肯定屬於第四階段的團體，才有最佳績效的說法。

這才是團隊合作
https://www.youtube.com/watch?v=iDK9tfnxPtQ

7.3　團隊規範

所有團體行為都存在著規範，最普遍且重要的規範就屬「績效規範」（performance norm）。工作團隊通常會明示其成員：他們應努力工作的程度、如何完成工作、產量水準、可接受的延誤規範等。這些規範對個別員工的績效，有極大的影響力。對於員工績效的預測，加入規範的考量後，將比只根據員工能力和激勵狀態所做的判斷，還要正確的多。其他的規範類型，還包括：(1) 外表舉止規範（appearance norms）；(2) 社交安排規範（social arrangement norms）；(3) 資源分配規範（resource allocation norms）等。

7.3.1　遵守團隊規範

每個人都會經歷同儕壓力。如果我們開會遲到，同事會擺臭臉，而如果我們未準時完成自己負責的專案，同事則會諷刺地批評。較極端的情況是團隊成員可能暫時排斥脫軌的同事或威脅終止他們的成員身分，藉此來強化團隊的規範。一項調查顯示，20% 的員工因被同事壓迫而在工作上懈怠。而同儕壓力之所以發生，有一半是因為員工不想在較有生產力同事的對照下看起來像是績效拙劣者。

透過來自高地位成員的讚美，以及取得更多資源的管道或團隊可獲得的其他獎勵，規範也會受到直接性的強化，但團隊成員往往會遵循規範，而不需直接的強化或懲罰，因為其認同團隊且想要使自己的行為與團隊價值觀一致。這個效果在新成員身上尤其強烈，因為他們常無法確定自己的地位，且又想要證明自己在團隊上的成員身份。

7.3.2　團隊規範發展

隨著團隊成員了解某些行為有助於他們更有效地運作，規範便發展出來了。當團隊成員或局外人做了似乎有助於團隊成功或生存的明確陳述時，有些規範也會發展出來。

團隊形成後不久所發生的事件,則會對團隊規範造成最強烈的影響。新形成團隊的員工最初彼此問候的方式、在會議中位於哪個角色等,都會塑造未來的行為。對團隊規範的影響力則是成員帶給團隊的信念和價值觀。

7.3.3 抑制不良的團隊規範

雖然許多團隊規範都是根深蒂固的,但卻有好多方法可盡量減少不良規範對員工行為的影響。其中一個是在團隊被創造後,盡快引進績效取向的規範;另一個策略則是挑選將為團隊帶來規範的成員。若組織想要強調安全,則應該挑選重視安全的成員。

挑選有正面規範的人在新團隊中可能是有效的,但在對具負面規範的現存團隊增加新成員時就非如此了。對現存團隊較好的一個策略是,使用說服溝通方法與成員明確討論負面規範。

也許不良的規範根深蒂固,因此最佳的策略是解散團隊,並用具有規範的人重新組成團隊。當新團隊形成時,企業應把握機會引進績效導向的規範,並挑選能為團隊帶來績效的成員。

▷ 表 7-2　職場偏差行為的類型

類型	例子
生產力	早退、怠工、浪費資源
資產	破壞、謊稱工作時數、盜用公款
政治活動	徇私、散播謠言、責難同事
侵犯個人	性騷擾、言語辱罵、偷竊

資料來源:Adapted from S.L. Robison and R.J Bennett,"A Typology of Deviant Workplace Behaviors: A Multidimensional Scaling Study," Academy of Mangement Journal, April 1995, p565.

極少組織願意容許甚至鼓勵並支持偏差行為的存在,可是這類行為確實存在。但如同一般規範,個別員工的反社會行為通常與其工作團體脫離不了關係。證據顯示,工作團體反社會行為,是預測個人與工作中亦出現反社會行為的重要因子。換言之,團體規範正是支持職場偏差行為的動力所在。這對管理者的意涵為,當偏差的職場規範浮現時,員工之間承諾、合作與激勵都可能受損。接著,員工的生產力、工作滿足感將下降,離職率將提高。

此外,隸屬於團體的一份子,亦將提升個人出現偏差行為的機率。也就是說,某人原本不會有偏差行為,卻極可能因團體而有所改變。近來有研究指出,比起獨自工作者,在團體中工作更可能引發說謊、詐取、偷竊。如圖 7-2 顯示,獨自工作者說謊比率為 0,團體工作說謊比率 22%,尤其團體工作更容易出現詐取(團體工作 55%,獨自工

作 23%）與偷竊（團體工作 29%，獨自工作 10%）行為。亦即，有了團體這把保護傘可隱身其中，使得平時不敢偷竊的個人也因此壯膽。所謂虛構的自信感作祟，致使行為更加得寸進尺。所以偏差行為可說是源於團體規範，而個體不就是團體的一部分。

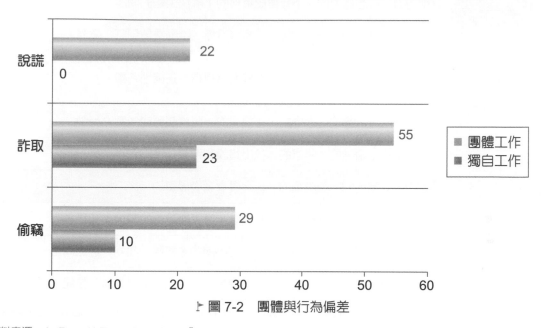

▶ 圖 7-2　團體與行為偏差

資料來源：A. Erez, H.Elms, & E. Fong, ＂Lying Cheating, (2005). Stealing：Groupand the Ring of Gyges," paper presented at the Academy of Management Annual Meeting, Honolulu, H1, August 8,2005.

7.4　團隊角色

　　每個工作團隊和非正式團體都有各種角色，來協助團體生存並達成目標。角色（role）係指人們因為在團隊和組織中佔有某種地位，而被期待執行的一套行為。有些角色能協助團隊達成目標，有些角色則能維繫關係，如此團隊便能生存而成員就能實現自己的需求。

　　過去多年來數次有人提出各種團隊角色理論，但梅瑞狄思・貝爾賓（Meredith Belbin）的團隊角色最受討論。如表 7-2 所顯示，這個模型確認了與特定人格特徵有關的 9 個團隊角色。雖然人們能調整適應第二角色，但天生會偏好某個角色。貝爾賓的模型強調所有九個角色都必須適當安排，才能達到理想的團隊績效。此外，團隊在專案或活動的各階段，某些團隊角色會主導其他角色。

　　貝爾賓的團隊角色模型到底有多正確？證據上則是相當混亂的。研究指出團隊確實需要角色平衡，且人們確實傾向於較偏好某種角色。然而，在經驗法則中，貝爾賓的 9 個角色通常會濃縮到 6～7 的角色。

▶ 表 7-3 貝爾賓的團隊角色

角色名稱	角色敘述
育苗者	有創造力、有想像力的、不受傳統束縛的，解決困難的問題。
協調者	成熟的、有自信的、良好的主人，釐清目標、推動決策制訂、妥善委派職務。
監督者（評估者）	冷靜的、有策略的、敏銳的、能察覺所有選擇，正確地判斷。
落實者	遵守紀律的、可靠的、保守的、有效率的，將構想轉變成實際行動。
完成者	刻苦耐勞的、嚴謹的、焦慮的，找出錯誤和遺漏，準時實現結果。
資源調查者	外向的、有熱忱的、善溝通的，探索機會，發展契約。
塑造者	挑戰的、有活力的、在壓力下成長茁壯，有克服障礙的驅動力和勇氣。
團隊工作者	合作的、溫和的、理解力強的、有外交手腕的，傾聽、建立、避免摩擦。
專家	專注的、自我啟動的、奉獻的，在供應稀少的情況下提供知識和技能。

資料來源：R.M.Belbin,Team Roles at Work（Oxford,UK：Butterworth-Heinemann,1933）：www.belbin.reprinted with permission of Belbin Associates.

7.5 工作團隊

　　當組織為了提升效率及效能而進行重整時，他們傾向以團隊模式來設計，以便更能激發員工潛能。管理上發現，團隊比傳統部門或其他永久形式的編組更有彈性，更能回應環境的變化。而且，團隊擁有可以迅速組合、部屬、對焦及解散的能力。此外，不要忽略團隊的激勵屬性，以員工投入當作激勵因子，團隊確實能幫助員工參與決策。另一個讓團隊如此受歡迎的解釋是，團隊是管理上相當有效的方式，尤其因應數位化結構性工作變革時代，團隊的彈性互補，強化了工作的效能。

7.5.1 工作團隊的類型

　　團隊可以做許多事，它能運用在生產產品、提供服務、協調待遇、整合專案、貢獻意見與擬定決策上。此處，我們將討論組織中常見的四種團隊形式，分別為：「問題解決團隊」、「自我管理工作團隊」、「跨功能團隊」及「虛擬團隊」。

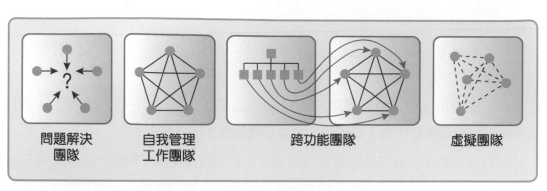

> ▶ 圖 7-3　工作團隊的類型

1. 問題解決團隊

團隊開始萌芽並逐漸受歡迎之際，多數都有類似形式。它們大多由同部門中 5 ～ 12 名員工組成，每星期聚會數小時，以討論如何提升品質、效率及工作環境等相關問題。我們稱此為問題解決團隊（problem-solving teams）。

在問題解決團隊中，成員彼此分享意見，並在改進工作流程及方法上提出建議。不過，這類團隊卻極少給予成員職權，以單獨執行其建議。

2. 自我管理工作團隊

問題解決團隊是一種正確的思維，但是它不足以使員工參與，並投入與工作攸關的決策程序中。所以我們利用真正自主的團隊來實驗，看看這類團隊能否不僅解決問題，又能執行解決方案並承擔完全的責任。

自我管理工作團隊（self-managed work teams）由一群員工組成（通常是 10 ～ 15 人），他們的工作是具有高度相關或彼此相互依賴的，並且必須承擔許多前任主管的責任。一般而言，包括工作規劃與時程安排、派遣及配置任務、集中控制工作步調、做決策、對問題採取行動、與供應商及顧客一起工作等。完全自我管理工作團隊甚至選擇自己的成員，而且讓成員彼此互評績效，因此主管的重要性降低，甚至被裁撤。

研究顯示自我管理工作團隊的效能並沒有呈現一致正面的結果。此外，當這些團隊中的個體表示他們在團隊中有高度工作滿足感時，卻也發現有時候他們的曠職與離職率並不低。根據這些不一致的研究結果，我們認為自我管理團隊的效能應是隨著情境而有所變化的，如團隊規範的強度及內容、團隊所執行的任務類型，以及報酬結構等都會對團隊績效有顯著的影響。

3. **跨功能團隊**

跨功能團隊（cross-functional teams）的運用，它是由相同階級但不同工作領域的員工組合而成，並一起完成任務。

不少組織使用水平、跨界團體（boundary-spanning groups）已經許多年了。今日跨功能團隊已被廣泛使用，很難想像大型組織的運作裡沒有它。

總而言之，跨功能團隊是一種有效的方式，它允許企業中不同部門的人（甚至是不同企業間）交換資訊，發展新觀念與解決問題，且協調複雜的計劃和專案。當然，跨功能團隊並不容易管理，特別是在團隊發展的初期階段，因為成員必須學習在多元及複雜的環境中工作，像是和不同背景、不同經驗與觀點的人建立信任及合作關係，這些通常都是非常耗時的。

4. **虛擬團隊**

前述的團隊型態，成員都需要面對面工作，虛擬團隊（virtual teams）則利用電腦科技將分散各地的成員結合起來，以完成共同目標。它允許人們在線上合作—使用諸如寬頻網路、電傳視訊或 E-mail 等訊息交流方式，不論成員遠在天邊或近在咫尺。到目前為止，科技的發展與進步，使得虛擬團隊非常普及。只是，將這類團隊通稱為「虛擬」，算是有點誤稱，總之虛擬團隊成員彼此的工作地點，至少都有點距離。

儘管虛擬團隊普遍，但還是得面對一些挑戰。成員們較少從事社會交往與直接互動，他們無法複製面對面討論所擁有的正常雙向回饋。特別是當成員無法會面時，虛擬團隊傾向於更任務導向，而較少社交情感的交流。因此，不意外地，在團體互動過程中，虛擬團隊成員的滿足感低於面對面團隊成員。若要讓虛擬團隊具備效能，管理階層必須確保：(1) 建立團隊成員間的信任感（研究顯示，任何出現在成員 e-mail 中的煽動言詞，都可能嚴重地侵蝕團隊信任）；(2) 必須經由嚴密的監控來促使團隊進步（團隊不能喪失目標志向，成員更不能突然人間蒸發）；(3) 虛擬團隊的努力與成果可以透過組織宣傳散播（是故團隊不會隱而不顯）。

辦公室短劇【團隊】| 過敏原人 Ft. 搞笑救星－董軒 & 耿賢 | 團隊
https://www.youtube.com/watch?v=dQ3m0ddB4Xg

7.6　團隊凝聚力

　　團體凝聚力（cohesiveness）的定義為，成員互相吸引且願意留在團體內的程度。研究一致顯示，影響凝聚力與生產力之間關係的關鍵因素，是團體所建立而與績效有關的規範。如果團體績效規範很高，那麼高凝聚力足以提高生產力。但是如果凝聚力高，而團體績效規範很低，那麼生產力必然會低落。如果凝聚力低而績效規範要求很高，則生產力還是會提升，但提高的水準不如高凝聚力、高績效規範的情況。在凝聚力與績效規範均很低時，則生產力傾向落入低與適中的範圍內。

> ▶ 圖 7-4　團體凝聚力、績效規範及生產力三者之間的關係

資料來源：邱淑妙（2006）團隊人格特質，轉換型領導與團隊效能之關係探討－團隊凝聚力之中介角色（中山大學人力資源管理研究所在職專班碩士論文。

7.6.1　提升團隊凝聚力

　　有好幾個因素會影響團隊凝聚力：如成員相似性、團隊規模、成員互動、進入障礙、團隊成功，以及外部的競爭或挑戰等。大體上，這些因素會影響個人對團隊的認同，以及團隊成員身份會會如何實現個人需求信念，其中有好幾個因素則與先前對人們加入非正式團體，以及團隊如何發展的討論有關。具體來說，當團隊達到較高的發展階段且對潛在成員較具吸引力時，團隊就會變得較有凝聚力。

1.　**成員相似性（similarities among members）**
　　同質性團隊比異質團隊更容易發展出凝聚力。在同質團隊中的人有相似的背景和價值觀，因此，比較容易在團隊目標、實踐目標的方法以及用來維持團體行為的規則上達成共識，而這也會促進團體的信任並降低不良的衝突產生。相反地，多樣性的團隊在心理上會阻礙凝聚力，尤其是在團隊發展的早期階段。而此處的兩難則是，在完成複雜的任務或解決需要有創造力方法的問題上，異質團隊通常優於同質團隊。

2. **團隊規模（team size）**

小的團隊比大的團隊應容易發展出凝聚力。因為幾個人會比較容易產生目標共識並協調工作活動。然而最小的團隊卻未必是最有凝聚力的，當小團隊缺乏足夠的成員來執行必要任務時，其凝聚力變顯得較低。因此，這種團隊的凝聚力可能是最大的。

3. **成員互動（the interaction among members）**

當團隊成員的互動相當地頻繁時，團隊的凝聚力便可能較高，而這會在團隊成員執行高度相依的任務，且在相同的實體區域中工作時發生。

4. **稍高的進入障礙（entry barriers）**

當進入團隊的門檻受限時，團隊可能較有凝聚力。團隊越優秀，賦予成員的聲望越高，而成員也較可能重視自己的團隊身份。在新成員「通過試驗」後，團隊現任成員也會比較願意歡迎與支持他們，因為他們已分享共同的進入經驗。

5. **團隊成功（successful team）**

凝聚力會隨著團隊的成功程度而增加。個人比較可能將自己的社會認同依附在成功的團隊上，而非有著一連串失敗紀錄的團隊。再者，成員也較可能相信團隊仍會繼續成功，因此可實現他們的個人需求（持續受雇、獎金等）團隊領導人可藉由定期傳達並慶祝團隊成功來提升凝聚力但值得注意的是，這可能會創造一種「螺絲效應」，即成功的團隊較有凝聚力，而在某些狀況下，較高的凝聚力則會提升團隊的成功。

6. **外部競爭與挑戰（external competition enrironment）**

當成員面對外部競爭或具挑戰性的重要目標時，團隊凝聚力便可能提升，而這可能包括來自外部競爭者的威脅，或來自其他團隊的友善競爭。這些狀況之所以能夠增加凝聚力，是因為若員工無法各自解決問題，他們會倚重團隊克服威脅或競爭的能力，也會將成員身份當作是一種形式的社會支持。然而我們也必須對外部威脅的程度保持謹慎。根據證據顯示，當外部威脅很嚴重時。團隊似乎是較無效的。雖然凝聚力可能增加，但外部威脅的壓力則相當大，因此使得團隊在這些情況下做出較無效的決策。

Tom Wujec 建造高塔；建立團隊
https://www.youtube.com/watch?v=uU7DGRgPPvw&list=PLL8e2De7eqA9roA1RpD051qHhx_4QonP3

7.7　團隊決策

　　本節我們將思考建立高績效團隊決策的方法，這是所有團隊都必須做的。在某些條件下，團隊在找出問題、選擇替代方案和評估選擇上會比個人來的有效。儘管團隊有潛在的利益，但團隊的動態可能會妨礙有效的決策制定。

7.7.1　團體決策的技術

　　團體決策最常見的形式，是面對面討論的互動團體（interacting groups）。在這些團體中，成員面對面討論，依賴口語與非口語互動來彼此溝通。但是正如我們知道的團體迷思，這種互動團體在討論的過程中，常會抑制成員不同的意見，施予從眾壓力。為幫助傳統互動團體在決策過程中減少這些問題，於是有腦力激盪術、名義團體技術及電子會議等產生。

1.　腦力激盪術

　　腦力激盪術（brainstorming）最主要的目的，就是為了克服互動團體中的從眾力，以及對創意方案的阻礙。它充分利用意見產生的過程，也就是說，這項方法是鼓勵大家儘量表示意見，提出各種替代方案，而且對這些意見或方案，不可以有任何的批評。

　　典型的腦力激盪會議，由 6 ～ 12 個人環桌而坐，團體的領導人先把問題陳述清楚，直到所有參與討論的成員都相當了解。在特定的時間內，每個人開始讓自己的思想無拘無束、自由奔放，想出各種替代方案。此時，不允許任何批評，彼此的意見均記錄下來，以待稍後再討論與分析。一個想法通常可以刺激其他念頭產生出來，且即使是最古怪的建議也不容許批評而先保留下來，並鼓勵團體成員儘量往「不平常」的方向思考腦力激盪確實可以產生意見，但並非最有效率的方法。研究一致顯示，個體獨自作業比透過腦力激盪術所生成的意見還多。怎麼會這樣？主要的理由之一是：思緒受阻。換句話說，當個人要在團體中提出意見時，是當下想、立即說，難免會遇到思緒受阻的情況，終究妨礙意見分享的本意。不過，腦力激盪只是一個鼓勵意見提出的程序，以下兩項技術進一步提供實際上能達成最佳方案的方法。

2. **名義團體技術**

在決策過程中，名義團體技術（nominal group technique）對於問題的討論及人際間的溝通都有所限制，因此稱爲「名義的」。和傳統的委員會議一樣，所有成員都必須親自出席，但在運作的時候，是彼此獨立的。此一技術包含四項步驟：

(1) 任何討論進行之前，每位成員針對問題各自以書面寫下意見。

(2) 沉默時刻之後，再由每位成員輪流向大家報告自己的意見，並分別記錄在會議紀錄簿或黑板上。所有意見尚未記錄完畢之前，不允許任何討論。

(3) 接著，團體開始討論與評估各項意見。

(4) 每個成員以獨立的方式私下將各項意見排列出一個順序。之後找出總排名最高的意見，即爲最終的決策。

名義團體技術與互動團體相比，最主要的優點在於：允許團體召開正式的會議，又不會限制其獨立的想法。研究普遍顯示名義團體在功能上確勝過腦力激盪團體。

3. **電子會議**

團體決策近來也將電腦科技運用在名義團體技術上，稱爲電腦輔助團體或電子會議（electronic meeting）。一旦妥善利用科學技術，許多觀念會變得很簡單。首先，至多 50 名成員圍繞著馬蹄型擺設的桌子而坐。桌面上除了電腦終端機外，並沒有其他工具。之後，欲討論的議題會呈現給每一參與者，參與者議題後再將其想法輸入於腦裡。此時，個人的意見及每個意見加總的票數，會出現在議場大螢幕上。電子會議主要的優點在於不記名、誠實公正及快速，參與者能夠以不記名的方式加入任何訊息，並且透過電子技術立即傳達到大螢幕上。

上述幾種團體決策技術都其優缺點。所以在選擇時，應該視使用者強調的重點，以及成本利潤考量爲何。例如，由下圖 7-5 可看出，互動團體所做的決策較易獲取承諾與共識；腦力激盪術可以建立團體凝聚力；名義團體技術在聚集多數意見上算是花費不大的方法；而透過電子會議的程序，可使社會壓力與衝突減至最低程度。

效能的評估準則	團體類型			
	互動	腦力激盪	名義	電子
意見的數目與品質	低	適中	高	高
社會壓力	高	低	適中	低
金錢成本	低	低	低	高
速度	適中	適中	適中	適中
任務導向	低	高	高	高
人際衝突的可能性	高	低	適中	低
接受最終的決策	高	不適用	適中	適中
發展團體凝聚力	高	高	適中	低

▶ 圖 7-5　評估各種團體決策技術的效能

資料來源：Murnnghan, J.K. (1981). Group decision Marking。

7.7.2　團隊決策的限制

有五個最普遍的狀況會限制團隊決策的有效性，它們分別是時間限制、評價恐懼、遵循壓力、團體思考及團體極化。

1.　時間限制

這反映了團隊比個人需要花更多時間來做決策。與個人不同的是，團隊需要額外的時間來組織、協調和社會化。團體越大，做決策所需的時間便越多。團隊成員需要時間彼此了解並建立關係，而他們也需要管理不完美的溝通過程。如此才能對彼此的構想有充分的了解，且更需要協調決策過程中的角色及遊戲規則。

在大部分團隊結構中發現另一個時間限制則是一次只能有一人發言。此問題稱為生產阻塞（production blocking），它會使得參與者在輪到他們發言時可能已忘記有創造力的構想。若團隊成員專心回想一閃即逝的想法，他們將無法注意別人在說什麼，而別人所說的話也可能激發更有創造力的構想。

2.　評價恐懼

人們不願意提出看似愚蠢的想法，因為他們相信（往往是正確的）團隊的其他成員都在默默地評價他們。這種評價恐懼（evaluation apprehension）奠基於個人想創造有利自我呈現的慾望以及保護自尊的需求。在有不同地位和專業知識的人參與的會議上。或當成員正式評價彼此一整年的績效時，這種評價恐懼最為普遍。當團體想要產生有創造力的構思時，評價恐懼也會是個問題，因為創新的構想在提出時往往聽起來很奇怪或不合邏輯，因此員工害怕在同事面前提出。

3. **遵循壓力**

凝聚力使個別成員遵循團隊規範。這種控制維持了團隊共同的目標，但也可能使團隊成員壓抑自己對討論議題的不同意見，尤其是在議題涉及強烈的團隊規範時。當某人真的說出違背多數人意見的觀點時，其他成員可能會懲罰違背者，或試圖證明他的意見是不正確的。因此不令人意外的是，在一項研究中接受調查的經理人有將近半數表示，他們會因為其他人要求遵循團隊規範，而放棄在團隊中做決策。遵循規範的態度是很微妙的，某種程度上，我們會仰賴他人的意見來證實自己的觀點，如果同事不同意我們的觀點，及沒有明顯的同儕壓力，也會開始質疑自己的意見。

4. **團體思考**

第一種現象稱為團體迷思（group think）係指具高度凝聚力的團體對共識的重視勝過決策品質的傾向。團體迷思通常會超越遵循問題，個別成員有強烈的社會壓力，要避免衝突和異議，以維持團體和諧，且他們也不敢質疑多數人或團體領導者偏好的決策決定，團隊成員也想要維繫這種和諧，因為在只有一種聲音的強大決策實體中，成員身分會提升他們的自我認同，團體和諧也有助於成員處理做出最高層級關鍵決策的壓力。

第二種現象稱為團體偏移（group shift），指團體在討論替代方案並做最後決定時，會比當初所持有的主張更極端。有時候，團體是更小心地往保守方向靠攏。但證據顯示，多數時候團體會更偏向冒險。

高凝聚力並非群體迷思的唯一原因。當團隊與外界隔離，團隊領導人堅持己見（而非公正無私），團隊因為不威脅而處於壓力下、團隊最近經歷失敗或其他決策問題，以及團隊缺乏來自企業政策或程序的清楚指引時，群體迷思也比較可能發生。相關研究以找出群體迷思的好幾個症狀（見表 7-4）。大致上。團隊會高估自己不受傷害以及符合道德的程度、不接受外界和不一致的資訊，且會經歷必須達成共識的好幾種壓力。

▷ 表 7-4　團體思考症狀

團體思考症狀	說明
不受傷害的幻想	團隊面對有風險的決策不會感到不安，因為可能的缺陷已被壓制或掩飾。
自認符合道德	團隊成員不疑有他地堅信團隊的目標非常符合道德，因為此成員不覺得有必要辯論他們的行動是否符合道德。
合理化	與團隊決策不一致的基礎假設、新資訊及先前行為被貶泛，或使用藉口來合理化。

團體思考症狀	說明
對外部團體抱持刻板印象	團隊會對決策涉及的外部威脅產生刻板印象或過分簡化；「敵人」只被視爲邪惡或低能的東西。
自我審查	團隊成員壓抑自己的質疑以便維持和諧。
全體無異議幻想	自我審查導致和諧的行爲，因此個別成員相信只有他們有質疑；沉默被自動視爲共識的證據。
思想	有些成員會在自我任命爲守衛者，防止負面或不一致的資訊進入團隊。
壓制異議	不小心對決策提出顧慮的成員會被壓迫同意團隊的決定，並表現更大的忠誠。

資料來源：Based on I. L.Janis Groupthink: Psychological studies of Policy Decisions and Fiascoes,2nd ed.（Boston：Houghton Mifflin, 1982), 244.

5. **團體極化**

團體極化（（group polarization）係指團隊比獨立工作的個人有做出更極端決定的傾向。假設某個團隊的成員以開會來決定一項新產品的未來，個別成員可能帶著對產品未來的不同程度支持或反對來參加會議，但到了會議結束時，情況很可能是團隊同意較極端的解決方案，而非個人在會議開始前偏好的中庸方案。這種極端偏好的原因之一是，當團隊成員了解到同事普遍支持相同的極端立場時，他們會變得對這種立場感到自在，而贊同這個立場的有力主張則會說服有疑惑的成員，並協助形成對這個極端意見的共識。最後，個人會覺得自己不需對決定的結果負太大責任，因爲決定是由團隊做成。

7.8 / 建立有效的團隊

許多學者都想找出攸關團隊效能的因素。然而，近來的研究則使用所謂「冗長的細目清單」方式，將其組織成相當集中的模式。圖 7-6 彙總目前我們所了解的團隊效能因素。

首先，團隊有不同的形式及結構。我們所陳述的模式是嘗試將所有不同團隊一般化，所以你必須很小心地，不要把模式的預期硬性地套到所有團隊上。模式可以視爲一種指引，而非一成不變的規定。第二，模式以假設團隊工作優於個人工作，倘若工作交給個人反而更好，那麼在此情境下建立「有效的」團隊，簡直就像是費心解決一個錯誤的、不該解決的問題！

馬雲談團隊 (DISC 四種人缺一不可)
https://www.youtube.com/watch?v=MPcKl4fqQnA

建構有效團隊的主要要素可以區分為四類。第一類是資源及其他影響團隊效能的「背景因素」；第二類是團隊的「組成性質」；第三類是「工作設計」；最後，「程序變數」亦會影響團隊的有效性。「團隊效能」在模式中代表甚麼意義？一般來說，它包括對團隊生產力的客觀衡量、對成員滿足感的整體衡量，以及管理者對團隊績效的評定。

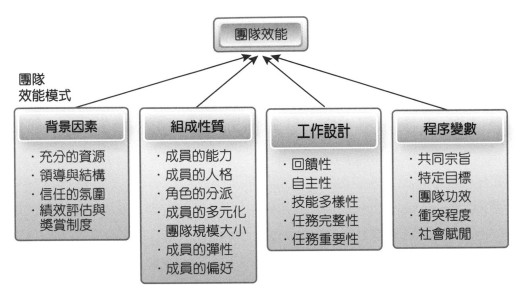

▶ 圖 7-6　團隊效能模式（model of team effectiveness）

資料來源：王建忠（2001），團隊領導與團隊效能：團隊互動的中介效果。

7.8.1　成功團隊的背景因素

有四個背景因素與團隊績效呈顯著相關：充分的資源、有效的領導、信任的氛圍，以及能反映出團隊貢獻的績效評估與獎賞制度。

1. **充分的資源**

   團隊是大型組織體系的一部分，因為如此，所有工作團隊都會依賴團隊外部資源以維持運作，而且缺乏資源將直接降低團隊有效完成工作的能力。在觀察影響團體績效的 13 個潛在因素之後，一組研究人員得到結論：「或許，有效工作團隊最重要的特質之一是：接收到來自於組織的支援」，這些支援包括即時的資訊、專用的設備、充足的人員、獎勵、管理上的奧援等。倘若一個團隊要成功地達成目標，它就必須獲得來自管理階層及大型組織的支持。

2. **領導與結構**

   團隊成員對於誰做什麼應有一致看法，並能確保所有成員貢獻程度相同、工作負荷相同。此外，團隊也必須對工作特性取得共識，以及如何整合個人技能，這些都與

團隊領導和結構有關。有時，這可由管理階層直接提供，或由團隊成員自己規定。雖然，領導並非必要的。例如，自我管理團隊裡並無領導者角色，依此發展，其成員就必須吸收許多原來是管理者承擔的工作。是故，管理者的工作也轉變爲以管理團隊「外部」爲主。

領導在多團隊制度（multi-team systems）裡特別重要—這個制度強調不同的團隊需要彼此協調合作，以達成預期目標。領導者必須賦權給團隊，並要求其承擔責任。領導者往往扮演促進者的角色，確保團隊能彼此協調合作，而非相互對抗。

3. 信任的氛圍

有效團隊的成員不僅應該彼此信任，也應該信任其領導者。團隊成員間的信任有助於相互合作、減少彼此之間的監督，並相信其他人不會自私地佔人便宜。例如，當團隊成員認爲可以信任他人時，他們就會更願意承擔風險甚至接受責難。同樣地，信任是領導的基礎，領導中存在信任關係相當重要，因爲信任才能讓團隊願意接受並認同其領導者的目標與決策。

4. 績效評估與獎賞制度

如何能使團隊成員肩負個人與連帶責任？傳統上，以個人爲導向的評估與獎賞制度應該修正，以反映團隊績效。個體績效評估與獎勵已經牴觸了高績效團隊的發展，所以除了評估與獎賞員工個別貢獻之外，管理階層還應該考量以團體爲基礎的評估系統、利潤分享、小團體的激勵與其他修正過的制度，以增強團隊的努力和承諾。

7.8.2　組成性質

這項分類包括一些與團隊應如何配置人員有關的變數。在本節中，我們將提出團隊成員的能力與人格特質、角色的分派與多元化、團隊規模大小、成員對團隊工作的偏好程度。

1. 成員的能力

藉著評估個別成員的知識、技能和任務相關能力，就可以預測出團隊的部分績效。當然，有時我們看到一些報導指出，某球隊球員水準平平，但因擁有優秀的教練，訓練球員適時發揮協調合作的精神，所以打敗其他球員素質高於該隊的球隊。像這類例子之所以成爲新聞，是因爲不合於常理，有跌破專家眼鏡的意味。正如古諺所說：「雖然優不見得總是勝，劣也不見得總是敗，但是若要打賭，優勝、劣敗才是正確的賭注。」團隊的績效，不僅是所有成員能力總合的展現，而且這些能力還可以當作指標顯示：成員能做什麼？他們在團隊內的績效有多好？

2. **成員的人格**

   在五大人格特質模式中，許多構面已被證實與團隊效能有關。近來亦有文獻提出，大五人格特質中的三項特質，對團隊績效特別重要。

   若團隊被評估出有高度責任感，以及心胸開闊願意吸取新經驗，則績效較佳。另外，低同意度亦很重要：團隊中只要有一個或更多成員經常意見不一致，則較容易犯錯。俗話說：「一顆壞蘋果也『能』影響一整串！」

3. **角色的分派**

   團隊有不同的需求，所以選取的成員也應該確保多元化，以滿足不同的角色。

   我們能找出 9 種潛在的團隊角色（role of Team）（見表 7-2）。成功的工作團隊是，所有的角色都能被填滿，並且依據技能與專長來甄選成員，以扮演適切的角色。（在許多團隊中，個人是要扮演多種角色的。）管理者必須了解每一成員可以為團隊帶來的優勢，以其長處來選拔成員，並依據成員專長來分派工作，透過個人專長與團隊角色需求的配置，管理者得以提升團隊成員一起順利工作的機率。

4. **成員的多元化**

   團隊常見的問題是，如果團隊的目標在於廣泛蒐集資訊上，那麼多元化可能具有潛在效益。但假如多元團體要實現其創意潛能，就應該聚焦在相異處而非相似處。例如，當團隊成員相信其他人有更多專業技術時，他們會樂於支援，使得團隊效能提升。畢竟，多元異質團隊的關鍵在於能將其獨特所知與不知相互交流。

5. **團隊規模大小**

   一般而言，有效團隊的人數應是 5 ～ 9 個人。許多專家皆建議團隊中以最少的人數來完成任務即可，但很不幸地，管理者普遍都犯了喜歡使用大團隊的錯誤。其實，4 或 5 人的團隊就足以發展多元化的觀點與技能，但管理者總是低估小團隊協調問題的能力，以致於不斷想增加團隊人數。當團隊過大時，通常會損及凝聚力及共有的責任感，社會賦閒亦會增加，而且彼此間的溝通日益缺乏，特別在時間壓力下。所以，在設計有效團隊時，管理人員應嘗試將團隊人數維持在 9 人以下。假如某工作小組原本人數就過多，而你卻希望看到團隊成效時，那就得考慮將團隊打散為數個次團隊了。

6. **成員的偏好**

   並非每名員工都是團隊成員，若有選擇，許多員工寧願選擇「不」參與團隊。當員工偏好獨自工作時，若要求其參與團隊，將會直接威脅到團隊士氣與個別成員的滿足感。所以在甄選團隊成員時，我們建議將個人偏好與能力、人格特質及技能等一併納入考量之中。畢竟，高績效團隊大部分是由偏好團體工作的成員所組成。

7.8.3　工作設計

Robbins（2006）認為「工作設計」的定義為「將任務集結成一個完整工作的方法。」而許士軍教授則認為，「工作設計」是對於工作內容、工作方法以及相關工作間之關係予以界定。我們可以說「工作設計係一種將各式任務，組合成一件完整工作的方法。而不同的任務組合，便會產生各種不同的工作設計。

有效團隊需要成員一起工作，為了完成任務亦須承擔集體責任，它不能只是「掛名團隊」。在工作設計分類中，包含的變數有：自由度與自主性、運用不同技能與才能的機會（技能多樣性）、完成一項完整與可確認的任務或產品的能力（任務完整性），以及執行一項對其他計畫有重要影響的任務或專案（任務重要性）。證據顯示，這些特質會增強對成員的激勵作用，並提升團隊績效。這些工作設計的特質之所以有激勵效果，乃因為它們增加成員的責任感，以及對工作的所有權，使工作能更有趣地被執行。

7.8.4　程序變數

最後與團隊效能相關的項目是程序變數，包括成員對共同宗旨的承諾、特定團隊目標的建立團隊功效、衝突的管理與社會賦閒程度的減少。

程序對於了解團隊效能，有什麼重要性呢？在執行團隊任務中，如果不能正確衡量出每個成員的貢獻程度，那麼個體就會有降低努力水準的傾向。換句話說，社會賦閒指出團隊運作過程中的損失。但是團隊運作過程同樣也可能產生正面的結果。也就是說，團隊所創造的產出可以大於各個成員投入的總和，異質性多元團體發展創意方案即是一個例證。此外，實驗室研究常利用研究團隊來進行研究，原因是結合不同專業技能與知識的人才，更能產生有意義的研究成果，比研究人員獨自進行的成果總和還要好。也就是說，他們產生了正面的綜效，代表團體運作過程中的利得大於損失。

1. **共同宗旨**

   有效團隊都有一個共同的計畫與宗旨，它能提供成員指引、動力與承諾。這個宗旨亦是一個願景或是主計畫，它的範圍比特定目標來得廣。

2. **特定目標**

   成功團隊會將其共同宗旨轉換成特定、務實與可衡量的目標，目標能引導個體提升績效，亦能鼓舞團隊。這些特定目標增進溝通的清晰度，它們同時幫助團隊將重心維繫在想獲致的結果上。

此外，與個別目標的研究一致，團隊目標也應該具有挑戰性。困難的目標被證實可以因某些設定的準則而增進團隊績效，例如量化的目標可以提升數量，速度的目標可以提升速度，精確的目標可以提升精準度等等。

3. **團隊功效**

   一個有效團隊會對自己有信心，他們相信成功操之在己，自己必會成功，我們稱此為「團隊功效」（team-efficacy）。成功孕育成功，已經成功的團隊會增加其未來成功的信念，如此即能激勵他們更加勤奮地工作。對管理階層而言，是否有任何方式可以增加團隊功效呢？兩種可能的選擇分別是：幫助團隊達成小成功，以及提供技能訓練。小成功建立團隊的信心，當某團隊的績效紀錄日益成長時，它亦能增強集體信念，相信日後的努力必會導向成功。此外，管理者還應考慮提供訓練以便增強成員技術和人際性技能。團隊成員的能力愈強，團隊就愈可能產生信心與能力來實現自信之事。

4. **衝突程度**

   衝突對團隊而言不必然是壞事。團隊若完全無衝突，將可能變得冷漠與停滯。所以，衝突確實可以增進團隊效能，但並非所有型態的衝突都有此益處。關係型衝突─基於人際關係的不協調、緊張與對他人的憎恨─幾乎都是有害的。但若團隊執行的是非例行性的活動，那麼成員間對任務內容的爭論（稱為「任務型衝突」）則是無害的。事實上，它反而常是有利的，因為能減輕團體迷思發生的可能性。任務型衝突可以激發討論，增加對問題與選擇的必要評估，並引導團隊做更好的決策。所以有效團隊的特色之一就是要有適當的衝突水準。

5. **社會賦閒**（social loafing）

   個體會隱藏於團體中，產生所謂的社會賦閒結果，它侵蝕了團體的努力，而這種現象導因於個人的貢獻無法被確認。有效團隊會改變此種趨勢，讓成員不僅在個人層面，即便在團隊層面亦能自我負責。成功團隊能使成員為團隊宗旨、目標及方法肩負起個別與共同的責任，亦即他們會清楚自己在個別與團體上皆需負起什麼樣的責任。

OB專欄

別怪豬隊友！

　　網路上常有取笑「豬隊友」的文章，似乎大家都對不稱職的同事、會出狀況的隊友、會給工作帶來困擾的夥伴，有許多不滿及抱怨，也都認為遇到豬隊友是倒楣的事，因此都對豬隊友極盡取笑的能事！

好笑短片 ... 團結力量大
https://www.youtube.com/watch?v=S432yNJd9t4&list=PLAQX73cvOFKhMyqUyZinblxNrGuI9sdpx&index=3

　　每次我看到這樣的說法，都不能認同，我認為這是扭曲事實的事。職場上，真的有這麼多豬隊友嗎？這些豬隊友真的給其他人帶來這麼多困擾嗎？他們應該被如此取笑羞辱嗎？

　　根據經驗，團隊中並不存在豬隊友，只存在可能會犯錯的隊友，而這些隊友，每一次犯錯並不見得都是同一人，而是每個人都可能犯錯，所以團隊中並不存在常常犯錯的豬隊友，而是大家都有可能變成偶然犯錯的豬隊友。

　　所以當隊友犯錯時，別責怪，別抱怨，要當作是組織的常態，犯錯是必然的現象，我們最好把別人犯的錯，當作是自己犯的錯，並努力去補救，嘗試去改正，別讓錯誤造成更大的傷害，試圖讓錯誤他解於無形。

　　要諒解隊友所犯的錯。試想我們自己犯錯時，一定非常懊惱、非常沮喪、非常難過，這時如果有隊友對你責怪，我們必然痛苦萬分。所以將心比心，當隊友犯錯時，我們最好的態度是接受、面對，然後諒解。

　　接受是第一步，錯誤已是事實，接受錯誤讓我們可以心平氣和的面對，而進入處理階段，才有機會他解錯誤帶來的災難。

　　理解了人人都可能是豬隊友的道理後，我們才不至於對豬隊友另眼看待，也不至於抱怨、討厭豬隊友。

　　可是團隊中萬一真的有豬隊友呢？

　　團隊中是真的可能有豬隊友的，團隊中確實有人可能是最年輕、缺乏經驗，也有可能是能力較差，有所不足的，當然團隊中也有可能有人是少根筋，以至於常常犯錯的。

　　身為團隊中的一員，沒有人能選擇其他團隊成員，只能接受，所以如果真的遇到了豬隊友，我們也不能拒絕！

　　對這些常犯錯的隊友，抱怨是最錯誤的對策。因為抱怨不會讓豬隊友離開，也不會讓豬隊友變好，只會讓自己與豬隊友之間產生嫌隙，而加深了對立，甚至因而產生爭執。

　　正確的態度是：理解豬隊友的問題，及其不足的地方，隨時準備補位，當他們犯錯時，有人可以立即採取行動，以彌補錯誤，讓一切回歸正軌。

　　真正需要對豬隊友採取行動的是部門主管，部門主管必須要針對豬隊友的問題，提出限時有效的具體解決方案，主管必須告訴豬隊友，他有些不足，對這些不足，必須限期協助改善，這是主管該做的事。

　　在組織中工作，人人都可能是豬隊友，要接受、諒解，不要抱怨！

資料來源：撰文者：何飛鵬　出刊日期：2017-12-07
https://archive.businessweekly.com.tw/Article/Index?StrId=66061
《商業周刊》第 1569 期

個案分析

題目一：林志傑的人格特質對團隊的成功有何助益？

1. 成員的能力（林志傑具有關鍵一擊的能力）

   藉著評估個別成員的知識、技能和任務相關能力，就可以預測出團隊的部分績效。當然，有時我們看到一些報導指出，某球隊球員水準平平，但因擁有優秀的教練，訓練球員適時發揮協調合作的精神，所以打敗其他球員素質高於該隊的球隊。像這類例子之所以成為新聞，是因為不合於常理，有跌破專家眼鏡的意味。正如古諺所說：「雖然優不見得總是勝，劣也不見得總是敗，但是若要打賭，優勝、劣敗才是正確的賭注。」團隊的績效，不僅是所有成員能力總合的展現，而且這些能力還可以當作指標顯示：成員能做什麼？他們在團隊內的績效有多好？

2. 成員的人格（林志傑具有領袖特質）

   在五大人格特質模式中，許多構面已被證實與團隊效能有關。近來亦有文獻提出，五大人格特質中的三項特質，對團隊績效特別重要。

   若團隊被評估出有高度責任感，以及心胸開闊願意吸取新經驗，則績效較佳。另外，低同意度亦很重要：團隊中只要有一個或更多成員經常意見不一致，則較容易犯錯。俗話說：「一顆壞蘋果也『能』影響一整串！」

3. 角色的分派（林志傑屬於持球時間較長的球員）

   團隊有不同的需求，所以選取的成員也應該確保多元化，以滿足不同的角色。我們能找出九種潛在的團隊角色（見圖表）。成功的工作團隊是，所有的角色都能被填滿，並且依據技能與專長來甄選成員，以扮演適切的角色。（在許多團隊中，個人是要扮演多種角色的。）管理者必須了解每一成員可以為團隊帶來的優勢，以其長處來選拔成員，並依據成員專長來分派工作，透過個人專長與團隊角色需求的配置，管理者得以提升團隊成員一起順利工作的機率。

題目二：團隊成功的關鍵因素為何？

1. 有效的領導（持球時能有效吸引對方包夾，為隊友製造空檔）

   團隊成員對於誰做什麼應有一致看法，並能確保所有成員貢獻程度相同、工作負荷相同。此外，團隊也必須對工作特性取得共識，以及如何整合個人技能，這些都與團隊領導和結構有關。有時，這可由管理階層直接提供，或由團隊成員自己規定。雖然，領導並非必要的。例如，自我管理團隊裡並無領導者角色，依此發展，其成員就必須吸收許多原來是管理者承擔的工作。是故，管理者的工作也轉變為以管理團隊「外部」為主。領導在多團隊制度（multi-team systems）裡特別重要—這個制度強調不同的團隊需要彼此協調合作，以達成預期目標。領導者必須賦權給團隊，並要求其承擔責任。領導者往往扮演促進者的角色，確保團隊能彼此協調合作，而非相互對抗。

2. 信任的氛圍（隊友間互相信任）

   有效團隊的成員不僅應該彼此信任，也應該信任其領導者。團隊成員間的信任有助於相互合作、減少彼此之間的監督，並相信其他人不會自私地佔人便宜。例如，當團隊成員認為可以信任他人時，他們就會更願意承擔風險甚至接受責難。同樣地，信任是領導的基礎，領導中存在信任關係相當重要，因為信任才能讓團隊願意接受並認同其領導者的目標與決策。

題目三：如何創造高度的團隊凝聚力？

1. 成員相似性（目標一致）

   同質性團隊比異質團隊更容易發展出凝聚力。在同質團隊中的人相似的背景和價值觀，因此比較容易在團隊目標、實踐目標的方法以及用來維持團體行為的規則上達成共識，而這也會促進團體的信任並降低不良的衝突產生。相反地，多樣性的團隊在心理上會阻礙凝聚力，尤其是在團隊發展的早期階段。而此處的兩難則是，在完成複雜的任務或解決需要有創造力方法的問題上，異質團隊通常優於同質團隊。

2. 團隊規模（12 名球員加上三名教練）

   小的團隊比大的團隊應容易發展出凝聚力。因為幾個人會比較容易產生目標共識並協調工作活動。然而最小的團隊卻未必是最有凝聚力的，當小團隊缺乏足夠的成員來執行必要任務時，其凝聚力變顯得較低。因此，這種團隊的凝聚力可能是最大的。

3. 成員互動

當團隊成員的互動相當地頻繁時，團隊的凝聚力便可能較高，而這會在團隊成員執行高度相依的任務，且在相同的實體區域中工作時發生。

4. 稍高的進入障礙（只有 12 名選手能入選）

當進入團隊的門檻受限時，團隊可能較有凝聚力。團隊越優秀，賦予成員的聲望越高，而成員也較可能重視自己的團隊身份。在新成員「通過試驗」後，團隊現任成員也會比較願意歡迎與支持他們，因為他們已分享共同的進入經驗。而這就產生了進入團隊的標準應有多嚴格的議題，研究顯示太嚴格的標準可能導致羞恥感以及與團體的心理距離，甚至是對那些已成功通過門檻的人而言亦是如此。

5. 團隊成功（身為國手，有較高的社會認同）

凝聚力會隨著團隊的成功程度而增加。個人比較可能將自己的社會認同依附在成功的團隊上，而非有著一連串失敗紀錄的團隊。再者，成員也較可能相信團隊仍會繼續成功，因此可實現他們的個人需求（持續受雇、獎金等）團隊領導人可藉由定期傳達並慶祝團隊成功來提升凝聚力但值得注意的是，這可能會創造一種「螺絲效應」，即成功的團隊較有凝聚力，而在某些狀況下，較高的凝聚力則會提升團隊的成功。

6. 外部競爭與挑戰（對手為中國隊）

當成員面對外部競爭或具挑戰性的重要目標時，團隊凝聚力店便可能提升，而這可能包括來自外部競爭者的威脅，或來自其他團隊的友善競爭。這些狀況之所以能夠增加凝聚力，是因為若員工無法各自解決問題，他們會倚重團隊克服威脅或競爭的能力，也會將成員身份當作是一種形式的社會支持。然而我們也必須對外部為鞋的程度保持謹慎，根據證據顯示，當外部威脅很嚴重時。團隊似乎是較無效的。雖然凝聚力可能增加，但外部威脅的壓力則相當大，因此使得團隊在這些情況下做出較無效的決策。

1. 團隊的定義與分類，團隊係指兩個或以上的人彼此互動並影響及互相負責，已達成與組織宗旨有關的共同目標。

2. 正式團隊（formal group）只在組織結構的定義之下，有清楚明確之任務指派的工作團隊。正式團隊中的個人行為，均以團隊的目標為依歸。反之，非正式團隊（informal group）則指既不具有正式結構性，也不是由組織所決定的各種聯盟，非正式團隊是自然形成於工作環境中，基於滿足社會接觸的需求而結合。

3. 團隊發展五階段模型提供了團隊如何經由形成、混亂、規範、執行及最後終止而演進的觀念。

4. 貝爾賓（Raymord Meredith Belbin）的團隊角色：育苗者、協調者、監督者（評估者）、落實者、完成者、資源調查者、塑造者、團隊工作者、專家。

5. 規範（norm），即團體建立用來管制成員行為的非正式規定和期待。規範僅適用於行為，而不是用私人想法或感覺，再者，規範也只為團隊重要的行為而存在。最普遍且重要的規範就屬「績效規範」（performance norm）。其他的規範類型，還包括：(1) 外表舉止規範（appearance norms）；(2) 社交安排規範（social arrangement norms）；(3) 資源分配規範（resource allocation norms）。

6. 團體凝聚力（cohesiveness）的定義為，成員互相吸引且願意留在團體內的程度。研究一致顯示，影響凝聚力與生產力之間關係的關鍵因素，是團體所建立而與績效有關的規範。

7. 五個最普遍的狀況會限制團隊決策的有效性，它們分別是時間限制、評價恐懼、遵循壓力、團體思考及團體極化。團體偏移（groupshift），指團體在討論替代方案並做最後決定時，會比當初所持有的主張更極端。有時候，團體是更小心地往保守方向靠攏。但證據顯示，多數時候團體會更偏向冒險。

8. 團體決策最常見的形式，是面對面討論的互動團體（interacting groups）。但因團體迷思，常會抑制成員不同的意見，施予從眾壓力。為幫助傳統互動團體在決策過程中減少這些問題，於是有腦力激盪術、名義團體技術及電子會議等產生。

9. 組織中常見的四種團隊形式,分別為:「問題解決團隊」、「自我管理工作團隊」、「跨功能團隊」及「虛擬團隊」

10. 建構有效團隊的主要要素四類。一是資源及其他影響團隊效能的「背景因素」;二是團隊的「組成性質」;三是「工作設計」;最後,「程序變數」亦會影響團隊的有效性。

11. 四個背景因素與團隊績效呈顯著相關:充分的資源、有效的領導、信任的氛圍,以及能反映出團隊貢獻的績效評估與獎賞制度。

本章習題

一、選擇題

( ) 1. 兩個或以上的人彼此互動並影響及互相負責，已達成與組織宗旨有關的共同目標，且認為自己是組織內部一個社會實體的群體是：(A) 團隊 (B) 團體 (C) 以上皆非 沒有 D。

( ) 2. 下列何者為團體五階段發展的順序：(A) 形成→混亂→規範→執行→終止 (B) 規範→形成→混亂→執行→終止 (C) 混亂→規範→形成→執行→終止 (D) 規範→混亂→形成→執行→終止。

( ) 3. 在五階段模式裡的哪個階段最為任務取向：(A) 規範 (B) 終止 (C) 執行 (D) 形成。

( ) 4. 團隊的規模大小與提升凝聚力有關 (A) 不一定 (B) 無關 (C) 大的團隊較易提升 (D) 小的團隊較易提升。

( ) 5. 指具高度凝聚力的團體對共識的重視勝過決策品質的傾向，團員們不敢質疑多數人或團體領導者偏好的決策決定：(A) 團體迷思 (B) 團體偏移 (C) 評價恐懼 (D) 時間限制。

( ) 6. 指團體在討論替代方案並做最後決定時，會比當初所持有的主張更極端：(A) 團體迷思 (B) 團體偏移 (C) 評價恐懼 (D) 時間限制。

( ) 7. 由一群員工組成（通常是 10～15 人），他們的工作是具有高度相關或彼此相互依賴的，並且必須承擔許多前任主管的責任：(A) 問題解決團隊 (B) 自我管理工作團隊 (C) 跨功能團隊 (D) 虛擬團隊。

( ) 8. 凝聚力控制維持了團隊共同的目標，但也可能使團隊成員壓抑自己對討論議題的不同意見，尤其是在議題涉及強烈的團隊規範時：(A) 時間限制 (B) 評價恐懼 (C) 遵循壓力 (D) 以上皆非。

( ) 9. 哪一種信任是奠基於從經驗而來的可預測性：(A) 認同的信任 (B) 計算的信任 (C) 知識的信任 (D) 恐嚇的信任。

( ) 10. 文中有提到四個團隊成功的背景因素下列何者不是：(A) 充分的資源 (B) 有效的領導 (C) 信任的氛圍 (D) 績效評估與獎賞制度。

二、名詞解釋

1. 團體 vs 團隊

2. 團隊凝聚力

3. 團體迷思

4. 腦力激盪術

5. 社會賦閒

三、問題與討論

1. 一個團體（group）中，可能同時包含數個不同性質的工作團隊（team），請說明團體與團隊有何差異？

2. 團隊發展五階段中，第二階段「混亂」會發生什麼現象？請詳細分析產生現象的原因。

3. 請說明如何提升團隊凝聚力。

4. 請問成功團隊之影響因素為何？

5. 若要讓「虛擬團隊」具備效能，必須確保那三件事？

參考文獻

1. 王建忠，(2001)，團隊領導與團隊效能：團隊內互動的中介效果。國立台灣大學心理研究所，未出版碩士論文，台北市。

2. 邱淑妙，(2006)，團隊人格特質、轉換型領導與團隊效能之關係探討—團隊凝聚力之中介角色，中山大學人力資源管理研究所在職專班碩士論文。

3. 張淑玲，(2002)。團隊領導、團隊價值對團隊效能之影響。國立中山大學人力資源管理研究所未出版碩士論文，高雄。

4. 陳妍伶，(2005)，從雁行理論探討課程發展委員會之執行成效—以桃園縣國民中學為例--。中原大學教育研究所碩士學位論文。

5. 蔡全智，(1998)，團隊發展影響因素之探討，國立政治大學企業管理研究所未出版之碩士論文。

6. Adapted from Robison S.L., & Bennett R.J. (1995). A typology of deviant workplace behaviors: A multidimensional scaling study. Academy of Management Journal, April 1995. p565.

7. Based on Janis I.L., (1982). Groupthink: Psychological studies of policy decisions and fiascoes. 2nded (Boston: Houghton Miffin), p244.

8. Belbin, R.M., (1993). Team roles at work. (Oxford, UK: Butterworth-Heinemann). www.belbin reprinted with permission of Belbin Associates.

9. Elms E. H. & Fong E. (2005). Lying cheating, stealing: Group and the ring of Gyges. Presented at the Academy of Management Annual Meeting, Honolulu, H1, August 8, 2005.

10. Homans, G.C., (1985). Social behavior as exchange. The American Journal of Sociology, 63(6), 597-606.

11. Murnughan J. K., (1981). Group decision marking.

12. Tuckman, B.W. & Jensen M.A.C., (1977). Stage of small group development. Group & Organization Studies, 419-427.

NOTE

08

溝通

學習目標

1. 了解溝通的假定與定義。
2. 拆解溝通的步驟與內容。
3. 從個體面審視自我的溝通能力。
4. 從群體面,了解團隊角色與跨文化的多層級交叉影響。

本章架構

8.1 溝通定義與功能
8.2 溝通的模型
8.3 溝通的方向
8.4 溝通的方式
8.5 溝通的策略
8.6 組織溝通
8.7 跨文化的溝通
8.8 溝通的雜音

用溝通化解衝突

很多老闆會讓幕僚部門的員工，也來上我的談判課程。就是因為上完課後，大家都起碼知道，自己需要與想要的，這樣可以省掉很多不必要的內耗。

案例：

財務部有一個電腦高手傑克，被他看中了，他想要調傑克去技術部，你不肯給。他非常生氣，就打電話來給你：「你是我帶出來的人，你的徒弟不就是我的徒孫嗎？我現在要他來幫忙，你怎麼不給呢？太無情了吧！」

他為什麼要傑克呢？他要傑克去開發新產品，那是公司的優先發展方案。

那麼你又為什麼留著傑克呢？你要留著傑克研擬收費程序，這也是公司的優先發展方案。

兩個都是公司的優先發展方案，於是就發生了衝突。你跟他講：「對不起，傑克不能給你。」

他說：「如果真的不能給我傑克，那你就找一個比傑克更好的人給我。」

你能答應這要求嗎？不能。

不是找一個比傑克更好的人有多難的問題，而是你一答應，就陷到他的遊戲規則裡去了。但這樣堅持不下也不是辦法，怎麼辦呢？

資料來源：劉必榮教授 2012-05-16

 問題與討論

1. 溝通的意涵和目的？

2. 職場上「上對下」、「下對上」的溝通有什麼不同？

3. 如何使團隊的溝通更有效率？

8.1 溝通定義與功能

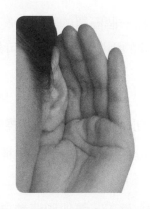

溝通，一般來說是兩人或是兩人以上，藉由各種聯繫來互相傳遞訊息的交流方式。而這一名詞（communication），也是源自拉丁文中的古字（communis）演變而來，本意上具有「分享」、「建立共識」的含意（梁瑞安，1990）。

因為溝通（communication）是一種意見交流，同時也是傳遞消息與接收消息的雙向進行式，這樣傳達消息的過程，便是管理者進行大部分管理事件的基本步驟，所以有效的溝通便成了管理中重要的隱藏因素之一。

溝通真正的定義是什麼？在上百個學者針對溝通所做的定義中，各有所長，但是唯一的共同點就是無法從這些定義中，找出一個最完整，具代表性的溝通定義。其中最主要原因在於，溝通想表達的一個含意可以用許多不同方式來包裝，所以也因此造成許多學者分別有許多不同的假設，進而產生各種對於溝通的定義上各有不同的解釋方式。

Shannon & Weaver（1949）曾說：「溝通包括一個人的思想和它所影響另一個人思考的過程，同時因為社會地位而所能影響的層級會同時影響到更多人，所以也是一種社會行為」。Emery（1960）提過：「溝通乃是傳遞個人的訊息，觀念及態度到他人的一種藝術」。

舒緒緯（1990）認為：「溝通是指送訊者以語言，符號等方式，透過適當的表達方式，使收訊者表現出預期反應的一種歷程」。謝文全（1988）提出：「溝通是有其目標，是一種有目的的活動」。

溝通是用心建立關係，溝通的藝術中首重了解對方的言語之道。有一個笑話是這樣的：戒酒中心為了幫助學員了解酒精對人體的危害，課堂的桌上放著三個杯子，一杯是蚯蚓，一杯是清水，另一杯是烈酒。

教授在清水和烈酒兩個杯子中各放入一條蚯蚓，學員們注視 3 分鐘後，清水杯中的蚯蚓依舊生龍活虎，烈酒杯中的蚯蚓扭動兩三下後，停止動作了。

此時教授抬起頭來問，「從這個實驗中，你們學到什麼教訓？」

頓時，一片寂靜。

正是無聲勝有聲時,坐在後排的一位學員突然舉手說,「如果說我們經常喝酒,肚子裡面就不會長蟲!」……

如果「蚯蚓與酒」這樣一個簡單的說明示範,都會讓人產生巨大的歧見,那人際溝通中試圖準確理解對方意象的困難程度,也就可想而之了。

8.1.1 溝通的功能(the function of communication)

溝通在團體或組織中的四項主要功能為:控制、激勵、情感表達及資訊流通。

藉由溝通來「控制」成員的行為,有好幾種方式。組織有職權層級及正式的指引,是員工必須遵守的。

溝通同樣可以「激勵」員工,讓他們清楚自己該做什麼,要做到多好的程度,並且再告訴他們如何改善工作績效。回顧第 6 章中的目標設定理論及增強理論,我們可以看出溝通是具有激勵作用的。特定目標的形成、目標達成情形的回饋,以及期望行為的強化都會刺激員工工作動機,而這些也都需要透過溝通。

對許多員工而言,他們的工作團體是與其他人建立社交互動關係主要來源。在團體裡,藉由溝通使成員間可以分享彼此的挫折感與滿足感成為「情感表達」與滿足社交需求的管道。

溝通的最後一個功能是能夠幫助制定決策。當個人或團體需要做決策時,「資訊」的提供與移轉有利於分析和評估各種可行方案。

這四種功能都十分重要。團體要有良好績效,必須對成員們實施某種形式的控制,刺激他們工作的動機,提供情感表達的管道,以及制定決策的選擇。所以我們可以假定,在任何團體或組織中的溝通,必定都會發揮一種或數種的功能。

在工作環境裡,工作者處處都會碰到「時間」與「字數」的限制,要求我們在最精簡的範圍之內,明確的表達意見、掌握重點,這不僅只是一般的溝通技巧,更成為工作者必須反覆練習,精準掌握的核心技術。

如同堪稱全世界最難的簡報之一——電梯簡報術,就連知名顧問公司麥肯錫(McKinsey)都曾將之做為面試的標準考題。在電梯內,沒有資料、投影片,與客戶距離僅在咫尺,隨著電梯緩緩上升,彷彿就是在為你倒數案子成交的可能性,考驗的正是管理顧問,必須擁有的專業溝通能力。

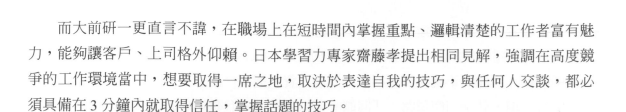

而大前研一更直言不諱，在職場上在短時間內掌握重點、邏輯清楚的工作者富有魅力，能夠讓客戶、上司格外仰賴。日本學習力專家齋藤孝提出相同見解，強調在高度競爭的工作環境當中，想要取得一席之地，取決於表達自我的技巧，與任何人交談，都必須具備在 3 分鐘內就取得信任，掌握話題的技巧。

8.2　溝通的模型

在進行溝通之前，必須先有意圖，然後才能轉換成訊息傳達出去。訊息由發送者傳遞給接收者時，需要先由發送者編碼（轉換成符號的形式），然後經由媒介（管道）傳至接收者，再由接收者解碼，就這樣訊息由一人傳給另一人而完成溝通過程。

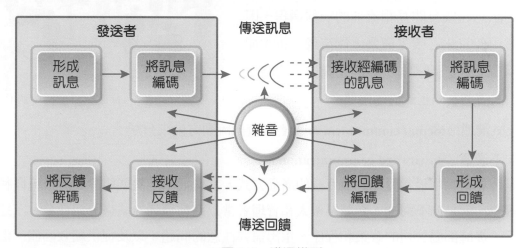

▶ 圖 8-1　溝通模型

資料來源：Berlo, D. K. (1960). The process of communication: An introduction to theory and practice. New York:Holt, Rinehart and Winston. 30-32

圖 8-1 所呈現的溝通模型（communication model），提供了一個有用的「導管」來思考溝通過程。根據此模型，「發送者」經由編碼來傳遞訊息，所以「訊息」可說是傳送者「編碼」後的具體產物。當我們說話時，話就是訊息； 當我們寫作時，文字就是訊息；當我們畫圖時，圖畫就是訊息；當我們做動作時，手部的移動與臉部的表情也是訊息。

「管道」是訊息流通的媒介，它由傳送者選定。傳送者必須決定使用正式或非正式的管道。正式管道（formal channels）由組織建立有權責關係，用於傳達和成員工作活動有關的訊息。傳統上，正式管道是遵循組織中的職權網路而行。其他訊息，無論是私人或社交性質，則依循組織的非正式管道（informal channels）傳遞，而這些非正式管道都是因應個別需求而自然形成。

「接收者」是訊息傳達的對象。但訊息被接收之前，訊息符號必須轉換成接收者能了解的形式，這叫做訊息的「解碼」。「干擾」（interfere）則代表訊息清晰度遭致扭曲的溝通障礙，可能的干擾來源包括認知問題、資訊過荷、語意爭論及文化差異等。溝通過程的後一環，就是回饋環路。「回饋」可以用來檢查我是否成功地傳達了最初所欲傳達的訊息，亦即對方是否已了解我們的原意。

8.3 溝通的方向

溝通是組織的命脈，管理者需經由溝通來指揮和影響部屬，組織內部溝通是指有關企業內部的訊息在成員間互相流通的一種過程，因為組織內部資訊必須先溝通才能流通，也才能達成目標完成計劃。在一般的企業中，約略可分為正式溝通及非正式溝通兩種。

正式溝通（**formal communication**）會以資訊流動方向來分類：

1. **向下溝通（downward communication）**

   是各類組織中最常見也是最傳統的溝通方式，當溝通由團體或組織的層級流向較低級時，就是向下溝通。團體領導人和管理者常以這種溝通方式來分派任務、下達指示、提醒部屬公司的政策和程序、指出需要注意的問題，以及提供績效回饋。但向下溝通不限於口頭上或面對面的溝通。管理局寄信到員工家中，傳遞組織新政策時；或是，團隊領導者寄 E-mail 或 Line 給成員，提醒大家最後期限快到了，都是向下溝通的型態。

   向下溝通時，管理者必須充分解釋決策的事。研究發現，若決策事由能被充分溝通，則員工對決策的承諾會提高兩倍。看似是常識，但很多管理者不願忙於解釋，或認為越多的解釋只會讓問題更複雜，無論如何，解釋確實能提升員工對決策的承諾與支持。

   2006 年研究顯示，將近三分之二的員工說他們公司極少或從不徵求其建議，該研究的作者提醒：「組織總是想盡辦法來提升員工的承諾，但是證據顯示其大多犯了基本錯誤，因為問題的重點在於人要被尊重與傾聽。」Xerox 的執行長 Anne Mulcahy 發現：「傾聽絕對是所有事情當中，知易行難的一種。」

2. 向上溝通（**upward communication**）

主要是從權力下端層級傳達至上端層級的溝通方式。用於交換資訊、解決問題及下行溝通的回應，常會設置意見箱或是意見調查表等。上行溝通和下行溝通會有訊息流失問題。欲執行有效的向上溝通，應該試著減少令人分心之事，溝通重點而非細節，為你想反映的事項提出佐證，並準備好相關資料以確保上司留下深刻印象。

3. 橫向溝通（**horizontal communication**）

發生於相同層級之工作團體成員之間、相同等級的經理人之間，或任何同一水平的同仁之間的溝通，我們稱之為橫向溝通。例如：

(1) 在一個部門內同事間互相溝通。這類目的是交換資訊，解決問題。

(2) 是不同部門間但同一層級的員工間溝通，目的是資訊交換、解決問題和社交聯誼等。

若團體或組織的垂直溝通有效，為何還需要水平溝通呢？答案是仍須以水平溝通來節省時間和促進協調。在某些情況下，這些橫向溝通是被正式認可的；但是在大部分的情況下，它們是為了縮短垂直階級間的溝通及加速行動而被非正式地建立。所以由管理當局的觀點來看，橫向溝通有好有壞。因為堅持依賴垂直網路進行所有的溝通，會妨礙資訊傳遞的效率和精確度，此時橫向溝通是有益的；在這種情況下，橫向溝通是上級所知道而且支持的。但是當正式的垂直通路被侵犯，成員以越級或聯合其他主管的方式來完成任務，或員工瞞著上司私自採取行動並做成決策時，橫向溝通就會造成惡性衝突。

Oath 亞太區董事總經理鄒開蓮坦承，她的工作有泰半時間都花在溝通上，有效的溝通模式，對領導、管理甚至是表現自我能力有決定性的幫助。

非正式溝通（**informal communication**）與正式溝通不同在於其溝通對象、時間及內容，都是未經計劃及難以辨別的。其途徑非常繁多且無定型，如同事之間任意交談，甚或傳聞都是非正式溝通。

非正式溝通的特性在於不必考慮組織層級，成員間可直接進行溝通，通常不會出現在正式組織溝通資訊流動上，但是它會帶給組織大量的資訊，有助於領導者獲取正式溝通之外的訊息。由於傳遞這類信息一般以口頭方式不留證據、不負責任，許多不願通過正式溝通流動的信息，可藉由非正式溝通中流動。其特性如下：

1. **機動性**：非正式溝通非常具有彈性，只要時間許可，彼此隨時可以進行訊息交換或隨時結束交換。

2. **無壓力**：非正式溝通打破層級間的界線與藩籬，發訊者與受訓者角色居於平等的地位，對話時較不易感受壓力的存在。

3. **無法禁止的**：非正式溝通不受層級影響，不受時空限制，隨時隨地都可以溝通，所以難以禁止。

4. **快速**：非正式溝通訊息傳遞速度相當快，其訊息內容比一般的正式溝通更容易讓組織成員知道。

5. **面對面**：口述或網路溝通，而非正式溝通多以面對面溝通為主，所以常會造成耳語相傳。

非正式溝通與個人間非正式關係往往平行存在，由於非正式溝通不必受到規定或形式的種種限制，往往較正式溝通還要重要，這種途徑常常稱為「葡萄藤（grapevine）」，用以形容他枝茂葉盛，隨時延伸。

8.4 溝通的方式

團體成員彼此之間如何傳達意念呢？有三種基本方法：口語、書面及非言語的溝通。

1. **口語溝通**

日常生活中，透過說話和口語的方式進行溝通，就是**口語溝通**。所謂情感間的交流是透過相同的語言表達方式，或是慣用的口語，達到雙方交流的目的。同樣道理擴展到企業組織中，若是所有成員對於企業公司都有相同的理念，並且都能以此為中心指標努力，便可視為企業與內部成員的溝通成立。

面對面的交談中，口語對話是最頻繁也是最快速簡易，從一對一的對話，到一對多的演講，或是多對多的會議或是有領導的團體對團體討論等，透過對事件及問題表達或陳述，能在當下得到回饋後針對問題或事件提出解決的辦法。

但是這種方式卻也常常導致溝通問題的產生，這也是一對一的對話中會有吵架的情形，一對多的演講會有人突然站起來抗議，多對多的會議會有爭執，團體對團體的討論會有激烈爭吵的情況發生。因為透過不同人的轉述或是表達，再參雜一些表達者的情緒，就會容易使原先所要表達的意思受到曲解或是誤解，甚至是轉達者刻意進行誤導，造成雙方的溝通破裂，這些例子在日常生活中屢見不鮮。

例如音調改變了意思就不同了。如溝通雙方在溝通過程誤解對方的意思，就會產生錯誤無效的溝通。

▶ 表 8-1 音調改變，意思也變了

強調處	意義
為什麼我今晚不帶你去吃晚餐？	我要帶的另有其人。
為什麼我今晚不帶你去吃晚餐？	我無法出席，你可和別人一道前往。
為什麼我今晚不帶你去吃晚餐？	試著說明不應該找你相伴的理由。
為什麼我今晚不帶你去吃晚餐？	難道你和我同行有問題嗎？
為什麼我今晚不帶你去吃晚餐？	你自己去好了。
為什麼我今晚不帶你去吃晚餐？	或許我們應改為明日午餐。
為什麼我今晚不帶你去吃晚餐？	並非明晚。

資料來源：M. Kiely, (1933)，"When 'No' Means, 'Yes'. Marketing, 7-9,

2. **非言語溝通**

通常是指肢體上的動作或行為。其中包含聲音，手部動作，臉部表情和其他物品的表達。通常都會認為這些動作是無意間所展現的潛意識行為。

最廣為人知的肢體動作是微笑點頭的打招呼動作，再來是手勢或臉部表情的行為，通常只要接收的一方能夠了解這些動作在溝通中所代表的意涵，便能夠成為非語言溝通的形式。

其實不只是人對於人，人對於物也是如此。日常生活中我們常見到的紅燈停綠燈行，行人穿越馬路的小綠人號誌燈，救護車的警鈴聲，警車的巡邏聲……等等，這些都是因為大家從小就被教導認知並且習慣，當聽到這些聲音或是辨識到號誌的顏色轉換時，即代表接下來必須做的應變，這些也同樣是溝通的一種。

3. **書面溝通**

書面溝通包括信件、傳真、備忘錄、刊物、佈告欄、即時通訊、email、及任何以文字或符號傳送訊息的方式。書面溝通是有形的、有證據的、持久的，通常傳訊者和收訊者都持有一份文件。書面用語比口語用語較為清楚、合邏輯、較相關。書面訊息較費時，延遲回饋，甚至可能根本無法得到回饋。書面訊息無法保證收訊者一定收到、閱讀、和了解。

書面溝通是管理溝通重要組成部分之一，在一定程度上決定了管理的有效性。

而實際情況卻是：書面溝通往往被人們忽視，從某種程度上來說，甚至整個管理層都缺乏書面溝通的能力。書面溝通是一項基本技能是現代管理者必須掌握的一項技能。很多管理工作都是通過書面溝通進行的。

10 個讓人很舒服的溝通技巧｜從心閱讀
https://www.youtube.com/watch?v=tFh8tEsCr9M

表 8-2　溝通媒介（communication media）：資訊豐富性與資料處理能力

媒介	資訊豐富性	資料處理能力
面對面討論	最高	最低
電話	高	低
電子郵件	中	中
個人信函	中	中
私人便條	中	中
正式報告	低	高
傳單或公告	低	高
正式數據報告	最低	最高

資料來源：Created by E. A. Gerloff from "Information Richness: A New Approach to Managerial Behavior and Organizational Design" by Richard L. Daft and R. H. Lengel in Research in Organizational Behavior 6 (1984):191-233. Reprinted by permission of JAI Press Inc.

8.5 溝通的策略

完善的策略若缺乏適當的組織與人才加以配合執行，則難展現成效；正確的策略可帶來 60% 之成功希望，其它 40% 則仰賴執行力，管理者應致力於與部屬溝通之執行力（楊艾俐，2000）。

原因在於這是在探討「策略」的本質與邏輯。然而，其實在生活中不論是何時何地都在做策略，因為我們常常都在下決定、做判斷。就算是當我們要開口向別人說話時，都要先在腦袋中想一下要跟對方開口什麼樣的話題，運用如何的溝通語氣與聲調，這些都是在瞬間所決定。想想看，當我們覺得不好說或是不方便說的時候，除了話術的掩飾或是言詞的遮掩外，最實際的就是運用策略。

1. **價值說**

經由溝通連結個人關係價值，或創造溝通關係及增加對於溝通認知的價值。

價值是由以上三方面的交集，包括認知溝通價值的必要性，傳遞溝通價值的重要性，以及創造溝通價值的可行性。在一個表現良好的溝通者裡，便是需要透過溝通來了解含意，並且形成有助於價值創造的溝通策略。由於目前新世代年輕人之工作滿足價值取向，因應潮流衝擊較不受傳統束縛與影響，對於高度喜愛特質、中性特質、最不受喜歡的特質，表現個別性之價值判斷取向有異於傳統。

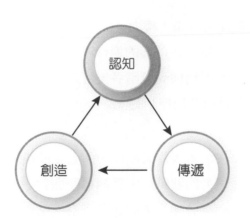

▷ 圖 8-2　溝通價值（the value of communication）的組成

資料來源：改自策略九說 價值形成要素。

2.　效率說

配合溝通技術與個人特性，追求在短時間或是精簡扼要的溝通過程中，迅速讓溝通對象了解其中表達含意，或是順利讓對方完成自己所需求的事項，這些都可以有效地降低溝通成本；同時藉由第一次成功的經驗後，可以複製成為「溝通曲線」效果，節省比其他溝通者還要更多的時間成本。

其中，溝通曲線的意義，是經由成功的溝通經驗複製後，也因為在不同類型與管道的方式在進行著，所以累積的程度也大不相同。舉例來說，一個常常跟你 Line 輕鬆聊都能聊了整晚的朋友，他可能見面時只能說一些簡單的問候，很難想像這兩個會是同一個人，其中造成差距的原因便在於，因為對方常常是使用 Line 當作自己溝通的工具與管道，加上可能因為個人比較內向，導致使用 Line 對話的頻率更多，並且因為看不見對方也減少了面對面說話時的緊張感，所以才會產生了這樣的溝通認知差距。

不過卻看到有人想要「複製他人」的經驗來使自己在溝通過程中能夠事半功倍，在美式俚語中有一句 Somebody's meat is somebody's poison. 某人的食物卻有可能是某人的毒藥，意思便是希望人不要一昧地模仿，溝通是不能假他人之口的，需要一步一腳印的經由每次的對話過程使自己的溝通能夠更加完善。

3.　資源說

溝通是需要持久努力，在每次的溝通對話過程中，不論是身邊的大小事情都能當作溝通的原料與素材，當然與對方需求的關係等級越高，就越需要得到對方心中特定資源的溝通話題，進而累積更加深刻溝通關係。在不同的場合中，也應立即搜尋適切的關鍵溝通資源，成為不可替代的溝通優勢，也是溝通策略（the strategy of communication）的核心。

對於任何組織或是團體而言，產生權力（power）與運用權力是一種自然的過程，同時也是產生支配資源的力量，在這樣的過程中常可以聽到「權力使人腐化，絕對的權力使人絕對的腐化。」因為權高位階者，可動用及使用資源的正當性變越高，自然容易忘卻資源是有限且需要被控制的。

4. **結構說**

   溝通策略的本質是希望在思考表達策略時，所必須圍繞的的必備核心理念與原始企圖。因此結構便是一個思考的關鍵，因為溝通所面對的是不同身分的人，以我們自己為例，自己會有多少種身分呢？少說也有子女、父母、朋友等各種不同的身分，因此當我們用不同身分時就會有不一樣的溝通結構，再加上對方同樣也是有不同身分的說話結構，所以在溝通時會常常出現問題就是在分類結構時出現問題，才會產生了溝通障礙。

5. **競局說**

   溝通競局就像一場跳棋比賽，是一個需要競爭又合作的競賽過程，藉由對方的溝通資源轉化成為自己的溝通資源或甚至是經由溝通話題的改造，讓自己獲得更多的溝通機會。簡單來說便是聯合次要溝通資源轉為主要核心溝通資源。

6. **統治說**

   換了一個職位就等於是換了一個腦袋，因為需要不同的溝通思維邏輯，與所有身邊朋友或是團隊同事間的溝通關係中，建立適當的權威性與領導中心將能成為溝通資訊的統治機制。掌握其他更多正式或非正式的資訊與情報。

7. **風險說**

   當溝通面臨選擇性時，便會有風險的產生。追求適當的溝通方向與用詞就可以有效降低溝通失敗風險。（可用游梓翔教授錄音檔 - 女生衣服好好不好看）適當提高溝通彈性，增加溝通成功機會。

8. **成本說**

   在《天下雜誌》臺灣地區針對 2000 大企業（國內營業收入最高前 2000 家企業不分產業別作排名）的網際網路應用現況調查結果顯示，有 95.5% 的企業認為網際網路的應用可以帶來幫助與成本效益。

   因為透過網路可以創造雙向對等的溝通，降低溝通成本並建立長久持續性的關係，是成為許多組織肯定網路作為對內及對外的重要溝通方式。（郭書祺，2001）

在一片網路化的風潮之下，企業無不希望希望能有效地運用網路科技管道與目標對象進行溝通，一方面可以彰顯企業身處科技時代的競爭力，另一方面則可藉由科技之便利，以節省人力與時間的成本耗費。企業所面對的是不同的目標對象，包括投資人、顧客、員工、政府機構、非營利機構與媒體組織，因此公關人員必須針對不同的群體提供不同的資訊，運用最佳的溝通模式，才能達成有效的溝通並且產生共鳴。

8.5.1　溝通策略研究

在筆者一項探討「溝通策略對不同層級溝通滿意之中介效果」研究，提出以資源策略、價值策略與成本策略為主要溝通策略，以此討論在不同層級溝通（與上行溝通、平行溝通及下行溝通）時，其溝通滿意（communication satisfaction）的效果影響。（羅彥棻、洪維駿，2011）

在資源策略中，以組織信任、工作價值、組織承諾、授權、知識傳遞與組織學習為主體。原因在於組織的資源策略產生於組織內部間信任感的問題。組織中，同事與同事之間、員工和主管之間或者是部門與部門之間，都必須維持合作的關係，以增進組織的共同價值，並在變動的環境中取得競爭優勢，進而成為組織中不可或缺的資源；而合作關係的維持和發展，則端賴各方的信任（李粵強，2002）。

價值觀是一種抽象的概念，工作價值觀是透過工作所獲得回報內容的期望以及和工作有關的各種因素的看法和評價。像是當一個人從事工作時，用以評斷與工作事物、為、目標的信準則，藉此體現於工作為上，進而追求其個人的理想工作目標。也就是說當個人從事工作時，同時秉持的滿足個人需求與偏好事物的信，和評斷工作意義的標準，藉以引導個人工作行為的方向與追求工作的目標（張惠雯，2009）。

組織承諾也是重要資源概念之一。原因在於組織承諾是指個人對特定組織認同與投入的程度，將影響組織投入資源的程度，此外，組織成員也會對組織表現出三種傾向（Poter，1974）：

1. 強烈的信仰及接受組織的目標與價值。
2. 渴望繼續成為組織的一份子。
3. 願意為組織的利益而努力。

經濟合作發展組織（Organization for Economic Cooperation and Development, OECD）在 1996 年提出以「知識」為重要核心的新經濟資源概念，尤其在面臨網路及媒體的發達，不但要能使組織永續發展，面臨環境挑戰，更要彈性創新，這些挑戰都需要組織內部各層級共同面對，也考驗了組織內部各層級是否能適時掌握相關的知識與專業。

最後在資源策略中也常被提到的就是組織學習。由於資訊科技進步，產業競爭主軸不再是以技術爲基礎，反而是組織內知識資源的累積與運用，才是創造價值最主要的智慧資源。而由於傳統層級式組織無法完善管理知識資產，因此在組織當中，善於創造、獲取以及轉換知識，並藉此修正行爲以反應快速變遷社會的組織學習顯得格外重要（Senge，1990）。

許士軍（1990）認爲，工作滿足是工作者對其工作所具有之感覺或情感反應。此感覺決定於自特定工作環境中所實際獲得的價值，與其認爲應獲得之價值差距。Porter & Lawler（1971）再指出工作滿足的程度是組織成員對工作本質、關係、溝通環境，整體認爲「應該獲得」與「實際獲得」之差距，所產生的情感知覺反應。Cheung & Scherling（1999）指出，報酬、升遷、職位、工作本身、與上司的溝通關係，都是會影響工作滿意的因素。

三明治溝通法，讓你向上溝通無阻
https://www.youtube.com/watch?v=NByrMCowXyA

最後在成本策略上，主要以運用網際網路爲溝通媒介方式。對企業界來說，資訊分享與訊息公佈爲使用網際網路的主要目的，透過連結電腦和資料庫網路，形成一個企業可以對內及對外進行雙向溝通的管道，並且建置公司網站與使用電子郵件爲目前主要的應用項目。

研究中發現，面對不同層級溝通時，所採用的溝通滿意效果不同，整理如表 8-3：

表 8-3　使用溝通策略之不同溝通滿意影響表

溝通層級	未用策略之溝通滿意	使用不同溝通策略之溝通滿意影響		
上行溝通	0.26	成本策略	資源策略	價值策略
		0.35	0.32	0.22
平行溝通	0.29	成本策略	資源策略	價值策略
		0.37	0.33	0.19
下行溝通	0.29	成本策略	資源策略	價值策略
		0.35	0.31	0.21

資料來源：羅彥棻、洪維駿，2011

由研究數據結果整理顯示，發現對於不同層級該使用的溝通策略不盡相同，上行溝通以成本策略爲主要選擇（0.35 > 0.26），同時也是可以增加溝通滿意的影響者，其次是資源策略（0.32 > 0.26），最後是價值策略在上行溝通中無法有效影響溝通滿意效果

（0.22 < 0.26）。在平行溝通中，同樣以成本策略效果最明顯（0.37 > 0.29），其次是資源策略（0.33 > 0.29），最後在價值策略上一樣效果是比不使用策略有更低的溝通滿意效果 (0.19 < 0.29)。最後在下行溝通中，成本策略依然是最佳的溝通策略（0.35 > 0.29），資源策略為次要選擇（0.31 > 0.29），最後在價值策略上依然無法有效對下行溝通滿意有效果（0.21 < 0.29）。

研究發現，在資源策略的運用中以知識分享和授權為主要面向，其次是「組織承諾」和「組織信任」（organizational trust），最後是「工作價值」和「組織學習」。此 6 項構面在資源策略中皆產生正向之顯著關係。所以在上行，平行階級和下行的溝通滿意中，可以透過資源策略去影響溝通滿意，同時也可以使各層級進行溝通時有明顯的滿意效果，尤其當溝通者使用知識分享方式進行傳達，以及適當給與授權去實行工作時，更能提高組織內各層級對於溝通滿意的感受。

而價值策略的低影響性來自對工作滿足的不滿足，研究結果顯示在溝通滿意中的價值策略，在本次的研究中不論是對於上行，平行溝通或是下行溝通皆無法有效使溝通滿意的感受增加，雖然數據顯示仍有其正向的中介效果存在，但相較於不使用任何策略而言，其效果是不明顯的。表示在上行，平行階級和下行的溝通滿意中，無法透過價值策略去影響溝通滿意。

最後在運用科技管道的成本策略上，使溝通滿意最有效果，研究結果顯示在溝通滿意中的成本策略，不論對於上行，平行階級和下行溝通滿意皆有相當顯著的正向影響，因此可以了解使用網路科技管道為主要的成本策略，確實可以增加溝通滿意的中介效果。企業組織運用電子化的主要原因便是期待可以節省大量時間、金錢、人力與其他成本的耗費，以符合成本經濟效益的考量。表示在目前的環境中，對於上行，平行或是下行溝通使用網路科技管道使可以有效的增加溝通對話的滿意感受。但不表示使用的次數越頻繁或是越密集使用就能使溝通滿意有正向加成的結果。

溝通的藝術
https://www.youtube.com/watch?v=d9trvl3YJb0

8.6　組織溝通

團隊的發展和運作為管理的一項重要指標，在專案團隊進行過程中的規劃、討論、決策與執行上，每一個環節都需要透過溝通來分享經驗與解決現有問題，過程中溝通越順利不但越能凝聚現有團隊向心力，也能順利的進行不同分工中的工作，並有效益的達成目標。

8.6.1 強化團隊溝通

　　一個關係穩定且有效率的團隊形成，是需要時間以及高度複雜的過程，不但隨著成員的功能、共同的目標還有其他外在因素的導致，讓這一群人的關係緊密程度變得與其他人不一樣。Dubrin（2008）指出團隊的發展過程有 4 種階段：形成期、風暴期、規範期、表現期。

　　雖然不是每一種團隊的形成都是必定經由此 4 時期，但是有些團隊的組成過程中因為在部分階段發展減弱，導致未到最後穩定表現期便已經潰散，更有團隊一直在同一個時期不斷循環，影響到成軍的時間。因此其中除了需要領導者進行組織外，團隊中領導者的溝通能力也是相當重要的。

1. **形成期**

    團隊的形成往往是由一群理念相同或是因為基於有著相同目標的個人所聚集而成，但是沒有共同的工作經驗或是過多溝通的機會，這時需要領導者透過活動，讓團隊中的每一位成員都能卸除心防並且降低不信任的恐懼感。表明團隊中的文化，發揮成員間的功能，學習溝通性對話，累積互動並使團隊了解重要的團隊目標。簡單來說，初期需要領導者進行溝通整合的功能，並且適切地針對各團隊成員，正式或是非正式的活動中迅速了解彼此，清楚了解團隊目的與接下來必須完成的各項任務。

2. **風暴期**

    在經過形成期的磨合，每一位成員間有基本的了解和清楚每個人的能力與價值定位，具有基本的團隊合作模式，能順利完成簡單的任務。成員間的個人風格會慢慢突顯出來，雖然成員間彼此會有摩擦甚至是爭吵，成員間也比因為有比較深的感情基礎所以會互相關心與互相扶持，屬於團隊中能夠順利推動各項活動或是工作分配的時期。

    此時期領導者的溝通能力就偏向解決團隊成員間的問題，避免成員間互相不滿意，造成內鬥影響團隊資源浪費。此段時期因有衝突的產生，能讓團隊檢視是否具有正面性的溝通態度。在領導者所帶領的團隊培養出的信賴與信任在此時看到成果。

3. **規範期**

規範期中，成員間已經相當熟悉，溝通十分頻繁，溝通話題更是無所不談，形成默契也清楚了解每一位成員的個性，透過領導者的溝通風格也會讓此團隊產生自我風格。

此時團隊因為充分溝通，能夠順利且自動地進行各項任務分配與調適，有效率和機動性的完成臨時性任務或是緊急性事件的處理。這時團隊運作模式已經確定，默契在不經意間表達，成員間的關係更加緊密，超越了普通朋友或是普通同事的層級，不會計較對彼此的付出與收穫。

此時團隊領導者應試著挑戰不同的任務類型，讓團隊間不同成員能以各種不同的角度思考，經由溝通讓團隊學習跨功能性或是跨領域性任務時，更了解問題癥結點與找出問題的核心。團隊間也會重視什麼事會對團隊名譽有傷害、團隊繼續生存與組織間的信任感等。

4. **表現期**

經過規範期的互信互賴之後，團隊成員間感情已經相當牢固，面對突發臨時問題也能輕鬆應對。團員間也不容易再產生溝通障礙或是爭吵，領導者的角色到此也告一個段落，在最後的表現期會容易因為成功的累積，讓團隊吸引更多不同的人才加入。

此時成員間也會開始思考轉型，每一位成員人際網路可以為團隊提供資源，不但節省團隊收集資源的時間成本，不同的團隊角色開始互換，思考創新價值的重要性，可以突破原有的功能或是角色的限制，以成功完成任務為團隊重要目標，使工作成果比預期更好。

8.6.2　團隊角色溝通發展

被稱為「團體角色理論」始祖 Dr. R.M.Belbin（2010）指出，一個團隊應包含各種不同角色的溝通發展，以協助團隊順利進行與解決各種不同的任務類型與臨時性突發問題，一般來說，一個有效率團隊中會具有以下九種不同成員角色。

理論上，一個理想的團隊應包含 9 種角色，但在實際工作運作過程中不難發現，團隊成員會身兼數職的情況。當團隊任務進行過程中發現難題或困境時，便會招募團隊外其他成員方式來填補團隊角色上的不足。

1. **先鋒者**

先鋒者是有豐富與眾不同的主意成員，特點是想像力豐富，敢於嘗試與冒險且具企圖心與獨創性的人。

先鋒者對於團隊而言,是創造新鮮點子和團隊面對問題時解決難題者,因為他們需要重視的是問題的解決而不是過程的細節,發想各種不同的創新點子,也容易與團隊成員爭辯,引導出多元的共識。

2. 實行者

實行者在團隊中從事具體性工作,團隊任務圓滿達成的關鍵人物,他們講求實際運作的過程,特點是謹慎、值得信賴,具有責任心,並且會保持良好的自我形象。

實行者對團隊而言,最富有使命感的成員,他們願意做其他成員意願不高的工作,或是繁瑣細項的工作項目。團隊中缺乏此重角色,將難以運作。實行者雖然對於新事物感受比較遲鈍,想法上也因謹慎較保守,但卻可以幫助團隊在既定時程內完成工作任務。

3. 情報收集者

情報收集者是團隊中獲取外界資訊的重要集中地,適時提供團隊外界變化情形或是競爭對手及其產品的動向,情報收集者特點是擁有廣泛的人際網路資源,也善於在陌生環境中建立自己的人際網路,會與外界接觸相當頻繁,也會在團隊面對問題時尋求外界的資源或是協助,在一些場合中,情報收集者也能成為團隊的談判家。

4. 評估者

評估者功能是團隊中評量各種建議與方案的可行性及有效性,角色雖然謹慎,但相對於實行者而言,更多份客觀性。評估者在團隊需要一個明確的方向或是決策性思考上,通常都能夠提出關鍵性意見。因為他們須同時判斷不同方案的優缺點,在評估過程中也不容易受到個人情感或是激烈爭辯下所產生的情緒負擔,也不會急於做出決定。

評估者對團隊而言,各項提議都會經過仔細思考才做出決定,冷靜並且不帶情緒的思考判斷,常容易讓人感覺冷酷、安靜,也讓他們因此常被組織賦予高階管理職務。

5. 協商者

協商者是團隊中最佳的成員領導,因為他擁有透視團隊的未來藍圖,天生善於組織團隊以及協調成員間的工作分配。因為協商者通常都抱持積極的態度,同時在思維上也比一般成員更加成熟與自信,並且能夠適度的信任他人。在團隊前進過程中,也會適度讚美成員,讓團隊朝共同目標努力前進。

深受成員間的信任與認同,能綜合團隊成員的意見,協助團隊在不同時期確立新目標。

6. 驅策者

驅策者是團隊中的領導人，他們的工作焦點都在完成團隊任務與達到目標。對於團隊事務常充滿精力與活力，並且有高度的動力去驅策每一位成員達到自己的目標，以獲得整體團隊的勝利。

驅策者對團隊而言，是個成就導向的成員，喜歡進行各種類型的挑戰。在任務進行過程中，很明顯的表現出積極進取的企圖心，但是需要注意的是，若是一個團隊中同時出現兩三位驅策者，便容易形成多頭馬車，一山難容二虎的情形出現，反而更容易讓團隊快速崩解。

7. 潤滑者

潤滑者是團隊中最會察言觀色的成員，他們的目的是努力維持團隊和諧的氣氛，減少可能發生的摩擦與團隊衝突。潤滑者特點是具有高度傾聽，應對麻煩人物的能力，他們比起一般成員更加幽默，更喜歡與不熟悉的人員打交道，或許在平時不容易感受到他們的存在感，但是直到團隊產生摩擦或是爭執時，才會體認到其重要性。

潤滑者對於團隊，能夠有效化解爭執過程中的不悅，因為他們的柔軟，並且不願意看到團隊中任何一位成員受傷，所以做事與應對上相對圓融，但是在面對團隊危機時，卻容易因為過度的優柔寡斷缺少了執行工作任務上應有魄力。

8. 專家

專家是團隊中擁有對於某一專業領域的知識、技術或是能力的成員。他們對於自己的獨特領域常保熱情，不但會持續的關注其變化情形，並且分享給團隊中的每一成員，他們也努力讓自己在該領域內不斷精進，提高自己在該領域的專業層次。

專家成員在團隊，主要提供團隊所缺乏的知識或是技術，在團隊面臨問題時，以自己的專業領域技術協助處理難題，或是幫助團隊了解工作任務的特性與內容。

9. 完成者

團隊中最追求完美主義的便是完成者，這類型的成員會扮演細節中的魔鬼，不斷地嚴格挑出任務中的小小瑕疵，隨時監控著現實環境的細微改變。完成者的特點在於做事一絲不苟，非常注意細節，並且會徹底的去完成每一項交付的任務，同時也會督促身旁的成員及時甚至提早完成工作任務。

完成者幫助團隊有效完成工作任務，不過相對於注意細節，他們也容易因為不斷發現瑕疵而感到悲觀，同時他們也不喜歡做改變，因為一旦改變便又要重頭檢視，因此不會輕易的把工作委託給他人，常常凡事事必躬親。

8.6.3 防禦與非防禦式溝通

組織內的防禦式溝通，會造成溝通障礙。相對地，非防禦式溝通卻能促進人際關溝係的建立。防禦式溝通（defensive communication）包括挑釁、攻擊、發怒的溝通方式，以及被動與退縮的溝通模式。非防禦式溝通（nondefensive communication）則是一種有主見的、直接的、強力的溝通模式，它是防禦式溝通的另一種選項。挑釁與被動皆為防禦式的溝通模式，但有自主決斷的，則屬於非防禦式溝通。法庭裡面律師之間的攻防，以及利益的交換，正是組織中逐漸增多的防禦式溝通最佳寫照。Catherine 從事訴訟律師與法官多年，處理防禦式溝通的四項基本原則：(1) 定義情境；(2) 澄清個體的立場；(3) 了解對方的感受；(4) 重新聚焦於事實上。

組織中的防禦式溝通，可能引發一連串的問題，包括情感受傷、溝通破裂、疏離的工作關係、破壞性與報復性行為、績效不彰、無法解決問題等等。而且當這些問題在組織中發酵，每一個人都會為出錯的問題，傾向去責怪他人，而此種防禦式的攻擊反應或退縮的回應，將更加弱化組織內部的溝通效能，使溝通更加困難。下一段落將會探討兩種防禦式溝通的基本模式，以及所對應的 8 種防禦式手法。

非防禦式溝通在遭受抨擊時，以肯定與主見為基礎來維護自己，而不會引發對方防禦式的反應。有許多合適的方法，可以保護自己免於在溝通中被侵犯、抨擊或侵害。一種自主決斷的非防禦式風格，能迅速恢復秩序、和諧與工作關係的效能。

1. **工作中的防禦式溝通**

   防禦式溝通經常引發對方相同的回應。兩種基本的防禦性模式，為支配的防禦性與服從式防禦性。個體希望進行建設性及非防禦式溝通之前，必須先有能力去識別出不同類型的防禦式溝通。

   (1) 服從式防禦溝通

   服從式防禦溝通是種被動、遵從及退縮的行為模式。此類型的人在心態上，經常出現類似的想法：「你是對的，我錯了」。自尊較低及位階較低的人員，比較容易出現此種防禦式溝通行為。而當低階員工害怕將壞消息往上傳遞給高層主管時，攸關組織績效的資訊可能就此容易流失。「被動—攻擊」的行為，是一種防禦式行為，它從服從性的防禦開始，而以支配式防禦溝通結束。該行為表面上似乎十分順服，但實際上卻隱藏著侵略與敵意的意涵。

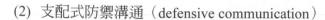

(2) 支配式防禦溝通（defensive communication）

支配式防禦溝通是種主動、挑釁，即抨擊性的行為模式。本質上即具有進攻態勢：「最佳的防守為進攻。」此類型的人心態上，經常出現類似的想法：「你錯了，我才是對的。」為了補償低自尊，以及組織中位階較高的人員，比較容易出現此種防禦式溝通行為。銀行的地區性分行中，資淺的主管委婉地描述上司的行為是「手指先生」。當他下達指令或責備下屬時，他會伸出其有名的手指，頤指氣使地指著對方，此種盛氣凌人的態度往往造成接收者的反感。

2. 防禦式手法

防禦式手法在組織中十分常見。表 8-4 彙總 8 種主要的防禦式手法。我們使用工作場所中對話例子的說明，以便讀者深入了解：Joe 正著手完成一份要給老闆的，最後期限快要到期的棘手報告，身為同事的 Mary 則從旁給予協助，部門秘書也準備做這份報告最後的複印工作。表中每一項對話的案例，都與此工作有關。

▶ 表 8-4　防禦式手法

防禦式手法	發話者	工作範例
權力展示	上司	「在月底前完成這份報告，否則你的升遷機會就飛了。」
奚落	上司	「有能力的主管，早就將報告給完成了。」
貼標籤	上司	「你一定是學習遲緩，你的報告居然還沒完成？」
提出質疑	上司	「Joe，我怎麼能信任你呢？你連一份簡單的報告都做不好。」
被誤導的訊息	Joe	「Mary 沒有給我完成這份報告所需要的充分資訊。」〔實際上，她已經留一份副本給他了。〕
委過他人	Joe	「Mary 直到今天才告訴我該怎麼作。」
戲謔	Joe	「幹嘛這麼認真！這份報告又不重要。」
欺騙	Joe	「我已經交給秘書了，她是不是弄丟了？」

防禦式態度與防禦式手法，必須被清楚地辨識出來，否則很難去改變個人固有的防禦式習慣，也很難以非防禦式反應來因應。防禦式手法是防禦式溝通的具體呈現。在許多例子中，防禦式手法經常引起道德兩難及對使用者的爭議。例如：質疑他人的價值觀、信念與性傾向，合乎道德標準嗎？更進一步來說，單純的防禦式態度與不道德行為之間的臨界點在哪呢？

(1) 權力展示

利用選項的界定（訂出選項的範圍，供他人做選擇）、利用要或不要的情境、或明顯的挑釁，來控制與操弄他人。權力展示其隱含的動力，就是支配與控制。

(2) 奚落

一種發話者在關係中占上風的動作。故忽略他人，或在會議中指出他人的錯誤，都是奚落、貶損他人的動作。

(3) 貼標籤

常被用來指責別人是不正常的，或有缺陷的。心理性標籤，如稱呼某人是「偏執狂」因為具有特定、臨床上的心理意涵，便常被用來形容某人以達到上述目的。

(4) 提出質疑

針對某人的能力、價值觀、偏好取向、或生活的其他層面，將可以製造出混淆與不確定性。這種手法與貼標籤比較，通常較缺乏具體性與正確度。

(5) 提供誤導性的訊息

一種選擇性的訊息呈現，目的是留下錯誤和不正確的印象在接收者的腦海中。這與說謊與沒有告知不同，給予誤導的資訊，可以說是某種形式的欺騙。

(6) 委過及推諉責任

轉移責任到無關的人身上。責怪他人，另一種形式的委過及推諉責任。

(7) 戲謔（joking）

不應與善意的幽默混淆，幽默是正面且不具攻擊性的。冒犯他人、引起敵意，是開玩笑必須付出的可能代價。

(8) 欺騙

可能藉由說謊，或製造與事實不一致的印象或形象等多種方式出現。欺騙在軍事行動中很有用，但在工作組織中可能會是一股破壞性的力量。

3. **非防禦式溝通**

非防禦式溝通在工作關係中是較健康，且建設性的型態。使用非防禦式溝通的人，具有專注的、決斷的、掌控的、見多視廣的、務實且誠實的特性。非防禦式溝通屬強力的溝通方式，發話者展現自我控制及泰然自若的風度，不直接地否定聆聽者。將防禦式溝通轉換成非防禦式溝通，可強化工作中關係的建立。

8.7 跨文化的溝通

在國際化已成**趨勢**時，對於跨文化溝通的能力更是不容小覷，對其理解與認知也是有其必要性。快速且相互交流、分享快速的資訊與媒體傳播系統，可以清楚知道區隔國家和團體的分水嶺已經變得容易被跨越，同時領域的概念也逐漸模糊。不論是企業的高層或是 CEO，或是路上開計程車的運將大哥，都有許多和語言及文化差異大不同的外國人有互動機會。

文化（culture）起源於拉丁字（cdere），其本意爲耕作，栽培的意思。自 19 世紀之後，廣泛的用在形容有文明化，教養化的貴族氣息，同時也開始區分那些無教養的民眾或是異類文化的種族，在當時，文化是表現出一種有禮儀，懂得欣賞藝術與擁有高貴生活品質的生活方式。

隨著大眾文化的普及與興起，文化產生另外一種含意，泛指一種存在於社會上普遍生活習慣，或是日常的言行舉止等，也可以是代表某個地區或是群體的人，所持有的特殊生活習慣或是生活類型。也開始使文化的定義變得較爲多元且豐富性。

在文化領域中，全球化的影響連結不同文化之間的關係，使連結的文化可以產生不同資訊的交換，對於彼此文化的過去有一份綜觀的全面性認知，朝向全球文化方向前進。

8.7.1 跨文化

跨文化溝通的目的就是在於幫助你面對多元且極具挑戰性的環境，並且適當的發揮自己的能力，最大的障礙就是會因爲不同的文化背景與國家涵養，導致對人事物的不同解讀而產生誤會，甚至導致衝突的產生。

荷蘭社會心理學者 Geert Hofstede 提出國家文化差異比較，可由以下五大構面探知。

1. **權力距離**（**Power Distance**）

   權力距離被引申爲人們相信權利和地位不平等分布的情形，以及接受權力不公平分佈的程度，並已正式的成爲社會系統中的一部份。在組織中，權力距離影響正式層級的數目、集權的程度以及決策時參與的人數。

2. **不確定性避免**（**Uncertainly Avoidance**）

   在高度不確定性避免的社會需要提供工作更大的穩定性，樹立更多正式的規定，不容許脫軌的想法和行爲，以及確信絕對眞理和獲得眞正技術的主要方式，來避免不確定性狀況的出現。

3. 個人主義（individualism）與集體主義（collectivism）

    「個人主義」強調的是以自我利益為前提，而「集體主義」則一切強調團體的重要性。有些團體很強調集體的重要性，有些團體則較鬆散，尊重個人的存在。集體主義的特徵是嚴密的社會結構，其中有很明顯的內部群體與外部群體的區分，他們希望內部群體（親屬、氏族、組織、企業、國家等）來關心他們，作為交換，他們也對內部群體絕對忠誠，彼此間相互依靠。個人主義意謂著社會結構鬆散，每個人只關心自己和自己最親近的家人；個人主義沒有一定是好或不好，有些文他很強調它（如美國），有些則較注意固體行動（如日本）。

4. 男性氣質（masculinity）與女性氣質（femininty）

    指社會中「男性」價值觀古優勢的程度，即自信、追求金錢和物質、不關心別人、重視個人生活品質；其反面則是「女性」價值占優勢。男性氣質的文化有益於權力、控制、獲取等社會行為，與之相對的女性氣質文化則更有益於個人、情感以及生活質量。在高度男性作風的文化中較常有企業家精神或冒險精神，而且對於額外的成就會感到特別的興奮。

5. 長期取向（long-term orientation）與短期取向（short-term orientation）

    長期導向性、短期導向性表明一個民族對長遠利益和近期利益的價值觀。具有長期導向的文化較注重對未來的考慮，對待事物以動態的觀點去考察，注重節約、節儉和儲備；做任何事均留有餘地。短期導向性的文化著重眼前的利益，注重對傳統的尊重、負擔社會的責任，在管理上最重要的當下的利潤，上級對下級的考績週期較短，要求立見功效，急功近利，不容拖延。長期取向：著眼於未來的價值取向，比如儲蓄習慣和堅持力。

    在進行跨文化溝通，對於對方的認同性與差異性不熟悉時，即便是單一因素也會影響到溝通的過程，全球文化的產生流通後有越來越多的共同性，減少不同文化的交流障礙，中國學者研究跨文化的溝通，提出四項因素影響溝通的層面（李燕、李浦群，1995）：

1. 人際關係與距離

    文化是一種複雜體，包括知識、信念、習慣與道德，這些都從個體學習而來，在溝通的過程中，不同文化對人際關係的看法會有影響跨文化溝通的有效性，在對話，會因為彼此位階的不同，使得關係的溝通方式有所差別。

文化之間的差異也會影響人際關係與距離，在高人際關係中，交易或是交換的關係建立在信用上，一旦信用關係確定，即便是口頭允諾也能生效。但若是在低人際關係，講求的是證據與保護自我，所以就必須使用書面資料，白紙黑字在法律上亦有所保障。

距離也會受到不一樣的影響，在高人際關係的社會中，人與人之間情感較為依賴，說話時距離也會較為靠近，但是在低人際關係社會中，便會認為保持適當的距離說話會是較有禮貌的說話方式。

2. **權力分配（distribution of power）與距離**

人們在社會上的階級，無非是採用家庭、收入或是職業來做定義，這樣階層間的差距產生權力的落差，而這樣的落差成為了權力的距離。

權力距離（power distance），指各文化對權力及威望上的分配，有不同的觀點所形成的差異。在高權力距離文化上，其擁有較多主導或是高階決策權，像是醫生、律師或是精算師，能夠左右企業的營運與外界對其企業的觀感，這些財富與地位的分配並非完全公平。在進行溝通時也會有更大的溝通差異，多半以聽從或是順服的方式接受，鮮少有提出其他意見的可能。

相對於高權力距離文化，低權力距離中的每個人都能共同享受同樣的權力和機會，可制定共同的規則。像是人民的受教權，參與政治的權力與部分因為社會階層差異而減其享受權力的待遇。

3. **個人主義與集體主義**

個人主義（lndividualism）就字面上的涵義便能知道是以我為主要中心觀點，所重視的也是以個人為出發點的選擇。集體主義，在決策制定時先以多數人或是集體利益為主要考慮對象。中國儒家思想中，有國才有家、團體大於個人的觀念。

集體主義者（centralization）避免發生衝突，會追尋意見不同者之間的平衡點，即便產生衝突也會以對集體都好的解決方式，對於榮譽與獎勵的分配更是人人平等，不會受限於集體中個人貢獻的多寡。

個人主義中，不會有太多共同分配的想法或是平均的觀念，會傾向於依照每個人的付出貢獻程度做為分配依據，這樣的分配方式各有千秋，以適用於不同情況與工作團體。

4. **性別認知差異**

在跨文化溝通（cross-culture communication）過程中，不同社會文化對於性別多少都會有些不同的觀感與限制，在中國古代中認為女子無才便是德，認為女子大門不出，二門不邁才是宜室宜家的女子等，都是對於女性的貶謫。尤其在父權社會中，對於不同性別有其差異存在。像是以財產繼承或是責任承受時，多以父死子繼的方式為主要考量，不但財產分配會以兒子為優先選擇，連帶像是權力與責任皆由身為男性的兒子為考量的主體。相反像是在女權社會的國家中，便會以女性的人選上會有較多的優勢，不論是何種社會，這些經由社會所建構出的性別差異觀點，都會互相影響著此一共同的話題。

8.8　溝通的雜音

儘管發送者與接收者都有最佳的溝通誠意，但也有好幾個障礙可能阻礙有效的資訊交換。作家蕭伯納（George Bernard Shaw）曾寫道：「溝通的最大問題在於它是被實現的幻覺。」四個較普遍的溝通障礙（communication barrier）分別是感知、過濾、語言及資訊超載。

1. **感知**

感知過程決定選擇和刪除哪些訊息，以及被選擇的資訊如何組織和詮釋。若發送者與接收者有不同的感知架構和心智模式，這可能是溝通過程中的重大雜音來源。

2. **過濾**

有些訊息在組織階級上傳或下達的過程中，則被過濾掉或完全阻擋。過濾可能涉及刪除或延滯負面的資訊，或是使用較不尖銳的語言，讓事件聽起來比較有利，而員工和主管通常會過濾溝通內容，以便為自己在上司面前創造良好的印象。在組織對獎勵大致上只傳達正面資訊的員工情況，以及有強烈職涯流動（career mobility）抱負的員工之間，過濾現象則顯得最普遍。

3. **語言**

話語和動作沒有固有的意義，因此發送者必須確保接收者了解這些象徵和符號。事實上，缺乏互相的了解是訊息被扭曲的普遍原因，而兩個可能的語言障礙則是術語和模稜兩可。

4. **術語**

   術語（jargon）係指在特定組織或社會團體中的技術語言和縮寫詞，以及有專業意義、受到一致認可的詞彙等。上一段的術語可能會難倒我們大部分人，但如果發送者與接收者都了解這些專門語言，術語將可以提升溝通效率而術語也會塑造並維持組織的文化價值觀，且讓員工的團體認同具有象徵符號。然而，術語也可能是有效溝通的障礙。

5. **模稜兩可**

   大部分語言都會有某種程度的模稜兩可（ambiguity），因為發送者與接收者都會對相同的字或詞做出不同的解釋。

   工作環境中有時會受到刻意的利用，企業領導者會依賴隱喻或其他模稜兩可的語言來描述定義不清或複雜的構想。模稜兩可也被用來避免傳達或製造不想要的情緒。例如，近期的一項研究報告指出，人們在與價值觀和信念不同的人做溝通時，會依賴較模稜兩可的語言，因為在這種情況下，模稜兩可能使衝突的風險最小化。

6. **資訊超載**

   平均來說，美國的辦公室員工每天要透過各種媒介發送和接收超過 150 則訊息、且會花將近 25% 的時間處理電子郵件，難怪在一項調查受訪的經理人當中，有將近半數承認經常或有時會覺得沒有能力處理這種「資訊超載」（infoglut）的情況。而有更多的經理人則表示，接收這麼多資訊會削弱他們做決策的能力、延誤重要決定，且減損他們專注於主要任務的能力。溝通大師麥克魯漢在 30 年前即預言了這個問題，他說：「與電子資訊共存的影響即是，我們會活在資訊超載的狀態中，且永遠都會有處理不完的事情。」。

   減少資訊超載的方法，包括增加資訊處理能力、減少職務的資訊負擔，或兩者的結合。藉由學會快速閱讀、更有效率地瀏覽文件，以及除去減緩資訊處理速度的分心事物，我們將可增加資訊處理容納量。時間管理也能增加資訊處理容納量，所以當資訊超載只是暫時性的時，資訊處理容納量則可藉由較長的工作時間來增加。

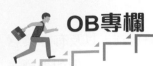

掌握「微溝通」，時時展現專業亮點

　　從 1 樓直達 101 頂樓，坐電梯只要 39 秒；一場 TED 的演講，18 分鐘；一部微電影，10 分鐘；Twitter、微博限制字數 140 字；信件標題最好不超過 12 個字，一頁 A4 可容納的字數，800 字。

　　以演講最佳的速度來算，1 秒鐘大概是 3 ～ 5 個字，3 分鐘約 500 字的內容，說出的每一字，都不只價值千金，去蕪存菁，才能留下最精要的內容；因此，美國前總統伍德羅 · 威爾遜（Woodrow Wilson）表示，如果他要演說 10 分鐘，需要 1 個星期的時間準備，15 分鐘則是 3 天，但倘若是 1 個小時，那他現在就可以上場。

　　17 秒，是人對話語記憶最深刻的時間，能在 17 秒內就簡潔傳達心意，具有三大優點：

1. 明確鎖定對話的要點
2. 確認對方是否理解
3. 保證對方一定記得

整理 · 撰文 / 陳書榕，編輯 / 郭明琪，本文取材自《經理人月刊》2013 年 1 月號
http://www.managertoday.com.tw/?p=29067

強調關係

溝通時，表達善意的最佳方式，就是套用老關係。遇到難解的事，雙方有關係，這件事就比較沒關係了；但雙方沒關係，這件事就關係「大條」了。

選擇合適的溝通管道

一般來講，在公司裡的溝通管道，可以選擇面對面、打電話，或者寫電子郵件。但打電話沒有誠意，寫電子郵件也不見得有用，還是面對面溝通效果最大。

提出理由支撐我方立場

溝通時，一定要找出理由，說明我為什麼要這麼做？

在談判學裡，理由就是「柱子」，你要用「柱子」來支撐自己的要求。

用「需要」和「想要」來比較雙方需求

我們要知道，在談判桌上，哪些是「需要」（must），哪些是「想要」（want），雙方都要把各自的「需要」擺出來。

他想找一個人來負責一個新的工作項目。從「需要」來看，這個人一定要會軟體；但從「想要」來看，這個人會硬體當然更好。

減少對方讓步所付出的成本

溝通時，你若能幫對方也想一想，讓他敢輸給你，溝通的效果會更好。減少對方讓步的成本，讓他敢輸給你，這在談判學上非常重要。

你可以告訴他說：「如果你把傑克給我，我可以幫你訓練湯姆。」這樣，他馬上有人能任用，也就可以同意了你的建議了。

這個溝通之所以能有雙方都滿意的結果，關鍵在他要你找一個比傑克更好的人給他時，你沒有跳進他的遊戲規則裡面，而是把他拉出來按照你的遊戲規則走。

如果你跳下去玩他的遊戲，你就掉進了漩渦裡面：有沒有比傑克好的？好在哪裡？這樣遊戲規則完全由對方所決定。你把他拉出來，去玩「需要」和「想要」的遊戲，整個局勢就改變了。

解決衝突的模型

很多公司會讓業務、行銷與採購等對外單位以外的員工，也來上我的談判課，原因就在於大家都上課，就能知道「需要」和「想要」是一種解題的方法，這樣可以省掉公司很多不必要的內耗。

很多人不會解題，所以我要拿這個職場談判的案例來進行講解。這種解題的方式，也可以用在其他任何情況。比如，部門內部的人員衝突，或者是同一公司底下不同部門間的衝突等。

一般來講，衝突解決有幾種模型：增加資源，取交集、掛鉤和切割。

增加資源

大家都知道，如果我們每個人都要多分一點，就要把餅做大。也就是說，我們要增加資源。

不過，我們心裡要有數：把餅做大之後，我們多分一點的機會固然增加了，但並不能保證我們一定會多分一點。因為有可能是人家多分一點，而你並沒有多分。

這就好像把餅做小一點，而你不一定少分一點一樣。因為可能是別人少分，而不是你少分。

取交集

若是不專屬於哪一個部門，而哪一個部門都可以支援的方式，我們就叫交集法。如果你和對方各持己見，那麼衝突就不可能化解掉。

只有大家求同存異，擱置分歧，尋找利益交集，也就是尋求雙方的最大公約數，才能達成一定的協議。

掛鉤

談判桌上本來只有一個東西，後來，我掛了第二個、第三個進來，這就叫掛鉤。

掛鉤就是把別的議題掛進來，改變談判桌上的結構，這就是掛鉤法。

在溝通時，A 是我比較弱的，我希望你把 A 讓給我，而在 B 上，你有求於我，你不讓給我 A，我就把 B 掛起來。於是，我對你說：

「大哥，如果你給我 A，我就給你 B，行不行？」

如果你說不行，那我就把 C 也掛進來，因為對於 C 來說，你也有求於我。我又對你說：「如果你給我 A，我就給你 B，我連 C 也給你。」

本來，談判桌上只有一個東西，後來，我掛了第二個、第三個進來，這就叫掛鉤。

掛鉤其實有兩種，一種是「你給我你，我就給你他」，也就是諂媚。

另外一種是「如果你不給我你，我就不給你他」，這種掛鉤在戰術的分類上叫做勒索。通常，在企業內部我們用的是諂媚，而不是勒索。事實上，諂媚和勒索的效果是一樣的。

切割

任何一個談判，桌上擺的都不會是一個單一的東西，而是一個組合。既然是組合，就一定能切割。到底是 1、3、5，2、4 縱著切，還是上午、下午橫著切，抑或是 3 個月、6 個月按季節切，這種思維方式，都叫切割法解題。

我們以商業談判為例，經常是價格、規格、數量、付款、交貨組合在一起來談。不會談判的人，只會抓一個價格。比如，100 塊，不行；80 塊，不行；60 塊，成交。

談判學裡最重要的一點，就是「贏者不全贏，輸者不全輸」。

資料來源：文經社出版之《學會溝通－創造雙贏的協調技巧》一書。

本章摘要

1. 溝通定義與功能，一般來說就是兩人或是兩人以上，藉由各種聯繫的方式來互相傳遞訊息的交流方式。溝通的四項主要功能為：控制、激勵、情感表達及資訊流通。

2. 溝通模型：進行溝通之前，必須先有意圖，然後才能轉換成某種訊息傳達出去。訊息由發送者者傳遞給接收者時，需要先由發送者編碼（轉換成符號的形式），然後經由的媒介（管道）傳至接收者，再由接收者解碼，就這樣訊息由一人傳給另一人而完成溝通過程。

3. 組織內部溝通是指有關於企業內部的訊息在成員間互相流通的一種過程，達成目標完成計劃。可分為正式溝通及非正式溝通兩種。正式溝通中會以資訊流動方向來分別：向下溝通、向上溝通與橫向溝通。非正式溝通則具五項特性，機動性、無壓力、無法禁止的、快速、與面對面，因此非正式溝通因途徑常常稱為「葡萄藤（grapevine）」。

4. 溝通的方式有口語溝通與非口語溝通。

5. 組織溝通採正確的策略可帶來 60% 成功，其它 40% 則仰賴執行力，管理者應致力於與部屬溝通之執行力。溝通策略從吳思華教授的策略九說中的八說進行討論包括：(1) 價值說；(2) 效率說；(3) 資源說；(4) 結構說；(5) 競局說；(6) 統治說；(7) 風險說；(8) 成本說。

6. 資源策略、價值策略與成本策略為主要溝通策略，對於不同層級該使用的溝通策略不盡相同，上行溝通以成本策略為主要選擇，同時也可以增加溝通滿意的影響者，其次是資源策略，最後是價值策略在上行溝通中無法有效影響溝通滿意效果。在平行溝通中，同樣以成本策略效果最明顯，其次是資源策略，最後在價值策略上一樣效果是比不使用策略有更低的溝通滿意效果。最後在下行溝通中，成本策略依然是最佳的溝通策略，資源策略為次要選擇，最後在價值策略上依然無法有效對下行溝通滿意有效果。

7. 在資源策略的運用中以知識分享和授權為主要面向，其次是「組織承諾」和「組織信任」，最後是「工作價值」和「組織學習」。而價值策略的低影響性來自對工作滿足的不滿足。在運用科技管道的成本策略上皆會使溝通滿意最有效。

8.　團隊角色溝通發展 Dr. R.M. Belbin（2010）指出，一個團隊應包含各種不同角色的溝通發展，以協助團隊順利進行與解決各種不同的任務類型與臨時性突發問題，一般來說，一個有效率團隊中會具有以下 9 種不同成員角色：先鋒者、實行者、情報收集者、評估者、協商者、驅策者、潤滑者、專家、完成者。

9.　防禦式手法常在職場上發生，包括以下 8 種：權力展示、奚落、貼標籤、提出質疑、被誤導的訊息、委過他人、戲謔、欺騙。

10.影響跨文化的溝通中，主要有 4 項因素影響著溝通的層面：人際關係與距離、權力分配與距離、個人主義與集體主義、性別認知差異。

本章習題

一、選擇題

(   ) 1. 人類組織中最常見也是最傳統的溝通方式：(A) 向上溝通 (B) 向下溝通 (C) 橫向溝通 (D) 垂直溝通。

(   ) 2. 何種溝通方向常會設置意見箱或是意見調查表等：(A) 向上溝通 (B) 向下溝通 (C) 橫向溝通 (D) 垂直溝通。

(   ) 3. 包括挑釁、攻擊、發怒的諷通方式，以及被動與退縮的溝通模式：(A) 非防禦式溝通 (B) 防禦式溝通 (C) 半防禦式溝通 (D) 以上皆非。

(   ) 4. 團隊溝通裡，常有豐富與眾不同的主意成員，特點是想像力豐富，敢於嘗試與現在不存在或是未曾想過的途徑，同時也是具有獨創性的人：(A) 驅策者 (B) 完成者 (C) 潤滑者 (D) 先鋒者。

(   ) 5. 在溝通模型裡，何者負責將訊息解碼：(A) 發送者 (B) 傳遞者 (C) 接收者 (D) 以上皆非。

(   ) 6. 在團隊發展的哪個時期，最需要整合溝通：(A) 形成期 (B) 規範期 (C) 風暴期 (D) 表現期。

(   ) 7. 下列何種為溝通的功能：(A) 激勵 (B) 表達 (C) 控制 (D) 以上皆是。

(   ) 8. 通常具有專注的、決斷的、掌控的、見多視廣的、務賞且誠實的特性的人大多使用何種溝通方式：(A) 防禦式溝通 (B) 非防禦式溝通 (C) 半防禦式溝通 (D) 以上皆非。

(   ) 9. 當人們接收到的資訊量超過其所能處理的容納量時，何種雜音即出現：(A) 感知 (B) 過濾 (C) 語言 (D) 資訊超載。

(   ) 10 何種雜音決定了我們選擇和刪除哪些訊息，以及被選擇的資訊如何組織和詮釋：(A) 感知 (B) 過濾 (C) 模稜兩可 (D) 資訊超載。

二、名詞解釋

1. 溝通管道
2. 跨文化溝通
3. 協商者
4. 驅避者
5. 防禦式溝通

三、問題與討論

1. 請解釋溝通的功能。
2. 溝通模型中，收訊者該做什麼事？
3. 在溝通策略研究中，為什麼成本策略是各溝通層級中最佳的溝通策略？
4. 檢視自己，並分析自己通常會在團隊中扮演那一角色？對團隊溝通有什麼貢獻？
5. 請解釋防禦式溝通之內涵及對組織有效溝通之影響。

參考文獻

1. 吳思華，(2000)，策略九說：策略思考的本質，三版，臉譜出版，台北。

2. 李燕、李浦群譯註，Trenholm, S. & Jesen, A. (1998)。人際溝通。台北：揚智。

3. 洪維駿，(2011)，溝通策略對不同層級溝通滿意之中介效果探討，私立實踐大學碩士論文。

4. 張惠雯，(2009)，工作價值觀、組織承諾與工作績效關係之研究－以公部門派遣人員為例，國立台灣大學航運管理學系碩士論文。

5. 梁瑞安，(1990)，國小教師組織溝通、角色壓力與組織承諾關係之研究，國立高雄師範大學教育研究所碩士論文。

6. 許士軍，(1990)，管理學，台北：東華書局

7. 舒緒緯，(1990)，國民小學教師溝通滿意與工作滿意關係之研究，國立台灣師範大學教育研究所碩士論文。

8. 楊艾俐，(2000)，張忠謀的策略傳奇，初版，臺北：天下雜誌。

9. DuBrin, A.J. (2012). Essentials of Management, Ninth Edition. South-Western.

10. Based Berlo, D.K., (1960). The Process of Communication, New York: Holt, Rinehart & Winston, 30-32.

11. Cheung, C. K. & Scherling, S. A., (1999). Job satisfaction, work values, and sex differences in Taiwan＇s organizations. Journal of Psychology, 133, 563–575.

12. Created by Gerloff E.A. from ＂Information Richness：A New Approach to Managerial Behavior and Organizational Design.＂Daft R.L. & Lengel R.H. in Research in Organizational Behavior 6 (1984):191-233. Reprinted by permission of JAI Press Inc.

13. Emery, S, (1960). Introduction to mass communication. New York:Doss, Medical & Education, 47, 85-92.

14. Geert Hofstede, (1991). Cultures and Organizations：Software of the Mind McGraw-Hill, London.

15. Kiely, M., (1933). ＂When＇NO＇Means,＇Yes＇, Marketing＂, 7-9

16. Porter, L. W. & Lawler, E. E., (1971). Managerial Attitude and Performance, Home- Wood , I11 : Richard D. Irwin.

17. Porter, L. W., Steers, R. M., Mowday, R. T., & Boulian, P. V. (1974). Organizonal commitment, job satisfaction, and turnover among psychiatric technicians. Journal of Applied Psychology, 59(5), 603-609.

18. Poter, L. W., (1974). Organizational Commitment, Job Satisfaction, and Turnover Senge, P. M. (1990). The Fifth Discipline : the art and practice of the learning organization, New York, USA.

19. Belbin, R.M., (2010). Team Roles at Work, Second Edition, Bultterwo Heinemann.

20. Senge, P., (1990). The fifth discipline: The art and practice of the learning Oragnization.New York: Doubleday.

21. Shannon, C. & Weaver, W., (1949). The mathematical theory of communication. University of Illinois Press, Urbana.

NOTE

09

領導的基本論述

學習目標

1. 認識領導及演變至今相關領導理論。
2. 華人領導學中以西方領導理論為基礎，並融合了華人文化而衍伸了獨特女性華人領導學。
3. 因西方個體主義的影響，當代領導以個體為核心，應用於網路化的新時代新領導。

本章架構

9.1 領導是什麼？
9.2 特質理論
9.3 行為理論
9.4 權變理論
9.5 領導者─成員交換理論
9.6 領導者參與模式
9.7 當代領導類型
9.8 華人領導學
9.9 當代領導角色
9.10 領導學新議題

 **個案分析**

選擇在上海打拼是一條不歸路。宏威女老闆指著展示間超過百種自己設計的國標舞衣及婚紗禮品，談著高中年紀從鄉下到臺北台塑集團南亞塑膠公司半工半讀，懷著創業夢，1993 年獨自到上海創業的辛酸歷程，個案女主角的人格特質充份顯露出，新竹內灣客家女性特有的吃苦耐勞、不屈不饒、不向環境低頭的韌性。當有人問起年過半百的女老闆何時退休？她會微笑的說：「退休，退休幹嘛呢？只要活著的一天就得做事—做適合自己、自己也能做的事情，其實也是一種人生的享受。」

個案中介紹著剛到上海設公司時，公司員工不論生活習慣或價值觀都與臺灣的女老闆截然不同，但因有膽識、俠氣及女性關懷的家長領導風格，使得二十年後的今天，仍有一批辦事員仍追隨著她。1996 年經歷臺商最沉痛的事情：當地機關無證據的扣帽子事件，在走投無路、求助無門之下做了最沉痛的選擇，以自殺來抗議未審就判的橫權，最終引發上海高層領導的重視、重新審理，終獲清白。歷經此事件後，懷著不一樣的人生價值觀，繼續領導宏威公司走到現在。

臺灣人特有的家族式領導風格，加上女性的認命韌性，是本個案之主軸內涵，個案中描述的訊息，可為臺灣女性領導風格之探討因素，而宏威女老闆在上海創設的中型工廠，受到大陸勞動合同法的實施，工資不斷高漲的未來，一樣的領導模式是否仍能帶領員工面對下一階段的挑戰，或有其他與現階段與上海勞工特性相契合的效益式領導模式？是本個案有趣之處。

Keywords：臺灣女老闆、女性領導、家長式領導風格、效益領導模式

資料來源：羅彥棻, 2011, 臺商個案集—上海篇。實踐大學企管系出版。

 **問題與討論**

1. 請描述個案中女老闆「女性關懷」「家長領導風格」之特質。

2. 女老闆的影響力是來自「管理」還是「領導」？

3. 女老闆是要如何改變管理或領導的模式，以因應上海勞工特性相契合的效益式領導模式？

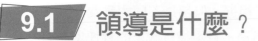

9.1　領導是什麼？

「優秀的領導人除了滿足所有利害關係人（客戶、股東、公眾）的基本需求，還必須展現高度的道德，並且厚植自我與他人的力量。」

—現代領導學之父　彼得。杜拉克　Peter Drucker

常有人問：在組織中是「領導」還是「管理」的影響，使組織產出的績效不同？

學者 Richards & Engle 於 1986 年研究指出領導（Leadership）的定義；是關於建構願景、價值與創造環境，使任務完成。Rost 在 1991 年指出，領導是介於領導者與追隨者間，爲了達成共有目的改變所產生的交互關係。包括：領導者的特質、行爲、影響、互動交流的模式、角色關係及管理層級的職位。Blake & Mouton（1981）認爲領導是一種管理行爲，而此項行爲可以提供員工生產力、鼓勵創新、解決問題，使員工在工作過程中達到滿足。Greenleaf 認爲領導是擁有高瞻遠矚的看法，重視團隊力量，並與部屬取得共識，達成目標的能力。

一個企業的成敗，取決於領導者。不管是提供服務，還是製造產品，企業必須要有一個目的、一個任務，也就是要有一個願景，願景必須要能激勵眾人。所謂的領導者，是在前方帶領大家，而不是從後面強推（Leading from the front, not pushing from the rear）。領導者之所以身爲領導者，是因爲他們知道趨勢是什麼、知道未來的大環境是什麼、知道影響未來的因素是什麼，也知道這個社會的需求是什麼。

Robbins 在其出版的組織行爲學中提到，領導（leadership）在組織中的意義，乃是指針對工作環境中的人員，導引與指揮其行爲的過程。正式領導（formal leadership）是指在組織中賦予領導者合法職權，以引導、指揮組織中的他人；非正式領導（informal leadership）則是組織給予某位成非正式的權力，讓該成員運用影響力來導引、指揮其他成員。領導是組織行爲領域中最常被拿來研究的主題之一，卻也是組織中最不容易被了解的社會化過程。

管理的定義，依據法國古典管理理論學派 Henry Fayol（1916）指出，管理者都是在執行管理程序（management process）中的五種活動，即：規劃、組織、命令、協調及控制，既爲目前企業常常運用的五項基本管理程序，包括：規劃（planning）、組織（organizing）、人員（staffing）、領導（leading）與控制（controlling），這五項活動彼此間相關且互賴，管理者要能同時執行且需瞭解其間的關聯性。

管理者（manager）和領導者（leader）意義相近，但卻是不同的詞彙，管理者在經營與管理時，必須產生成果並處理錯綜複雜的事務，且承擔行政上的責任；而領導者則被認為應該要能控制該情況，並主導創造遠景與策略、處理政策改變，同時致力於工作上的人際關係。管理者與領導者之間的差異如圖 9-1 所示。

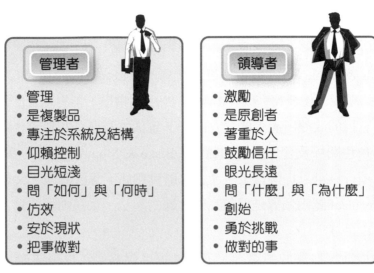

管理者
- 管理
- 是複製品
- 專注於系統及結構
- 仰賴控制
- 目光短淺
- 問「如何」與「何時」
- 仿效
- 安於現狀
- 把事做對

領導者
- 激勵
- 是原創者
- 著重於人
- 鼓勵信任
- 眼光長遠
- 問「什麼」與「為什麼」
- 創始
- 勇於挑戰
- 做對的事

▶ 圖 9-1　管理者與領導者之差異

資料來源：張慧鈺，2009，圖書館館刊第 18 期。

Warren Bennis 與 Burt Nanus 認為「管理者是將事情做對，而領導者則是做對的事情」。因此，領導者需能指明未來的路並吸引人們發揮長才，而管理者則需確保組織每天都有良好的管理及系統運作，並促進員工完成他們的工作。根據 Glueck（1977）的歸納，權力基礎包括：

1. **法職權（legitimate power）**：一位主管經由正式任命，具有領導下屬之法統權力，也就是正式組織結構內所稱之職權。如企業的總經理，被賦予法定的代理權力。
2. **獎酬力量（reward power）**：對下屬獎勵的權力，使領導者或管理者具影響力。
3. **脅迫力量（coercive power）**：對下屬懲罰的權力，避免組織遭受痛苦或損失。
4. **專家力量（expert power）**：領導者或管理者具有特殊才能，使工作順利達成，將使追隨者更崇拜，更願意追隨。
5. **敬仰力量（respect power）**：獲得團隊的喜愛而尊敬，更易凝聚團隊力量，達成目標。

領導者最重要的四項條件
https://www.youtube.com/watch?v=nec0foNHov4

成功的領導者沒有固定的模式可以形容，而且領導者的特質會因文化與歷史時期的不同而有所差異。因此，當組織面臨需要改革，而非單純規範化、制度化的管理時，所需要的便是一位領導者而非管理者。（張慧鈺，2009）如果領導風格與情境不配適時，權變理論學派學者費德勒（Fiedler）認為，我們應該要改變領導情境，例如，改善與部屬間的關係、提高部屬工作結構化或例行性程度等。

9.1.1　領導理論的發展

　　Bryman（1992）將領導理論研究依據歷史角色背景區分如下表

▶ 表 9-1　領導理論研究發展

時期	領導理論研究取向	核心主題
1904 年代	特質取向	領導能力是天生的。
1940 ～ 1960 年代	行為取向	領導效能與領導行為關聯性。
1960 ～ 1980 年代	權變取向	領導受情境因素影響。
1980 年代	新型領導取向	領導具有願景。

資料來源：Bryman, A.(1992). Charisma. and leadership on organizations. Newbury Park, CA:Sage.

9.2　特質理論

　　「特質理論」認為成功的領導效能，乃因領導者擁有某些個人特質使然，因此由人格、智力、人際關係、自信、積極等特徵即可解釋或預測領導效能。在過往被檢驗的領導者特質顯示，領導者相較於團體中的一般成員，也許具較高的適應力以及自信。關於領導者的能力檢驗則顯示，領導者比團體中的一般成員，有較高的智力與合作性、較善言詞，以及較好的學問。

　　學者 Shead（2007）研究指出，領導者有 8 點特質：

1. 領導和身分地位不同。
2. 領導身分不等於領導，身處高位者傳播的是象徵價值和道統，但是努力攀升高位的過程，不一定能達到那樣的成果。
3. 領導和權力不能相混淆，領導人從說服中展現能力，也有很多人與權力相結合卻沒有領導魅力，他們的權力來自金錢，領導者有時因能力反而危害社會。
4. 領導和權力不同，處理違規停車的女警察有權力，稅務人員也有權力，但權力不是領導。

5. 領導需要努力、活力和意志力，超乎一般人的想像，領導者如果具備領導力，其能力和身分才有意義。

6. 領導和正是權力之間如果混淆，對大型組織有致命的影響。部屬是否成為追隨者，取決於主管是否表現出領導人特質。

7. 領導人的另一個名稱是菁英嗎？菁英是高社經家庭的專利，除了傳統的高社經家庭和繼承祖先的遺產的菁英外，菁英是有能力和專業的人士。

8. 一些社會批評學家醫治使用負面的言論，他們相信菁英地位與平等主義哲學不能並存，但是不論多民主的社會，都有菁英的存在，優秀的領導人可稱為菁英。

Edwin Ghiselli 採用一項「自我描述」問卷，以全美國 90 個不同行業超過 300 位經理人為研究對象，根據問卷結果從中規劃出有效經理人的六種特質，分別為監督能力、智慧、成為高成就者的慾望、自信、自我實現與果斷（王志剛，1988）。

有效的領導者具有高情緒智商。他們有能力感知並表達情緒，在思考中消化、了解並推理情緒，以及管理自己和他人的情緒。范熾文（2001）研究指出，有效的領導不僅能引領全體員工的意向，創造和諧的組織氣氛，更能利用團隊精神來達成各項目標。

▷ 表 9-2　有效領導者（effective leader）七種特質

領導力特質	說明
情緒智商	領導者能夠感知並表達情緒，在思考中消化、了解並推理情緒，以及管理自己和他人的情緒。
正直	領導者將話語轉化成行動的真度和傾向。
驅動力	領導者追求目標的內在動機。
領導動機	領導者需要社會化的權力，已完成團隊或組織的目標。
自信	領導者相信自己有達成目標的領導技巧和能力。
智力	領導者擁有超越一般人的處理龐大資訊認知能力。
商業知識	領導者了解公司環境，因此能做出更直覺的決定。

資料來源：Kirkpartrick, S.A. and Locke, E. A.,（1991）"Leadership: Do Traits Matter?" Academy of management Executive. 5, 48-60.

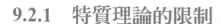

9.2.1　特質理論的限制

　　特質理論雖可說明具備某些人格特質的確可增加領導者成功的機率，惟不具唯一性。且此理論具有忽略員工需求、員工互動關係、外在情境未能界定各種特質間相關的重要性，未能界分因果關係等缺失。因為領導力太過於複雜，我們不可能找到一份適用於每一種情況的通用特質名單。研究也顯示，不同的勝任力結合也可能同樣的成功。 換言之，有兩套不同勝任力的人可能是同樣優秀的領導者。

　　有學者警告說，某些人格特質可能只影響我們對某人是領導者的感知，而非個人是否為組織的成功創造差異。展現正直、自信及其他特質的人被稱為領導者，因為他們符合我們對有效領導者的刻板印象。或者我們也可能看到一個成功人士便說這個人是領導者，然後將自信及其他我們認為偉大領導者必有、無法從外表觀察出來的特質歸諸於他。（Steven & Mary Ann, 2006）因此，特質理論無法受到廣泛學者的接受與支持，並開始轉向行為模式理論。

9.3　行為理論

　　由於早期特質理論研究並不成功。自 1940 年代後期～ 1960 年代。研究者即將研究方向移轉把焦點放在領導者所表現的行為上。他們想知道是否在有效領導者的行為中具有某些獨特性。

　　此研究基本假設為領導可以透過後天培養，並且認為領導者是創造出來而非天生的，強調應從領導者外顯行為著手，研究領導者的實際行為或領導方式與組織效能的關係。

　　而三個領導行為理論（behavior theory）構成了現代行為領導理論的基石：Lewin、Lippitt 及 White 的研究；分別隸屬於俄亥俄州立大學（Ohio State Studies）的研究；與密西根大學的研究（Michigan Studies）。

9.3.1　Lewin 的領導風格研究

　　最早針對領導風格的研究，乃是由 Kurt Lewin 1939 年與其學生所進行的，提出三種領導的型態：獨裁式（authoritarian）領導、民主式（democratic）領導、及放任式（aissezfaire）領導。Lewin 認為每位領導者在面對部屬時，會採用這三種風格中的一種，具體的情境特性並不重要，因為領導者的風格不會隨著情況而有所改變。

　　所謂獨裁式（autocratic style）領導是由領導者決定，下屬依指示行事沒有參與討論或提供意見的機會，領導者與部屬之間只有單向溝通。其領導風格是指導式的、強勢且控制著彼此的關係。此風格的領導者，傾向使用法令及規範來處理工作環境中的問題。

　　民主式（democratic style）領導是指領導者對工作成果進度之查核，處理的方式較為彈性，使部屬有發揮才能的機會。對員工的評量及功過獎懲，以客觀明確的標準為依據，不以主管的好惡為準。其領導風格是表現出協同合作、回應的，及在關係中有互動的型態，而且不會像獨裁風格那般，強調法令與規範。

　　放任式（laissez- faire style）領導是指領導者僅負責供應其所需之資料條件及資訊，或偶爾表示意見，而不主動干涉；工作進行大部分由個人自行風格，領導者給予員工決策自主權，領導者不參與其事。其領導風格特色就是「不作為的領導」，領導者放棄職位所賦予的職權與責任，而這種風格經常導致混亂。

9.3.2 雙構面領導行為研究

　　1945 年俄亥俄州立大學的領導研究計畫，也針對特定的領導行為進行測量。該研究初期是針對機師及機組人員進行測量，使用「領導者行為描述問卷」（Leader Behavior Description Questionnaire）。使用 LBDQ 測量的結果顯示，可用兩個重要的向度來描述領導行為：定規（initiating structure）與關懷（consideration）。

1. 定規（initiating structure）的領導行為，是指領導者著重於針對組織的管理功能明確界定部屬的工作關係、角色，及系統的組織，同時也在組織、溝通及完成事情的方法上，建立起明確的模式。

2. 關懷（consideration）的領導行為，指領導者發自內心的關心、重視與了解部屬的感受、需要與福利，並建立培養出友善、溫暖、愉悅、互相尊重與信任的工作關係。

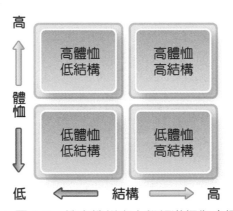

▷ 圖 9-2　俄亥俄州立大學領導行為座標

資料來源：Stogdill, R.M. and Coons, A. E. (1957). Leader Behavior:Bureau of Business Review, 88.

9.3.3 兩向度領導行為研究

　　密西根大學調查研究中心的領導研究，大約和俄亥俄州立大學的研究同時開始，兩者並且具有相同的研究目的：探究和測量與工作績效有關的領導者之行為特徵。

　　密西根大學的研究也得到兩個領導行為向度，分別命名為「員工導向（employee-oriented）和「生產導向」（production-oriented）。員工導向的領導者（employee-oriented leader）較注重人際關係，他們會試圖了解部屬的需求並接受成員間的個別差異。相反地，生產導向的領導者（production-oriented leader）比較傾向強調工作的技術或作業層面，他們主要關心的是團體任務的達成，而團體成員只是達成目標的工具而已。員工導向和生產導向兩向度與上述俄亥俄州立大學的研究類似，員工導向近似體恤，生產導向近似倡導結構。事實上，許多領導力的研究者都使用同義詞。

　　密西根研究者的結論，強烈支持領導者的員工導向行滿足感有聯：而生產導向的領導者則與低團體生產力、低工作滿足感相關。雖然密西根的研究強調員工導向的領導（或體恤）勝於生產向的領導（或倡導結構），但是俄亥俄的研究則認為，不論是體恤或倡導結構，對有效領導都很重要。

9.3.4 領導方格

　　引申自俄亥俄與密西根的研究，Blake 和 Mouton（1982）提出了管理方格（managerial grid 亦可稱為「領導方格」）。此乃根據「關心員工（concern for people）和關心生產（concern for production）」，也就是以俄亥俄州立大學的體恤和倡導結構向度，或者是密西根大學的員工導向和生產導向向度為基礎所建構出的領導風格。

　　如圖 9-3 所示，方格的兩軸各有個標示點，共可得出種不同的領導格。此方格沒有指出會有什麼結果產生，只是標明領導者思考其所欲得之結果時的主要因素。依 Blake 和 Mouton 的研究發現，他們認為在（9.9）位置的領導格之下，管理者的績效最好：反之，（9.1）（權威型）或（1.9）（放任型）績效較差。

　　組織人管理者【座標（5.5）】（organization man manager 5.5）採取中庸之道的領導者，對員工及生產的關切程度，差不多相當。這種領導者嘗試在關心員工與關心生產之間取得平衡，並避免偏向任何一方。

　　強調權威服從管理者【座標（9.1）】（authority- compliance man- ager 9.1）是極度關心生產、非常漠視員工的型態。此類型的領導者希望透過嚴密的控制，以便能有效率地完成工作。也認為創造力、人與人之間的關係是不必要的。強調權威服從的管理者，相當重視經營組織的效率，甚至會出現恃強欺弱的情形。某些強調權威服從的管理者，甚至會以威嚇、語言與精神上的攻擊，或嚴苛對待之類的行為，以便達成其效率的目標。

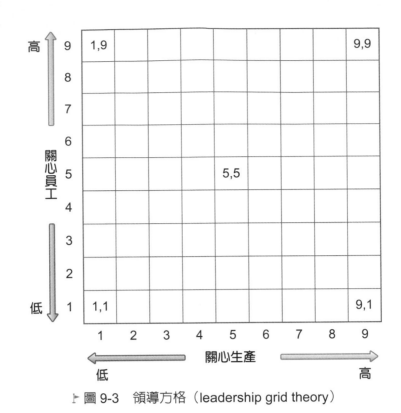

├ 圖 9-3　領導方格（leadership grid theory）

資料來源：Blake, R.R, & Mouton, J.S. (1982). A comparative Analysis of Situation alism and 9,9 Management by Principle. Organizat ional Pynamics, 10(4), 20-42.

　　鄉村俱樂部型管理者（country club management）【座標（1.9）】（country club manager 1.9）非常關心人員而幾乎不重視生產，努力避免衝突且尋求被他人所喜愛。此類型領導者的目標是，以良好的人際關係來讓員工感到快樂，此點重要性甚至比任務本身還重要【這種風格並不是所謂的人群關係學派的特徵，比較像是溫情取向的 X 理論（性善論）】。

　　團隊管理者【座標（9.9）】（team manager 9.9）被認為是理想的角色，同時關切員工與生產，而且對兩者都有高度的熱忱。這種領導者通常想要激勵員工，以達到高水準的成果。領導風格是較彈性的，對變革採取回應式的風格，明白改變是必要的。無建樹管理者【座標（1.1）】（impoverished manager 1.1）指的多半就是，自由放任式的領導者。這一類的領導者既不關心人員也不重視生產，不願表達立場，也不想涉入任何衝突。他們只求安穩過日，不願多付出心力。另外，兩種新的領導風格被加添在原始的五類型之中。家長權威型管理者（9 +9）（paternalistic "father knows best" manager 9 +9）也可說是全知父親的類型，這樣的領導者對於順從的行為，允諾給予獎勵，對於不願服從者則給予處罰的威脅。

　　機會主義管理者（opportunistic "what's in it for me" manager（opp））也可以說是利益導向的領導者，視情況調整自己的風格，以期讓自己獲得最大的好處。

權變理論

　　權變理論的基本想法：領導風格要發揮效能，必須切合於合適的情境。以本質來說，權變理論講的是，「如果……則是……」的理論：如果實際情況是如何，則適切的領導風格應該是如何。我們將檢視四種權變理論、包含 Fiedler 的權變理論、路徑——目標理論、規範性決策理論，以及情境領導理論。

9.4.1　Fiedler 領導權變模式

　　首先介紹的是 Fred Fiedler 發展出的領導權變模式。Fiedler 權變模式（fiedler contmgency model）認為團體績效有賴於領導者的風格，以及情境給予領導者之控制權或影響力之間的適當配合。

　　Fiedler 的領導權變理論，主張團隊完成工作的效能是由兩項因素的配適程度來決定，領導者的需求結構，及領導情境的有利程度。Fiedler 認為可以將領導者分成任務取向或關係取向（relationship orientation），區分標準是依領導者如何滿足自己主要需求而定。任務取向的領導者，主要透過將工作完成來獲得滿足；關係取向的領導者，則從發展良好、舒適的人際關係中獲取滿足。因此，這兩種領導者的效率皆取決於他們對所處情況的有利程度來決定。此理論假定領導者所處情況的有利程度，可以用三個因素來決定：領導者的職位權力、團隊任務的結構、及領導者與被領導者間關係的品質。

1. **最不喜歡的同事**

   Fiedler 用最不喜歡的同事（least preferred coworker, LPC）量表、來對領導者進行歸類。LPC 量表是一種「投射測驗」，領導者會被問到「誰是他自己認為最無法共事的同事」。接著，LPC 提供 16 題，八點量尺、雙極的形容詞組合題項，領導者被要求在這些問題所提供的形容詞組合之間，標示出可以用來描述當自己與最不喜歡同事共事時的情況。以下是 LPC 題組中的兩個問題

   | 有效率的 | ：：：：：：：： | 缺乏效率的 |
   | 興高采烈的 | ：：：：：：：： | 死氣沉沉的 |

   而如果領導者對自己最不願意共事的同事，還是能夠用正面字彙（例如：令人愉快的、有效率的、興高采烈的）來描述的話，這位領導者就會被歸類是屬於高的 LPC 的，或者說是屬於關係取向的領導者。反之，若以負面字彙描述自己最不願意共事同事的領導者，則被歸類為低 LPC 的，或是工作取向的領導者。

權變理論中的 LPC 分數，仍是一個爭議性的部分。因為 LPC 屬於投射性技巧， 在測量上是比較缺乏信度的，所以不管在概念上、方法論上都受到批評。

2. **情境的有利性**

領導者面臨的情境，可以用三個向度來區分：任務結構、職位權力、領導者與部屬間的關係。依據這些向度，情境可以歸類為是領導者有利的或是不利的。任務結構（task structure）指的是完成工作的程序、規範與規定， 是繁雜的還是簡單，是模糊還是條理分明。職位權力（position power）顧名思義指的是領導者評價、酬賞績效表現，處罰錯誤及降職調離等合法性職權的高低。

領導者與部屬間關係（leader- member relations）的品質，可以用「團隊氣氛量表」來測量，它由九組、雙極的形容詞組合構成，同樣採八點量尺來評估。例如：

有友善的　　：：：：：：：：　　不友善的

有接受的　　：：：：：：：：　　拒絕的

工作團隊的任務結構清楚、領導者具有高度職權、良好的從屬關係，以上三者構成了非常有利於領導者的情境。但相對的，當上述三個條件都不佳時，領導情境就要面對相當不利的情境：任務結構不清楚、擁有的職位權力低、領導者部屬關係不佳。一般來說領導者所面臨的情境條件，多數是介於兩個極端之間，且有不同的內涵。

3. **領導效能（Leadership Effectiveness）**

權變理論認為只要能身在適合的情境中，不論 LPC 分數的高低， 領導者都可以發揮其效能的。具體來說，低 LPC（任務取向）的領導者在極端有利或極端不利的情境下，可以有最佳效能的表現；高 LPC（關係取向）的領導者， 反而需要在中等有利程度的情境下，才會出現最佳的效能。領導效能乃取決於領導者與情境，此兩種條件是否能夠互相配適的結果。近期的研究則指出，關係取向領導者會鼓勵團隊學習與創新，也進一步加速產品進入市場的速度。此結果意味著， 大部分關係取向領導者，在帶領新產品研發團隊的表現上是不錯的。簡單來說，適合的團隊領導者可以讓創新產品更快速地出現，而與情境不配適的領導者則會出現反效果。

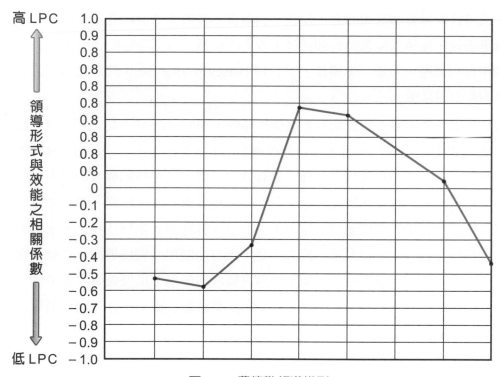

▶ 圖 9-4　費德勒領導模型

資料來源：Fiedler, F.e. (1967) A Theory of Leadership Effectiveness, New York: McGraw-Hill

　　那麼，當領導者與情境兩者無法配合的時候又該怎麼辦呢？低 LPC 的領導者處於中等有利的情境，或者高 LPC 的領導者處於極端的情境（非常有利或非常不利）時，會發生什麼事情？既然領導者不太可能更換，加上領導者的需求結構也幾乎是種固定的、不易改的特質。所以根據權變理論，Fiedler 建議改變領導者的處境，以配合領導者本身的領導風格。中等有利的情境，將被調整成更加有利的情境，以配合低 LPC 的領導者；極端有利或極端不利的情境，則將被改變成中等有利的水準，以配合高 LPC 的領導者。

　　Fiedler 的理論至少提供一個重要的貢獻，要求我們把注意力放在領導的情境上。

9.4.2　情境理論

　　Paul Hersey 和 Ken Blanchard 的情境領導理論（situational leadership theory, SLT）是獲得廣泛應用的領導模式之一。《財星》500 大企業中，已有 400 多家公司都以它為主要的訓練教材，每年亦有超過 100 萬名各行各業的經理人使用它。

　　情境領導一是一種權變理論，但它的焦點在被領導者身上。能否達成成功的領導、取決於是否選擇對的領導風格。Hersey 和 Blanchard 主張應視被領導者的準備度而定。在更詳細的討論之前，我們先澄清兩個觀點：為什麼把焦點放在被領導者身上？「準備度」（readiness）究竟所指為何？

在領導效能裡強調被領導者，反映一個事實：被領導者會接受或拒絕領導者。無論領導者怎麼做，領導效能還是有賴於被領導者的作為。這是重要的角度，但在大部分領導理論中常被忽略。至於「準備度」，依據 Hersey 和 Blanchard 的定義乃指個體完成特定任務的能力與意願。

SLT 基本上視領導者與被領導者之間的關係，如同父母與子女之間一樣。當小孩長大變得更為成熟及有責任感時，父母親就應該放鬆控制。Hersey 和 Blanchard 找出 4 種特定的領導行為—從高指導到高放任。最有效的行為，得視被領導者的能力與激勵程度而定。所以，SLT 認為若個體既「無能力」又「無意願」執行任務，那麼領導者必須給予明確且特定的指引若個體雖然「能力不足」但「有意願」執行任務，那麼領導者必須一方面展現高任務導向，以彌補其能力不足，一方面展現高關係導向，以試收買人心；若個體「有能力」但「缺乏意願」從事領導者要求的任務，那麼領導者必須使用支持性和參與式風格最能解決問題；若個體「有能力又有意願」從事工作任務，領導者就無須做太多事情。

9.4.3 路徑－目標理論

Robert House 根據「動機的期望理論」，發展出與領導效能有關的「路徑－目標」理論。從此理論的觀點來看，領導者所扮演的角色，應該是為其部屬釐清出一條通往目標的道路。領導者在幫部屬澄清如何完成工作、達成個人目標，會在四種最常使用的領導風格中，挑選出最適合的一種來為員工釐清方向。圖 9-5 呈現本理論的重要概念。

領導者應該視情況，在圖 9-5 的 4 種行事風格之中，選取一種對員工最有幫助的。指導型的風格，適用於領導者必須針對工作任務、工作時程給予具體指引，並且要讓員工知道身負哪些工作的期待。當領導者需要表達出對部屬幸福、社會地位的關懷時，則適合支持型的風格。參與型的風格，則應該在領導者必須與員工共同商討關鍵決策時適合使用。至於，當領導者必須要替員工設定有挑戰性的目標，並且要讓員工感受到自己對他們的強烈信心時，則以成就取向風格最為合適。

在選擇適合的領導行為風格時，領導者一定要同時考慮部屬及工作環境這兩個因素。圖 9-5 包含幾項需要考量的特徵，讓我們來看看其中兩種。例一，假使員工缺乏經驗且必須執行模糊的、結構不明確的任務時，那麼領導者在此狀況下應該採取指導式的風格。例二，如果部屬屬於訓練完善的專業人員，而工作任務雖然困難但並非無法完成，則處於此情況的領導者應該採用成就取向的風格。領導者應該要懂得如何選用適當的領導行為風格，這樣才有助於帶領部屬達成目標。

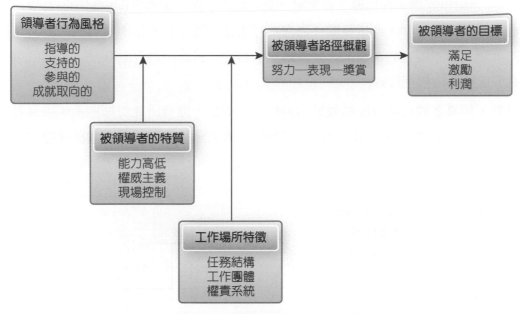

資料來源：House, R.J., "A path-goal theory of leader effectiveness", Administrative Science Quarterly, 16, 321-339,1971

　　路徑一目標理論的假定是，領導者會去改變自己的行爲與風格，以配合部屬與工作環境的特性。但對路徑目標論的檢證，卻與此理論推論出的命題出現相互衝突的證據。路徑目標理論確實有些直觀的論述，並且因爲看到領導風格會依據工作情境與部屬來調整，而強化這些觀念。目前大部分的研究，將焦點放在何種風格與哪些具體的情境是最配適的此項議題上。舉例來說，在小型企業內，領導者會比較傾向採用願景式、交易型的領導，賦權行爲，並且避免獨裁行爲出現，這些做法是比較成功的。

9.5　領導者－成員交換理論

　　這個又名爲 LMX（leader-member exchange）的理論，認爲領導者會與不同的部屬間建立起差異的關係。LMX 背後的基本觀念是，領導者會將部屬歸類成兩種：屬於「內團體」（in-group）的部屬、及屬於「外團體」（out-group）的部屬。內團體的部屬傾向於變得更像領導者，也被賦予更多的責任、給予更多的酬賞、獲得更多的注意，他們位居於領導者溝通網路的內圈。就結果來說，內團體成員有較高的滿足感、較低的離職率、較高的組織承諾感。反觀屬於外團體的部屬，他們身處外圈較不受到關注，獲得的獎勵也少，通常只能透過正式的規則與政策來管理他們。

　　LMX 理論也認為，在領導者與部屬之間互動的早期，領導者即會暗中將部屬歸類為「自己人」或「外人」，而這種關係通常具有相當的穩定性。領導者會獎勵與其有親近連結的部屬，對不親近的部屬則給予較嚴屬的對待。為維持的互動關係，領導者與部屬必須在彼此關係中相互投資。

　　雖然，領導者如何挑選團體成員的過程仍不清楚，但有研究證據顯示，領導者會依部屬的人口統計變項、態度和人格特與其相似，或因為比外體成員更具勝任能力而加以挑選（見圖 9-6）。

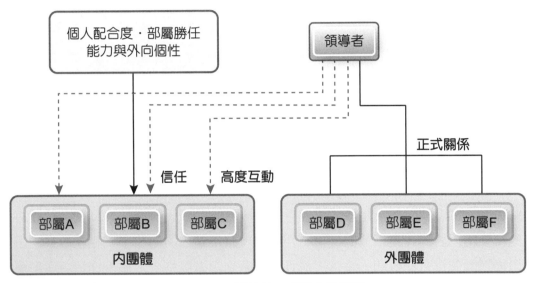

▷ 圖 9-6　領導者─成員交換理論

資料來源：Basu, R.(1991). An Empirical Examination of leader-Member Exchange and Transformational Leadership as Predictors of Innovation Behavior. Unpublished Ph.D. dissertation, pepartment of Management, Purdue Vhiversity.

　　LMX 理論獲得許多研究支持。更特別的是，理論與研究均提供具體的證據表示領導者對部屬有差別待遇，而這些差別待遇並不是隨機產生的。隸屬於內團體的部屬，將會獲得較高的績效評估，對上司滿意度較高，工作上較可能產生「公民行為」。根據我們對自我實現預言的認識，內團體成具的這些發現並不令人感到驚訝。領導者往往會將其資源投注在他們預期能表現最佳者身上，而且「知道」內國體成員更為稱職，所以把他們視為自己人，結果不知不覺中領導者的預言就被實現了。

9.6 領導者參與模式

Victor Vroom 和 Phillip Yetton 於 1973 提出領導者參與模式（leader- participation model），「領導者參與模式」係討論領導者在決策參與過程中所扮角色的一個模式。此一模式依據某些情境因素，提出一系列程序法則，然後要求領導者遵循這些程序法則，順利產生最適宜的決策參與型式。故此模式又名為「作決定的規範模式」（Normative Model of Decision Making）。

Vroom 和 Yetton 的模式是具規範性的，它提供一系列必須遵行的程序法則，以決定做決策時參與的形式與份量，但此程序又受到情境類型之不同所影響，這個模式是融合了 7 種情境和 5 種不同領導風格所組成的決策樹（針對先後排列的情境，選擇「是」或「否」的答案，最後得以確認出適切的領導風格）。

近來，Vroom 和另一學者 Arthur Jago 對此理論加以修正。修正後的模式保留了 5 種可供選擇之領導風格—從領導者獨自完成決策，到與團體一起分擔問題並達成決策的共識—不過情境變數則擴充為 12 個（如表 9-3）。

更重要的是，以現在觀點來看，一般的管理者而言，這個模式太複雜了。即使 Vroom 和 Arthur Jago 發展了一套電腦程式以引導管理者透過決策樹來選擇他們的領導風格。但是，期待管理者去思考 10 頁權變變數、8 個問題類型，5 種領導風格，以便在某一特定問題上選擇一個合適的決策程序，是不吻合實際情況的。

▶ 表 9-3　領導者—參與模式的權變變數

1.	決策的重要性
2.	部屬對決策承諾的重要性
3.	領導者是否有足夠的資訊去做好決策
4.	問題是否有清楚的結構
5.	專制式的決策是否能得到部屬的承諾
6.	部屬是否能夠融入組織的目標
7.	部屬對於解決問題的方案是否存在許多衝突
8.	部屬是否有必要的資訊去做好決策
9.	領導者的時間壓力是否會限制部屬的參與
10.	將散布在各地的部屬集合起來的花費是否值得
11.	將決策時間控制在最小範圍內對領導者的重要性
12.	把參與當成一種發展部屬決策技能工具的重要性

Vroom 和他的同事提供我們一些特定的、支持的權變變數，特別是在你選擇領導風格時應該要考量的。

9.7 當代領導類型

我們將介紹有共同主題的兩種當代領導類型，分別魅力型領導及轉換型領導。在兩種領導方式，領導者都被視為能透過文字、想法與行為來鼓舞追隨的個人。

9.7.1 魅力型領導（Charismatic Leadership）

魅力（charisma）一詞源自於希臘文，意指神賜的天賦異稟（divinely inspired gift），社會學家 Max Weber（1947）指出，魅力是影響力的一種形式，它不是來自於傳統正式的權力，而是來自於部屬對領導者特殊能力的認知。領導魅力是來自於領導者與追隨者互動的過程。

Robert House（1977）首先提出在組織內之多面向（如領導行為、情境變數與追隨者效應）的魅力領導理論（charismatic leadership theory），開啟了 1980 年以來的企業組織情境下 Conger & Kanungo（1980）的魅力領導行為模型、領導效應歸因理論、願景領導理論與魅力領導自我概念的激勵理論，Hourse and Adiyta（1997）將之統稱為「新魅力領導理論」（neo-charismatic theory）。

魅力領導者具有的領導特質如表 9-4 所示。

▶ 表 9-4　魅力型領導者的主要特質

願景與清楚表達願景	他們有一個願景，亦即一個理想化的目標，使未來比現況更好。而且，他們能以他人可了解的方式來述願景的重要性。
個人風險	魅力型領導者願意承擔高個人風險、付出高昂代價及自我犧牲以成就願景。
對部屬需求的敏感性	擁有知覺他人的能力，亦會回應他人的需求與情感。
非傳統行為	會從事被認為是新穎、反對規範的行為。

資料來源：J. A. Conger and R. N. Kanungo, (1998)，Charismatic Leadership in Organizations，Thousand Oaks, CA:Sage。94.

魅力型領導者如何實際影響部屬呢？證據顯示其過程有 4 個步驟。開始時，由領導者描繪出一個動人的願景（vision），願景乃是如何達成目標的長期策略。這些願景提供部屬一種連續的感覺，可以連結組織現在和美好的未來。

除非伴隨著願景聲明，否則願景不算完整。願景聲明（vision statement）是組織願景或使命的正是且明確之陳述。魅力型領導者能利用願景聲明，讓跟隨者銘記核心目標。一旦願景與願景聲明被建立，領導者即可溝通高度的績效預期，並對部屬達成這些目標深具信心，這可以增加部屬的自尊與自信。

接著，領導者透過文字與行動，傳達新價值並藉由其行為來設定一些榜樣，讓部屬模仿。最後，魅力型領導者致力於引導情緒，並從事非傳統行為，以展現對於願景的勇氣與信念。魅力領導中有所的情緒感染，藉此使跟隨者「染上」其領導者所傳達的情緒。

Conger 將 1974 ～ 1985 年眾多學者對於魅力領導與非魅力領導的文獻整理，歸納出兩者行為屬性比較表（表 9-5），並進一步提出魅力領導的行為特質假說模型，以做為後續實證研究的基礎。

▶ 表 9-5　魅力與非魅力領導行為要素比較表

行為要素	非魅力型	魅力型領導人
現況差距未來目標	認同 / 維持現況與現況無大差距	反對 / 革新現況與現況差距大
受歡迎度	大致上受歡迎	英雄式的被認同與模仿
值得信賴度專業行為環境敏感度目標 / 激勵聯結性權力基礎與部屬關係	公正無私保守 / 原有領域傳統 / 定規不敏感低職位權 / 個人權平等 / 共識 / 引導	以冒個人風險受擁戴創新性 / 突破原有秩序非傳統 / 超常規高度敏感高個人權精英 / 模範

資料來源：Conger, J. A., &Kanungo, R. N. 1987. Toward a behavior theory of charismatic leadership in organizational settings. Academy of Management Review. 12(4), 627-647.

9.7.2　轉換型領導

近來另一種研究趨勢，是區分轉換型領導者與交易型領導者的差別。多數的領導理論，都是注重在交易型領導者（transactional leaders）上。這類型的領導者藉由角色的澄清和工作的要求來建立目標方向，並依此引導或激勵跟隨者。另一種類型的領導者則鼓勵跟隨者將組織利益於個人私利之上，而且對跟追隨者有深厚、特別的影響力，這就轉換型領導者（transformational leaders），他們會注意個別跟隨者所關心的事物及其需求的發展；藉由幫助跟隨者以新角度來看待問題，好改變其對於問題的體認；而且他們能刺激、喚起及激勵跟隨者盡更大的努力，以達成團體的目標。表 9-6 簡短地定義 4 項能區別這兩種類型領導者的特徵。

過去幾年中，有許多研究都在解釋轉換型領導如何運作。轉換型領導者會鼓勵跟隨者更有創新與創造力。為因應此狀況，讓其展現創意並承擔更多風險。轉換型領導者除了本身富有創意之外，還能激發跟隨者表現創造力，因而引導其更具效能。

目標是解釋轉換型領導如何運作的另一個關鍵機制。轉換型領導者的跟隨者，更樂意追求一個宏大的目標，也更熟悉並同意組織的策略性目標，同時，他們相信所追求的目標對個人而言非常重要。

▶ 表 9-6　交易型和轉換型領導者的特徵

交易型領導者	
權宜獎賞	訂有努力即獎賞的合約，對良好績效予以獎賞，並表彰其成就。
例外管理（積極的）	注視、尋找偏離規則和標準的活動，並採取修正的措施。
例外管理（消極的）	只有在不符標準時才介入。
放任主義	放棄責任，避免做決策。
轉換型領導者	
理想化的影響	提供願景和使命感，灌輸自尊心，獲取尊敬與信任。
鼓舞激勵	溝通高度的期望，用象徵匯集努力，以簡單的方式表達重要的目標。
智能激發	提升智慧、理性和謹慎解決問題的能力。
個別關懷	給予個別的注意，個別對待每名員工，並提供指導與建議。

　　關於目標的評論涉及願景。如某研究顯示，解釋魅力領導如何運作時願景非常重要。而且，願景亦能解釋轉換型領導的部分效果。事實上，有研究發現解釋企業成功的因素中，願景比魅力（熱情的、活力的、愉快的）溝通更重要。最後，轉換型領導亦能引起部分追隨者的承諾，使他們對領導者有更大的信任感。

　　轉換型領導的評估，證據顯示，轉換型領導明顯優於交易型領導。許多不同的職業，以及不同的工作職級，都支持轉換型領導。近來以 R&D 公司為對象的某項研究發現，由具有高度轉換型領導特色的專案經理來帶領團隊，一年後較能能推出優良品的產品，5年後利潤率更高。一項評論 87 個有關轉換型領導的研究顯示，轉換型領導更能激勵與滿足跟隨者，而且能讓他們有較高績效，並知覺到領導者的效能。

　　轉換領導與魅力型領導是否相同，一直有一些爭論。魅力領導的學者 Robert House，認為其差異屬於「適度的」和「較小的」。最早研究轉換型領導的 Bernard Bass，認為魅力是轉換型領導的一部分，轉換型領導的範圍廣於魅力領導，並主張魅力本身足以「解釋轉換過程」。另一位研究者則提出評論：「純粹的魅力型領導者可能會要求跟隨者採納其人生觀，且僅能止於此；而轉換型領導者則會嘗試教導跟隨者有能力質問既定的看法，甚至質疑領導者所建立的觀點。」雖然許多研究者相信轉換型領導比魅力型領導廣泛，但研究顯示，高度轉換型領導風格的領導者。現實中也會是高度魅力型領導者。因此，在實務上，魅力型領導與轉換型領導的結果，可能大致相等。

9.8　華人領導學

　　與西方的魅力領導學研究相同，華人領導學（Chinese leadership）的研究歷程也是理論推衍先於實證研究的，在臺灣方面，最早有 Silin（1976）的家族式領導行為研究，以及鄭伯壎（1982）的中國家族企業經營者領導行為研究，其中以鄭伯壎的家長式領導研究最為持續、深入與完整。

　　蘇英芳（2007）研究指出，華人領導學的科學研究進程是循序漸進，從威權領導概念形成、仁慈領導理論發展，進而擴充到德行領導的軌跡：

1. **威權領導概念形成**：探索臺灣家族企業威權領導行為，威權領導行為的內涵有：道德標竿（i.e., 商業成就與大公無私）、教誨行為、專權作風、維持威嚴與嚴密控制行為 (Silin, 1976)；還有，教誨式領導、專權式領導、差異式領導的典型家族式領導理論概念（鄭伯壎，1991）；

2. **仁慈領導（Benevolent leadership, BL）理論發展**：以行為楷模（i.e., 儒家所強調的倫理綱常）、偏私性支持、察納雅言、恩威並濟（i.e., 仁慈與威權並行的領導行為）為基礎的華人資本主義領導理論（Chinese Capitalism）（Redding, 1990）；以個別照顧與維護部屬面子的仁慈領導行為模式（鄭伯壎 , 1995a,b,c）；以及領導者充分展現降低衝突，與對談理想的首腦式領導行為模式（paternalistic headship：Westwood, 1997）；

3. **德行領導（moral leadership）理論演進**：以中國人的內隱領導理論模型，與 CPM 領導行為評價模式最具代表性。CPM 領導行為三大因素為：個人品德（C：克己奉公、不謀私利的模範表率行為）、工作績效（P：目標有效性）與團體維繫（M：人際能力與才能多面性）。

　　家長式領導研究方面，學者將德行領導構面加入威權與仁慈的二元領導模式，而建構成一個完整的華人家長式三元領導模式。其主要內容為：威權領導（authoritarianism：專權作風、貶抑部屬能力、形象整飾，與教誨行為）、仁慈領導（benevolent：個別照顧），及德行領導（morality and integrity：公私分明 (unselfishness)、以身作則（lead by example）（Farh & Cheng, 2000；鄭伯壎、黃敏萍，2000）。

9.9 當代領導角色

為何許多有效的領導者同時也是活躍的良師？領導者如何讓員工發展自我導技能？當不再有面對面的互動時。領導者如何管理？

9.9.1 師徒制

許多領導者會創造師徒關係，良師（mentor）是由資深的員工協助與支持較資淺的員工（被保護者，門徒）。成功的良師也會是個好教師，他們能清楚陳述想法專心傾聽，並理解門徒的問題。師徒制的關係能以兩大類功能來描述：職涯功能與社會心理功能。

▷ 表 9-7　師徒制的關係

職涯功能	1. 說服門徒接受富挑戰性與引人注目的任務指派。
	2. 訓練門徒以協助其發展技能，並達成工作目標。
	3. 藉由接受組織中有力人士的洗禮，來幫助門徒成長。
	4. 保護門徒避免其身陷於名譽可能受損的風險中。
	5. 做門徒的保證人，在可能的晉升機會中提名他。
	6. 若門徒猶豫是否要將意見與直屬上司分享時，當其意見的共鳴板。
社會心理功能	1. 對憂慮與不確定之事提供建議，以支持門徒建立更多自信。
	2. 和門徒分享個入經驗。
	3. 提供友誼與接納。
	4. 以身作則，當個模範與榜樣。

資料來源：Zey, M.G.(1984). The mentor connection. Homewood, IL: Dow Jones-Irwin

9.9.2 自我領導

有愈來愈多的研究顯示大多數人可以做到。自我領導（self- leadership）的提倡者認為，個人可以透過一整套程序控制自己的行為，具有效能的領導者（提倡者喜歡稱之為「超級領導者」），幫助員工領導自己。他們幫助他人發展領導才能，並且培育部屬使其不再需要依賴正式領導者的指令與激勵。

自我領導所隱含的假設包括：人們是負責的、有能力的、以及即使沒有外在因素。如上司的約束、規則或規定，也能保持主動精神。只要給予適當支持，個人就會監督與控制自己的行為。隨著工作團隊的日益普及自我領導也愈來愈重要。賦權與自我管理隊

都需要可以自我引導的個人。管理當局不能期望進入組織後就處於上司集權領導下的個人，會突然適應自我管理工作團隊，因此，要幫助員工從依賴變成自主，自我領導的訓練是個絕佳的方法。

爲了進行有效的自我領導：(1) 以水平而非垂直方式製作你內心的組織圖（雖然垂直報告關係重要，但通常你最信任的是同事，可能影響你的人也是同事）；(2) 聚焦在影響而非控制上（針對你的工作，是「與」的同事「爲」你的同事，或「對」你的同事而做）；(3) 不要等到對的時間才留下紀錄，創造你的機會而非等待機會。

9.9.3　線上領導

對於遠距離而且只能仰賴書寫數位溝通來進行互動的員工，要如何領導呢？時至今日，這個問題仍鮮少受到研究者的注意。領導研究獨鍾於面對面與口語情境，但是我們不能忽視今日主管與員工之間的聯繫，日益仰賴電腦連線而非共處一室的事實。

如果領導對鼓舞與激勵散布各地的員工而言很重要的話，那麼就有必要在指出在這種背景下，如何使領導發揮功用。然而請切記，關於這個主題的研究仍不多，所以我們並非意圖要提供線上領導的最終指導方針，而是要介紹這日漸重要的議題，並且思考一下幫關係僅限於網路互動時，領導該如何改變。

在面對面溝通時，嚴厲的「措詞」可以用非言語行動加以緩和。數位溝通時，文字的「結構」也具有激勵或打打擊接收者的威力。主管不小心送出全部以大寫英文組成的片語訊息，跟他送出以適當文體的完整句子所組成之訊息，兩者所得到的反應可能會大不相同。

要能有效地傳達線上領導，管理者必須了解進行數位溝通時，在用字遣詞與段落結構皆要有所選擇。管理者面對所接收到的訊息，也需要發展「閱讀弦外之音」的技能，同樣地，情緒智能開發了個人在監測與評估他人情緒的能力。有效的線上領導者還需要發展另一項技能，以破解訊息中所內含的情緒密碼。

我們建議線上領導者必須仔細思考，他們希望所送發的數位訊息要收到何種功效。雖然網路溝通是個比較新的通路，但是極具影響力使用得當時，可以建立與提高個人領導效能；一旦遭到誤用，領導者藉由口語行動所建立的成效將有可能被大舉破壞。

此外，線上領導者所面臨的獨特挑戰中，最大的會是如何發展與維繫信任。例如，以認同爲基礎的信任在缺乏親近與面對面互動時，特別難以達成。而當參與者之間信任程度低時，線上協商談判也顯得窒礙難行。就目前而言，員工對於仰賴電子溝通的主管能否產生認同或信任，答案也晦而未明。

上述討論，讓我們獲得一個暫時的結論對於愈來愈多的管理者而言，良好的人際性技能可能還包括透過電腦螢幕以文字傳達支持與領導，以及了解藏於他人訊息後的情緒。在這個溝通的「新世界」裡，寫作可能成為人際性技能的延伸技能。

9.10 領導學新議題

21 世紀的知識經濟職場，日漸升高的女性投入職場，給女性許多的機會與男性在職場上共同競爭與合作。但社會對男女兩性特質普遍期望與性別刻板印象有關，性別角色因為社會、種族及文化的差異，在人們心中建立起不同的價值觀與刻板印象（賴佳敏，2001）。在傳統父權體系的意識形態下，社會價值界定了男性與女性的特定生活角色、人格特質即可接受的行為（李藹慈，1993）。Forsyth & Forsyth（1984）在性別角色態度的研究中指出，在性別角色刻板印象上持有保守看法的人，對工作取向的女性主管有較負面的評價。

Helgesen（1995）在「柔性優勢」（The Female Advantage – Womale's Ways of Leadership）書中針對數位在商業界相當成功的女性地觀察訪談，發現這些女性主管的特質在於：(1) 女性的工作步調穩定，但會多幾次的短暫休息；(2) 女性並不會將一些不在預定中的翁做集談話是為干擾，因為女性主管認為關心、參與、幫助及負責可以透過這些不在預定中的工作及談話達到效果；(3) 女性會抽出時間從事一些與工作無直接相關的家庭活動；(4) 女性比較喜歡活潑主動的接觸；(5) 女性極為重視領導的環境生態學（Ecological Systems Theory），不會過度將自己沉浸在每天的管理工作中，會參與社會的脈動；(6) 女性會規畫出時間與他人分享資訊，所注重的不是向下分享而是向四方伸展（Helgeson, 1995, 23. 摘自林芬英，2003）。

Cook & Rothwell 於 2002 提出一套經由科學證明，將男女性領導模式相結合如圖 9-7 所示，此研究不再探討職場上男女平等或不平等問題，而是提供職場工作者，兩性職場領導角色上各有不同優勢，可在彼此身上學習到領導的態度、特質與能力。

學者 Shepherd（1993）研究指出婦女因養育子女的經驗，自然培養出一種強烈的傳承心願與使命感，此特質成為本性中極為重要的一部份。這種特質進而轉換成帶領組織成長、帶領員工進步等不同於男性領導者的管理方式。彭懷真（1995）指出女性主管傾向多問部屬問題、促使部屬花更多時間去思考而自己僅是提供輔助和引導的角色。這樣的過程中，女性領導者本身也獲得源源不絕的創意與成長。

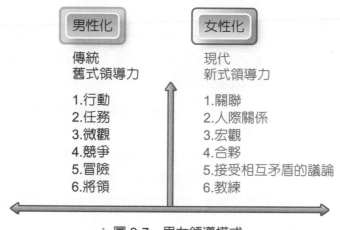

▷ 圖 9-7　男女領導模式

資料來源：Liz Cook & Brian Rothwell（2002，劉復苓譯），男女領導大不同，154，臺北：聯經。

　　Smith（1997）對照男女領導者的領導後，她認為女性領導者有六項明顯易於男性的領導風格：

1. **參與式的結構**：由組織的中心進行領導，目的是為讓位於中心的領導，可以將各個工作小組相連結，以便獲取各種管道的訊息。

2. **分享權力**：女性對權力的看法是權力被規範圍能量或強度，而非被視為掌握或統治別人的工具。將權力是做合作及互相依賴而非競爭及支配。

3. **資訊及技巧分享**：資訊及專家知識常被視為顯著資源，女性易將之視為權力的基礎，但她們更重視如何在組織中分享。鼓勵員工採較積極的角色參與，使員工感覺自己是重要的而增進自尊改善組織全體。

4. **衝突管理**：男性觀點認為衝突具威脅及負面的，需要被抑制。但女性觀點將衝突是為解決問題的重要方式，雙贏或折衷式可以獲得。重視以折衷與問題解決來化解衝突，也是女性領導者較常用的方式。

5. **支持工作的環境**：女性領導者所創造出的工作環境是溫暖的、傾聽的、鼓勵的、支持的、照顧的、同理的、相互信賴的。重視工作也重視人際導向。

6. **對於異質性的承諾**：女性主義反對對於性別、種族有關的壓迫，接受多元的領導型態是有效的，可創造男女更多的晉升階梯。

　　郭瑾瑜（1996）提出男性主管較傾向「交易式領導」（transaction leadership），女性主管較傾向於「轉化式領導」（transformation leadership）。

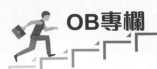 OB專欄

領導者不能只出一張嘴！從工程師轉換到 CEO，我覺得最難的事

最近許多朋友不約而同問我：「覺得從工程師轉換到執行長的角色，最困難的是什麼？」我的答案很簡單，就是「溝通」兩個字。

每次被問到這個問題，我很自然會回去檢討：「過去一段時間、我時間都是花在哪裡？」每次直接浮現的，毫無例外都是與人溝通的情景。倒也不是我身邊的人難以溝通，而是我發現溝通的確就是一個領導者最重要的事情，所以我很自然地把大部分的時間和心力放在上面。

官大學問大，講話聲音就大？

台灣的職場文化普遍存在一個問題：「官大學問大，講話聲音就大。」然後大家都要聽聲音大的，底下的人再有什麼異議就是不合群、就是挑戰長官。

這是一個完全錯誤的溝通方式、在我看來是阻礙進步的毒瘤。尤其是在網路業，這一種思維會嚴重阻礙組織的創新能力，因為在這個行業中，官大絕對不等於學問大，網路產業日新月異，幾乎沒有一個人可以一手掌握，一家企業要跟上時代、創造短期優勢都很困難，哪裡有官大學問大這種事情。

清楚明白這件事情之後，我自然就不會自以為是，在任何一個會議，我會盡量詢問大家的意見，鼓勵大家說出自己的想法，並且在收集到想法之後，真正做出決策去執行，如果我覺得這個想法不行，我會花時間詳細解釋為什麼我覺得不行（但是我總是會加上一句：「我可能是錯的，我們也許可以找個方式先試驗看看。」），我清楚地讓所有人知道「他們的意見會非常具體地影響到我的決策」，這是對於團隊成員一種潛在、但是非常具體的反饋，因為他們會知道他們的意見是有效的，是確確實實會影響到公司的決策。下一次，他們會更願意說出自己的想法。

領導者塑造「組織習慣」的重要性

東方的教育訓練出來的學生，普遍不愛問問題和提出自己的想法，因為我們從小受的教育就是單向式的填鴨教育，我們有標準的課本和考卷，大部分的事情都有標準答案，我們的師長也是同樣教育模式下的產物，自然會把這一套模式無限地複製下去。

這就直接影響我們離開學校之後，在職場上與他人應對的方式。養成一種不愛發言的習慣，習慣並不好改，所以我知道我要透過一次次的反饋，才能真正塑造一家公司開放的文化。

「組織文化」說穿了，其實就是「組織習慣」，如果要改變組織習慣，單純的宣導或是上成長課程都是沒有長期效用的，就跟人的習慣一樣，要改變一個組織的習慣，必須由領導人發動，採取具體的方式和制度一步步引導員工一起塑造組織習慣。這需要時間、也需要具體的執行方式，得來不易，充分溝通就是我採取的一個方式。

不是坐在你隔壁的人，就跟你是一個團隊

　　充分溝通也是現在任何企業能夠生存下去的一個關鍵，既然領導者不可能什麼都懂，那麼廣納意見、海納百川就是做出良好決策的唯一辦法，也代表你是真正在凝結一個團隊，我常常跟大家說：「不是說坐在你隔壁的人，就跟你叫做一個團隊」。

　　團隊是一個看不見的東西，默契是在一次次的溝通過程中逐漸產生出來，發揮綜效、成就單一成員無法成就的事情。中央集權的管理方式，只會阻礙團隊的凝結和溝通，因為員工彼此之間不需要交流，只要做好中央集權者交辦的事項就好，中央集權是工業時代的管理思維，早就已經不適用於腦力和知識工作者。

　　身為領導者，在溝通這一件事情上，最重要的就是承認自己不是一個全知全能的人，學會嘴砲之餘、更重要的是學會傾聽。

原文網址：https://www.managertoday.com.tw/columns/view/55530
出自《經理人》2018-01-01 LIVEhouse.in 執行長暨共同創辦人程世嘉

個案分析

題目一：請描述個案中女老闆「女性關懷」「家長領導風格」之特質

　　家長式領導包含三個重要元素：威權、仁慈和德行領導。威權是指領導與領導行為，要求對下屬具有絕對的權威和控制，下屬必須完全服從。仁慈是指領導者的領導行為對下屬表現出個性化，關心下屬個人或其家庭成員。德行領導則大致可以描述為領導者的行為表現出高度個人美德、自律和無私。

　　公司員工不論生活習慣或價值觀都與臺灣的女老闆截然不同，但因有膽識、俠氣及女性關懷的家長領導風格，使得二十年後的今天，仍有一批辦事員仍追隨著她。

題目二：女老闆的影響力是來自「管理」還是「領導」？

　　哈佛大學商管學院的 John Kotter 主張，管理就在於其能妥善處理錯綜複雜的事務。良好的管理藉由擬定正式的計畫、設計嚴謹的組織結構和監督計畫的成果，而產生有次序的一致性原則。相反的，領導則在於其能巧妙應付變化多端的事物。領導者先藉由對願景的勾勒來建立方向，然後再對人們溝通並激勵其克服障礙，以獲得人們的合作。個案中的女老闆，所面臨的難題皆為不可預測且無法經由正常管道來解決，所以其影響力來自於「領導」。

題目三：女老闆是要如何改變管理或領導的模式，以因應上海勞工特性相契合的效益式領導模式？

　　根據個案中的描述，女老闆曾為了公司以自殺來作為抗議是屬於魅力型領導，願意承擔高個人風險、付出高昂代價即自我犧牲以成就願景，而薪資與勞動合同變動較有關聯的是屬於基層的員工，因此對於基層的員工應採取交易型領導的方式，也就是偏向績效導向。對於中高階的部屬，還是維持原有的魅力型領導。

本章摘要

1. 領導是什麼？學者 Richards & Engle 於 1986 年研究指出領導（leadership）的定義；是關於建構願景、價值與創造環境，使任務完成。Rost 則在 1991 年指出，領導是介於領導者與追隨者間，為了達成共有目的改變所產生的交互關係。包括：領導者的特質、行為、影響、互動交流的模式、角色關係及管理層級的職位。Blake & Mouton（1981）認為領導是一種管理行為，而此項行為可以提供員工生產力、鼓勵創新、解決問題，使員工在工作過程中達到滿足。Greenleaf 認為領導是擁有高瞻遠矚的看法，重視團隊力量，並與部屬取得共識，達成目標的能力。

2. 領導理論研究發展，1904 年代，以特質取向探討領導能力是天生。1940 ～ 1960 年代，以行為取向探討領導效能與領導行為關聯性。1960 ～ 1980 年代，以權變取向探討領導受情境因素影響。1980 年代，以新型領導取向探討領導具有願景。

3. 管理者是執行者同時是領導者。Glueck（1977）的歸納，權力基礎包括：(1) 法職權（legitimate power）；(2) 獎酬力量（reward power）；(3) 脅迫力量（coercive power）；(4) 專家力量（expert power）(5) 敬仰力量（respect power）。

4. 華人領導學的研究歷程同於西方，是理論推衍先於實證研究，在臺灣方面，最早有 Silin（1976）的家族式領導行為研究，以及鄭伯壎（1982）的中國家族企業經營者領導行為研究，其中以鄭伯壎的家長式領導研究最為持續、深入與完整。蘇英芳（2007）研究指出，華人領導學的科學研究進程是循序漸進，從威權領導概念形成、仁慈領導理論發展，進而擴充到德行領導的軌跡。

5. 當代領導角色包括：師徒制、自我領導與線上領導。

6. 女性領導議題：Smith（1997）對照男女領導者的領導後，她認為女性領導者有 6 項明顯易於男性的領導風格：參與式的結構、分享權力、資訊及技巧分享、衝突管理、支持工作的環境、對於異質性的承諾。郭瑾瑜（1996）提出男性主管較傾向「交易式領導」（transaction leadership），女性主管較傾向於「轉化式領導」（transformation leadership）。

本章習題

一、選擇題

(　　) 1. 何種類型的領導者鼓勵跟隨者將組織利益於個人私利之上，而且對跟追隨者有深厚、特別的影響力：(A) 魅力型 (B) 成長型 (C) 交換型 (D) 交易型。

(　　) 2. 認為團體績效有賴於領導者的風格，以及情境給予領導者之控制權或影響力之間的適當配合：(A)Fielder 模式 (B) 情境理論 (C) 領導者 - 成員交換論 (D) 路徑 - 目標理論。

(　　) 3. 在領導方格內哪個坐標被認為最理想的角色：(A)(1,9) (B)(9,9) (C)(5,5) (D)(1,1)。

(　　) 4. 領導方格是根據何種研究理論發展出來的：(A)Lewin 的研究 (B) 密西根大學的研究 (C) 芝加哥大學的研究 (D) 俄亥俄州立大學的研究。

(　　) 5. 何種理論將領導行為分為「結構建立」與「體恤」：(A) 俄亥俄州立大學的研究 (B) 領導者 - 成員交換理論 (C)Lewin 的研究 (D) 密西根大學的研究。

(　　) 6. 何種理論將領導行為分為「生產導向」及「員工導向」：(A)Lewin 的研究 (B) 俄亥俄州立大學的研究 (C) 路徑 - 目標理論 (D) 密西根大學的研究。

(　　) 7. 認為領導者會與不同的部屬間建立起差異的關係的是：(A) 芝加哥大學的研究 (B) 領導者 - 成員交換理論 (C) 決策理論 (D) 情境理論。

(　　) 8. 領導者在幫部屬澄清如何完成工作、達成個人目標，會在 4 種最常使用的領導風格中，挑選出最適合的一種來為員工釐清方向：(A)Lewin 的研究 (B) 成員交換理論 (C) 路徑 - 目標理論 (D) 決策理論。

(　　) 9. 將行為理論歸納出 3 種領導的基本型態：獨裁的、民主的、及自由放任的是：(A) 密西根大學的研究 (B)Lewin 的研究 (C) 芝加哥大學的研究 (D) 俄亥俄州立大學。

(　　) 10. 何種領導者應有願景、願意承擔風險以完成此願景，能敏銳地察覺部屬需求，能表現出超乎尋常的行為：(A) 魅力型 (B) 穩定型 (C) 轉換型 (D) 交易型。

二、名詞解釋

1. 特質理論
2. 權變理論
3. 領導方格
4. 魅力領導
5. 自我領導

三、問題與討論

1. 請問管理者與領導者之差異為何？
2. 依據 Glueck 提出權力基礎包括五種內涵，請說明此五種內涵，並舉例分析所產生的影響。
3. 領導特質論中，所提出之有效領導七種特質，請問題那七種？並分析自己具備那幾種特質。
4. 請解釋轉換型領導與交易型領導之差別。
5. 華人領導學在蘇英芳（2007）之研究中提出之「發展」的軌跡為何？

參考文獻

1. 王志剛，(1988)，管理學導論，出版：台北華泰圖書，231-232.

2. 何書慧，(2011)，銷售人員的人格特質對其工作績效的影響 - 以主管的領導風格為干擾變項，中山大學人力資源管理研究所碩士論文，未出版。

3. 張慧銖，(2009)，圖書館管理：領導與溝通，圖書館館刊第 18 期，http://www.lib.ncku.edu.tw/journal../18/18-1_1.htm

4. 鄭伯壎，(1990)，領導與情境 --- 互動心理學研究途徑，台北：大洋出版社。

5. 鄭伯壎，(1991)，家族主義與領導行為，中國人‧中國心－人格與社會篇，高尚仁、楊中芳主編，台北：遠流出版社，366-407。

6. 鄭伯壎，(1995)，家長權威與領導行為之關係：一個臺灣民營企業主持人的個案研究，中央研究院民族學研究所集刊，79 期，119-173。

7. 鄭伯壎，(1998)，家長威權與領導行為之探討 (II)，行政院國科會研究報告。

8. 蘇英芳，(2007)，附加道德的魅力領導，家長式領導與領導效應之研究，中山大學博士論文。

9. Blake, R.R., & Mouton, J. S., (1981). Breakthrough in organization dereiopment, Harvard Business Review. November-December, p136.

10. Bryman, A., (1992). Charisma leadership in organizations. London: SAGE.

11. Conger, J. A., & Kanungo, R. N., (1987). Toward a behavior theory of charismatic leadership in organizational settings. Academy of Management Review. 12(4), 627-647.

12. Glueck, W.F., (1977). Management, Hinsdale, IL: The Dryden Press.

13. Joseph C. Rost, (1991). Leadership for the Twenty-First Century. New York: Praeger.

14. Kirkpartrick, S.A., & Locke, E. A., (1991). "Leadership: Do Traits Matter?" Academy of management Executive. 5, 48-60.

15. Richards, D., & Engle, S., (1981). After the vision: Suggestions to corporate visionaries and vision champions. In J.D. Adams (Ed.), Transforming Leadership. 199-215.

16. Shead, M., (2007). Five most important leadership traits. Retrieved June 16, 2009.

17. Steven L. McShane & Mary Ann Von Glinow, (2006). Organizational Behavior － emerging realities for the workplace revolution, 3e. McGrawHill.

18. Zey, M.G., (1984). The mentor connection. Homewood, IL:Dow Jones-Irwin.

10

權力與政治行為

學習目標

1. 認識組織中的權力類型與功能。
2. 不同的權力特性如何運用不同的策略。
3. 何謂組織政治？
4. 組織政治產生哪些政治行為。
5. 探討影響政治行為的因素。

本章架構

10.1 權力的定義
10.2 組織權力的來源
10.3 權力的功能
10.4 權力的特性
10.5 權力的運用
10.6 權力運用策略
10.7 組織政治
10.8 影響政治行為的因素
10.9 政治行為的回饋

What to Do When a Coworker Goes Over Your Head

保持穩固的關係

　　迪瑪‧賈威（Dima Ghawi）任職於一家《財星》雜誌二十大企業，她調到一個新單位當經理，這是她加入公司後的第一個管理職務。她不知道一個新屬下卡蘿（Carol）很不高興自己沒有被提拔為經理。團隊成員分散在世界各地工作，但這並沒有阻止卡蘿去向迪瑪的上司嘮叨訴苦。

　　「她告訴他有關我的溝通和管理作風的錯誤訊息」迪瑪解釋說。「她希望他質疑我的能力。」糟糕的是，上司和卡蘿已共事多年，因此起初他聽信她的話，指責迪瑪「偏袒徇私」，創造了「苛刻的工作環境」。迪瑪聽到後大為震驚，上司這才說他一直接到卡蘿的「側面消息」。

　　迪瑪駁斥了卡蘿的話，而且雖然她知道自己最終還是得和卡蘿談談（最好是當面談，那得等到她下回到卡蘿的工作地點時），但首先她把重點放在和上司建立較穩固的關係上。她安排每週一次和上司會面，討論團隊動態，並處理任何進一步的投訴。而且她讓卡蘿知道自己和上司定期會談。最後，她和上司合力為卡蘿找到另一個較適合的職務。卡蘿調到另一個部門，一待十多年。

　　迪瑪說她著眼於事實，而度過難關。「我深知，當時我為我的團隊和客戶做的是正確的事情，像卡蘿這樣的人不會毀了我。」

資料來源：（侯秀琴譯）
Amy Gallo/ 哈佛商業評論中文版數位版 /2017/1/10
https://www.hbrtaiwan.com/article_content_AR0006679.html

 問題與討論

1. 請依據個案描述，分析並解釋此個案屬於哪一類的「組織政治行為」？

2. 請分析影響個案中 Dima Ghawi 與 Carol 兩人採取的組織政治行為的因素？

3. 請說明在個案中，哪些事情該做？哪些事情不該做？

10.1 權力的定義

Oxford 英文字典中，認為權力是一種能達成某件事，或是影響其他人或事物的能力（Wartenberg, 1990）。學者將權力（power）視為一種強制力或影響力、潛在能力或實際行動、某人對他人單方面的影響以及個人（或團體）與組織中個人（或團體）角色間雙方交互作用的歷程。人們經常擁有權力而沒有運用，或甚至可能不知道自己擁有權力。權力存在於相互依賴的互動情境中，個體運用自我潛能的發揮，解以遂行意志，且透過資源的控制與分配，影響或控制他人服從，支持或合作的一種影響力，已達成所欲之結果。（鄭進丁，1990）並分析西方權力研究取向的轉變可以 1930 年代為分水嶺，1930年代以前是將權力看作一種勢力（force）或強制力（coercion），權力的運用多以政府管理、軍隊領導以及政治外交等層面的討論。1930 年後社會心理學家以社會科學研究方法研究組織行為後，以影響力（influence）來說明權力的意涵。

組織中的權力有三個特性：一、權力必須是相關的：權力必須與他人相關；二、權力是視情境而定的：權力的操弄必須是操弄者與被操弄者的關係而定，權力操弄者如要達到其目的，就必須控制被操弄者所渴慕與珍惜的資源；最後，權力必須植基於對於資源的擁有與控制：只要所控制之資源未被操弄者所渴求，權力的行使往往即可達成。（秦夢群，2005）

廣義而言，權力是一種使他人順從的力量，也就是權力是權力擁有者（權利主體）控制或影響權力接收者（權力客體）的行為或態度，促使群力接收者服從合作的能力。也需考量權力客體是否有能力接收並且有意願服從。若權力擁有者不懂得行使權力，或權力行使者提出超過權力客體能力範圍以外的要求，抑或權力接收者對權力行使者的要求不予理會，就無法產生權力的操弄。

綜括中外學者對權力的定義做一整理，歸納為以下六點：（林沛雨，2009）

1. **權力即影響力**：是大多數學者所認定的，指權力即個人影響決策過程的能力，源自於職權或個人特質，有些人職權不大，但對於決策確有重大影響力。

2. **權力即正式結構下之力量**：權力是源於層級與關係，因此權力是正式結構下所存在的力量。

3. **權力即產生意欲效果之力量**：權力本質是指對其他人行為的控制，是你促使事物按照預期方式所發生的力量，而影響是指當你行使權力時所擁有的，而且是以他人受你行使權力的行為反應來表達。

4. **權力即關係**：權力被視為一種相互作用控制的關係，在交互作用過程中雙向流動及消長，端視在權力場域中人員互動的結果。此觀點著重在人際間的交互關係中。

5. **權力即效率**：以成本觀點看權力，認為權力之成本是權力關係構面。

6. **權力即革新的潛能**：權力最廣泛的意義在於具有革新的可能性，以及達成共同目標的能力，所以權力為激發革新的一種潛能。

10.2 組織權力的來源

學者對權力的來源探討分歧，社會學家 John French 與 Bertrand Raven 於 1959 年提出五種最具代表性的權力來源：合法權（legitimate power）、獎賞權（reward power）、強制權（coercive power）、專家權（expert power）及參考權（referent power）。Percy（1996）認為專家權是一種認知權力的來源。

Robbins（1983）提出權力影響力，包括「向上影響」、「向下影響」及「水平方向的影響力」。Student（1968）以法定權、專家權、參考權來探討上司的影響力對工作群體績效的影響。Mcfillen（1978）則藉由獎賞權、懲罰權來探討管理者的權力對管理者與物屬關係的影響。Yukl and Falbe（1990）則以權力基礎與個人權力、職權的概念，探討橫向、對下關係權力來源的不同。

洪裕欽（1994）進一步分析權力的來源如下：

1. **正式權力**：正式權力是建立在組織或團體中一些特定職位有關的特權、義務與責任。包含法定的權力、物質與精神的獎賞控制權、懲罰的控制權、訊息的控制權與法令的明文規定。

2. **個人權力**：個人權力是經長期孕育而成，所產生力量之強，範圍之廣，影響之深，遠甚於法令所規定或職位所賦予。包含個人專門的功能、特質的魅力、情感的權力、價值觀、經驗的累積、儀容、口才、聲望及個人的財富等。

3. **政治活動權力**：是一種在參與活動的歷程中，領導者或組織成員，為增強自己或組織中權力來源的維持與爭取，所做的努力，包含決策制定過程的控制、人際的網絡（資訊的聯結、供應的聯結、支援的聯結）。

10.2.1 正式權力

曹學仁（1997）綜合學者看法，歸納出 7 種權力的基礎：分為正式權力、個人權力。正式權力乃根基於個人在組織中的職位。

1. **合法權（legitimate power）**
   指經法規所賦予而得到的權力，係組織中最正式、最基本的一種權力。也就是說，領導者據此可以分配、指導部屬工作，且部屬必須服從其命令的權力。

任何組織的運作，有一種符合組織目的的管理規則，這種規則常是明文規定每一職位的功能及運作程序。

2. **強制權**（**coercive power**）

指領導者藉由強硬高壓的態度與行為，驅使部屬服從的權力。該種權力隱含「做……否則你就……」的意味，逼使不順從者完成其應盡之義務。這種以力迫或威脅的方式，比直接用懲罰制裁的方式較易使部屬順從，當其他權力運作都無效時，可以考慮使用這種威脅力迫的權力，藉以製造恐懼、緊張的壓力，達到預期的目標。

3. **獎賞權**（**reward power**）

指領導者於組織中掌握足以影響部屬記功、嘉獎、陞遷或其他形式酬賞等資源的權力。當成員抱持「不求有功，但求無過」的心態時，此權力可能是一種最無效的影響權，故當運用獎賞權時，應考慮部屬的真正需求，是否可藉由其他方式改變其行為或態度。

10.2.2　個人權力

在組織中，無論你有無正式職位，你都可能擁有權力。

1. **專家權**（**expert power**）

指領導者憑其專業知能、學術經驗或技術而贏得成員信服，並藉以指導成員完成其工作目標的權力。此種權力是一種個人的權力，能有效地透過系統的過程以及所支配的資源去影響組織發展。

2. **參照權**（**referent power**）

指領導者藉由個人崇高的人格情操與修養而贏得部屬認同的權力。此種權力係透過日常人際互動的作用，以個人魅力與人格特質的影響，以達成工作目標。

10.2.3　政治權力

1. **資訊權**（**information power**）

指領導者因個人掌握製造或獲得資訊的機會，而足以影響他人對訊息需求的權力。領導者必須藉由控制資訊的路徑，獲得解決問題的必要資訊，並據以提供解決問題的方案，以有效控制組織。

2. **關聯權（association power）**

指一種建立在領導者與組織成員間或與組織外重要人物關聯的權力。此種權力乃建立在和組織內、外的有力與重要人物關聯基礎上，組織成員想要從這個關聯中得到好處，或避免這個關聯所帶來的壞處。

10.3 權力的功能

學者對於權力的研究非常多，歸納出權力的功能即具有支配、生產、解決衝突、穩定社會機制之功能。依據 林沛雨（2009）探討公立大學校長權力運用研究指出：

1. **權力具有支配之功能**

綜合社會學家 Marx Weber and Michel Foucalt 對權力的不同論述，權力是一種支配的力量，即是主體擁有支配的力量，而去強迫被支配者的客觀服從；其成為一種宰制他人的工具，且僅於管理者身上，是一種控制意識形態的工具，可以藉著權力的運作而控制其思想觀念。（引自林淑芬，2000）

2. **權力具有生產之功能**

Foucault（1980）認為權力之所以被人們接受是因為他能產生事物、引起愉悅、形成知識、產生論述。他是一種在整個社會中流動的生產性網絡，他不是獨斷的，他從未完全控制。權力被行使於被支配者，同時行使於支配者；期間關涉到一個自我行程或自我主宰的過程。

3. **權力具有解決衝突之功能**

組織衝突的產生乃在於專業分工造成組織內部的相互依存關係，而專業分工與複雜的環境因素，會使得組織成員對組織目標與技術理念的看法產生衝突，而在組織資源稀少的情形下，衝突便會加劇，以致有權力的運用產生。然而，在正式的組織當中，組織所隱含的理性層面會克制衝突的升高，也就是會考慮事件的嚴重程度與權力的分配態勢，組織成員會審慎評估此二因素，運用各種方法改變均勢，造成對自己有利的局面，並化解衝突。（陳慶安，2000）

4. **權力具有穩定社會機制之功能**

Hobbes & Machiavelli 是提出權力論述的先驅，前者強調因果關係，並提出一系列關於統治權與社群的爭論。後者認為權力的功能在於組織與策略。（引自 Clegg, 1989）Hobbes 對於權力的看法是單向度的因果關係。在國家權力的運作下，形成一個由上而下且具有秩序的決策模式。也就是認為唯有強而有力的權力運作，方能追求目標的實現，以及創造一個穩定的社會機制。

5. **權力具有激勵之功能**

權力是一種激發個人或群體認知、情意與行動發展的行為方式與影響力。（黃宗顯，1999）。此種權利觀認為權力資源並不全然是有限的或非盈即虧的，不會依鼓勵部屬行使權力，就使領導者的權力縮小。此種權力互動不再是支配或控制的，而是將權力是為鼓勵成長的新力量，但值得注意則在激勵的過程中，組織原有的階層仍是存在的，只是擁有權力者運用權威，透過有效權術的運用，來達成組織目標及促進個人成長（Dunlap & Goldman, 1990）。亦即權力具有影響他人的功能，亦能透過賦予他人權力、支持其行動來達成預設目標，而產生激勵成員成長與行動的功能。

10.4 權力的特性

權力運作系權力主體依照權力類型，運用權力形式和機制，而進行一種客體同意的控制或強制要求（林月盛，2003），實務上，在權力運作下可能會產生衝突或整合的結果現象，前者可能會導致組織的紛憂對立，嚴重時或許會造成組織崩解與改造，而後者或許會增進組織的和諧而提升組織效能。

權力的運用牽引著權力主體與客體之間互動關係，其主客之間自然有相對的運作特性，認為權力可在「制度」、「論述」、「實踐」中起作用。相關權力運作特性取向如表 10-1 說明。

▶ 表 10-1　權力特性運作取向

權力特性	運作取向
複數性	階層壓制論、科層體制觀、社會交易觀
非強制性	改造的能力、充分的能力、相互影響的能力
有效應性和不確定性	多面向運作、是結構性的活動、有效的權力效應
有意圖和道德中立性	非社會控制、非絕對至高無上的、透過部屬執行權力
有效性和現實性	無所不在的、隱含著潛在性的「權力潛能」
非對稱性	非對價存在、相對的主客體位置、不必然有相同價值結果的
相互作用和相對性	相對的關係、主客體互動的結果

資料來源：蔡培村、武文瑛，2004，領導學：理論-實務與研究，323-326.

10.5 權力的運用

黃毅叡（2007）歸納權力運用方式有：分別為來自法規賦予，為組織中最基本的法定職權；透過強硬、高壓的態度或行為，迫使成員順從的強制權力；運用激勵或資源的獎酬，發揮影響、促使成員改變決定的激勵獎賞；透過個人特質，贏得成員認同的參照認同；藉由專業知能，獲得成員信服的專家取向；以及建立在組織成員與重要他人彼此互動上，所衍生之人際關聯等。

亦指權力運作（operation of power）係指利害關係人在權力競逐的過程中，為發揮影響力以達所欲之目標，乃針對個人所處之情境，選擇並付諸實際行動的各種權力模式，其中權力來源只讓他人願意改變的力量來源，包括屬於個人外在組織所賦予的或社會的期許、屬於個人內在隱含或散發出來的特質、來自於人際互動彼此所產生的關聯等，依序為職位規範、個人特質、政治行為等三種。

【微電影】職場有沒友
https://www.youtube.com/watch?v=nz20iLiVET8

至於組織內的權力運用策略，如果就領導者與組織成員之間的互動模式，李玉惠（2000）提出校園權力運作五個策略參考模式，分別是：

1. **參與的（with）權力運作**

   藉由共同參與、相互領導、促進認同、匯聚共識，以達增能授權（empowerment）的目標。

2. **滲透的（through）權力運作**

   透過文化薰陶、理念分享、促進認同、完成目標，以達柔性領導之訴求。

3. **創造的（create）權力運作**

   發揮專業知能、增進工作滿意度、提高工作績效與品質，以達擴權增能之功效。

4. **專制的（over）權力運作**

   採行高壓手段、權威脅迫，成員被動服從或作為，通常在較成熟的組織內部、或組織面臨危機必須緊急處理時較適用。

5. **對抗的（against）權力運作**

   透過正式與非正式組織，串聯對抗、反對權威、爭取個人或組織權益，通常容易造成組織內部的衝突與挫敗。

學者蔡仁政（2011）提出有關權力運用策略的分析研究，若以法定職權、強制權力、激勵獎賞、專家取向、參照認同、人際關聯等 6 個層面進行分類，發現普遍在人際關聯方面有較多的權力運作策略，代表在人際互動愈來愈為複雜的民主社會中，屬於人與人之間交互影響力的發揮佔有舉足輕重的地位。

10.6 / 權力運用策略

　　所謂權力運用是指隨著情境的不同，把各種權力來源或基礎加以使用，也就是如何把權力來源或基礎轉化爲實際影響的行動方式（黃宗顯，1999）。Roobins 則認爲權力運用策略辨識說明權力「how」的問題，具有動態與動作的含意。（Robbins & Judge, 2007, 2010）

　　探究權力運用的策略之前，需先洞悉權力運用的條件，方能周全考量權力行使的可能結果。Pfeffer（1981）認爲在面臨不確定之情況，或缺乏共識之情形時，將會促使個人運用策略而獲取權力，並產生有利結果的相關活動。以下圖 10-1 說明權力運用之條件模式。

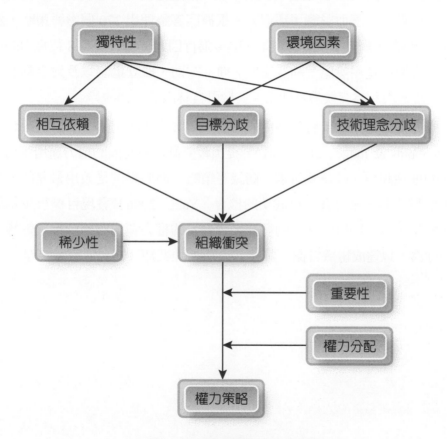

▶ 圖 10-1　權力運用之條件模式

資料來源：Preffer, J.(1981). Power in Organizations. HarperBusiness. 69.

權力存在於人群和團體中，因此組織系統存在成員操作權力之遊戲，以展現其影響力。權力運用策略（trategy of power）可從稀少資源基礎觀點，分析權力運作之模式。權力運用策略只運用權力基礎的技巧或手段，透過權力運用策略才能使權力基礎發揮更大的影響力。領導者只是擁有權力是不夠的，他還須適當地運用策略。

　　Kipnis、Schmidt 與 Ian Wilkson（1980）試圖確認人們在工作時所使用的權力戰術（power tactics），要求 165 位企管研究所學生，描述他們成功地使別人去做他們所要求的事，以及他們做了什麼而影響了那個人。根據回答整理出 370 個影響策略，進而編製成 58 個題目的問卷，調查了 754 個樣本，隨後進行因素分析，確認 8 種權力的策略；討好迎合、理性說服、運用獎懲、利益交換、向上求助、孤立抵制以及建立聯盟。其中討好迎合、理性說服與利益交換最常使用。（摘引自林雨沛，2009）

　　大部分研究權力運用的學者，係從如何使人順服的觀點切入，並衍生出眾多的權力運用策略。Robbins & Judge（2007, 2010）提出較受歡迎與有效的權力運用策略，並認為其中最有效的理性說服、鼓舞式訴求、商議等策略，而施壓則是效用最差的，甚或可藉由同時使用多種策略，來提升自己成功的機會。Yukl（2006）發現目標很少是簡單要求就可以達成結果，於是開啟了「主動發揮影響力」的權力運用策略，俾利影響上司、同僚與部屬的行為，以達成組織目標。如表 10-2 引據陳奕翔（2012）研究整理。

▶ 表 10-2　使人順服的行為影響之權力運用策略表

學者	權威系統	意識型態系統	專業知識系統	政治學系統
Etzioni	強制權	規範權		利酬權
Brown	控制資源	控制意識		控制參與及決定議程
Blanke	制御權	創造權	擁有權	抵抗權
Mieres	貫徹權			
Fairholm & Fairholm	控制決定規準			控制會議議程
	訴諸法定權威	施展人格魅力	提昇成員職能	運用模糊政策
	強制要求執行	訴諸理性認同	尋求專家支持	運用冒險策略
	調整人事結構	組織儀式慣例	形塑專業形象	建立內部聯盟
	直接督導行動	使用象徵符號	尋求媒介人物	攏絡反對勢力
	資源控制分配	內化組織精神		協商談判結果
	運用獎懲賞罰			
Forsyth	恃強凌弱			
	明確宣示		專業評價	訴苦抱怨、商量討論
	指責批評		自己動手	故意疏離、躲開逃避
	直接要求	約定承諾	幽默風趣	既成事實、討好迎合
	懲罰痛擊	鼓舞激勵	示範教導	結合力量、操縱控制
	當面要求		勸導說服	談判協商、堅持己見
	運用獎賞		奚落貶抑	懇請祈求
	威脅恐嚇			
Robbins	合法性	鼓舞式訴求		商議、交換、逢迎
	理性說服	個人式訴求		施壓、聯盟
Yukl	理性說服	啓發性訴求		諮詢、合作
	合法正當性技巧	個人訴求示好	通告	交換條件、壓力、策略聯盟技巧

資料來源：陳奕翔，2012，國民小學校長權力運用策略、組織生命週期與組織架構類型對學校組織效能影響之研究，
　　67。

權力策略究其本質，乃基於不同的權力觀點與權力基礎所衍生創造。因此權力策略之研擬與創造，也可以權力來源類型進行列舉，列舉如表 10-3。

▶ 表 10-3　不同權力下的權力運用策略

	基於法職權的權力策略	基於個人專業的權力策略	基於政治權的權力策略	基於轉化權的權力策略	基於對抗權的權力策略
權力運用策略	明確宣示 給予懲罰 提供獎賞 組織結構	個人吸引 示範感召 運用專業	談判交涉 折衷妥協 人際聯盟 控制資訊 控制議題 操弄情境 討好迎合 懇請祈求 疏離隔絕 運用模糊 即成事實	理性說服 鼓舞啟發 建立願景	消極怠工 進行罷課 訴諸媒體 暗中破壞

資料來源：陳文彥，2007，學校權力結構之研究：新制度論的觀點。37

10.7　組織政治

Wilson（1995）認為組織政治（organizational politic）是一種有害組織效能，讓個人獲取權力目的活動。Mayes & Allen（1977）認為組織政治是一種影響力的管理，為了達到非組織認可的目標，或使用非認可的手段，達到組織認可的目標。Ferris 等人（1989）則表示組織政治是一種社會影響力的過程，在這個過程中所有行為是經過設計，用來極大化個人短期或長期的利益。而這種個人的利益，有時會與他人的利益一致，但有時則是犧牲他人利益而得到的。學者李安民（2002）研究定義；政治行為是一種運用社會影響力的方法，用來促進或保護個人的私利。

利益，是組織政治運用的驅動力，而利益獲得或失去則有賴於個人對於組織政治的知覺強度，Lewin（1936）則認為個人的反應往往是基於對外在事實的知覺，而非事實的本身。可知，知覺是個人主觀的認知判斷。Ferris & Kacmar（1992）將組織政治知覺定義為個人、群體及組織，各自致力於追求自我利益的活動，而組織成員對於這些活動的認知名價與主觀經驗，就是構成員工在組織中的政治知覺，組織成員會依據自己的認知來發展自己在工作環境中的政治行為。

　　Ferris、Russ & Fandt（1989）所提出的組織政治模型被廣爲討論。如下圖 10-2，在模型中，組織政治之覺得前因變項包含：(1) 組織因素；(2) 工作環境因素；(3) 個人因素等，而後果變相則包含：(1) 工作投入；(2) 工作焦慮；(3) 工作滿足與；(4) 組織退縮等。

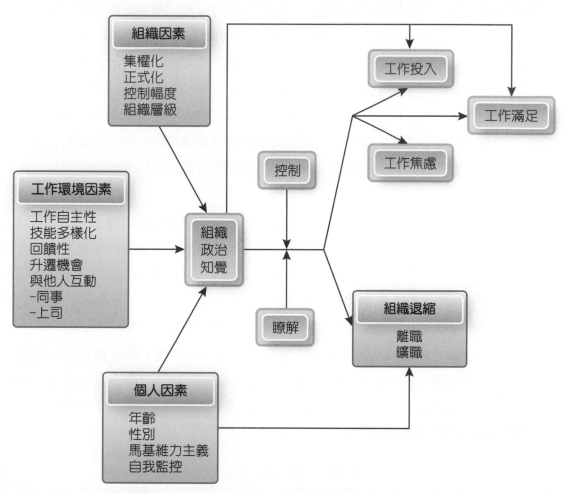

▷ 圖 10-2　組織政治模型

資料來源：Ferris, G.R., & Russ, G.S., & Fahdt, P.M.,(1989). Impression managment in the organization: 143-170.

　　由此模型中可知，當組織成員意識到在組織中有政治行爲存在時，一般會有三種反應，(1) 組織成員選擇從組織中退縮，可能會透過離職或曠職等方式，避免直接涉入到組織政治之中；(2) 組織成員選擇繼續留在組織之中，有可能變得更投入工作，並刻意忽略組織中存在的政治行爲；(3) 組織成員選擇更投入組織政治活動中，並透過增加其對組織的了解及控制程度，來減少對組織決策的模糊性，以降低工作焦慮及提高工作滿足。（摘引自王玠瑛，2013，p17）

10.7.1　組織政治行為

Ferris & Kacmar（1992）將組織政治行為（organizational political behaviors）定義為：個人、群體及組織各自致力於追求自我利益的活動。而組織成員對於這些活動的認知評價與主觀經驗。亦就是對工作環境中行為和事件的認知評價與主觀經驗，構成員工在組織中的組織政治行為，而成員根據自己的認知，發展自我在工作環境中的政治行為。

Wilson（1995）則提出；所謂組織政治行為可解釋為人們依其對組織政治的主觀經驗，就先前真實狀況的知覺作為反應。Madison（1980）的調查報告中95%的受訪者均認為組織政治對個人目標的達成是一種必要的手段。事實上，在組織中的政治行為，通常是高度隱密並且具象徵性。雖然政治在組織中扮演重要的角色，但人們卻對其發生的過程知之甚少。且因個人的主觀知覺有所不同，相同的行為在不同的組織內發生，可能具有不同的解釋。

政治行為超出個人工作上的要求，它起源於個人企圖運用本身的權力基礎。包括努力影響與「決策」有關的目標、準則和程序。各種政治行為，例如對決策者隱瞞重要資訊、聯盟、告密、散布謠言透露組織活動的機密資訊給大眾媒體為彼此的利益在組織中交換好處，或者為特定個人或決策選項展開遊說或抵制活動等。Ferris et al.,（1996）認為對於組織政治的知覺，是從上司、同事和組織政策與實務等等行為所引起發的。

Mayes & Allen（1977）定義組織政治是一種影響力的管理，為了達到非組織認可的目標，或使用非認可的手段，達到組織認可的目標。因此以目的─手段矩陣（如表10-4）來說明組織政治行為的後果可能是有利於組織或有害的，而使用的手段也可能是合於組織規範或不合於組織規範的。

表 10-4　組織政治的面向

影響的手段	影響的目的	
	組織認可的	組織不認可的
組織認可的	非政治性的工作行為	政治性的行為 非功能性的
組織不認可的	政治性的行為 對組織具潛在的功能性	政治性的行為 非功能性的

資料來源：Mayes, T.B. & Allen, W.R., (1977). Toward a definition of organizational politics. Academy of Management Review, 50(6), 672-678.

整理 1970 至近期國際學者對組織政治現象之研究，條列如下：

1. 不被組織認可的自我服務行為（self-serving）。

2. 個人或組織非正式且含有狹隘、分歧不和的行為；以技巧觀之，則為非法且不被正式管理當局認可接受的專門技術；這樣的行為將造成個人或團體間的敵對爭鬥，更以政治競技場（political arena）隱喻組織內的政治活動。

3. 個人為迎合上意所表現的策略。

4. 在利益團體中使用權利以影響組織決策制定之行為。

5. 一種社會的影響過程，可能對組織產生功能性或非功能性的結果。

6. 組織政治是一種社會影響的過程（social influence process），其行為是經策略設計以獲得極大化短期或長期的個人利益，而其結果可能與其他人的利益一致，或是需藉犧牲別人的利益以成就自己的利益。

7. 組織政治活動的施行，是個人藉由對權力及其他資源的取得、加強及使用，以便在不確定或是紛擾的環境中，獲得其想得到的產出結果。

8. 是在組織中想要藉以獲得利益或升遷（get ahead）的一種方法，是一種動態的影響過程，以便在工作任務表現外，產生額外的產出結果；或是一種影響現有組織管理程序，而獲得不被組織允許的所得。

9. 政治行為的認定因人而異，某人所謂的「組織政治」，很可能是另一個人眼中的「有效管理」。實際上，並非有效管理就一定得施展政治行為。如表 10-5（摘引自 Robbins 組織行為學，黃家齊編譯，2011，13-16）

表 10-5　組織政治行為的認定因人而異

	VS.	
1. 指責別人	VS.	1. 穩固職責
2. 阿諛奉承	VS.	2. 發展工作上的關係
3. 拍馬屁	VS.	3. 表明忠誠
4. 推卸責任	VS.	4. 授予職權
5. 留一手	VS.	5. 預籌腹案
6. 製造衝突	VS.	6. 鼓勵改革與創新
7. 結盟	VS.	7. 促進團隊合作
8. 告密	VS.	8. 提高效率
9. 詭計多端	VS.	9. 事前規劃
10. 逾越本分	VS.	10. 有勝任能力

11. 野心勃勃	VS.	11. 有事業心
12. 投機取巧	VS.	12. 機敏靈活
13. 狡猾奸詐	VS.	13. 務實取向
14. 自大的	VS.	14. 自信的
15. 吹毛求疵	VS.	15. 留意細節

資料來源：Based on T. C. Krell, M. E. Mendenhall, & J. Sendry, (1987)"Doing Research in the Conceptual Morass of Organizational Politics," paper presented at the Western Academy of Management Conference, Hollywood, CA, April 1987.（摘引自 Robbins 組織行為學 , 黃家齊編譯 ,2011，13-16）

學者陳義勝、蘇明琪（1994）提出從組織管理面探討組織政治之現象研究，說明組織政治行為與管理之間的關係：

1. **組織政策與實務**

   是指組織如何藉由政策的執行進而獎勵了政治行為並使其恆久存在於組織中。（Ferris & King, 1991; Kacmar & Ferris, 1993）組織中的人力資源系統可能會在不知不覺中獎勵了那些使用運用了政治行為的個體，而處罰了其他個體。如此，會鼓勵這些運用了政治行為的個體，持續的表現出政治行為，而原本未運用政治行為的個體也會因而察覺到自己因為那些運用了政治行為的個體而被不公平的對待，因而加以仿效其政治行為（Kacmar & Ferris, 1993）。

2. **上司的行為**

   由於直屬主管乃是員工獲得組織相關資訊的重要來源，因此直屬主管之行為往往影響員工甚鉅。Ferris & Kacmar（1992）認為主管的行為乃是構成部屬政治行為的主要要素之一。個體可能會藉由知覺對其主管的信賴程度來決定其組織政治行為（Drory, 1993）。更進一步來說，基於社會學習的觀點，主管不僅影響了部屬的政治行為，部屬更可能會對其行為加以仿效（Madison, 1980; Porter, Allen, & Angle, 1981）。

3. **同事和小團體的行為**

   在組織內社會化的過程中，個體接收組織資訊的來源，大多數來自直屬主管及同事，在該過程中，個體的組織政治行為將被定型（Drory, 1993）。因此，若個體知覺到同事及小團體行為的運作是不公平的，則個體便會產生組織政治行為。

   Robert（2001）認為組織政治是現代工作組織的正向助力，技術性的權謀加上時機成熟可以手到擒來，降低阻力於無形。

10.8 影響政治行為的因素

並非所有的或組織，皆具有相同的政治行為。在某些組織中，從事政治行為是公開而激烈的；而在另一些組織中，政治行為對於結果的影響只是扮演一個小角色。為何有如此大的差異呢？近年來的研究與觀察，已經找出許多鼓勵政治行為的因素。有些屬於個人的特徵，亦即源自組織內員工的特質；有些則是組文化或內在環境所造成的結果。圖 10-3 舉個人及組織因素如何促進政治行為，並對組織中的個人及團體提供有利的結果（獎賞增加且避免處罰）。

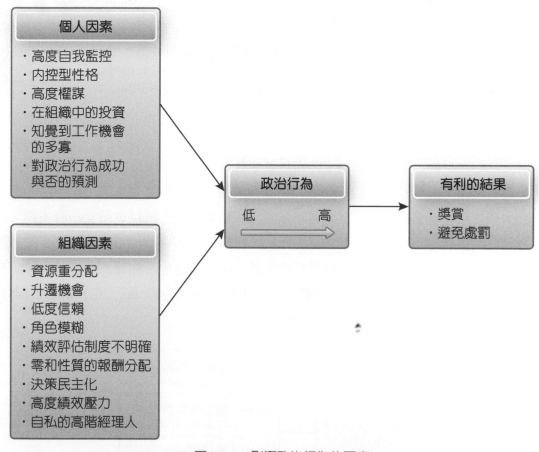

個人因素
· 高度自我監控
· 內控型性格
· 高度權謀
· 在組織中的投資
· 知覺到工作機會的多寡
· 對政治行為成功與否的預測

組織因素
· 資源重分配
· 升遷機會
· 低度信賴
· 角色模糊
· 績效評估制度不明確
· 零和性質的報酬分配
· 決策民主化
· 高度績效壓力
· 自私的高階經理人

政治行為
低　　　　高

有利的結果
· 獎賞
· 避免處罰

▶ 圖 10-3　影響政治行為的因素

資料來源：Robbins(1979)

10.8.1　個人因素

在個人的層次上，研究人員已找出某些特定的人格特質、需求及其他因素，很可能與政治行為有關。就人格特質而言，高度自我監控、內控型及高權力需求的人，較可能從事政治行為。高度自我監控的人對社會脈動較為敏感，容易展現高度的社會順從，而

且政治行為的技巧也較為高明具內控性格的人，因為相信自己能控制環境，所以往往採取事前計畫，並企圖操控情勢。個性上重視權謀的人，則有操縱並獲得權力的欲望，因此會妥善運用政治行為，以作為促進自己利得手段此外，個人在組織中所做的投資知覺到出路的多寡，以及對政治行為是否成功的預期等因素，都會影響其採取不正當政治行為的意願。員工在組織中的投入愈多，即會預期未來的利益愈大，所以較可能因為怕被開除而不願採取不正當的政治行為。員工的工作機會愈多，例如就業市場供不應求，個人擁有特殊技能或知識、享有傑出的聲譽，或與外界的關係良好等那麼他愈可能從事具有風險的不正當之政治行為。最後，若個人對運用不正常政治手段沒有什麼成功的把握時。則較不可能輕易去嘗試，對不正當政治行為奏效的成功率有高度預期的員工大多可分為兩種一為經驗老道、握有權力的員工，其政治技巧可說是相當洗鍊；有經驗、生嫩，又容易誤判時機的員工。

微電影【菜鳥的戰爭】

https://www.youtube.com/watch?v=Gm7einiugp4&t=39s

10.9 政治行為的回饋

　　研究顯示，組織政治的知覺與工作滿足感呈負相關，對政治行為的感受亦會增加工作的焦慮與壓力。這是因為個人將發覺若不參與政治活動，似乎會比熱中政治活動的人少得到一些好處；或者相反地，個人因為在政治活動中廝殺，所以會感受到許多額外的壓力。當政治行為過多可能失控時，是導致員工離職的主因之一。最後，有初步的證據顯示，操弄多可能失控時，就政治行為將致使員工績效衰退。若知覺到政治行為讓環境變得不公平，則員工會日益消極、失去動力。（引自 Robbins & Judge, 2011, 黃家齊編譯，13-21）下圖 10-4 為員工對組織政治的反應：

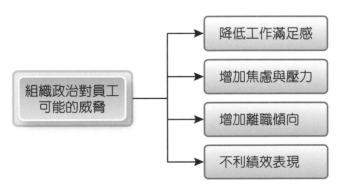

▶ 圖 10-4　員工對組織政治的反映

資料來源：Ferris, Russ, & Fandt, (1999) "Politics in Organizations"; and K. M. Kacmar, D. P. Bozeman, D. S. Carlson, and W.P. Anthony, "An Examination of the Perceptions of Organizational Politics Model: Replication and Extension," Human Relations, March 1999, 383-416. (引自 Robbins & Judge, 2011, 黃家齊編譯, p13-21)

諸多學者研究結果呼應了圖 10-4，包括：員工職場政治知覺越高行為程度越高，其自身的情緒勞動也會越高。（林惟昀，2010）高階公務人員向上政治行為以訴諸專業、理性說服使用的頻率最高，也是被認為公務人員最必須具備的能力。

高階公務人員大都認為與長官互動良好對個人工作表現和績效有正向作用，而且多數受訪者贊同得到長官的賞識有助於個人資源的取得、能力的提升或職務的升遷。（蘇淑美，2011）校長領導滿意度、強制命令及懲罰獎勵能顯著預測任務表現；校長領導滿意度、強制命令、迎合說服及因勢利導能顯著預測情境表現；校長領導滿意度、強制命令及迎合說服能顯著預測教師工作表現。（陳伊蕙，2010）

當政治行為與理解程度都很高時，個體視政治行為是一種機會，反而會使績效提升，這與我們所預期的政治高手一致。但是常理解程度很低時，個體將視政治行為是威脅，因而對工作績效產生負面結果。其次，當政治行為被視為一種威脅，並以防禦方式回應時，負面效應終究會浮現。當人們視政治行為是威脅而非機會時，他們通常防衛行為（defensive behaviors）來回應避免行動、受責或改變的反應及保護性質的行為。防衛行為通常與對工作環境的面感受有關聯。（引自 Robbins & Judge, 2011, 黃家齊編譯, p13-22）相關防衛行為如表 10-6。

▷ 表 10-6　防衛行為

避免行動	
過度遵從（overconforming）	你會從嚴解釋你的職責，像是說：「規則很清楚地規定……」或「我們向來都是這樣做。」
推諉責任（buck passing）	任務或決策為他人所執行的，所以盡可能轉移責任。
裝聾作啞（playing dumb）	藉由謊稱無知或無能，免去你所不願的工作。
延伸（stretching）	將工作延長，可使你因而顯得忙碌些。例如，將一件兩星期能完成的工作變成得花四個月時間才能做好。
支吾其詞（stalling）	當私底下沒做什麼事也沒什麼貢獻時，你多多少少會公開表露支持的模樣。
避免受責	
建立緩衝（buffing）	找好退路，如以嚴謹的文書作業建立稱職且思慮周詳的形象。
尋求安全（playing safe）	這是屬於躲避不利情勢的戰術，如只採行成功機率高的計畫、已經由上級同意的風險性決策、表達被允許的意見，以及在衝突中保持中立等。

正當化（justifying）	針對某負面結果加以解釋，或表明悔意並致歉等，以己清責任。
找代罪羔羊（scapegoating）	把對於負面結果的責難，轉移到不全然應受責難的外在因素上。
虛偽陳述（misrepresenting）	此戰術包括藉由扭曲、修飾、欺騙、模糊或選擇性接露，來操縱資訊。
避免改變	
預防（prevention）	事先防範發生不好的變化。
自我保護（self-protection）	在變革中，藉由監控資訊或資源，以保障自我利益。

資料來源：B. E. Ashforth & R. T. Lee, (1990) "Defensive Behavior in Organizations: A Preliminary Model," Human Relations, July 1990, 621-648.(引自 Robbins & Judge, 2011, 黃家齊編譯 , 13-22

OB專欄

不要匆促下判斷

　　凱倫‧史奈德（Karen Schneider）是一家化妝品包裝公司的專案經理，負責協助新員工快速了解目前的流程和最佳實務。她正在訓練一名新的專案經理唐娜（Donna），唐娜的經驗比凱倫多，「不一定樂意接受指示」凱倫回憶說。「她的整個神態讓我感覺，她不認為我真的能夠教她任何事情。」唐娜不滿意公司通常應用於客戶的流程和時間表；她想繞過一些特定步驟，例如發送首件樣品或取得試產函的簽署，以加速銷售。凱倫告訴唐娜不能那樣做，因為日後可能會引發麻煩，於是唐娜去找凱倫的經理以獲得批准。

　　幸運的是，他重申了公司的標準流程及其背後的原因，然後問凱倫為什麼唐娜去找他。

　　凱倫知道她必須直接和唐娜解決這個問題，但她想要小心處理。「我知道，如果我用某種方式和她接觸，她很容易變成採取防衛態度，甚至可能是戰鬥的態度。」她請唐娜和她一起坐下來再次檢視那個客戶。她回憶說：「我強調遵守指導原則是多麼重要，並且說明了每個流程背後的理由。」她若無其事地指出，上司提到唐娜去找他談話，但沒有將矛頭「針對個人」。相反地，她感謝她的同事「嘗試突破窠臼地思考，以了解我們可以如何更快地讓客戶拿到樣品。」接著她用正面的口氣結束談話：她會盡其所能協助唐娜。這個策略生效了，在那之後，兩人有極佳的工作關係。

資料來源：（侯秀琴譯）
愛美‧嘉露 Amy Gallo/ 哈佛商業評論中文版數位版文章 /2017/1/10

同事越級上報時你該怎麼辦

同事越級上報你的上司，真是令人火冒三丈。他們不僅沒讓你知道他們談了些什麼，而且有可能讓你看起來很差勁。當有人試圖繞過你向上呈報時，你能說些什麼和做些什麼？你應該如何處理同事越級上報的情況？你如何確保這種事情不會傷害你在上司心目中的聲譽？

哥倫比亞商學院（Columbia Business School）教授、與人合著《朋友和敵人》（Friend and Foe: When to Cooperate, When to Compete, and How to Succeed at Both）的亞當‧賈林斯基（Adam Galinsky）說，同事試圖越過你去找上級，有實際的和心理的原因。從實際層面來說，他們可能想要不同於你所給的答案或結果。在心理層面上，可能他們熱切想要表現出自己比你更有影響力或權威。也可能是他們厭惡衝突，而且害怕直接與你一起處理那個議題。你可能很想踩著重重的步伐到此人桌旁，狠狠訓斥他一頓。「你必須是聖人，才不會因為發生這種事而氣惱、焦慮或緊張不安，」卡洛琳‧韋伯（Caroline Webb）說，她著有《如何擁有美好的一天》（How to Have a Good Day: Harness the Power of Behavioral Science to Transform Your Working Life）。但就和處理任何衝突一樣，即使你覺得自己被輕視怠慢了，最好還是採取較審慎的做法。以下說明要如何做。

質疑你的假設

韋伯建議，從考慮你真正知道的事情開始。你可能認為同事越級上報是看不起你，但也許你誤解了情況。你應只看事實，避免匆促下判斷。例如，不要認為「他完全無視我的權威」，而是告訴自己：「他和我的上司談論他正在進行的計畫。」然後問自己：有沒有不同的方式來解釋已發生的事？「想出三、四個不同的情境，以擴大你的觀點，幫助你質疑這個假設：此人很卑鄙或居心不良，」韋伯說。那可能只是單純的誤解，賈林斯基承認自己曾經繞過系主任去找當時的院長談話，不知道那樣做是犯忌的。「我從來沒有想到，院長會去告訴系主任，」他承認。

查明更多實情

如果你不了解整個情況的所有實情（也許你只是聽辦公室的小道消息說他去找你上司談話），你應努力找出究竟發生了什麼事，韋伯說。你可以去找你的上司，以中立的方式詢問發生了什麼事：「嘿，我聽說你和卡洛斯討論了他的新構想。」要小心保持隨口問問、非責難的語氣，以免你的上司認為你想要來爭吵。

找那位同事談談

問你同事是否可以跟你談談，最好是私下談。開始談話時你得保持開放的心胸，韋伯說。「不要在展開談話時，刻意抨擊責難你的同事，相反地，要考慮你的工作關係的重要性。」要聚焦於你的最終目標，無論是要恢復信任或維護你的權威。同時要準備好聆聽他對那件事怎麼說，以及為什麼他會那樣做。

說明你的立場

首先以「簡單明瞭」的方式說明你已知道的事，賈林斯基說。解釋你為什麼感到失望，但不要使用「憤怒」或「背叛」之類的字眼，韋伯補充說。你可能有那些感受，但這麼說會讓你的同事處於防衛狀態。你可以這樣說：「我聽說，在我們討論之後，你去找羅傑談了你的計畫，這讓我有點擔心我們溝通不良。」然後詢問並聆聽他的觀點。

一起解決問題

一旦你們分享了彼此的看法，就可一起決定如何補救情況。「首先嘗試問出他的想法，然後依據他的建議來改善。研究顯示，人們對自己參與塑造的任何構想，支持度會大得多，」韋伯解釋。因此，不要下指令說：「我們應該這樣處理這種情況」，而是要提出問題：「基於我們目前的處境，你認為處理這種情況的最好方法是什麼？」例如，你們可以一起去找你的上司，說明你們現在已達成共識；或者你可能願意重新考慮對方構想裡的某個面向，他們覺得你之前不公平地否決了那個面向。韋伯說你也應該考慮你可能需要改變什麼。這個人繞過你去找你上司，是因為他覺得你沒有公平考慮他的構想嗎？或是你的決策不透明？如果是那樣，你可能需要改正。

釐清溝通路線

你們也應該討論，未來如何處理類似情況。理想情況下，你和你的同事會達成共識，認為他下次應該直接找你談。但若他沒有立即接受這個做法，就試著讓他知道，越級上報不僅會造成傷害，也沒有效果，賈林斯基說。你要說明，你和上司定期聯繫，所以如果有人越級上報，你一定會發現。你可以說，「我定期和羅傑會面，討論我們小組的優先要務，他若是收到其他團隊的要求，通常會讓我知道。」這件事不應該以威脅的方式進行；你只是在教導他適當的溝通路線。

修復你和上司的關係

在指揮鏈中的這種漏洞，可能會惹惱你的上司，或使他懷疑你辦事的能力。而且，如果他沒有指示那個同事去找你，你可能會生他的氣。所以，一旦你和同事解決了那件事情，一定也要和你的主管坐下來談談發生了什麼事，為什麼會發生，以及未來如何避免類似的情況再發生。闡述你知道的事，以及它給你的感受，然後聽聽他的觀點：「我聽說，卡洛斯去找你討論他的計畫，讓我擔心我可能在狀況外。我可以問發生了什麼事，或你的看法怎麼樣嗎？」一旦你聽到了他那一面的說法，你可以問，「如果未來再發生這種情況，我們可以有什麼不同做法？如果卡洛斯再來找你，你可否要他去找我談？這樣我們就可以解決問題，不必占用你的時間。」你的目標是恢復你的聲譽，並重新建立溝通的基本規則，韋伯說。你「要表現得聰明、思慮周到、掌握狀況。」

要牢記的原則

該做：

● 保持開放心態，願意聆聽同事那一方的說法。
● 避免使用「憤怒」或「背叛」這種字眼。即便那些話是事實，也會迫使你的同事處於防衛狀態。
● 找你的上司談談，確保你的聲譽沒有受到損害。

不該做：

● 對於你的同事為什麼越級上報，做出假設。
● 聽信傳言和道聽途說。相反地，要找出事情的真相。
● 下次發生類似情況時聽其自然。相反地，應該要求你的上司指示同事去找你。

資料來源：哈佛商業評論中文版數位版文章 /2017/01/10
https://www.hbrtaiwan.com/article_content_AR0006679.html

本章摘要

1. 權力是一種能達成某件事，或是影響其他人或事物的能力（Wartenberg, 1990）。學者將權力（power）視為一種強制力或影響力、潛在能力或實際行動、某人對他人單方面的影響以及個人（或團體）與組織中個人（或團體）角色間雙方交互作用的歷程

2. 權力的來源以社會學家 John French 與 Bertrand Raven 於 1959 年提出五種最具代表性的權力來源：合法權（legitimate power）、獎賞權（reward power）、強制權（coercive power）、專家權（expert power）及參考權（referent power）。

3. 學者對於權力的研究非常多，歸納出權力的功能即具有支配、生產、解決衝突、穩定社會機制之功能。

4. 權力特性有 7：複數性、非強制性、有效應性與不確定性、有意圖與道德中立性、有效性與現實性、非對稱性、與相互作用與相對性。

5. 權力運用方式有 6：分別為來自法規賦予，為組織中最基本的法定職權；透過強硬、高壓的態度或行為，迫使成員順從的強制權力；運用激勵或資源的獎酬，發揮影響、促使成員改變決定的激勵獎賞；透過個人特質，贏得成員認同的參照認同；藉由專業知能，獲得成員信服的專家取向；以及建立在組織成員與重要他人彼此互動上，所衍生之人際關聯等。

6. 權力運用策略的核心：基於法職權的權力策略、基於個人專業的權力策略、基於政治權的權力策略、基於轉化權的權力策略、基於對抗權的權力策略。

7. 組織政治是一種社會影響力的過程，在這個過程中所有行為是經過設計，用來極大化個人短期或長期的利益。而這種個人的利益，有時會與他人的利益一致，但有時則是犧牲他人利益而得到的。

8. 組織政治行為定義為：個人、群體及組織各自致力於追求自我利益的活動。而組織成員對於這些活動的認知評價與主觀經驗。亦就是對工作環境中行為和事件的認知評價與主觀經驗，構成員工在組織中的組織政治行為，而成員根據自己的認知，發展自我在工作環境中的政治行為。

本章習題

一、選擇題

( ) 1. 指經法規所賦予而得到的權力，係組織中最正式、最基本的一種權力。(A) 專家權 (B) 合法權 (C) 強制權 (D) 資訊權。

( ) 2. 下列何者屬於政治權力？(A) 合法權 (B) 專家權 (C) 資訊權 (D) 獎賞權。

( ) 3. 指一種建立在領導者與組織成員間或與組織外重要人物關聯的權力。(A) 關聯權 (B) 資訊權 (C) 專家權 (D) 獎賞權。

( ) 4. 下列何者屬於個人權力？(A) 參照權 (B) 強制權 (C) 資訊權 (D) 關聯權。

( ) 5. 發揮專業知能、增進工作滿意度、提高工作績效與品質，以達擴權增能之功效。是何種權力的運作？(A) 參與 (B) 專制 (C) 滲透 (D) 創造。

( ) 6. 當政治行為是威脅時，何者屬於防衛行為？(A) 避免行動 (B) 避免受責 (C) 避免改變 (D) 以上皆是。

( ) 7. 是建立在組織或團體中一些特定職位有關的特權、義務與責任。(A) 個人權力 (B) 正式權力 (C) 政治權力 (D) 以上皆非。

( ) 8. 透過文化薰陶、理念分享、促進認同、完成目標，以達柔性領導之訴求。是屬於何種權力的運作？(A) 參與 (B) 專制 (C) 滲透 (D) 獎賞。

( ) 9. Ferris、Russ & Fandt 所提出的組織政治模型被廣為討論。在模型中，組織政治之前因變項不包含。(A) 工作投入 (B) 組織因素 (C) 工作環境因素 (D) 個人因素。

( ) 10 下列何者不是組織政治對員工的威脅？(A) 降低工作滿意度 (B) 增加焦慮與壓力 (C) 增加向心力 (D) 增加離職傾向。

二、名詞解釋

1. 參照權（referent power）
2. 關聯權（association power）
3. 組織政治模型
4. 防衛行為
5. 權力特性

三、問題與討論

1. 權力（power）之定義為何？
2. 請說明「權力的基礎」依正式權力、個人權力之內涵為何？
3. 組織內的權力運用策略，依據李玉惠研究指出，在領導者與組織成員之間的互動模式，可分為那五種？
4. 請解釋何謂「組織政治」？及組織政治產生的行為有那些？為何組織政治行為因人而異？
5. 組織政治對員工公民行為會產生那些影響？

參考文獻

1. 王玠瑛，(2013)，組織政治知覺、組織變革之絕對離職傾向的影響—以工作不安全感為中介變項。國立臺灣師範大學科技應用與人力資源發展學系碩士論文，台北。16-18.

2. 李玉惠，(2000)，重塑新的校園權力運作結構。台灣教育，6，12-23。

3. 李安民，(2002)，組織政治知覺對員工工作態度之影響，國立中山大學碩士論文。

4. 林月盛，(2003)，「國民中學教改壓力、組織衝突、權力運用與組織承諾關係之研究」，國立高雄師範大學教育學系博士論文。P83.

5. 林沛雨，(2009)，大學校長權力運用之研究 - 以一所公立大學為例，臺灣師範大學未出版碩士論文，46-49.

6. 林惟昀，(2010)，員工之職場政治行為對情緒勞動。中國文化大學未出版論文。

7. 林淑芬，(2000)，國民小學教師權力之研究—教師法公布前後之演變。國立新竹師範學院國民教育研究所未出版碩士論文，台北市。

8. 洪裕欽，(1994)，國民小學校長權力運用及其相關因素分析研究，國立台北師範學院未出版碩士論文。台北。

9. 秦夢群，(2005)，教育行政—理論部分。台北：五南。

10. 曹學仁，(1997)，高級中學校長權力運用之研究。國立臺灣師範大學未出版碩士論文。台北。

11. 陳文彥，(2007)，學校權力結構之研究：新制度論的觀點。國立臺灣師範大學博士論文。p37.

12. 陳伊蕙，(2010)，台東縣國民小學校長向下政治行為、領導滿意度與教師工作表現、學校效能感關係之研究。國立台東大學教育學系未出版碩士論文。

13. 陳奕翔，(2012)，國民小學校長權力運用策略、組織生命週期與組織架構類型對學校組織效能影響之研究。國立屏東教育大學未出版碩士論文。P.67.

14. 陳慶安，(2000)，談學校衝突管理。學校行政，10，50-53.

15. 黃宗顯，(1999)，學校行政對話研究 - 組織中影響力行為的微觀探討。台北：五南。

16. 黃毅叡，(2007)，國民中小學學校權力運作、衝突管理與組織計分之關係研究，從微觀政治分析。國立中正大學未出版碩士論文。嘉義。

17. 蔡仁政，(2011)，國民中學教育人員權力運作、衝突管理與組織氣氛之分析研究 - 以中部五縣市爲例。國立彰化師範大學未出版碩士論文。彰化。

18. 蔡培村、武文英，(2004)，領導學：理論、實務與研究。高雄：麗文。323-326.

19. 鄭進丁，(1990)，國民小學校長運用權力策略、行政溝通行爲與學校組織氣氛之關係。國立政治大學未出版碩士論文，台北。

20. 蘇淑美，(2011)，高階公務人員向上政治行爲之研究。國立臺灣師範大學。

21. Aronowitz, S. & Giroux, H. A., (1985). Education under siege: The conservative, liberal and radical debate of schooling. Massachusette: Bergin & Garvey.

22. Clegg, R. S., (1989). Frameworks of power. London:Sage.

23. Drory, A., (1993). Perceived political climate and job attitudes. Organization Studies, 14(1). 59-71.

24. Dunlap, D., & Goldman, P., (1990). Power as a "system of authority" vs. power as a "sysgem of facilitation". (Education Reporduction No. ED325. 943)

25. Ferris, G. R., & Kacmar, K. M., (1992). Perceptions of organizational politics. Journal of Management, 18(1), 93-116.

26. Ferris, G. R., & King, T. R., (1991). Politics in human resources decisions: A walk on the dark side. Organizational Dynamics. 20, 59-71.

27. Ferris, G. R., & Russ, G. S., & Fandt, P. M., (1989). Politics in organizations. In R. A. Giacalone & P. Rosenfield (Eds.) Impression managmenet in the organization: 143-170. Hillsdale, NJ: Lawrence Erlbaum.

28. Ferris, G. R., Dwight D. Frink, Maria Carment Galang, Jing Zhou, K. Michele Kacmar & Howard, J. L., (1996). Perceptions of organizational politics: Prediction, stress-related implications, and outcomes. Human Relations. 49 (2), 233-266.

29. Foucault, M., (1980). Power and knowledge: Selected interview and other writings (C. Gordoned .) N.Y. : Patheon.

30. Kacmar, K. M., & Ferris, G. R., (1993). Politics at work: Sharpening the focus of political behavior in organizations. Business Horizons. 30, 70-74.

31. Kipnis, D., Schmidt, S.M., & Wilkinson, I., (1980). Intra-organizational influence tactics: Explorations in getting one's way. Journal of Applied Psychology, 65(4), 440-452.

32. Lewin, K., (1936). Principles of topological psychology, NY: McGraw-Hill.

33. Madison, D. L., Allen, R. W., Porter, L. W., Renwick, P. A., & Mayes, B. T., (1980). Organizational politics: An exploration of manager's perceptions. Human Relations. . 33(2), 79-100.

34. Mayes & Allen, (1977). Toward A Definition of Organizational Politics, The Academy of Management Review, 2(4), 672-678.

35. McFillen, J. M., (1978).The role of power, supervision, and performance in leadership productivity. Working paper, College of Administrative Sciences, Ohio State University.

36 Percy, P.M., (1996). Relationship between interpersonal power and follower's: A leadership perspective. Unpublished doctoral dissertation, University of Kentucky.

37. Porter, L. W., Allen, R.W. & Angle, H.L., (1981). The politics of upward influence in organizations, in Cummings L.L., & Staw B.M., (Eds.), Research in Organizational Behavior. 3, 109-149.

38. Preffer, J., (1981). Power in Organizations. HarperBusiness. P.69.

39. Robbins, S. P., (2001). Organizational Behavior (9th ed.), NJ: Prentice Hall.

40. Robbins, S.P., (1983). Organizational Behavior: Concepts, Controversies, and Application. Englewood Cliff, N.Y. : Academic Press.

41. Robbins, S.P., & Judge, T.A., (2007). Organizational Behavior (12th ed). Prentice-Hall, Inc.

42. Robbins, S.P., & Judge, T.A., (2010). Essentials of Organizational Behavior. (10th ed.) Prentice-Hall, Inc.

43. Student, K., (1968). Supervisory Influence and Work-Group Performance. Journal of Applied Psychology, 94-188.

44. Wartenberg, T.E., (1990). The Forms of Power: from Dominationto Transformation. Temple University Press.

45. Wilson P. A., (1995). The effects of politics and power on the organization commitment of federal executives. Journal of Management, Vol.21, No. 1, 101-118.

46. Yukl & Falbe, (1991). Some indirect evidence is provided by a study that found a positive correlation between a manager's referent power and the task commitment of subordinates and peers.

11

衝突與協商

學習目標

1. 認識衝突的定義。
2. 了解個人的衝突內涵。
3. 探討組織間、組織內團體與個體的衝突。
4. 分析衝突的行為、管理的技巧。
5. 認識協商、協商策略。

本章架構

11.1 何謂衝突？

11.2 衝突形成原因

11.3 組織衝突的種類

11.4 衝突的行為

11.5 衝突的管理與技巧

11.6 協商

11.7 協商過程

以理解取代防衛心，創造第三條路

管理大師彼得‧杜拉克（Peter F. Drucker）曾說：「如果沒有意見紛爭與衝突，組織就無法相互了解；沒有理解，只會做出錯誤的決定。」

曾被美國《時代》雜誌（TIME）譽為「人類潛能的導師」的史蒂芬‧柯維（Stephen Covey）也主張，管理者應將衝突視為「禮物」。他認為，除了對抗或逃避以外，還有第三條路—就是創造出一種新情勢，而非「雙方各退一步」的妥協結果。

這個思維模式必須「努力去了解」別人與自己相衝突的想法，而非「努力防衛自己的想法」去對抗他人。柯維強調，人們「觀」看到什麼，將決定行「為」，而行為也將決定人們「得」到的結果。

尤其當衝突牽涉到部屬或部門之間的利益時，彼此都會覺得自己的利益、個人版圖受到威脅，引發情緒上的不安全感。在最新著作《第3選擇》中，柯維引用一名全球製藥商頂尖業務主管尼爾（Greg Neal）的見解。他指出，"GET" 3 個字母涵蓋了與衝突有關的個人深層情緒面向。

資料來源：Cheers 雜誌 128 期 作者：李筑音

問題與討論

1. 請分析「努力去了解」別人與自己相衝突的想法，而非「努力防衛自己的想法」去對抗他人之結構因素與條件。

2. 請說明史蒂芬‧柯維（Stephen Covey）主張，管理者應將衝突視為「禮物」之概念與影響。

3. 衝突正、負面有那些影響？

11.1 / 何謂衝突？

破壞式創新大師克雷頓‧克里斯汀生（Clayton M. Christensen）曾說：「真正的工作不是化解衝突點，而是改變導致衝突發生的思維模式。」

美國南加州大學馬歇爾商學院一項研究顯示，美國每 5 名員工就有 4 人覺得工作上不受尊重，且深信工作上的衝突正在惡化。此外，大型企業主管平均每年花 7 週時間調解職場紛爭。

當衝突產生時，並沒有真正的誰對、誰錯，只是雙方看事情的角度不同罷了。優秀的團隊領導人，懂得如何把衝突視為「機會」和「突破」，有技巧的讓衝突浮上檯面，進而解決它，而不是逃避、壓抑、冷處理。

摘自 Cheers 雜誌 128 期 作者：李筑音

學者 Rahim（2002）提出衝突是一個互相作用的過程，外顯於單一的社會實體（個體、群體、團隊及組織）內或兩個（含）以上社會實體間，所展現出偏好、目標及活動等的不相容、不一致或不協調。

衝突（conflict）源自拉丁文 Conflictus 的字根，原意是相互投擲和攻擊，引申為相互攻擊、震驚與打鬥的意思。葉敏宜（2011）從傳統觀點、人群關係觀點、互動取向觀點探討衝突的演進。

1. **傳統觀點**

    在 1930 ～ 1940 年代間甚行，著名霍桑（Hawthrone）研究結果指出，衝突發生是因團體內溝通不良，成員間缺乏坦誠、信任，管理人員對員工的需求與期待未作出適當回應，才導致衝突發生。這樣觀點認為衝突對組織具有負面效果，並將組織績效衰退與衝突畫上等號，認為所有的衝突都該避免，減輕衝突即可增進團體與組織的績效。

2. **人群關係觀點**

    指於 1940 ～ 1970 年代，主張衝突在所有團對或組織中是自然、不可避免的，因此應予以接受。組織中種族、文化、黨派、機關、個人間的衝突也是社會結構的自然產物，所以對衝突不必反對或感到恐懼。此一觀點將衝突存在予以合理化，認為多數時候對團體績效是有所助益的。

3. **互動取向的觀點**

自 1970 以來具代表的衝突觀點為互動取向的觀點，意指鼓勵衝突存在，認為一個平靜、和諧、合作的團體可能變得靜止、冷漠，對於改革創新無動於衷。然而衝突卻可以使團體保持活力、自我反省力及創造力。此觀點不僅接受並鼓勵衝突，且認為由於不滿及要求改善，才能產生變革。一個沒有衝突刺激的組織，將會是觀念呆滯、決策不當，甚至可能導致組織的解體。因此衝突可說是促進組織成長與變革的種子。

由以上演進觀點可知衝突是因時代演進推移持續改變的。

Pondy（1967）認為衝突是一連串事件的動態過程，每一衝突都是由一連串有關的衝突事件組合而成。衝突歷程可分為五部分：

1. **潛在的衝突（latent conflict）**：此期是指在個人間或組織內存在著許多可能發生衝突的因素，這些因素潛藏在組織內，尤其是角色衝突最多，例如組織成員常覺得主管的要求不合理等。但是潛在衝突並不意謂著會立即產生衝突。

2. **知覺的衝突（perceived conflict）**：此期是指衝突雙方雖都已察覺到衝突的存在，但有時衝突並不會發生，這些衝突的知覺常常是因為彼此缺乏了解所致。在此階段人們會試圖透過一些努力，來減低衝突發生的可能性。

3. **感受的衝突（felt conflict）**：此期是指衝突雙方雖努力消除衝突原因卻遭逢失敗，彼此已感受到敵對狀態，察覺到衝突已無可避免，並準備因應衝突的來臨。

4. **外顯的衝突（manifest conflict）**：此期是指已出現了外在明顯的衝突行為，最常見的是爭吵、敵對和公開的攻擊等。

5. **衝突的結果（conflict aftermath）**：此期是指衝突後的最後結果。Pondy 指出如果衝突沒有獲得良好的管理，衝突的潛在條件可能會繼續惡化，導致將來爆發更嚴重的衝突。Pondy 衝突歷程模式，如圖 11-1 表示。

Katz 與 Kahn（1978）則將衝突的原因區分為六類：(1) 組織特性；(2) 利益衝突；(3) 人格和性向的差異；(4) 外在規範、規則的約束；(5) 角色期望的衝突；(6) 互動行為的影響。Schultz（1989）區分為三類：(1) 互賴的情境：在互的情境下，團體成員必須瞭解唯有找出能滿足雙方需求且雙方接受的解決方法才是最佳的策略；(2) 資源的缺乏：若資源有限，每個人對資源的分配與應用又不盡相同，則衝突便無可避免；(3) 不相容的目標：組織成員有不同的目標，如果無法加以有效的整合，又不能滿足成員的需求時，衝突便會產生。

　　而 Knezevich（1984）是從組織面向將衝突分為五種，分別是 (1) 目標與價值觀的差異；(2) 個人或團體的目標或價值觀不同；(3) 爭取有限資源工作特性不同；(4) 組織內在既存的衝突；(5) 組織責任模糊。

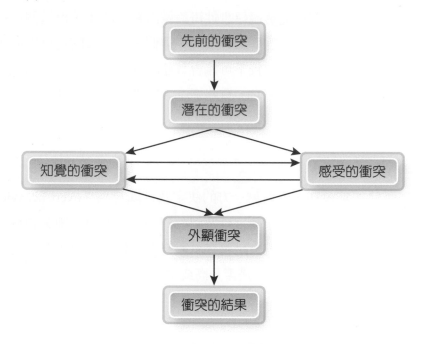

▷ 圖 11-1　Pondy 衝突歷程模式

資料來源：整理自 Organizational behavior(p.437), by S.P.Robbins, 1998, N.J.:Prentice-Hall.

11.1.1　建設性衝突與社會情緒衝突

　　衝突對組織一定不好嗎？未必。建設性衝突（亦稱為任務相關衝突）即可能改善團隊的決策制訂。對於一個議題的不同觀點，當團隊成員以能夠將衝突聚焦於工作，而非個人身上的方式來辯論時，建設性衝突即發生，也就是說這種形式的衝突是有建設性的。因為參與者了解其他觀點，而這會鼓勵他們新檢視自己對問題及潛在解決方案的基本假設它也能檢驗在辯論中所提出的主張之邏輯合理性。

　　遺憾的是，衝突往往會變成情緒性且針對個人。若當事人焦於問題，反而將對方視為問題時、這種衝突稱為社會情緒衝突（socioemotional conflict）問題的其實很明顯。若討論變得充滿情緒性、將會產生感知，它的差異在於被視為個人攻擊而非解並扭曲資訊的處理。

賈伯斯說：好的團隊合作就是不斷摩擦、碰撞出 A 級產品
https://www.youtube.com/watch?v=4TEtuAXf1Es

　　大部分的研究都證實，建設性衝突的利益及社會情緒衝突的不利後果，但事實上情況卻遠比這個結論複雜些。最近有一項研究分析指出，建設性衝突與社會情緒衝突都會對團隊績效造成負面影響。一個可能的解釋是，任何程度的衝突都會產生干擾團隊成員間人際關係的負面情緒。人們可能透過建設性辯論做出較佳決策，但這個過程所產生的情緒會破壞他們在辯論結束後合作的妥善程度。與這個解釋一致的是近期的研究顯示、有高度團隊信任和開放規範的團隊，較不可能會有建設性衝突產生的負面後果，這些都是降低辯論期間產生情緒的條件。總之，有些衝突（特別是建設性衝突）可能是好的，但只有在正確的條件下才如此。

11.1.2　外顯衝突

　　衝突感知與情緒通常會在一方對另一方的決定及外顯行為（overt behavior）中彰顯出來，這些衝突片段可能從微妙的非語言行為到激烈的侵犯都有。衝突也會由每一方用來解決衝突的風格而彰顯，比方說一方是否在試圖努力打敗另一方，還是會找出互利的解決方法？此衝突管理風格在決定衝突是否升高或可很快被解決上則扮演著關鍵角色。

11.1.3　衝突升高循環

　　圖 11-2 的衝突過程顯示，有兩個從外顯衝突繞回衝突感知和情緒，這些繞回的箭頭表示，衝突過程是一連串可能連結成一個升高循環或螺旋的片段。你不要做太多事就可以開啟衝突循環，且只要一點小小不當的評論、誤解或不得體的行為。這些行為以製造衝突感知的方式向另一方傳達訊息，即使第一方並無意展現衝突，第二方的反應也可能創造這樣的感知。

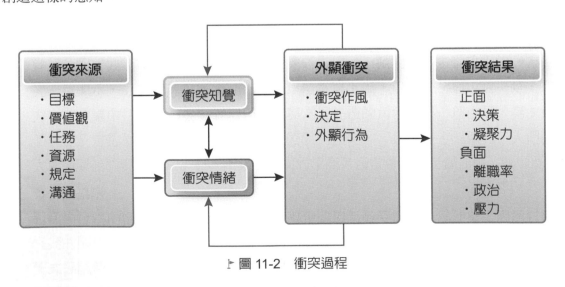

▷ 圖 11-2　衝突過程

若衝突具有建設性，雙方可能會透過邏輯分析來解決衝突，然而衝突過程中必定有一定程度的模稜兩可，只要一個不對的表或一句錯話，就可能觸發另一方的情緒反應，並進而導致社會衝突。而這些扭曲的信念和情緒會降低雙方溝通的動機。使他們很難找到共同的基礎來解決衝突。接著雙方會更依賴刻板印象和來強化自己對另一方的觀點，甚至有些結構條件也會衝突升高的可能性。較容易對抗及較無交際手腕的員工也較可能升高衝突。

11.2 衝突形成原因

11.2.1 結構性因素

組織結構方面會導致衝突的來源，包括：專業分工、相互依賴、共有資源、目標歧異、與權力階層的關係、地位上的不對等、管轄權模糊等。

1. 專業分工

工作內容如果是高度分工，表示工作者在某些任務上是相當專精的。舉例來說，某軟體公司可能會出現資料庫專家、統計軟體專家、還有其他專業的專家。而高度分化的工作內容就有可能會導致衝突，因為這些人對於他人的工作內容幾乎是一無所知的。

銷售員與工程師之間所出現的衝突，就是專業分工造成衝突的典型例子。工程師是負責產品設計及品質的專業技術人員；銷售員則是市場的專家，並且需負起聯繫顧客的責任。銷售員就常常因為工程師的因素，無法兌現對顧客的交貨承諾而老是被指責，由於銷售人員缺乏工程師在技術方面的知識，以致他們無法判斷實際上能夠交貨的真正時間。

2. 相互依賴

高度相互依賴的工作，是指需要多個團體或個人共同配合，且彼此仰賴對方，才能夠達成目標時稱之。當過程順利運作時，仰賴他人還無所謂。但如果出了問題則容易變成相互怪罪、互踢皮球的情況，衝突也會逐漸擴大。例如在成衣工廠裡面，纖維切割部門的進度落後，裁縫部門的進度也會跟著落後。裁縫部門的員工可能會覺得很挫折，因為他們的進度落後是受纖維切割部門拖累的關係，他們的薪資也會受到影響，因為計件給薪的關係。

3. **共享資源**

   大部分的情況下，只要多方團體需要去共享資源，就會出現潛在的衝突，尤其當資源短缺時，問題就會更加嚴重。舉例來說，管理階層就常常要共用秘書部門提供的資源。一位秘書要為 10 位，甚至更多主管服務根本是家常便飯。而且這位秘書所負責的每一位主管，都會認為自己的工作是最重要的。這就會對該名秘書造成很大的壓力，也帶來了事情先後順序及工作安排上的潛在衝突。

4. **目標歧異**

   當不同的工作團隊，各自有其不同的工作目標時，這些目標之間就可能發生抵觸。例如：在有線電視公司中，銷售部門的目標可能是盡可能招攬新用戶越多越好。但這對服務部門卻帶來問題，因為服務部門會希望用戶數量的成長是固定的。因為當新用戶數目高速成長時，服務部門的工作量也就跟著激增，導致收視服務的品質大幅降低。這類型的衝突常會發生，因為個別工作者通常並不了解其他部門的目標。

5. **權力階層的關係**

   傳統的老闆與員工關係，通常是具有階層性的特質，雇主的地位總是優於員工。對許多員工來說，這種關係其實令他們不太舒服，因為別人擁有了要求他們如何做事情的權力。甚至，某些人對於權力階層的反感又更加地強烈，這就造成了衝突。再者某些老闆的作風是獨裁的，此點令他們與員工之間的關係，變得更加容易衝突。所以當組織持續朝向團隊導向、賦權的方式來調整，那麼老闆與員工間關係出現潛在衝突的機率就能降低。

6. **地位上的不對等**

   有些組織在管理階層與非管理工作者之間，畫出了強烈的地位差異。管理者可能享有一些特權，如彈性的時間安排，個人專用停車位，較長的用餐時間等，這一些對公司內其他成員是不可得的。此點就會導致反感與衝突。

7. **管轄權模糊**

   你曾經因為有問題而致電某家公司，卻被轉接到許多不同的人員與部門嗎？此種現象凸顯管轄權模糊（jurisdictional ambiguity）的問題，也就是組織裡的權責劃分不夠明確。當一個問題沒有明確的責任歸屬時，工作者傾向於把問題推給別人，或者是避免由自己來處理問題。誰該為問題負責，也就衍生出衝突。

   上述的因素都是結構上的，亦即是來自於工作是如何被組織起來的，如何被執行。另一種衝突來源的因素，則是肇因於個體之間的差異性。

▶ 表 11-1　衝突反應方式分類

學者	衝突反應分類
Follett（1940）	支配（domination）、折衷（compromise）、整合（integration）、逃避（avoidance）、抑制（suppression）
Blake and Mouton（1964）	強迫（forcing）、離開（withdrawing）、平靜（smoothingg）、折衷（compromise）、對抗（confrontation）
Pruitt（1983）	順從（yielding）、問題解決（problem solving）、怠惰（inaction）、鬥爭（contending）
Putnam & Wilson（1982）	不對抗（nonconfrontation）、問題解決取向（solution-orientation）、控制（control）
Rusbult & Zembrodt（1983）	表明（voice）、忠誠（loyalty）、忽視（neglect）、離開（exit）
Rahim（1983）	整合（integrating, IN）、謙讓（obliging, OB）、支配（dominating, DO）、逃避（avoiding, AV）、折衷（compromise, CO）
Johnson & Johnson（1987）	退縮、脅迫、妥協、面質、安撫
Stinnett, walters & stinett（1991）	逃避型、衝突中心型、爭論中心型
劉惠琴（1995）	逃避、謙讓、妥協、互質、爭鬥
黃囇莉（1999）	協調、抗爭、退避、忍讓
楊茜如（2000）	冷戰、以和為貴、逃避、退出
Bowman（1990）、林佳玲（2000）	爭執、自我責備、正向回應、自我興趣、逃避
周玉慧（2009）	理性溝通、隱瞞冷戰、忍耐避讓、嘮叨爭吵、傷己傷物、親友協調、委婉懷柔

資料來源：修訂自張時雯，2003，頁 36

11.2.2　個人因素

　　由個別差異造成衝突的因素有很多種，包括技術、能力、性格、知覺、價值觀與倫理、情緒、溝通障礙，以及文化差異等。

1. 技術與能力

　　勞動力由具備不同技術與能力水準的個體所組成的，而技術與能力上的多樣化，對組織來說可是正面的，但同時也潛藏著衝突的風險，尤其當工作是屬於需要相互依賴的情況時，更容易出現衝突。有經驗、有能力的工作者，可能會覺得要與

缺乏技術與能力的新進人員一起工作，是相當困難的一件事。所以，把一位剛畢業可能懂很多管理知識，但對於工作場所的技術卻不甚熟悉的人放到主管的職位上，會讓許多員工產生反感。

2. **人格特質**

個性上的衝突，在組織是再正常不過的。期望你會喜歡所有的同事，或者期望所有的同事都喜歡你，絕對是一個過於天真的想法。

具有一種特質的人，是許多人都認為特別難以相處的，那就是「盛氣凌人」。盛氣凌人的人會忽視工作中的人際層面，更不在乎同事的感受。他們通常是成就取向且努力做事的，但完美主義的個性，以及批判性的特質，常常讓他人覺得自己不重要。這種性格會對他周遭的人，造成壓力與緊張。

3. **知覺**

知覺上的落差也會造成衝突。例如：管理者與員工對於什麼樣的事物，真正能夠激勵人心，兩者的看法可能就不同。在這個例子中，管理者提供的獎勵制度也可能是衝突的來源，因為管理者認為員工所想要的東西，不見得真的就是員工真正想要的。

4. **價值觀與倫理**

價值觀及倫理上的歧異，也可能是人與人之間意見不同的來源。舉例來說，年長的員工重視對公司忠誠此項價值觀，所以除非真的生病了，否則不會輕易請病假。年輕的員工則相對地較重視動能的維繫，類似於「心理健康日」的概念，所以會在想要逃離工作喘口氣的時候，宣稱自己生病了。這個例子不見得對所有人都成立，但它確實說明價值觀的差異，是有可能導致衝突的發生。

5. **情緒**

在工作場合裡，對其他人的情緒也可能是衝突的來源。在家裡遇到的問題與情緒，常常會外溢到工作領域中發洩出來，而這種情緒對他人而言卻是更難以處理的。

衝突在本質上就有著情緒性互動的性質。而涉入衝突的任一方，其情緒扮演著如何評估協商，回應他人的關鍵角色。事實上情緒在任何的協商中，被認為是關鍵的要素，必須在協商過程中被仔細檢視，並探討它如何發展的。研究發現，情緒在協商中也可能是問題的來源。特別是協商者純粹以心情的好壞，而非理性認知來談判，他們會變得更加容易陷入僵局。

6. **溝通障礙**

   諸如物理上的分隔及語言的不熟悉等等，都可能造成訊息的扭曲而導致衝突的溝通障礙。另一種溝通障礙是價值的評價，來自於接收者在接收訊息之前，就已經先對訊息做了評價。例如：團體中有一位埋怨成性的成員，所以當此成員走進主管辦公室的那一刻起，他所想要傳達的訊息可能就已經在價值上被貶低了，在這種情況下當然可能會產生衝突。

7. **文化的差異**

   雖然文化差異也算是組織的資產之一，但文化差異有時候也可能是衝突的根源。這種衝突通常源自於對彼此文化的不夠了解，例如在企管碩士班的班級中，來自印度的學生可能會認為，美國學生對教授提出質疑是膽大包天的行為。但相對地，美國的學生則可能覺得印度學生過於被動。在印度的教授希望學生能夠對自己表現出高度的恭敬與尊重，而印度的學生即使對某個概念存有高度的質疑，他們也幾乎不會去質疑教授本人。所以多樣性訓練中所強調的文化差異的教育，可以大幅降低差異所帶來的誤解。

11.3　組織衝突的種類

11.3.1　團體間衝突

當衝突發生於團體或團隊之間稱為團體間衝突（intergroup conflict）。團體間的衝突可能為團體帶來正面的結果，如增強團體內的凝聚力、提升對工作任務的注意力，以及提升對團體的忠誠度。當然團體間衝突也可能導致負面後果。處於衝突中的團體容易萌生「我們對抗他們」的意識，成員進而將其他團體視為敵人，充滿敵意，甚至減低與其他團體的溝通。出現團體間的衝突之後，團體甚至會比個人來得更加好鬥、更不願意合作。這將導致一個無可避免的結果，一個團體在衝突中得益，而另一個團體則遭受損失。

團體間的競爭必須謹慎地處理，以免競爭擴大演變為無益的衝突。

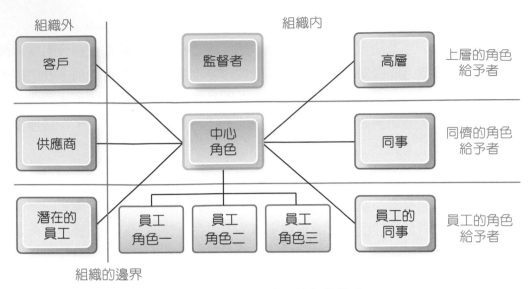

▷ 圖 11-3　組織成員的角色構成

資料來源：Quick, J.C., Quick, J.D., Nelson, D.L. & Hurrell, J.J. Jr., (1997). Preventive stress management in organizations. Copyright 1997 by the American Psychological Association.

11.3.2　團體內衝突

衝突如果發生在團體或團隊之中稱為團體內衝突（intragroup conflict）。有些團體內的衝突是功能性的、有益的，能夠幫助團體免於陷入團體盲思中。

即使是最新型態的團隊——虛擬團隊，也無法避免衝突的發生。他們與真實團隊之間的細微差別，主要在於缺乏真正面對面的溝通，此點可能導致誤解的產生。虛擬團隊如果想避免無益非功能性衝突，就應該確認他們面對的工作任務，是適合使用這種虛擬式互動方式的。需要做出複雜策略性決策的工作，就需要面對面的會議，而不是僅僅透過電子郵件或是缺乏互動的網路討論區。事先以面對面或電話等管道來互動，將有助於降低未來發生衝突的可能性，而且因為已經建立起基礎的信任，也讓虛擬團隊能夠以電子媒介管道進行後續的溝通。

11.3.3　個人內衝突

發生在單一個體內的衝突屬於個人內衝突（intrapersonal conflict），包含好幾種類型：角色間的衝突、角色內的衝突，及個人與角色的衝突。所謂角色指的是他人加諸於個體身上的一組期望。扮演核心角色的人就是角色的擁有者，而加諸期望到他人身上的人，則是角色的發送者。圖 11-2 顯示各類角色之間的關係。

角色間的衝突（interrole conflict）一個人在其一生中，都有可能經歷到不同角色之間的衝突。許多員工可能都經歷過工作／家庭之間的角色衝突，身為工作者的角色，與其身為父母或配偶的角色常常會互相抵觸。 例如小孩在學校突然生病，那麼作父母的你，就必須離開工作崗位去照顧孩子。工作／家庭衝突在新的工作型態中，如專業性的SOHO（work-at-home professionals）與電子通勤族更常見。

角色內的衝突（intrarole conflict）是指單一角色內的衝突，會發生在一個人接受到角色發送者，傳遞出如何執行特定角色的衝突訊息。假設某部門主管告訴第一線的管理者，不要花太多時間與一般員工的社交活動上；而該管理者的另一主管，專案經理卻又建議他要跟大家打成一片，最好是多跟一般員工做些社交性的活動。這種情況就是角色內的衝突。

個人與角色的衝突（person-role conflict）是當一個人所扮演的特定角色，被期望要表現出與個人價值觀歧異的行為時，就引發個人與角色的衝突。以銷售人員為例，他們可能被要求優先推銷給顧客最昂貴的產品，即使顧客不太想買甚至可能負擔不起。這些要求都違反銷售人員既有的價值觀，所以他們就會經驗到個人與角色的衝突。

透過審慎的自我分析與情境診斷，個人內在的衝突是可以被良好管理的。三種行為特別有助於解決，甚至是避免個人內在的衝突。

第一，應徵新工作時，先找出該組織真正重視的價值觀。組織與個人所重視價值觀的差異，是許多「個人與角色衝突」發生的核心因素。研究顯示，如果組織與個人所重視的價值越是契合，個人在工作上會有更高的滿意感、對組織有更高的承諾感，且離職的可能性也比較低。

其次，要管理好角色間及角色內的衝突，可以善用角色分析此工具。角色分析是指個人主動去詢問各角色發送者，看他們對自己的期望是什麼。如此不但能工作角色的內涵更加清楚，也能減少衝突及模糊的程度。如果要釐清關係中，雙方對彼此的期望、降低角色內或角色之間在衝突的可能性，角色分析會是一個簡單而好用的工具。

第三，政治技巧可以用來緩解角色衝突所帶來的應力與負面後果。有效能的政治家，在衝突出現時可以有效地釐清與協調出對角色的期望。

上述的各種衝突基本上都是可以被管理的。對各種型態的衝突，清楚了解是管理的第一步。接下來內容則將注意力放在人際衝突上，因為這是所有組織中相當普遍出現的一種衝突類型。

11.4 衝突的行為

當大多數人想到衝突情境時，往往是集中在階段四。為什麼？因為這時的衝突是可見的。行為階段包括衝突雙方所做的言論、行動和反應。這些衝突行為一般都會明顯企圖去行本身的意圖，但這些行為的一些刺激特性是與意圖分離的，錯誤判斷或拙劣法規的結果，將使行為背離原本的意圖。

想像階段四是交互作用的動態過程。圖 11-4 提供一個清楚呈現衝突行為的方法： 所有的衝突都顯現在一連續帶上。在其底部，衝突是細微的、間接的，且被高度控制的；很明顯地，衝突的緊張度會隨著連續帶上位置之升高而升高，直到成為高度破壞性的；罷工、暴動和戰爭明顯位於頂端。一般而言，可假設在連續帶較上端者幾乎都是惡性衝突，良性衝突則多侷限於連續帶的下端。

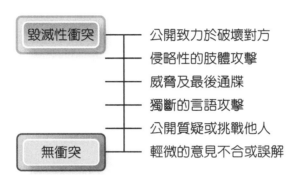

▶ 圖 11-4　衝突—緊張連續帶

資料來源：Robbins, S.P., (1974), Managing organizational conflict: a nontraditional approach, Upper Saddle River, NJ: Prentice Hall, 93-97.Glasl, F., (1982). The process of conflict escalation and the roles of third parties, in Bomers G.B.J. & Peterson R. (eds.), Conflict management and industrial relations (Boston: Kluwer-Nijhoff), 119-140.

11.5 衝突的管理與技巧

處理衝突的整個方式（或策略）是相當重要的，因為它決定衝突將會導致正面的或負面的結果。

整體策略可以分為競爭性的及合作性的，這兩種策略以及四種不同的衝突情境。競爭性的策略建立在「非勝即負（win- lose）」的假設上，此點也可能讓雙方在互動中，伴隨著不真誠的溝通、懷疑以及互不讓步。合作性的策略則建立在不同的假設上：追求雙贏的可能，誠實的溝通、信任、勇於承擔風險與傷害，以及一加一大於二的想法，是此種策略的特點。

關係階梯：5 步驟化解職場衝突，展現你的領導力！
https://www.youtube.com/watch?v=83E_t-cEu68

想像一家保險公司的兩個部門要爭取有限的共有資源，正在討論該縮減哪些經費。理賠部門的主管認為，應該裁撤銷售方面的訓練人員，因為他們的業務員都已經接受完整的訓練。但是銷售訓練部門的主管卻主張應該裁減理賠部門的人力，因為公司目前所要處理的理賠數目正在減少。由於雙方都不願讓步，可能會演變成無益的爭吵，甚至會出現 A 贏 B 輸、A 輸 B 贏，或是雙方皆輸的局面。其實人力的裁撤可以只裁撤某一部門的人力，也可以兩個部門都裁一些。上述三種情況無論是哪一種，對組織而言組織都將會是輸家。

就算是在資源有限的激烈競爭情況下，能夠以雙贏的策略來處理衝突，並且為組織帶來利益。事實上，如果衝突雙方能夠有達成共同的合作目標，那麼即使是為爭取有限資源而導致的衝突，也可以是具有生產力的。

而這個目標就是，找出獲致雙贏情況的策略。想要有雙贏的結局，就必須放開心胸來討論，建立起開放式的討論，讓來自雙方、完全不同的兩極看法，獲得整合並創造出新的解決方式。如此不但可以提高生產力，更能讓彼此的關係更緊密，大家也會感覺到團結，而非分裂。

11.5.1　無效的技巧

有很多具體的技巧可以用來處理衝突。在探討有效技巧前，讓我們看看許多組織內常被使用的無效技巧。

1.　無作為（non-action）

就是什麼都不作，卻希望解決衝突。一般來說不是個好技巧，因為多數的衝突並不會憑空消失，而且涉入衝突的人員，還是會感到相當大的挫折感。

2.　不公開（secrecy）

是想要保持機密，或是不讓大多數人知道衝突的存在。但這只會造成疑慮。其中一個例子就是，薪資保密的組織政策在許多組織裡，討論薪資者甚至會被解僱。但在這種情況下，員工不免懷疑公司是否隱瞞著許多事情。所以不公開的做法，甚至可能導致員工以政治行為來發覺這些秘密。

3.　行政擱置（administrative orbiting）

以拖延的方式來面對衝突，採不積極、拖延時間的方法。對涉入衝突的人員，一味地拿「已經在處理」或者「老闆正在考慮」等藉口予以敷衍。這個技巧跟無作為一樣，會造成挫折及惱怒。

4. **肇因於程序的不作為（due process nonaction）**

   雖然已經制訂處理衝突的程序，但因此程序成本太高、耗時或對個人來說風險太高，導致沒有人願意使用。有些公司處理性騷擾的程序，就是這個典型的技巧。想要把性騷擾事件結案歸檔，需要繁雜的紙上作業，而且提告者要循著正確的管道，還要冒著被貼上「製造麻煩」標籤的風險。因此雖然許多公司提供性騷擾的申訴管道（正常程序），卻沒有人想要使用它（不採取行動）。

5. **人格抹黑（character assassination）**

   試圖給自己視為敵人的同事，貼上標籤或使其受到不信任。此種做法有相當高的風險，會得到反效果。反而讓你被冠上不誠實、殘酷等封號。此舉也會導致雙方相互中傷毀謗、相互譴責，最後在別人的眼裡，雙方都是輸家。

11.5.2　有效的技巧

可喜的是，仍然有幾種技巧能夠有效地處理衝突。包含設定更遠大的目標、擴充資源、更換人員、改變結構、還有交涉與協商。

1. **遠大的目標**

   相較於衝突雙方的個人目標與團體目標，建立起對任何一方來說，都更重要的組織目標，這種組織目標也就是遠大的目標（superordinate goal）的技巧。遠大的目標是無法單憑個人或團體的努力，就有辦法達成的。想要達到這個目標，就需要所有人上下齊心、一起努力才能夠做到。

   所以此種有效解決衝突的方法，就是追求遠大的目標——實際上就是讓衝突的雙方，將注意力放在一個更遠大的，且雙方都一致同意的目標。這有助於讓他們更加清楚意識到彼此間相似性，而不是相異性。

2. **擴充資源**

   有一個解決衝突的有效方法，可能因為過於簡單以致於大家常會忽略它。如果衝突是因為共有資源或資源有限所引起的，那麼提供更多的資源，就能夠解決這些衝突。當然許多管理者手邊並沒有充裕的預算，以便提供更多額外的資源，但這仍不失為一個可考慮的有效方法。本章前段提到例子，管理階層必須共用秘書而造成衝突，那解決的辦法之一，就是聘請更多的秘書。

3. **更換人員**

   有時候某些長期存在的嚴重衝突，追究源頭可能是跟某一位特定人員有關。舉例來說，情緒智力很差的管理者在工作上有許多負面的工作態度，利他行為也很少出

現，當然也導致許多不好的結果。一位長期不穩定且情緒智力很差的管理者，不僅會讓部屬感到挫折，也會戕害部門的工作表現。遇到這種情況，更換或者開除這個人，可能是最佳的解決方式。不過當然還是得依循一般的處現程序，無效之後再尋求此項最終的手段。

4. **改變結構**

   另一個解決衝突的方式是改變組織的結構。改變組織結構的做法之一是，設置一個協調整合者的角色。協調整合者要為不同利益的團體之間建立起聯繫的管道。衝突十分嚴重的時候，協調整合者還要扮演中立第三者的角色。在連溝通都有困難的團體之間，設置一位協調整合者，能夠幫助他們開啟對話的。

   另一個方式是，使用多功能團隊。傳統上，組織中要設計新產品時多是由眾多部門一起參與，但常面對不同部門在合作上出現困難，而造成最後成品的一再拖延。如果從各部門裡挑選人手組成多功能團隊，合作上會比較容易，也可以改變原本次序處理的程序，轉變成同時性的合作，因此工作受到延遲的現象也會改善。這種跨部門團隊的方法，能讓不同部門的人員以團隊的形式一起工作，將可以降低發生衝突的可能性。在團隊合作的方式中，可以將大型任務拆解開，變成眾多小型、低複雜任務的集合體，甚至讓小型團隊負責小型任務。這些做法也可以減低衝突，組織也可以有效地改善整體績效，因為次級團隊的績效也獲得提升。

5. **交涉與協商**

   某些衝突還是需要雙方進行交涉跟協調後才能解決。這兩種策略都需要談判專家的專業技巧，並需要在協商之前做好詳細的規劃。交涉的過程包括問題解決方式的開放性討論，而最後的產出通常是雙方互換一些工作，並努力朝向雙方皆互惠的解決方案。

   協商是一種協同，找出彼此都能接受的複雜衝突解決方案的過程。在下列情形中，協商是相當有效的策略：

   (1) 涉入衝突者分為兩方或多方。協商是人際間或者團體間的一種過程。

   (2) 涉入者之間出現衝突性的利益，一方有興趣的，卻不是另一方想要的。

   (3) 參與者都願意進行協商，因為都相信比起單純佔對方便宜，透過交涉可以運用影響力獲得更好的結果。

   (4) 所有人都偏好以合作的方式，而不是以相互駁火、屈服讓步、拒絕往來，或者往上鬧到高層的方式來解決衝突。

一般來說，有兩種主要的協商方式：分配式談判以及整合性協商。當某方的目標與另一方的目標是直接相互衝突的時候，分配式談判（distributive bargaining）是一個不錯的解決方式。但如果處於資源有限，大家都希望能分到最高的比例（想吃到最大塊的餅）。這種競爭性的，非贏即輸的協商取向，就不適合採用分配式談判。因爲它可能會造成談判者過度注重彼此之間的差異性，卻忽略他們之間可能存在的共通立場。這種情形下，分配式談判容易得到反效果，降低生產力。現實是很多情況在本質上卻都是分配式的，甚至衝突雙方在工作上都還彼此相互依存的。不過如果談判者希望在此次談判中獲得最大的價值，而且他不需要擔心與對方的關係可能惡化的情況，那麼還是可以使用分配式談判這個方式。

相對地，衝突各方的目標如果具有某種程度的共通點，非互斥的情況，那就可以用整合性協商（integrative negotiation）的方式，把重點放在讓大家都能達成共通的目標上。整合性協商著重於找出問題裡的有益之處，以期達到雙贏的局面。（如何把這塊餅弄得大一點？）然而，整合性協商要成功，還是要有幾個先決條件：共同的目標、對每個人解決問題能力的信心、相信他人立場的信念、一起合作的動機、互信，還有清楚的溝通。

文化差異在協商中的影響是不能忽略的。日本與美國的談判專家一起工作時，日本的談判者較重視的是，談判專家這個角色賦予的力量；美國的談判者則不同，認爲權力是來自於有能力從談判裡成功而退。美國文化強調個人主義，會以個人利益的角度來進行談判；日本文化則傾向追求整體利益。所以，身爲跨文化的協商者，所能作的事情之一，就是盡可能地認識其他國家的文化內涵。

11.5.3 衝突管理風格

管理者處理衝突的風格，有其各自不同但穩定的類型：避免型、通融型、競爭型、妥協型，以及協同合作型。分類衝突處理風格的方式之一，是檢視該風格的堅定性（對於達成自己目標有多高的期望）以及合作性（配合並完成他人目標的意願有多高）。圖11-5 畫出五種衝突管理風格（conflict management style）在此兩種向度上的異同。表 11-2 列出使用各種衝突管理風格的適當時機。

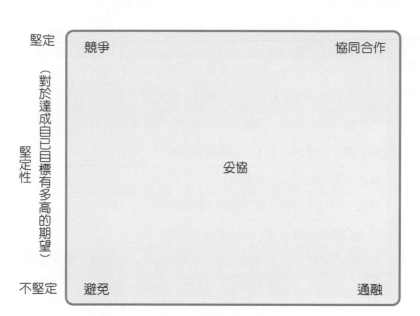

▶ 圖 11-5　衝突管理風格

資料來源：Thomas, K.W., (1976). Conflict and conflict management, in Dunnette, M.D., Handbook of Industrial and Organizational Psychology (Chicago: Rand McNally, 1976), p900.

▶ 表 11-2　五種衝突管理風格的使用時機

衝突處理風格	適合的情境
競爭型	極需快速、果斷行動的時機下（如緊急情況）。
	需要執行不受歡迎的重要課題（如裁員、執行被排斥的規定、處分）。
	事關公司福祉，而且你確定自己是正確的。
	對付無法用非競爭風格來協商的人。
協同合作型	雙方權益都很重要、無法妥協，但又需要一個整合性的解決辦法。
	目標是學習的時候。
	為了從不同觀點的他人身上獲得領悟。
	將他人看法整合，獲得共識後將可提升眾人的承諾感。
	為了克服因衝突而起的情緒感受損傷。
妥協型	目標雖重要，但不至於非堅持或奮戰不可，或值得付出混亂的代價。
	具有相同水準權力的對方，且都努力想獲致非勝即敗的目標時。
	希望能在複雜的議題中，取得暫時性的協定。
	在時間壓力下獲致可行的權宜之計。
	當協同合作及競爭風格都失敗時，可作為備份的選擇。

衝突處理風格	適合的情境
避免型	議題是瑣碎不重要，或是有更重要的議題等待解決。
	當你認為沒有任何解決方式能夠符合你的要求。
	當問題解決的益處，遠遠比不上潛在的混亂與損失時。
	為了讓大家冷靜下來，能以新觀點出發時。
	資訊不夠充足，不急著做出決定。
	其他人可以更有效地解決這個問題的時候。
	目前的問題相當表面，或僅是其他問題的徵兆。
通融型	發現自己是錯的，為了聽的更多、學的更多、顯示自己的理性時。
	此問題對別人來說重要多—滿足對方並維繫彼此的合作。
	建立起社會性的信譽日後可能需要。
	當完全無法獲益時，用來把自己的損失減到最小。
	和諧與穩定性特別重要時。
	為了讓員工可從錯誤中學習成長時。

資料來源：Thomas, K.W., (1997). Toward multidimensional values in teaching: the example of conflict behaviors, Academy of Management Review 2: 309-325.

1. **避免型**

   這種風格既缺乏堅定性，也沒有合作意願。迴避是種深思的決定，刻意地不對衝突採取行動，或者想要置身於衝突之外。某些關係性衝突，牽涉到政治偏好及個人品味，可能會讓團隊成員無法把注意力放在工作上。此時使用避免衝突的風格來處理，是相當適當的。

2. **通融型**

   這種風格比較偏於配合他人，關切對方的目標是否達成，比堅持己方目標的達成要高得多。合作性高，但缺乏堅定性，適合使用的情境包括：發現自己犯錯時、你打算讓對方達成目標（做人情給他），以便日後要求回報，或者是與對方維持良好的關係很重要時。過度仰賴這種風格當然是危險的。

3. 競爭型（**competing style**）

這是一種堅持性非常高、但合作性非常低的風格。滿足自己的目標、獲得利益的同時，代價可能是犧牲其他人。如果這是在緊急情況，或者確定自己的判斷正確的時候，使用這種風格倒是無妨。而完全只採用競爭型的風格，絕對是一個危險的策略。只使用這種風格的管理者，發現錯誤時將無法坦然承認錯誤，而且可能會驚覺身邊的人都不敢提出不同的意見。

4. 妥協型（**compromise style**）

妥協型具有中等程度的堅持與合作性，因為大家都必須做出某些犧牲，來獲致衝突的解決。由於時間急迫，在管理階層與工會進行談判的最後幾小時，就常常出現妥協型的做法。如果以協同合作的風格來處理衝突是無效的話，那麼妥協型的風格，也不失為一個有效的替代方法。

妥協並不是最佳的辦法，了解這一點相當重要。妥協表示為了達成協議而做出部分讓步。

5. 協同合作型

此雙贏的風格同時強調高度的堅定與合作性，要朝向協同合作的風格，必須針對衝突進行開放且深入的討論，並且獲致雙方都能滿意的解決方案。協同合作風格最適合使用的情境是，當雙方對於最後解決方案都有高度的承諾時，當不同觀點的彙整是可以形成解決方案時，它可能就相當適合。

11.6 協商

協商協商充斥在團體或組織中，每個人的互動行為上，較明顯的有：勞工與管理當局進行協議。較不那麼明顯的有管理者與部屬，同僚及老闆進行協商銷售人員與顧客協商採購代理人與供應商協商，範圍更細微的好比：一名員工同意回覆同事的電話，以換取某些利益。在今日以團體為基礎的組織中，成員發現他們與同事起工作的時間增加了，而且他們沒有直接的職權，甚至沒有共同的上司。 在這種狀況下，協商的技能變得十分重要。

我們把協商（negotiation）定義為，雙方或多方交換物品或服務時，試圖約定一交換比率的過程。注意本節中，我們會交替地使用「協商」和「協議」（bargaining） 等名詞。接下來的內容，我們將對比兩種協的策略，提供協商過程的模式，找出人格特質在協商中所扮演的角色，探討協商中性別與文化的差異，並簡略地分折加入第三者的協商。

11.6.1 協議的策略

協商一般有兩種方法：「分配式協議」（distribution agreements）和「整合式協議」，其比較於表 11-3。兩者的差異主要在目標與激勵、焦點、利益、資訊分享，以及關係的持續上，以下我們將定義並說明兩者差異。

職場溝通技巧系列職場協商
https://www.youtube.com/watch?v=UFr1726iqzo

▶ 表 11-3　分配式 VS. 整合式協商

協議特徵	分配式協議	整合式協議
目標	盡可能獲得最多的好處	獲得雙方都滿意的好處
激勵	有贏有輸	雙贏
焦點	立場（我不能在這議題上逾界）	利益（你能解釋為何這議題對你那麼重要？）
利益	抵制	合作的
資訊分享	低（分享資訊只會讓別人得到好處）	高（分享資訊能讓每個團體找到滿意的利益）
關係的持續	短期的	長期的

資料來源：Lewicki, R.J. & Litterer, J. A., (1985). Negotiation, Homewood, IL: Irwin, p280.

1. **分配式協議**

   分配式協議的本質。A 方和 B 方是協商的雙方，雙方都有個「目標點（target point）」，定義為他們所欲達成的目標水準；雙方也各有個「拒絕點（resistance point）」標示尚可接受的最差結果低於該點時，某方將中斷協商，不願接受較為不利的和解方案。這兩點之間的區域構成了各自希望的範圍。若 A 方和 B 方的希望範圍重疊，即存在一個和解區間，能滿足雙方的希望。

   進行分配式協議時，最好的方式之一是擔任先提一、掀開價，主動攻擊的一方。研究一致顯示，最佳協商者應該先出手，以便為居上風，為什麼？理由之一是，有能力者在會議中往往扮演發動者展現力量與掌握先機的角色，另一理由是，第 5 章我們曾提及定錨偏見，人們有專注於初始資訊的傾向，一旦存在定錨偏見，人們就不太會因隨後的資訊而做調整。所以，聰明的協商者通常會利用定錨作用，取得優勢。

2. **整合式協議**

   組織內行為的觀點看，在條件相同下，整合式協議較受歡迎。為什麼？因為它建立長期的關係。它獎勵協商者，使雙方離開該談判桌後都得自己是贏家。另一方面分配式協議使一方成為輸家，所以往往樹立彼此的敵意，並加深日後雙方的界限。研究顯示，協商情節中，若輸的一方，對協商結果感覺良好，那麼在後續的協商中，

他會更可能以對手的態度來協議。所以，整合式協商的重點是：就算你贏，也要讓你的對手對協商有正面感覺。

為什麼我們不繼續多看些組織中的整合式協議呢？答案在於這種協商成功與否所需的條件包括：雙方公開資訊，坦白各自所關心的事；雙方對彼此的需求應該具有敏感性與相互信賴的能力；雙方維持彈性的意願。因為這些條件在組中並不常見，所以協商多半還是採取不惜任何代價為求取勝的戰術。

不過，有一些方法可以達成更多整合式成果。當多人在談判桌上時，能生成的意見較多。因此，何不嘗試以團隊來協議。此外，放入更多議題在談判桌上討論，當議題多時，因偏好差異更有機會「挾帶通過」。是故，相關議題一起協商會比單一議題個別協商要好。

最後，你應該了解讓步或放棄是雙贏方案的絆腳石。一旦讓步就懶得追求整合式成果，如果你或對手非常容易投降，那麼不會有創意的解決方案產生。

11.7 協商過程

圖 11-6 提供簡單的協商過程模式，這個模式把協商分為五個步驟：(1) 準備與規劃；(2) 明訂基本規則；(3) 澄清與辯解；(4) 協議及問題解決；(5) 結束與實行。

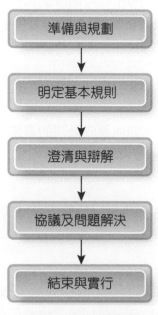

▶ 圖 11-6　協商過程

資料來源：Lewicki, R.J., (1981). Bargaining and negotiation, Exchange: The Organization Behavior Teaching Journal 6, No.2, 278-282.

1. **準備與規劃**

   在開始協商之前,你必須做功課。什麼是衝突的本質?導致本次協商的歷史背景如何?誰參與其中?以及雙方對衝突的認知為何?你想從協商中獲得什麼?你的目標是什麼?下列方式對我們有所助益:將目標寫下,並把不同結果排列出來從「最有希望」到「最低可接受」這麼做可以使你的注意力集中。

   你也應該準備評估,對方對你的協商目標會有何反應?對方可能有什麼要求?對方捍衛自己立場的程度為何?就對方而言,有哪些無形的或隱藏的利益很重要?對方可能有意選定什麼?當你能夠預測對手立場時,等於是有更充分地準備,利用支持你立場的事與數據來對抗對手的言論。

   一旦你蒐集到資料,就可以利用它發展策略。你的策略應該包含:決定你與對方在協定中的最佳選項(best alternative to a negotiated agreement, BATNA)。對協商契約而言,你的 BATNA 決定你能接受的最低限度。任何高於你 BATNA 的提議,你都可以接受,這總比陷入僵局好。相反地,除非你能提供對方一個比其 BATNA 更有吸引力的提案,否則不要期待協商會成功如果在協商中,你能充分了解對方的BATNA 是什麼,就算你無法達到那樣的要求也許還有辦法來改變對方。

2. **明訂基本規則**

   一旦做好規劃,也擬定策略,你就應該開始與對方訂定好基本規則及程序。誰參與協商?在何處舉行?如果有,適用的時間限制為何?協商的議題有侷限嗎?若陷於僵局,有哪些特殊程序可以解套?在這個階段中,雙方將會交換最初的提議或要求。

3. **澄清與辯解**

   當雙方交換彼此初的立場時,你與對方都會解釋、詳述、釐清、支持,以及辯護各自的原始需求,這不是對質,反而是一個可以針對此議題教育與告知對方的機會。為什麼我方的看法很重要?又如何達成最初的要求?這裡有個重點是,你應該提供對方任何有助於支撐你立場的文件資料。

4. **協議及問題解決**

   協商過程中的本體是實際的妥協,以便雙方達成協議。此時兩方無疑地必須彼此退讓。

5. **結束與實行**

   協商過程中的最後一個步驟是將已經完成的協定正式化,並建立對實行與監督有幫助的必要程序。一些重要的協商,包括勞資協商、租約協議、房地產交易、升遷交涉等,都需要在正式契約中,設計出特定的條款。然而,對多數例而言,協商過程的結束只不過是握個手罷了。

11.7.1　第三者的協商

到目前為止，我們都是討論直接協商下的談判。然而，有時談判代表會遇到僵局，不能藉由直接協商來解決彼此的歧見。在這種情況下，就需要求助第三者找出解決之道。第三者的四種基本角色有：調解者、仲裁者、斡旋者及諮詢者。

1. **調解者（mediator）**

   為中立的第三者，藉由評理、議論和說服，並提出替代方案等手段，來促使協商達成決議。調解者廣泛地用於勞資協商和民事訴訟上，經由調解協商所獲得的效果令人印象深刻，估計和解達成率約有 60%，而協商者滿意度也在 75% 左右。但是調解成功與否的主要關鍵在於：衝突雙方必須有意進行談判以解決問題。其次，衝突程度不能太高，因為調解在中度衝突下最為有效。最後，調解者給人的感覺很重要，為了使調解成功，調解者應該被認為是中立且不具強迫性的。

2. **仲裁者（arbitrator）**

   是指在協商中，以權威指揮協議的第三者。仲裁可能是自願的（提出要求的），或被迫的（以法律或契約強迫雙方）。仲裁之所以較調解更能被人廣泛地應用，乃因其總是可產生解決方案。不過是否有不良面，則端賴仲裁者如何展現「壓制」的手腕。若一方感受到不可抗拒的挫敗，那麼必然是不滿於接受仲裁者的決定。因此，衝突可能於之後再次浮現。

3. **斡旋者（conciliator）**

   是值得信賴第三者，他提供協商者雙方資訊溝通的橋樑。這種角色以《教父》影集中的 Robert Duval（Godfather）最有名。他身為 Don Corleone 的養子及受過專業訓練的律師，所扮演的角色就是 Corleone 家族和 Mafioso 家族的中間兩者重疊的部分很大。實際上，斡旋者不只是溝通的管道，亦從事發現事、解釋訊息及說服爭論，以維持雙方的發展等工作。

4. **諮詢者（consultant）**

   是技巧高明且立場公正的第三者，會試圖藉由溝通、分析及其衝突管理的知識，來促使問題得以解決相對於前述的各項角色，諮詢者不只侷限在問題上，更能增進衝突雙方的關係，以使雙方自行達成和解。所以，除了致力於解決方案之外，諮詢者會試圖協助雙方彼此了解並共同工作，因此，我們說這個角色長期的重心為：在衝突雙方之間，建立新穎而正面的觀感和態度。

OB專欄

由半澤直樹效應－談職場惡性鬥爭

「兵不厭詐，這是戰爭！」是大家耳熟能詳的電影名言，道出戰場上的現實殘酷；但最近日劇將職場鬥爭搬上螢光幕前，當中爾虞我詐、勾心鬥角的情節，絕對不亞於真實戰場，由該劇勇破日劇收視率歷史紀錄現象來看，反應了職場鬥爭議題所受到上班族關注的程度。

職場鬥爭面向分析

中華人事主管協會資深講師林萃芬解釋，職場鬥爭或競爭其實可分為「良性競爭」與「惡性鬥爭」兩面向，因為有時職位、資源等因素的限制，難免會出現競爭的情形，若是面對的是良性競爭，建議先接納此過程、避免負面思考，首先應察言觀色，降低威脅感與恐懼感，不屈服於對方虛張聲勢，同時向對方表達「同理心」，傳達關懷、尊重的態度，設法站在對方的立場、角度分析，更需要為彼此保持緩衝空間。

職場鬥爭情境因素

不相容的性格、重疊不清楚的工作範圍、有限的資源競爭以及不適當的溝通方式等，都是職場上常見產生鬥爭的情境因素；在面對職場鬥爭時，可能會出現生理或心理抽離衝突的「撤退」反應，或者改變自己原有立場以避免衝突發生的「放棄」反應，甚至可能出現運用脅迫身體、心理或其他行為來達到目的的方式，其中包括身體、語言暴力的「直接攻擊」或是採取其他方式讓對方知道自己不滿的「間接攻擊」反應。

視衝突為解決問題契機

「退讓」其實並不是面對職場鬥爭最好的方法，在過往心理諮商案例中，常發現這的人常出現挫折感、無力感，甚至因此併發憂鬱等症狀。林萃芬建議，處理人際衝突最好的方式還是應該將衝突視為解決問題的契機，妥善處理衝突，確定雙方處理衝突的意願，運用幽默溝通，同時尋求公立第三者的協助，尋求雙方最大共識，以雙贏代替惡性競爭。

照護員工心靈　創造勞資雙贏

中華人事主管協會執行長林由敏表示，職場競爭是企業發展的良性常態，但若是演化成職場惡性鬥爭，就有可能削弱員工向心力與歸屬感，甚至產生「劣幣驅良幣」的負面現象，人資人員站在處理員工關係的第一線，必須積極處理人事紛爭，適時給予員工心理諮商與情緒輔導，照顧員工心靈，調解並避免衝突再次發生，以創造勞資雙贏的局面。

資料來源：1111 進修網
http://edu.1111.com.tw/news_detail.php?autono=1004#.U2TLibeKDcs，2013-10-17

　　日常工作中，因為每個人的觀點不同，難免會與同事發生衝突。有些是與周圍同事，有些甚至是針對你的上司，有些也可能是針對你的客戶。如果職場中的人際關係處理不好，將會給你帶來許多麻煩。如何處理好職場中的人際關係，化解種種矛盾顯得至關重要。只有這樣，你才能營造一個舒適的工作環境，愉快地做事。

如何化解工作中與不同的人發生的矛盾呢？

現象一：與同事發生衝突

　　衝突是雙方面的，如果你堅持不被激怒，不參與衝突的話，另一方就會放棄，因為激惱一個不會發火的人並沒有多少樂趣。面對這種情況，要與同事保持一定的距離。如果可能的話，最好馬上離開現場。你要想清楚，為什麼要和別人僵持不下，破壞自己的好心情呢？如果你不可能離開的話，就盡量克制自己不要發表意見，以避免衝突。

　　如果你與同事已經發生了衝突，這個時候千萬不要失去控制。如果你在一個問題上爭論不休，並且大肆張揚的話，那很明顯，你在浪費自己的時間。如果低調地處理，這樣，遇到的問題很快就可以化解了。

現象二：與上司發生衝突

　　在與上司發生衝突時，你最好理智地了解和上司之間發生問題的起因，這樣才能夠分別對待不同的問題。同時，你應該認識到上司所做的決定對他的重要性，這樣可以考慮是否需要妥協。

　　當然，與上司發生衝突時不一定全都是你的錯，所以，你可以為自己制定一個底線，比如說，哪些你會接受，哪些你堅決不接受。你也許會容忍上司粗心大意的毛病，但是在為上司圓謊的問題上，你可以和上司劃清界限。如果同事也為同樣的事情煩惱，你可以從他們那兒獲得支持，一同和上司進行理論。

在和上司理論之前，你應該要進行充分的準備和排練，要有自信，但不要表現得粗魯和有侵略性。用很冷靜的口氣告訴上司問題出在哪兒，並且提出解決方案。如果他遇事推諉，拒絕解決問題，你可以建議他在你提出問題之後立即解決。解釋而非威脅，弄明白你接受的底線並且堅持下去。

現象三：與客戶發生衝突

為了避免與客戶發生衝突，你可以多練習與人交往的技巧。努力和客戶保持良好的關係非常重要，要學會平等地對待每一個人，並尊重他們。

不要試圖打擊任何人。有些人可能會喜歡以幽默的方式對待別人，但有時候幽默過頭了會給人留下不好的印象。對待客戶時，盡量以溫暖的笑容面對。

工作中，如果你遇到了讓你覺得比較難打交道的客戶，那麼最好將個人情感放在一邊。如果你實在不能和客戶友好相處，那你只好苦笑著忍受他了。例外的情況是他侮辱你，或公開挑釁，這時候，你有權就他們的行為向上司投訴。

工作中難免會遇到一些意外，只有妥善地將這些人際關係處理好了，才能在職場中順利伸展。

資料來源：化解衝突 穩走職場

編輯：醉美人

58 創業計謀網

http://big5.58cyjm.com/html/view/2376.shtml

本章摘要

1. 衝突是一個互相作用的過程，外顯於單一的社會實體（個體、群體、團隊及組織）內或兩個（含）以上社會實體間，所展現出偏好、目標及活動等的不相容、不一致或不協調。

2. 建設性衝突（亦稱為任務相關衝突）即可能改善團隊的決策制訂。衝突往往會變成情緒性且針對個人。若當事人焦於問題，反而將對方視為問題時、這種衝突稱為社會情緒衝力問題的企時很明顯。若討論變得充滿情緒性、將會產生感知（socioemotional conflict），它的差異在於被視為個人攻擊而非解並扭曲資訊的處理。外展衝突，指衝突感知與情緒通常會在一方對另一方的決定及外顯行為（overt behavior）中彰顯出來，這些衝突片段可能從微妙的非語言行為到激烈的侵犯都有。

3. 組織結構面會導致衝突的來源，包括：專業分工、相互依賴、共有資源、目標歧異、與權力階層的關係、地位上的不對等、管轄權模糊等。

4. 當衝突發生於團體或團隊之間稱為團體間衝突（intergroup conflict）。團體間的衝突可能為團體帶來正面的結果，如增強團體內的凝聚力、提升對工作任務的注意力，以及提升對團體的忠誠度。當然團體間衝突也可能導致負面後果。

5. 衝突如果發生在團體或團隊之中稱為團體內衝突（intragroup conflict）。有些團體內的衝突是功能性的、有益的，能夠幫助團體免於陷入團體盲思中。即使是最新型態的團隊——虛擬團隊，也無法避免衝突的發生。

6. 發生在單一個體內的衝突屬於個人內衝突（intrapersonal conflict），包含好幾種類型：角色間的衝突、角色內的衝突，及個人與角色的衝突。所謂角色指的是他人加諸於個體身上的一組期望。扮演核心角色的人就是角色的擁有者，而加諸期望到他人身上的人，則是角色的發送者。

7. 衝突的行為階段包括衝突雙方所做的言論、行動和反應。這些衝突行為一般都會明顯企圖去行本身的意圖，但這些行為的一些刺激特性是與意圖分離的，錯誤判斷或拙劣法規的結果，將使行為背離原本的意圖。

8. 衝突的管理與技巧，可以分為競爭性的及合作性的，這兩種策略以及四種不同的衝突情境，列舉於表 11-5。競爭性的策略建立在「非勝即負（win-lose）」的假設上，此點也可能讓雙方在互動中，伴隨著不眞誠的溝通、懷疑以及互不讓步。合作性的策略則建立在不同的假設上：追求雙贏的可能，誠實的溝通、信任、勇於承擔風險與傷害，以及一加一大於二的想法，是此種策略的特點。

9. 衝突的管理風格分為競爭型、協同合作型、妥協型、避免型、通融型。

10. 協商策略一般有兩種方法：「分配式協議」和「整合式協議」，兩者的差異主要在目標與激勵、焦點、利益、資訊分享，以及關係的持續上。

11. 第三者協商是指，有時談判代表會遇到僵局，不能藉由直接協商來解決的歧見。在這種情況下，就需要求助第三者找出解決之道。第三者的四種基本角色有：調解者、仲裁者、斡旋者及諮詢者。

本章習題

一、選擇題

( ) 1. 外顯於單一的社會實體（個體、群體、團隊及組織）內或兩個（含）以上社會實體間，所展現出偏好、目標及活動等的不相容、不一致或不協調。稱之？(A) 組織 (B) 衝突 (C) 挑釁 (D) 創造。

( ) 2. 對於一個議題的不同觀點，當團隊成員以能夠將衝突聚焦於工作，而非個人身上的方式來辯論時，何種衝突即發生？(A) 建設性衝突 (B) 社會性衝突 (C) 情緒性衝 (D) 金錢性衝突。

( ) 3. 何種並不是衝突的結構性因素 (A) 目標歧異 (B) 專業分工 (C) 性格 (D) 相互依賴。

( ) 4. 何種屬於衝突的個人因素？(A) 價值觀與倫理 (B) 技術與勞力 (C) 知覺 (D) 以上皆是。

( ) 5. 當衝突發生於團體或團隊之間稱為 (A) 團隊內衝突 (B) 團隊間衝突 (C) 個人內衝突 (D) 以上皆非。

( ) 6. 何者為無效的處理技巧？(A) 改變結構 (B) 更換人員 (C) 遠大的目標 (D) 行政擱置。

( ) 7. 既缺乏堅定性，也沒有合作意願為何種衝突管理風格？(A) 避免型 (B) 共同合作型 (C) 通融型 (D) 妥協型。

( ) 8. 堅持性非常高、但合作性非常低的風格為何種衝突管理風格？(A) 競爭型 (B) 避免型 (C) 通融型 (D) 妥協型。

( ) 9. 協議假設存在一或多個雙贏的解決方案。(A) 分配式協議 (B) 整合式協議 (C) 強制式協議 (D) 以上皆非。

( ) 10. 第三者協商中，何者為中立的第三者，藉由評理、議論和說服，並提出替代方案等手段，來促使協商達成決議？(A) 調解者 (B) 諮詢者 (C) 仲裁者 (D) 斡旋者。

二、名詞解釋

1. 衝突管理風格
2. 管轄權模糊
3. 個人內衝突（intra personal conflict）
4. 斡旋者（conciliator）
5. 整合性協商

三、問題與討論

1. 請解釋衝突歷程的五部分。
2. 請說明建設性衝突及社會情緒衝突對團隊的影響？
3. 組織衝突結構性七項因素中，「專業分工」為何會造成結構性組織衝突？
4. 請舉例說明「角色間衝突（interrole conflict）」對自己的影響。
5. 如何利用組織的「改變結構」達成降低衝突的發生及負向影響？

參考文獻

1. Glasl, F., (1982). The process of conflict escalation and the roles of third parties, in Bomers G.B.J. & Peterson R., (eds.), Conflict management and industrial relations (Boston: Kluwer-Nijhoff), 119-140.

2. Lewicki, R.J. & Litterer, J. A., (1985). Negotiation, Homewood, IL: Irwin, p280.

3. Lewicki, R.J., (1981). Bargaining and negotiation, Exchange: The Organization Behavior Teaching Journal 6, No.2, 278-282.

4. Pondy, L. R., (1967). Organizational Conflict Concepts and Models. Administrative Science Quarterly, 13, 296-320.

5. Quick, J.C., Quick, J.D., Nelson, D.L. &Hurrell, J.J. Jr., (1997). Preventive stress management in organizations. Copyright 1997 by the American Psychological Association.

6. Rahim, M.A., (2002). Toward a theory of managing organizational conflict, International Journal of Conflict Management, 13: 206-235.

7. Robbins, S.P., (1974). Managing organizational conflict: a nontraditional approach, Upper Saddle River, NJ: Prentice Hall, 93-97.

8. Thomas, K.W., (1976). Conflict and conflict management, in Dunnette, M.D., Handbook of Industrial and Organizational Psychology (Chicago: Rand McNally, 1976), p900.

9. Thomas, K.W., (1997). Toward multidimensional values in teaching: the example of conflict behaviors, Academy of Management Review 2: 309-325.

NOTE

第 *4* 篇

組織行為的組織層次

💭 Chapter 12　組織結構的介紹

💭 Chapter 13　組織文化

💭 Chapter 14　組織變革及壓力管理

12

組織結構的介紹

學習目標

1. 指出形成組織結構的六個基本要素。
2. 描述官僚組織的特性。
3. 描述何謂矩陣式結構。
4. 描述虛擬組織的特性。
5. 列出管理者創造無邊界組織的原因。
6. 論述各種組織結構的相異之處，並能區別機械式與有機式結構。
7. 分析不同的組織設計對員工行為的涵義。

本章架構

12.1 組織結構的定義

12.2 組織結構設計的要素

12.3 企業組織結構的型式

12.4 企業組織結構的演變

12.5 企業組織結構的發展趨勢

12.6 企業組織結構扁平化

12.7 扁平化管理的策略

12.8 結論與建議

小米機的管理祕訣 [1]

根據自由時報記者劉惠琴（2017）的報導，國際市場研究機構 IDC 於 2017 年 11 月發布了第三季的全球智慧手機的出貨調查報告，在 7 至 9 月期間，全球智慧手機的總出貨量為 3.731 億支，銷量與去年同期相比僅增加了 2.7%。

前五大出貨量排名為：三星、蘋果、華為、OPPO、小米，這五大手機品牌在全球市佔率高達 53.6%。其中，又以小米的銷量表現成績最為亮眼，跟去年同期相比，成長高達 102.6%，顯示出強勁的銷售力道。

根據該調查數據顯示，全球前五大手機市占排名，三星持續穩坐第一名寶座，在第三季的總銷量達 8330 萬支，較去年同期成長，市佔率提升至 22.3%。位居第二名的蘋果，第三季的總銷量為 4670 萬支，跟去年相比僅多賣出 120 萬支，市占成長率是全球前五大最低的，跟排名第三的華為，僅相差 2 個百分點。華為在第三季總銷量為 3910 萬支，市佔率提升至 10.5%。至於第四名的 OPPO，也緊追在後，銷量為 3070 萬支，較去年同期成長，市佔率提升到 8.2%。爆發力驚人的小米，則以 2760 萬支的總銷量，持續穩住第五名的位置，市佔率更進一步提升到 7.4%，與第四名的 OPPO，僅只相差 0.8 個百分比。先前，小米機的創辦人雷軍在個人微博宣布第二季的總銷量 2316 萬台，創下小米單季創紀錄。從 IDC 公布的第三季調查數據看來，小米在第三季又再度刷新紀錄，市場預期認為，小米展現的高速成長率，可望持續到年底，是否有機會超車 OPPO，搶進第四名，值得觀察。

管理扁平化，找對的人做對的事

小米團隊是小米成功的核心原因。雷軍和一群聰明人一起共事，為了挖到聰明人不惜一切代價。如果一個同事不夠優秀，很可能不但不能有效幫助整個團隊，反而影響到整個團隊的工作效率。來小米的人，都是真正幹活的人，他想做成一件事情，所以非常有熱情。來到小米工作的人聰明、技術一流、有戰鬥力、有熱情做一件事情，這樣的員工做出來的產品注定是一流的。這是一種真刀實槍的行動和執行。

所以當初雷軍決定組建一支超強的團隊，前半年花了至少 80% 時間找人，幸運的找到了 7 個合夥人，全是技術背景，平均年齡 42 歲，經驗極其豐富。3 個本地加 5 個海歸，來自金山、谷歌、摩托羅拉、微軟等，土洋結合，理念一致，大都管過超過幾百人的團隊，充滿創業熱情。

長久以來，華人的企業組織都有一個特性——層級特多。一點小事情都要層層上報。員工做很多，卻很累。一週工作 7 天，一天恨不得有 12 個小時，結果還是幹不好，老闆就認為是僱傭的員工不夠好，就得辦培訓、搞運動、洗腦。但從來沒有考慮把事情做少。

扁平化是基於小米相信優秀的人本身就有很強的驅動力和自我管理的能力。設定管理的方式是不信任的方式，我們的員工都有想做最好的東西的衝動，公司有這樣的產品信仰，管理就變得簡單了。當然，這一切都源於一個前提：成長速度。速度是最好的管理。少做事，管理扁平化，才能把事情做到極致，才能快速。

小米的組織架構沒有層級，基本上是三級：7 個核心創始人、部門 leader、員工。而且不會讓團隊太大，稍微大一點就拆分成小團隊。從小米的辦公佈局就能看出這種組織結構：一層產品、一層行銷、一層硬體、一層電商，每層由一名創始人坐鎮，能一條鞭到底的執行。大家互不干涉，都希望能夠在各自分管的領域施力，一起把這個事情做好。除了 7 個創始人有職位，其他人都沒有職位，都是工程師，晉升的唯一獎勵就是加薪。不需要你考慮太多雜事和雜念，沒有什麼團隊利益，一心在事情上。

這樣的管理制度減少了層級之間互相匯報浪費的時間。小米現在 2500 多人，除每週一的 1 小時公司級例會之外很少開會，也沒什麼季度總結會、半年總結會。成立 3 年多，7 個合夥人只開過 3 次集體大會。2012 年 815 電商大戰，從策劃、設計、開發、供應鏈僅用了不到 24 小時準備，上線後微博轉發量近 10 萬次，銷售量近 20 萬台。

創辦人雷軍說：「我的第一定位不是 CEO，而是首席產品經理。」80% 的時間是參加各種產品會，每週定期和 MIUI、米聊、硬體和行銷部門的基層同事坐下來，舉行產品層面的討論會。很多小米公司的產品細節，就是在這樣的會議當中和相關業務一線產品經理、工程師一起討論決定的。

資料來源：本個案部分節錄自「雷軍：小米快速成長的管理秘訣。」
http://www.bnext.com.tw/article/view/id/29424
資料來源：劉惠琴（2017）。第三季全球手機市占排名公布！「這個」品牌成長率破百太狂了！
自由時報，20171103，取自 http://3c.ltn.com.tw/news/31883

 問題與討論

1. 如果你要籌組團隊成立一家公司，你要如何選擇團隊的成員？

2. 組織扁平化對管理者的工作負擔有何影響？為什麼？

3. 雷軍自比為首席產品經理而非 CEO，你贊同雷軍的管理哲學嗎？為什麼？

12.1 組織結構的定義

所謂組織結構（organizational structure），就是組織內部對工作的正式安排[2]。一般而言，組織結構的概念有廣義和狹義之分。狹義的組織結構，是指為了實現組織的目標，在組織理論的導引下，經過組織設計形成的組織內部各個部門、各個層級之間固定的排列方式，即組織內部的構成方式。廣義的組織結構，除了包含狹義的組織結構內容外，還包括組織之間的相互關係類型，如組織內特別單位或小組的運作、經濟聯合體（即指在市場經濟中，打破行業、部門、地區的界限，由兩個以上單一企業在專業化協作和經濟合理原則的基礎上進行部分與全面統一經營管理所形成的經濟實體）、企業集團等。

12.2 組織結構設計的要素

管理者在進行組織結構設計時，必須考慮 6 個關鍵要素：工作專門化、部門化、命令鏈、控制幅度、集權與分權、正式化[2,3]。如圖 12-1 所示。

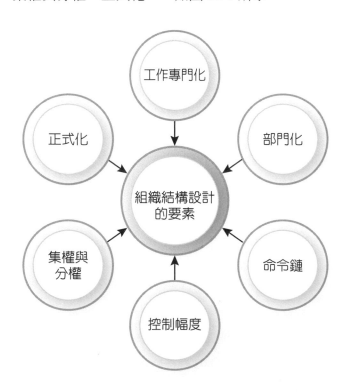

▶ 圖 12-1　組織結構設計的要素

12.2.1　工作專門化

20 世紀初，亨利‧福特（Henry Ford）透過建立汽車生產線而名聞天下，享譽全球。他的做法是，給公司每一位員工分配特定的、重覆性的工作，例如，有的員工只負責裝配汽車的大燈，有的則只負責安裝方向燈。透過把工作分化成較小的、標準化的任務，使工人能夠反覆地進行同一種操作，福特利用技能相對有限的員工，每 10 秒鐘就能生產出一輛汽車[4]。

上述福特的經驗說明了，讓員工從事專門化的工作他們的生產效率會提高。我們常用「工作專門化」（work specialization）或「專業分工」（specialization of labor），來描述組織中把工作任務劃分成若干步驟來完成的細分程度，這也是工作專門化的定義，工作專門化或分工的結果往往是：一個人不會完成一項工作的全部而是分解成若干步驟，每一步驟由一個人獨立去做。就其實質來講，每人都是完成工作活動的一部分，而不是全部活動。

20 世紀 40 年代後期，工業化國家大多數生產領域的工作都是透過工作專門化來完成的。透過實行工作專門化，員工重覆性的工作，員工的技能會有所提高，在改變工作任務或在工作過程中安裝、拆卸工具及設備所用的時間會減少。從組織角度來看，實行工作專門化，有利於提高組織的訓練效率。挑選並訓練從事具體的、重覆性工作的員工比較容易，成本也較低。對於高度精細和複雜的操作工作尤其是如此。例如，如果讓一個員工去生產一整架飛機，波音公司一年能造出一架大型波音客機嗎？因此，認為工作專門化是有助於提高效率和生產率。

20 世紀 50 年代以前，管理人員把工作專門化看作是提高生產率的萬靈丹，或許他們是正確的，因為那時工作專門化的應用尚不夠廣泛，只要引入它，幾乎總是能提高生產率。但到了 60 年代以後，越來越多的證據顯示：由於工作專門化，人由於非經濟性因素的影響（表現出厭煩情緒、疲勞感、壓力感、低生產率、低質量、缺勤率上升、流動率上升等）超過了其經濟性影響的優勢，導致生產力降低[3]（如圖 12-2）。因此，專業分工雖可提高生產力獲得經濟性的成長，仍需考慮非經濟性因素的影響，方能有較高的生產力。

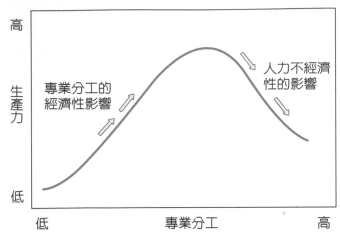

▶ 圖 12-2　專業分工的經濟性與不經濟性對生產力的影響 [3]

12.2.2　部門化

　　一旦透過工作專門化完成任務細分之後，就需要按照類別對工作進行分組，以便使共同的工作可以進行協調與運作。而工作分類的基礎正是「部門化」（departmentalization）。一般而言，企業可依功能、地區、產品、程序、客戶等角度將組織進行部門化 [5]。

1. 功能別部門（又稱職能別部門）

　　根據職能進行部門的劃分適用於所有的組織。因為職能的變化將可反映組織的目標和活動。這種職能分組的主要優點在於，把同類專家分配到同一個部門中，能夠提高工作效率。將組織結構以公司不同的功能（或職能）劃分，例如：製造業的廠長以下設有工程經理、會計經理、生產經理、人力資源經理、採購經理等。其優點有：(1) 將相同專業的人以相同技術、知識和訓練的人安排在一起，可提升效率；(2) 同一功能部門的凝聚力強。缺點是：(1) 部門間缺乏溝通；(2) 各部門對組織目標的了解有限。

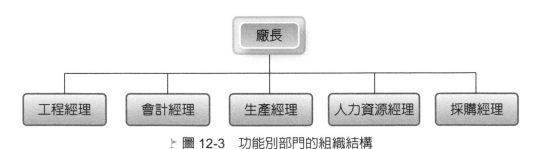

▶ 圖 12-3　功能別部門的組織結構

2. **地區別部門**

將組織結構依據公司不同的服務區域劃分部門，例如：大型家具的銷售副總以下設有西區銷售經理、南區銷售經理、中西區銷售經理、東區銷售經理等。其優點有：(1) 可更有效地處理各區的事務；(2) 可對特定區域提供較好的服務。缺點是：(1) 不同部門內的功能重複；(2) 區域彼此是分割的，越區服務是不允許的。

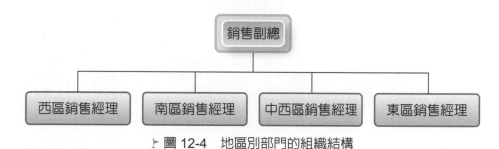

▷ 圖 12-4　地區別部門的組織結構

3. **產品別部門**

將組織結構依公司所生產不同的產品劃分部門，例如：參與建置臺北捷運文湖線的外商龐巴迪（Bombardier）公司，以不同的產品設有大眾運輸部門、休閒及小型客車部門、鐵路產品部門等。其優點有：(1) 允許特定產品及服務專業化；(2) 管理者可成為產業內的專家；(3) 較接近顧客。缺點是：(1) 各部門功能重複；(2) 對組織目標的了解有限。

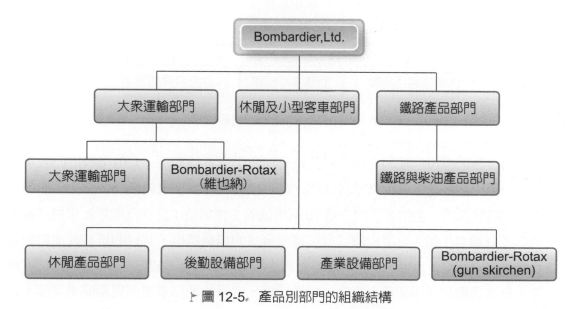

▷ 圖 12-5　產品別部門的組織結構

4. **程序別部門**

將組織結構依公司的生產程序進行部門劃分，例如：生產鋼製望遠鏡的程序設有鋸工部門、計畫與銑工部門、裝配部門、塗裝與磨光部門、最終修整部門、檢驗和運送部門等經理。其優點有：更有效率的工作流程，其缺點是只適用於某項產品。

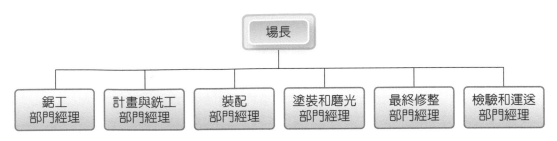

▷ 圖 12-6　程序別部門的組織結構

5. **客戶別部門**

將組織結構依公司所服務的客戶特性劃分部門，例如：中央空調及冷氣設備的銷售主管以下設有零售客戶經理、批發客戶經理、政府客戶經理等。其優點有：(1) 較了解顧客的需求；(2) 顧客的問題有專人處理。缺點是：(1) 不同部門的功能重複；(2) 侷限在部門的目標上。

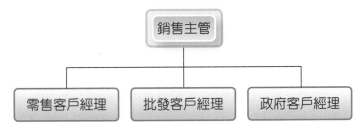

▷ 圖 12-7　客戶別部門的組織結構

此外，大型組織進行部門化時，可能綜合利用上述各種方法，以取得較好的效果。例如，某一家大型的電子公司在進行部門化時，根據職能類型來組織其各分部；根據生產過程來組織其部門；把銷售部門分為 10 個地區的工作單位；又在每個地區根據其顧客類型分為 5 個顧客小組。企業組織採取這種混合式的組織結構，其目的是有效地對顧客需要的變化作出反應。事實上，已有許多組織更強調以顧客為基礎劃分部門的方式[5]。例如歐美、日本喜歡用「事業部」來形成組織結構，常見的地區事業部與產品事業部，也是一種可以加速服務顧客的組織。

12.2.3　命令鏈

命令鏈（chain of command）是一種不間斷的權力路線，從組織最高層擴展到最基層，釐清誰向誰報告工作。它能夠回答員工提出以下的問題：「我有問題時，要去找誰？」、「我應對誰負責？」[6]。所以，命令鏈又稱為指揮鏈。

在討論命令鏈之前，應先討論兩個概念：權威和命令統一性。權威（authority）是指管理職位所固有的發佈命令並期望命令被執行的權力。為了促進組織運作，每個管理職位在命令鏈中都有自己的位置，每位管理者為完成自己的職責任務，都要被賦予一定的權威；命令統一性（unity of command）則有助於保持權威的連續性。它意味著一個人應該對一個主管，且只對一個主管直接負責。如果命令鏈的統一性遭到破壞，一個下屬可能就不得不窮於應付多個主管，須面對不同命令之間的衝突或優先次序的選擇[3]。

時代在變化，組織設計的基本原則也在變化。隨著電腦技術的發展和充分授權給下屬的潮流衝擊，使得命令鏈、權威、命令統一性等概念的重要性大大降低了。由於網路科技的進步，現在一個基層員工能在幾秒鐘內得到多年以前只有高層管理人員才能得到的訊息。同樣，隨著電腦技術的發展，使組織中任何位置的員工都能與任何人進行交流，不再需透過正式管道。而且，權威的概念和命令鏈的維持越來越無關緊要，因為過去只能由管理階層作出的決策現在已授權給基層員工自己作決策。當然，許多組織仍然認為透過強化命令鏈可以使組織的生產效率最高，但今天這種組織越來越少了[7]。畢竟人們還是喜歡在和諧的氣氛中工作，而和諧的組織氣氛往往會逐漸淡化權威和命令鏈的界線。

12.2.4　控制幅度

一個主管可以有效地指導多少個下屬？這種有關控制幅度（span of control）的問題非常重要，因為它決定了組織要設置多少層級，配置多少管理人員[8]。在其他條件相同時，控制幅度越寬，組織效率越高，這一點可以透過下列例子證明[3]。

假設有兩個組織，基層操作員工都是 4,096 名，如果一個控制幅度為 4 人，另一個為 8 人，那麼控制幅度寬的組織比控制幅度窄的組織在管理層級上會少兩層，可以少配置 780 人左右的管理人員。如果每名管理人員每月年均薪水為新臺幣 40,000 元，則控制幅度寬的組織每月在管理人員薪水上就可節省 3,120 萬元。顯然，控制幅度寬的組織效率較高、可降低管理成本。但是，在某些方面有較寬的控制幅度可能會降低組織的有效性，也就是，如果控制幅度過寬，由於主管人員沒有足夠的時間為下屬提供必要的領導和支持，員工的績效會受到不良影響[9]。

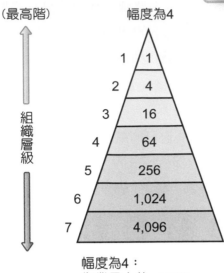

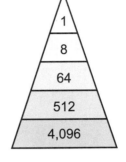

幅度為4：
作業員人數=4,096
管理者人數(層級1-6)=1,365

幅度為8：
作業員人數=4,096
管理者人數(層級1-4)=585

➤ 圖 12-8　相同組織規模但不同控制幅度的對照 [3]

　　一般而言，控制幅度宜保持在 3 ～ 8 人 [3]，若控制幅度窄也有其好處，管理者就可以對員工實行較嚴密的控制。但較窄的控制幅度會有 3 個缺點 [14]：第一，如前所述，管理層級會因此而增多，管理成本會大大增加。第二，使組織的垂直溝通更加複雜。管理層級增多也會減慢決策速度，並使高層管理人員趨於孤立。第三，控制幅度過窄易造成對下屬監督過嚴，妨礙下屬的自主性。影響控制幅度的因素包括下列 8 項 [15,16]：

1. 員工與管理者的技能－技能愈好，控制幅度可以加寬。

2. 工作複雜度－工作複雜度愈高，控制幅度要越小。

3. 工作相似性－工作相似性越高，控制幅度可以加寬。

4. 部屬的相近性－部屬的相近性越高，控制幅度可以愈大。

5. 工作的標準化程度－工作的標準化程度越高，控制幅度可以加寬。

6. 組織資訊系統的精準度－資訊的精準度越高，控制幅度可以加寬。

7. 企業文化的強度－文化強度愈強，控制幅度可以加寬。

8. 管理者的領導能力－領導能力越強，控制幅度可以加寬。

12.2.5　集權與分權

在有些組織中，高層管理者制定所有的決策，低層管理人員只管執行高層管理者的指示；而另一種極端的情況是，組織把決策權下放到最基層管理人員手中。我們可以發現，前者是高度集權式的組織，而後者則是高度分權式的。集權化（centralization）是指組織中的決策權集中於某一管理者的程度。這個概念只包括正式權威，也就是說，某個位置固有的權力[17]。一般來講，如果組織的高層管理者不考慮或很少考慮基層人員的意見就決定組織的主要事宜，則這個組織的集權化程度較高。相反，基層人員參與程度越高，或他們能夠自主地作出決策，組織的分權化（decentralization）程度就越高。

集權式與分權式組織在本質上是不同的。在分權式組織中，採取行動、解決問題的速度較快，更多的人為決策提供建議，所以，員工與那些能夠影響他們的工作生活的決策者隔閡較少，或幾乎沒有。

▶ 表 12-1 集權式組織與分權式組織的比較

集權式組織	分權式組織
• 穩定環境 • 相較於高階管理者，基層管理者缺乏決策的能力與經驗 • 決策事關重大 • 反應速度和行動較快 • 組織正面臨對著企業失敗的危機與風險 • 大型公司 • 公司策略的有效達成，有賴管理者出面表達其意見	• 複雜而不確定的環境 • 基層管理者有決策的能力與經驗 • 基層管理者希望有決策權 • 決策是相對的不重要 • 組織文化開放而允許管理者有表達意見的機會 • 地理區域分散的企業 • 公司策略的有效達成，繫於管理者的參與及彈性決策

資料來源：李祝慧 (2017)。國立臺北科技大學技術及職業教育研究所課堂報告補充資料。臺北：國立臺北科技大學。

12.2.6　正式化

正式化（formalization）是指組織中的工作實行標準化的程度。如果一種工作的正式化程度較高，就意味著做這項工作的人對工作內容、工作時間、工作手段沒有多大自主權。人們總是期望員工以同樣的方式投入工作，能夠保證穩定一致的產出結果。在高度正式化的組織中，有明確的工作說明書，有繁雜的組織規章制度，對於工作過程有詳盡的規定。而正式化程度較低的工作，工作執行者和日程安排就不是那麼僵硬，員工對自己工作的處理許可權就比較寬。由於個人許可權與組織對員工行為的規定成反比，因此工作標準化程度越高，員工決定自己工作方式的權力就越小。工作標準化不僅減少了員

工選擇工作行為的可能性，而且使員工無需考慮其他行為選擇，無形中也減損了不少創意[18]。例如：我們去鞋店買鞋子，有些鞋店店員的工作自由許可權就比較大，他們的推銷用語不要求標準劃一，顧客可以殺價的空間也較大。在員工行為約束上，不過就是每週交一次推銷報告，並對顧客的反應提出建議。有些鞋店店員就沒這麼大的自主權，他們上午 9 點要準時上班，否則會被扣掉半小時工資，而且，他們必須遵守管理人員制定的一系列詳盡的規章制度。跟顧客所講的話術也相當一致，也沒有任何折價的空間。

12.3 企業組織結構的型式 [20]

組織結構的型式可概分為機械式組織（mechanistic organization）與有機式組織（organic organization）兩大類。機械式的組織是一種固定而嚴謹的組織結構；而有機式則是一種具有高度適應力與彈性的組織結構。通常組織結構都會根據公司的發展策略來設計或選擇。例如：追求創新的公司就需要有機式組織中的彈性與資訊的自由流通；追求成本最小化的公司則需要機械式組織的高效率、穩定而嚴格控制；若公司是採取模仿策略，則需兼顧兩者的特性——機械式結構的嚴密控制成本，和有機式組織對新創意的追求。此外，組織的規模大小也會影響組織結構。一般而言，當公司規模小時，組織結構為有機式較有效率；當再變大時，組織結構會從有機式組織轉變為機械式組織[21]。最後，組織結構也會受到外在環境的變動而影響，當組織的環境愈不確定、動態環境愈需要有機式組織，而機械式組織需要在穩定的環境會比較有效。組織結構可細分為六種型式[20]：直線式結構、職能式結構、直線－職能式結構、事業部式結構、分權式結構，及矩陣式結構。

12.3.1 直線式組織結構

直線式組織結構取得顯著地位的原因是它符合工業時代的許多需求。直線式組織結構具有下列 4 大特徵：直線式的命令鏈、職能的專業化分工、權利和責任的一貫性政策，及工作的標準化。

直線式組織結構創造了一種制度，這種制度能夠有效地管理大量投資、勞動分工和資本主義大規模機械化生產。專業化分工使組織的每一項任務，都能得到一個有效的工作方法。直線式組織結構的組織通過一貫性的書面規則和政策來管理，這些規則和政策由公司董事會和管理部門制定。在直線式組織結構中，上司負責其管轄範圍內所有雇員的行動，並且有權下達雇員無條件服從的命令。雇員的首要職責是立即按照頂頭上司的命令去做，而不該去考慮什麼是正確的或者什麼是重要的。

直線式組織結構的形式如同一個金字塔，處於最極端的是一名有絕對權威的老闆，他將組織的總任務分成許多塊，之後分配給下一級負責，而這些下一級負責人員又將自己的任務進一步細分後再分配給更下一級，就像沿著一根不間斷的鏈條一直延伸到每一位雇員。20 世紀 80 年代，在通用汽車，IBM 和美國政府這樣的巨型組織中，最高領導層與工人之間竟有多達 12 級管理層。

12.3.2　職能式組織結構

在職能式組織結構中，組織從上至下按照相同職能將各種活動組織起來。職能式組織結構有時候也被稱作爲職能部門化組織結構，因爲其組織結構設計的基本依據就是組織內部業務活動的相似性。當企業組織的外部環境相對穩定，而且組織內部不需要進行太多的跨越職能部門的協調時，這種組織結構對企業組織而言是最爲有效的。對於只生產一種或少數幾種產品的中小企業組織而言，職能式組織結構不失爲一種最佳的選擇。

12.3.3　直線—職能式組織結構

直線—職能式的組織形式，是以直線式爲基礎，在各級行政領導下，設置相應的職能部門。即在直線式組織統一指揮的原則下，增加了參謀機構。目前，直線—職能制仍被我國絕大多數企業採用。直線—職能式組織結構適合於複雜但相對來說比較穩定的企業組織，尤其是規模較大的企業組織。複雜度高的管理者有能力識別關鍵變數、評價它們對企業經營業績的影響，並且充分考慮到它們之間的相互關係；如果這些因素是相對穩定的，對經營的影響也是可以預知的，此時採用直線—職能式組織結構則是相對有效的。直線—職能式組織結構與直線式組織結構相比，其最大的區別在於更爲注重參謀人員在企業管理中的作用。直線—職能式組織結構既保留了直線式組織結構的集權特徵，同時又吸收了職能式組織結構的職能部門化的優點。

12.3.4　事業部式組織結構

事業部式是歐美、日本大型企業所採用的典型的組織結構，因爲它是一種分權制的組織結構。在企業組織的具體運作中，事業部式又可以根據企業組織在建構事業部時所依據基礎的不同而區分爲地區事業部式、產品事業部式等類型，透過這種組織結構可以針對某個單一產品、服務、產品組合、主要工程或項目、地理分佈、商務或利潤中心來組織事業部。地區事業部式按照企業組織的市場區域爲基礎，來構建企業組織內部相對具有較大自主權的事業部門；而產品事業部則依據企業組織所經營的產品的相似性對產品進行分類管理，並以產品大類爲基礎構建企業組織的事業部門。

12.3.5 分權化組織結構

分權化組織包括聯邦分權化結構與模擬分權化結構兩種類似的組織結構。聯邦分權化組織是在公司之下有一群獨立的經營單位，每一單位都自行負責本身的績效、成果以及對公司的貢獻；每一單位具有自身的管理層；聯邦分權化組織的業務雖然是獨立的，但公司的行政管理卻是集權化的。模擬分權化組織是指組織結構中的組成單位並不是真正的事業部門，而組織在管理上卻將其視之為一個獨立的事業部；這些「事業部」具有較大的自主權，相互之間存在有供銷關係等聯繫。

分權化組織的優點在於可以降低集權化程度，弱化直線式組織結構的不利影響；提高下屬部門管理者的責任心，促進權責的結合，提高組織的績效；減少高層管理者的管理決策工作，提高高層管理者的管理效率。聯邦分權化組織要求有一個強有力的「核心管理層」，該核心管理層只負責對重大事務的決策。聯邦分權化形式如果運用得當，則可以減輕高層管理層的決策負擔，使得高層管理者能夠集中精力於方向、籌劃與目標。模擬分權化組織雖然具有一定的優點，但並不滿足所有的組織設計規範。一般而言，模擬分權化組織適用於化學工業與材料工業領域；此外，電子資訊工業也可以採用模擬分權化形式，IBM 就可以看作是該領域中一個典型的模擬分權化組織的案例。對模擬分權組織而言，雇員的高度自律是必要的。

12.3.6 矩陣式組織

矩陣式組織（matrix organization）形式是在直線職能制垂直形態組織系統的基礎上，再增加一種橫向的領導系統。矩陣組織也可以稱之為非長期固定性組織。矩陣式組織結構模式的獨特之處在於事業部式與職能式組織結構特徵的同時實現[22]。矩陣組織的高級形態是全球性矩陣組織結構，目前這一組織結構模式已在全球性大企業如：ABB（Asea Brown Boveri）、杜邦、雀巢等組織中進行運作。ABB 是一家瑞士 - 瑞典的跨國公司，專長於重電機、能源、自動化等領域。在全球一百多國設有分公司或辦事處；ABB 的前身是 ASEA，1979 年巴納維克出任 ASEA 總經理時，著手對公司的組織結構進行改革。首先，他把公司扁平化，並在公司推動國際業務時，將公司重組為全球矩陣組織。ABB 成功之處在於其全球性矩陣組織結構的戰略與執行，可以使公司因為提高效率而降低成本，同時，也因有較好的創新與顧客回應，而使其經營具有差異化特徵。這種組織結構除了具有高度的彈性外，同時在各地區的全球主管可以接觸到有關各地的大量資訊。它為全球主管提供了許多面對面溝通的機會，有助於公司的規範與價值轉移，因而可以促進全球企業文化的建設。

歸納上述，矩陣式組織的優點有 [22,23]：(1) 加強了橫向聯繫，專業設備和人員得到了充分利用；(2) 具有較大的機動性；(3) 促進各種專業人員互相幫助，互相激發，相得益彰。但矩陣式的缺點則有：(1) 成員位置不固定，有臨時觀念，有時責任心不夠強；(2) 人員受雙重領導，有時不易分清責任。

12.3.7　傳統組織結構的比較

　　在傳統經濟中常見的企業組織結構形式大致有 6 種，它們分別是：直線式結構、職能式結構、直線－職能式結構、事業部式結構、分權式結構，及矩陣式結構 [6]。隨著經濟的不斷發展，直線式組織模式日漸暴露出其固有的缺陷。在資本主義經濟發展的後期，為了彌補直線式組織模式的不足，管理界又相應先後提出了其它的組織結構模式。

　　在工業經濟社會，上述組織結構模式理論的提出都有其特殊的經濟理由與依據；同樣，這些組織結構模式被企業管理者所分別採用，更是說明了每一種組織結構模式存在與發展完善的經濟合理性。各種傳統企業的組織結構理論雖然都共同體現了工業經濟的特有屬性，但在實踐操作中，每一種組織結構模式則是按照自身的獨特性來構建企業內部的管理框架。在不同的組織結構模式企業中，管理權的分配、管理的層級與幅度、組織內部不同部門之間的關係等均是有所不同的。考慮到各種組織結構的特性，它們在各種類型企業中的有效性也是不同的，也就是說，不同的組織結構模式適用於不同的企業。我們透過對傳統組織結構的主要類型進行比較分析，我們可以得到如表 12-1 所示的比較分析結果。

▶ 表 12-2　組織結構模式比較分析

	組織結構的優點	組織結構的缺陷	適用企業類型
直線結構	1. 命令統一 2. 權責明確 3. 組織穩定	1. 缺乏橫向聯繫 2. 權力過於集中 3. 對變化反應慢	小型組織 簡單環境
職能結構	1. 高專業化管理 2. 輕度分權管理 3. 培養選拔人才	1. 多頭領導 2. 權責分明	專業化組織
直線－職能結構	1. 命令統一 2. 職責明確 3. 分工清楚 4. 穩定性高 5. 積極參謀	1. 缺乏部門間交流 2. 直線與參謀衝突 3. 系統缺乏靈敏性	大中型組織

	組織結構的優點	組織結構的缺陷	適用企業類型
事業部結構	1. 有利於迴避風險 2. 有利於鍛鍊人才 3. 有利於內部競爭 4. 有利於加強控制 5. 有利於專業管理	1. 需要大量管理人員 2. 企業內部缺乏溝通 3. 資源利用效力較低	大中型、特大型組織
分權結構	1. 權責一致 2. 自我管理 3. 中度分權	1. 分權不徹底 2. 溝通效率低 3. 素質要求高	高度集權型組織
矩陣結構	1. 密切配合 2. 反應靈敏 3. 節約資源 4. 高效工作	1. 雙重性領導 2. 素質要求高 3. 組織不穩定	協作性組織 複雜性組織

　　直線式組織結構雖然是因為工業化大量生產的需要而提出的，但它卻並不適合於運用在大型組織的管理結構設計，而且直線式組織結構對組織的發展將帶來明顯的阻礙性影響。而其它組織結構理論的提出，則在很大程度上是為了彌補直線式組織結構理論的不足，以及為了更好地適應工業化大量生產的需要，而建立與完善適應於大型的組織管理結構。各種組織結構理論所共有的一個缺陷是：它們都或多或少帶有集權主義傾向，在組織中分權程度是低的。正是由於這種低度的分權，使得組織成員缺乏責任感、自律意識、決策許可權，從而造成組織較低的學習積極性，缺乏創新精神與激勵創新的動力。所以，在組建知識經濟社會的學習型組織過程中，傳統工業經濟社會的組織結構理論有時是不適用的 [4,6]。

12.4 企業組織結構的演變

　　從企業組織發展的歷史來看，企業組織結構的演變過程本身就是一個不斷創新、不斷發展的歷程，先後出現了直線式、矩陣式、事業部式等組織結構型式。當前，金字塔式的層級結構已不能適應現代社會，特別是知識經濟時代的要求。目前企業發展已經呈現出競爭全球化、顧客主導化和員工知識化等特性 [24]。因此，現代企業十分推崇流程再造、組織重構，以客戶的需求和滿意度為目標，對企業現有的業務流程進行根本性的思考與重建，利用先進的製造技術、資訊技術以及現代化的管理手段，最大限度地實現了技術上的功能和管理上的職能，為了就是能適應以顧客、競爭、變化為特徵的現代企業經營環境。

12.5　企業組織結構的發展趨勢

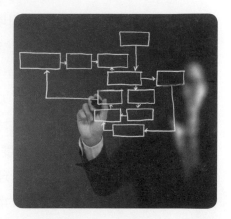

從在美、日、中國等企業組織的發展來看，企業組織結構發展呈現出新的趨勢，使得團隊組織、動態聯盟、虛擬企業等新型的組織結構形式相繼湧現，具體來說，具有這些特點的新型組織結構形態有[2]：

第一，橫向型組織。橫向型的組織結構，弱化了縱向的層級，打破刻板的部門邊界，注重橫向的合作與協調。其特點是：(1) 組織結構是圍繞工作流程而不是圍繞部門職能建立起來的，傳統的部門界限被打破；(2) 減少了縱向的組織層級，使組織結構扁平化；(3) 管理者有更多機會授權給較低層級的員工，重視員工運用自我管理的團隊形式；(4) 體現顧客和市場導向，圍繞顧客和市場的需求，組織工作流程，建立相應的橫向聯繫。

第二，無邊界組織。這種組織結構尋求的是削減命令鏈，成員的等級秩序降到了最低點，擁有無限的控制幅度，取消各種職能部門，取而代之的是授權的工作團隊。無邊界的概念，是指打破企業內部和外部邊界：打破企業內部邊界，主要是在企業內部形成多功能團隊，代替傳統上專業分工的職能部門；打破企業外部邊界，則是與外部的供應商、客戶包括競爭對手進行策略聯盟[25]。無邊界組織又可分三種[26,27]：

1. **虛擬組織（virtual organization）**：是以少數的全職員工為核心，有工作要處理時，組織再僱用短期的專業人員。
2. **網路組織（network organization）**：網路組織是一種小小的核心組織，公司將一些主要的工作交給外面的廠商處理。
3. **模組化組織（modular organization）**：模組化組織雖參與製造的工作，但只負責產品的最後組裝，所有產品元件或組成單位都由外部供給商提供。

無主管公司
https://www.youtube.com/watch?v=S8iwKTM1OoU

12.6 企業組織結構扁平化

　　為了適應經濟環境和競爭環境的變化，企業組織結構呈現出多樣性，但其發展方向和趨勢是扁平化。所謂企業組織結構扁平化，是一種透過減少管理層級，壓縮職能機構，裁減人員，使組織的決策層和操作層之間的中間管理層級越少越好，以便使組織最大可能地將決策權延至最遠的底層，從而提高企業效率的一種緊湊而富有彈性的新型團隊組織。因此，它具有以下的特徵[6]：(1) 以工作流程而非部門職能來建立機構，傳統的部門邊界已被打破；(2) 加大管理幅度，減少中間層，形成最短、最快捷的命令鏈；(3) 重心下移，強調靈活指揮，下層的管理決策許可權增大；(4) 以顧客為導向，部門間橫向組織運作更加直接有效；(5) 管理者的影響力增加，組織運行效率提高。

　　目前國際上有很多公司都大刀闊斧地壓縮管理層級，擴大管理幅度，透過組織結構扁平化來提高企業競爭優勢。例如，美國的通用電氣公司透過「無邊界行動」及「零層級管理」，即組織結構的扁平化，使公司從原來的 24 個管理層級，壓縮到現在的 6 個層級，管理人員從 2100 人減少到 1000 人，雇員人數由 41 萬減少為 29.3 萬，瓦解了自 20 世紀 60 年代就根植於通用公司的官僚系統。這樣不但節省了大筆開支，還有效地改善了企業的管理功能，企業效益也大大提高，銷售額由 200 億美元增加到 1004 億美元，利潤也大幅度增長。

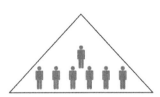

12.7 扁平化管理的策略

　　企業組織結構如欲推行扁平化管理，可以從以下幾個方面著手：

　　第一，構建學習型組織。在扁平化管理下，組織中的各個層級和每個人，職責更加具體，任務更加明確，工作更加開放，管理更加自主。這樣對各級組織、每個層級以及每個人在知識、技術、能力等方面的要求更高，對整個組織系統在學習方面上的要求也更高。從某種意義上說，扁平化管理是以學習型組織為前提，同時它也是構建學習型組織的客觀需要。

　　第二，打造組織運作型團隊組織。實行扁平化管理，管理重心下移，管理權力下放，基層的目標管理和自主決策得到了強化。企業系統的整體調控從過去主要透過上層組織的直接調控，轉變為主要透過目標、任務和制度的間接調控；企業對子系統的協調也從主要依靠上級領導和管理部門的縱向管理，轉變為企業子系統之間的業務銜接、利益相

關的橫向合作。新的管理模式要求扁平化管理的企業內部加強整體意識、全局意識和組織運作意識，強化一盤棋的思想和團隊精神，這就要求企業要全力打造組織運作型的團隊組織。

第三，培育新型的管理文化和管理理念。扁平化管理是因企業經營環境變化而出現的一種管理創新，其核心是建立一種管理機制，培育一種管理文化，而等級觀念、官僚文化、封閉保守思想與此格格不入，重要的在於培養一種平等組織運作、以人為本的柔性化管理理念。

第四，進行企業再造和流程再造。進行企業再造和流程再造就是以顧客為中心，以員工為中心，以效率和效益為中心，打破金字塔式的組織結構，建立橫寬縱短的扁平化柔性管理體系，使企業能夠適應現代社會的高效率和快節奏，使企業具有較強的應變性和靈活性。

第五，強化電腦網路資訊技術的應用。電腦網路資訊技術是企業組織結構扁平化的支撐，只有資訊技術的發展，才能使得遠距離現場作業和零距離現場控制成為可能。

總之，企業組織結構由科層制向扁平化轉變，是一個長期的、漸進的過程，並非一蹴可幾。而隨著資訊技術的日益普及、經濟全球化和管理民主化的深入發展，未來，扁平化將成為企業組織結構的主流模式。

12.8　結論與建議

組織結構有助於員工澄清「我該做什麼工作？」、「該如何做我的工作？」、「我的上司是誰？」「遇到問題該找誰？」這一類問題，這會形成員工態度，促使及激勵他們有更好的績效。當然，組織結構也會對員工行為加以限制與控制。例如，正式化程度高，分工細、嚴守命令鏈、授權有限且控制幅

度窄的組織中，員工自主權十分小，組織控制非常嚴密，員工行為只侷限在一小範圍中。相對地，分工粗略、正式化程度低且控制幅度寬的組織中，員工就有較多的自由可以表現出多樣的行為[10]。

組織結構無論以何種型式存在，組織都離不開持續改變、永續學習。近年來較常見到的例子就是在組織內推動建立學習型組織（The learning organization），也就是員工透過知識管理的訓練，使組織發展出不斷學習、適應，與改變的能力[11,13]。學習型組織的特性有四：(1) 充分賦權、開明的團隊結構設計；(2) 公開、即時而正確的資訊可共享；(3) 領導者清楚描繪組織未來的願景，且給予支持與鼓勵；(4) 樂於共享價值、信任、開放且相互交流的組織文化。

透過組織結構的調整可以觸發組織的學習，例如：一個正式化程度高的組織結構，組織領導者對於組織內要做什麼、該怎麼做及何時去做都有一定的規定，甚至有明確的遊戲規則，而領導者若能將組織學習的理念納入組織的運作規則，那麼，員工勢必得遵守組織內的規則及規定，進而順理成章的執行，將是組織學習最直接的推動力量；組織若採用低集權式的組織結構，則會激起員工的學習意願和降低組織的集權化程度，因而可能影響到組織內部的知識流通與擴散；組織內的溝通與協調在組織中扮演著傳遞的重要角色[12]，而有機式的組織模式即具有良好的溝通橋樑，有了良好的溝通橋樑，組織內就不至於封閉隔閡，每一位成員都能有效的傳遞知識與資訊，最後達到好的組織學習[13]。

OB專欄

有效團隊的領導與運作

很幸運的是小米碰上了微博大爆發的時候。2010 年小米迅速抓住了這個機會，並變成品牌的主戰略。從小米網的組織架構上，你能看到這種戰略聚焦，小米網的新媒體團隊有近百人，小米論壇 30 人，微博 30 人，微信 10 人，百度、QQ 空間等 10 人。

有效團隊的領導與運作，范揚松 主講
https://www.youtube.com/watch?v=dAZT4mD6COM

2013 年 4 月 9 日米粉節，雷軍首次宣佈小米營收：2012 年，小米銷售手機 719 萬台，實現營收 126.5 億元，納了 19 億元的稅。小米 3 年開創了一個新的品類「互聯網手機」，也為互聯網改造傳統產業提供了一個千億級的產業方向；創造了一個新的品牌模式，不花錢，甚至很少投放廣告，竟然快速打造了一個三線城市都熟知的品牌。

半年時間，探訪近百位小米員工及用戶發現，在外部，小米有個硬體、軟件和互聯網的鐵三角；在內部，小米也有個鮮為人知的秘密三角：扁平化、用戶扭曲力場和產品的尖叫。

Kent 以前是百度的一名技術主管，2012 年跳到了小米，他覺得小米和百度最大的差異是速度，小米太快了。而最讓 Kent 奇怪的是，小米的組織架構沒有層級，基本上是 3 級，7 個核心創始人—部門 leader—員工。而且它不會讓你團隊太大，稍微大一點就拆分成小團隊。

除了 7 個創始人有職位，其他人都沒有職位，都是工程師，晉升的唯一獎勵就是漲薪。不需要你考慮太多雜事和雜念，沒有什麼團隊利益，一心在事情上。比如，小米強調你要把別人的事當成第一件事，強調責任感。比如我的代碼寫完了，一定要別的工程師檢查一下，別的工程師再忙，也必須第一時間先檢查我的代碼，然後再做自己的事情。

很多公司都知道扁平化的好處，但是，經常一放就亂，只好採取軍隊式的多層級管理。讓 Kent 奇怪的第二個事情是：如此扁平化，小米竟然沒有 KPI（關鍵績效指標）。維持扁平化加速度的第一源頭是小米的 8 個合夥人。以前是 7 個，雷軍是董事長兼 CEO，林斌是總裁，黎萬強負責小米的營銷，周光平負責小米的硬體，劉德負責小米手機的工業設計和供應鏈，洪鋒負責 MIUI，黃江吉負責米聊，後來增加了一個—負責小米盒子和多看的王川。這幾位合夥人大都管過超幾百人的團隊，更重要的是都能一竿子插到底地執行。辦公佈局就能看出組織結構，一層產品、一層營銷、一層硬體、一層電商，每層由一名創始人坐鎮，大家互不干涉。

雷軍的「小餐館理論」（最成功的老闆是小餐館的老闆，因為每一個客戶都是朋友）是支撐這種扁平化的核心理念。在內部，他們統一共識為少做事，才能把事情做到極致，才能快速。除了每週一的例會之外很少開會，成立 3 年多的時間裡，合夥人也只開過 3 次集體大會，這樣管理制度減少了層級間互相彙報浪費的時間。小米內部認為，如果一個同事不夠優秀，很有可能影響到整個團隊的工作效率。所以在小米創辦 2 年的時間裡，小米團隊從 14 個人擴張到約 400 人，整個團隊平均年齡僅為 33 歲，幾乎所有主要的員工都來自谷歌、微軟、金山、摩托羅拉等公司。雷軍每天都要花費一半以上的時間用來招人，前 100 名員工每名員工入職雷軍都會親自見面並溝通。

資料來源：指尖看微信 - 互聯網時代，企業轉型一定要學這 4 家公司
http://wechat.fingerdaily.com/forum.php?mod=viewthread&tid=15161&mobile=2

個案分析

由章前個案「小米機的管理秘訣」，我們可以歸納出小米機成功的主要關鍵在於：

1. 找到對的組織成員，成員的目標一致。

2. 主要的成員維持極小的規模（組織扁平化）。

3. 有機式的組織結構。

4. 對外反應快速、正確。

5. 分工授權，自主負責。

6. 設定高成長的目標。

圖片來源：小米手機官網

本章摘要

1. 所謂組織結構（organizational structure），就是組織內部對工作的正式安排。

2. 組織結構設計時，必須考慮 6 個關鍵要素：工作專門化、部門化、命令鏈、控制幅度、集權與分權、正式化。

3. 一般而言，企業可依功能、地區、產品、程序、客戶等角度將組織進行部門化。

4. 組織結構可以概分爲機械式組織（mechanic organization）與有機式組織（organic organization）兩大類；也可細分爲 6 種型式：直線式結構、職能式結構、直線－職能式結構、事業部式結構、分權式結構，及矩陣式結構。

5. 矩陣式組織結構的優點有：(1) 加強了橫向聯繫，專業設備和人員得到了充分利用；(2) 具有較大的機動性；(3) 促進各種專業人員互相幫助，互相激發，相得益彰。但缺點則有：(1) 成員位置不固定，有臨時觀念，有時責任心不夠強；(2) 人員受雙重領導，有時不易分清責任。

6. 無邊界組織可分三種：(1) 虛擬組織（virtual organization）：是以少數的全職員工爲核心，有工作要處理時，組織再僱用短期的專業人員；(2) 網路組織（network organization）：網路組織是一種小小的核心組織，公司將一些主要的工作交給外面的廠商處理；(3) 模組化組織（modular organization）：模組化組織雖參與製造的工作，但只負責產品的最後組裝，所有產品元件或組成單位都由外部供給商提供。

7. 企業組織結構的發展趨勢有：(1) 橫向型組織；(2) 無邊界組織。

8. 組織結構扁平化的特徵有：(1) 部門邊界容易被打破；(2) 加大管理幅度；(3) 下層的管理決策許可權增大；(4) 部門間橫向組織運作更加直接有效；(5) 管理者的影響力增加，組織運行效率提高。

9. 推行扁平化管理的策略：構建學習型組織、打造組織運作型團隊組織、培育新型的管理文化和管理理念、進行企業再造和流程再造、強化電腦網路資訊技術的應用。

10. 學習型組織的特性有四：(1) 充分賦權、開明的團隊結構設計；(2) 公開、及時而正確的資訊可共享；(3) 領導者清楚描繪組織未來的願景，且給予支持與鼓勵；(4) 樂於共享價值、信任、開放且相互交流的組織文化。

本章習題

一、選擇題

( ) 1. 將組織結構依公司所生產不同的產品劃分部門，我們可以稱該部門是為：
(A) 功能別部門 (B) 地區別部門 (C) 產品別部門 (D) 客戶別部門。

( ) 2. 黃品集團在全臺灣的各縣市都設一個分公司，且各分公司都提供相同的服務內容，我們可以稱該集團的部門是：(A) 功能別部門 (B) 地區別部門 (C) 產品別部門 (D) 客戶別部門。

( ) 3. 組織中的工作實行標準化的程度，稱為：(A) 優質化 (B) 正式化 (C) 結構化 (D) 部門化。

( ) 4. 下列哪一個不是組織扁平化的主要特徵？(A) 部門邊界容易被打破 (B) 管理幅度變大 (C) 上層的管理決策許可權增大 (D) 部門間橫向組織運作更加直接有效。

( ) 5. 下列哪一個不是矩陣式組織的優點？(A) 加強了橫向聯繫，專業設備和人員得到了充分利用 (B) 具有較大的機動性 (C) 可促進各種專業人員互相幫助，互相激發 (D) 有明確的指揮命令鏈。

( ) 6. 下列哪一個不是推行組織扁平化的主要策略？(A) 提高員工工作滿意度 (B) 構建學習型組織 (C) 打造組織運作型團隊組織 (D) 進行企業組織再造。

( ) 7. 當組織的層級越多，組織就容易產生何種現象？(A) 管理成本會增加 (B) 垂直溝通更容易 (C) 決策速度加快 (D) 提高下屬的自主性。

( ) 8. 下列敘述何者為非？(A) 追求創新的公司需要有機式組織 (B) 追求成本最小化的公司需要的是有機式組織 (C) 當公司規模較小時，組織結構為有機式較有效率 (D) 若公司是採取模仿策略，則需兼顧機械式和有機式的組織結構。

( ) 9. 下列敘述何者為非？(A) 員工與管理者的技能愈好，控制幅度可以加寬 (B) 工作越複雜度愈高，控制幅度可以加寬 (C) 工作相似性越高，控制幅度可以加寬 (D) 部屬的相近性越高，控制幅度可以愈大。

(　　) 10. 下列敘述何者爲非？(A) 工作的標準化程度越高，控制幅度可以加寬 (B) 資訊的精準度越高，控制幅度可以加寬 (C) 文化強度愈強，控制幅度應愈小 (D) 領導能力越強，控制幅度可以加寬。

二、名詞解釋

1. 組織結構（organizational structure）
2. 有機式組織（organic organization）
3. 矩陣式組織（matrix organization）
4. 虛擬組織（virtual organization）
5. 工作專門化（work specialization）

三、問題與討論

1. 在何種條件下管理當局可能選擇：(1) 機械式組織？(2) 有機式組織？
2. 你認爲多數的員工喜歡組織正式化嗎？爲什麼？
3. 下列何種結構設計的集權化程度最低：(1) 簡單型結構 (2) 科層結構 (3) 產品別結構？爲什麼？

參考文獻

1. 巨思文化 (2013)。雷軍：小米快速成長的管理秘訣。2013 年 11 月 25 日取自 http://www.bnext.com.tw/article/view/id/29424

2. Daft, R. L. (2010). Organization Theory and Design(10th ed.). Cincinnati, OH: South-Western Publishing.

3. Robbins, P. S. & Judge, T. A. (2012). Organizational behavior (15th ed.). Harlow, England: Pearson Education, Inc.

4. Mintzberg, H. (1983). Structure in fives: Designing effective organizations. Upper Saddle River, NJ: Prentice Hall.

5. 戚樹誠 (2008)。組織行為（增訂一版）。臺北：雙葉書廊。

6. Anaerson, C. & Brown, C. E. (2010). The functions and dysfunctions of hierarchy. Research in Organizational Behavior, 30, 55-89.

7. Spell, C. S. and Arnold, T. J. (2007). A multi-level analysis of organizational justice and climate, structure, and employee mental health. Journal of Management, 33(5), 724-751.

8. Guthrie, J. P. & Datta, D. K. (2008). Dumb and dumber: The impact of downsizing on firm performance as moderated by industry conditions. Organization Science, 19(1), 108-123.

9. Roraff, C. E. (2004). New evidence regarding organizational downsizing and a firm's financial performance: A long-term analysis. Journal of Managerial Issues, 16(2), 155-177.

10. 黃家齊譯 (2011)。組織行為學。(Stephen Robbins 原作者 , 13th ed)。臺北：華泰。

11. Player, S. (2007). Leading the way to lean. Business Finance, May, 13-16.

12. 郭妙色 (2002)。縣市政府教育局組織結構與組織運作關係之研究。國立台北師範學院國民教育研究所碩士論文，台北市。

13. 張仁家、林俊呈 (2008)。一個組織學習常被忽略的元素－組織結構。第九屆提昇技職學校經營品質研討會論文集，452-456。彰化：彰化師範大學（2008.05.02）。

14. Trevor C. O. & Nyberg,A. J. (2008). Keeping your headcount when all about you are losing theirs: Downsizing, voluntary turnover rates, and the moderating role of HR practices. Academy of Management Journal, 51(2), 259-276.

15. Probst,T. M., Stewart,S. M., Gruys,M. L., & Tierney, B. W. (2007). Productivity, counter productivity and creativity: The ups and downs of job insecurity. Journal of Occupational and Organizational Psychology, 80(3), 479-497.

16. Maertz, C. P., Wiley, J. W., LeRouge,C., & Campion, M. A. (2010). Downsizing effects on survivors: layoffs, off shoring, and outsourcing. Industrial Relations 49(2), 275-285.

17. Leiponen, A. & Helfat, C. E. (2011). Location, decentralization, and knowledge sources for innovation. Organization Science, 22(3), 641-658.

18. Ambrose, M. L. & Schminke, M. (2003). Organization structure as a moderator of the relationship between procedural justice, interactional justice, perceived organizational support, and supervisory, trust. Journal of Applied Psychology, 88(2), 295-305.

19. Shaw, J. D. & Gupta, N. (2004). Job complexity, performance, and well-being: when do supplies-values fit matter? Personnel Psychology, 57(4), 847-879.

20. 智庫百科 (2014)。組織模式與結構。取自 http://wiki.mbalib.com/zh-tw/%E7% BB%84 %E7%BB%87%E6%A8%A1%E5%BC%8F%E5%92%8C%E7%BB%93%E6%9E%84

21. Rogers, L. E. (1989). Interaction patterns in organic and mechanistic systems. Academy of Management Journal, December, 773-802.

22. Sy, T. & D'Annunzio, L. S. (2005). Challenges and strategies of matrix organizations: Top-level and mid-level managers' perspectives. Human Resource Planning, 28(1), 39-48.

23. Sy, T. & Cote, S. (2004). Emotional intelligence: A key ability to succeed in the matrix organization. Journal of Management Development, 23(5), 437-455.

24. Harvard Business Review (2010). How hierarchy can hurt strategy execution. Harvard Business Review (July-August 2010), 74-75.

25. Gibson, C. B. & Gibbs, J. L. (2006). Unpacking the concept of virtuality: The effects of geographic dispersion, electronic dependence, dynamic structure, and national diversity on team innovation. Administrative Science Quarterly, 51(3), 451-495.

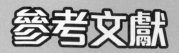
26. Latapie, H. M. & Tran, V. N. (2007). Sub-culture formation, evolution, and conflict between regional teams in virtual organizations. The Business Review, Summer, 189-193.

27. Davenport, S. & Daellenbach, U. (2011). Belonging to a virtual research center: exploring the influence of social capital formation processes on member identification in a virtual organization. British Journal of Management, 22(1), 54-76.

28. 前瞻網 - 資本與創業 http://big5.qianzhan.com/investment/detail/320/131024- 54d1f640. html

13

組織文化

學習目標

1. 指出組織文化的定義與形成。
2. 描述組織文化如何影響個人。
3. 描述組織文化的功能。
4. 組織文化的類型。
4. 描述組織文化的負面影響。
5. 描述組織文化的創造與維護。
6. 論述組織成員社會化的歷程。

本章架構

13.1 何謂組織文化？
13.2 組織文化的功能與負面影響
13.3 組織文化的創造與維護
13.4 組織文化的類型
13.5 員工如何學習組織文化
13.6 建立正面的組織文化
13.7 結論及對管理者的啟示

陳俊聖帶宏碁逆轉勝

宏碁董事長暨執行長陳俊聖總是聲若宏鐘，個性坦率、直來直往。今（2017）年 56 歲，曾任 IBM、英特爾和台積電的高階主管，2014 年初接任宏碁執行長，2017 年 6 月接任董事長。陳俊聖曾打比喻，財報就像體重計，股價則是投票機，財報與股價對他來說，都是赤裸裸的成績單。事實上，董事會前夕，宏碁有 21 萬張股票遭放空，直到董事會當天，股價仍持續下跌，市場就是不看好。不久前，第三季財報正式出爐，宣告宏碁合併營收 605.79 億元，

圖片來源：蘋果日報

與上季相比躍升 13%，毛利達 67 億元，相較 2016 年同期增加 20%，毛利率達 11.1%。而稅後淨利 14.49 億元，創近七年以來新高，表現意外亮眼。之後連續兩天，股市開盤五分鐘，宏碁股價都立刻漲停鎖死。四年多前的宏碁，曾虧損高達 205 億元，現任董事長暨執行長陳俊聖臨危受命救援，如今繳出亮眼的成績單。陳俊聖到底做了什麼，得以讓宏碁轉虧為盈逆轉勝？

塑造創新文化，先從人開始

創新作法 1─貼身助理制培養「陳俊聖們」

過去四年來，除了公司的策略一步步明確外，在管理上，陳俊聖也做了不少改變。他一上任，首先推出的新制是，從員工中找一個人，擔任他的貼身技術助理（technical assistant）。一年一個，目的是要培養更多跟他有同樣思惟的員工。通常貼身技術助理任期屆滿，各部門主管便會搶著要。在陳俊聖的專訪場合，除了他自己，貼身技術助理通常跟他一樣搶眼，因為陳俊聖一聲令下，現任技術助理王博修就得做東做西，這裡調一台電腦，那裡提供一點意見，好不忙碌。「我們默契要很好，思考邏輯必須一致」，「貼身技術助理」是陳俊聖從英特爾帶來的制度。王博修已是第四任。原因是，高科技高階主管通常是中高齡，但產業變動太快，年輕助理常常可以提供新的視野。只是，想待在董事長身邊，要具備什麼條件？「年輕、好看、壯碩」陳俊聖半開玩笑。其實他也沒亂說，他出差頻繁，助理必須跟著全球趴趴走，每次出差，一天之內得完成七件事：更新經營情形、與員工溝通，和客戶、通路開會、查看服務中心、與媒體見面，最後和

核心團隊吃飯。扎實的出差行程，讓王博修的背包裡，裝進 10 台樣品電腦是家常便飯。王博修在一年之期屆滿前，還有些依依不捨，「我在宏碁 15 年，過去比較常在單一部門，這一年跟著 Jason（陳俊聖英文名），像是醍醐灌頂，看的事情廣又深，學到很多」。

創新作法 2 —三層管理組織 防策略漏洞

陳俊聖不只打造技術助理制，過去在台積電學到的管理鐵則，也移植到宏碁。每週一早上，高階主管們必須先檢視近六個月的財務報告，「我把公司的共通語言改成財務」陳俊聖解釋，過去財務報表是星期五看，看完就放假了，現在星期一看，整個禮拜都會戰戰兢兢。他還有密密實實的三層內部管理組織。第一層最核心的成員，包括財務長、各事業群總經理，約 10 人，彼此搶著腦力激盪，釐清邏輯；第二層增加到 15 至 20 人，有人事長、資訊長等，攻擊先前形成的想法，避免漏洞；第三層擴大至 40 人，擁抱最終策略。「我是輔佐型的主管」陳俊聖自評，讓員工感受自己在提供協助的同時，也要提出要求。

創新作法 3 —突破想法 推智慧佛珠暴紅

負責全球一年兩次新品發表會的全球品牌行銷暨策略運籌中心資深處長顏也玲頗為贊同，2017 年紐約發表會在 iMAX 劇院舉辦。iMAX 是電影院，沒辦過類似活動，員工為了在頂樓展示產品，不惜敲破一道牆，「Jason 會支持你的想法，卻也希望你不斷突破」。以消費者為主體、完成玩家夢想的 Predator 21x，由 A-corner 設計。

圖片來源：東森新聞雲

近日，他們又在陳俊聖鼓勵下，玩出新產品「智慧佛珠」。剛開始，員工只是發現一般人手上的飾品太多，想改善問題，沒想到焦點訪談一路做到了和尚、尼姑身上。員工在佛珠裡埋了晶片，和尚、尼姑們每天要念成千上萬遍的經文，不再需要自己計算次數了。晶片能自動計算，並透過手機 App，把祝福迴向給指定對象。一推出就暴紅，第一批幾萬串的量，已經銷售一空。「Jason 很有活力、感染力，宏碁文化確實被大大改變，」王博修說。陳俊聖最經典的瘋狂事，是要員工在 2017 年德國消費電子展（IFA）新品發表會開始前，一同在後台大喊了三次「Shake the world」（震撼世界）。

創新作法 4 —揮灑活力 提升員工幸福感

全球品牌行銷暨策略運籌中心副理孫致誼提到，當時外面是滿滿的客戶、媒體，但沒人覺得有什麼，「因為透過那種方式，大家調頻一致，認同感加深，也更清楚宏碁的方向」。IDC 個人電腦市場分析師林璿瑞觀察，宏碁近來的表現，和前年同期相比，的確亮眼。走出低迷，宏碁已不再是人才外流的公司，每天應徵的人川流不息，為此，總部八樓還做了一個特別標示：「interview 請往這邊走」。優秀人才願意賣命打拚，員工的幸福感也提升了。了解到員工第一心願是裝免治馬桶，陳俊聖就立刻指示，將所有洗手間都裝上免治馬桶，結果連大樓內其他公司的員工，也會特別跑來上宏碁的廁所，最後只好裝上刷卡機管制。

資料來源：蕭玉品（2018.01）。遠見雜誌，2018 年 1 月號。接下 205 億虧損黑洞陳俊聖帶宏碁四年逆轉勝。取自 https://www.gvm.com.tw/article.html?id=41701

 問題與討論

1. 你如果是公司的老闆，你如何激發員工的創新思維？

2. 如果你是員工，你希望主管授權給你嗎？為什麼？

3. 陳俊聖每周一上午就檢視近六個月的財務報告，對員工的激勵有效嗎？還是造成壓力？

4. 承上題，如何塑造幸福的公司文化？

13.1 何謂組織文化？

13.1.1 定義

探討組織文化時，其實應先了解「文化」；所謂文化是產生可以傳達其義務與適當行為預期的一種規範[2]；故「文化」其實是一種意義體系，其展現於某一組織內，即是「組織文化」。換言之，由組織成員所共同抱持的意義體系，使得組織不同於其他組織即為組織文化（organizational culture）。我們透過了解組織文化的組成分子及它如何產生、持續，並如何讓員工學習這個文化，將可提高我們解釋及預測員工行為及能力[3]。由於組織文化是組織成員所共同抱持的意義體系，也就是組織所重視的一組重要特質，Mitchell（2008）則將獎懲制度（system of rewards）、用人決策（hiring decisions）、管理結構（management structure）、風險承擔策略（risk-taking strategy）、環境實體配置（physical setting）等作為組織文化的重要元素。故組織文化之形成乃基於企業之長期發展，使員工潛意識中形成對企業強烈的認知，亦是所謂「企業文化」（corporate culture）[4]。Robbins & Judge（2014）則在分析不同組織所具有的特質後，歸納組織共有 7 種特質[3,5]，相互搭配後，就成為組織文化。

【真。柯文哲】#13 我的企業文化
https://www.youtube.com/watch?v=X5qOpidDw38

1. **創新與冒險的程度**：鼓勵員工創新、冒險的程度。
2. **要求精細的程度**：要求員工精確分析、注重細節的程度。
3. **注重結果的程度**：管理當局注重結果，而非過程的程度。
4. **重視人員感受的程度**：管理者做決策時，會考慮決策對組織人員影響的程度。
5. **強調團隊的程度**：工作活動設計與組成，以團隊而非個人為主的程度。
6. **要求員工積極進取的程度**：希望員工積極且具競爭力，而非好相處好說話的程度。
7. **強調穩定的程度**：組織強調要維持現狀，而非成長的過程。

每一個特質都存在一個由低到高的連續向度。用這 7 個向度評鑑組織之後，便可形成一幅組織文化的圖像。以此圖像為基礎，可以知道組織成員對組織的看法、在組織中應如何處理事務、與成員應有怎樣的行為表現。

13.1.2 組織文化是個敘述性用語

組織文化是員工對組織中上述特質的感受，無關於他們是否喜歡它。所以組織文化是個中性的敘述性用語，這點有助於區別組織文化與工作滿意度這兩個觀念。

探討組織文化的研究都想進一步探究員工如何看他們自己的組織：是鼓勵團隊工作？還是鼓勵創新？壓制積極主動？相對之下，工作滿意度則在衡量員工對工作環境的情感反應，員工對組織期望、酬償分配等，有什麼樣的感受[8]。儘管這兩個名詞在特性上有所重疊，但請切記，「組織文化」是個敘述性名詞，而「工作滿意度」則是評價性用詞[3]。就好比說，有一家公司相當重視顧客的滿意度，但員工的工作滿意度不見得會很高一樣。

13.1.3　組織應有一致的文化

組織文化代表組織成員的共同認知，這從我們把文化定義為「共同抱持」的意義體系就可看出。認定組織文化有共同性，並不表示組織中沒有次文化，大部分的大型組織中都存有一個主文化和許多次文化[6]。主文化（dominant culture）代表組織中，大部分成員所共有個核心價值觀（core values）；次文化（subcultures）可能因部門化的設計，或地理上的區隔所造成，反映出某部分成員所共同面對的問題、情況或經驗[9]。次文化例如，採購部門的次文化是由該部門成員所特有的，它是由主文化的核心價值觀，加上採購部門成員持有的價值觀所形成。同樣地，組織若分隔兩地的分支機構或單位，也會有不同的次文化，次文化中保留了基本的核心價值觀之外，仍會因該分支機構或單位的特殊狀況，加以修改而成[10]。

如果一個組織沒有主文化，僅存在著許多次文化，那麼組織文化就很難對員工的行為做出一個比較一致性的解釋，因為各個部門各有不同的次文化。此時，成員對組織的向心力與凝聚力也較低，只認同自己所屬的部門，也容易導致各部門衝突與派系鬥爭的問題了[10]。

13.1.4　強勢文化與弱勢文化

強勢文化對員工行為有較大的影響力，且與降低離職率有較直接的關係。在強勢文化（strong culture）中，員工廣泛接受並強烈持有核心價值觀。愈多組織成員接受核心價值觀，對此價值關產生的認同感就愈強，文化也就愈強勢。由於成員對強勢文化的高度共享性（sharedness）與認同強度（intensity），使得它在組織中所塑造的氛圍有很強的行為控制力，因而會影響組織成員的行為[11]。這也就是解釋了為何許多歷史悠久的組織往往都具有較鮮明的組織文化，能吸引認同此文化的求職者前來應徵。

強勢文化還會降低員工離職率。強勢文化中員工對組織宗旨有著高度一致的認同，會產生很高的凝聚力、忠誠度及組織承諾，因這些特徵將會降低員工離開組織的傾向。

13.1.5　組織文化與正式化的關係

強勢的組織文化會提高行為的一致性。從這點看來，強勢文化的作用是可以取代正式化的[3]。

正式的規定可以管制員工行為。組織正式化程度愈高，其成員行為就愈可預測、愈有秩序，一致性也愈高。我們的觀點是，不需要有明文規定，強勢文化一樣可以達成這個目的[12]。因此，正式化及組織文化在這點上倒是殊途同歸。組織文化愈強勢，就愈不需要正式規定來管制員工行為，因為當員工接受組織文化時，這些規定自然就已經內化而存在員工心中。

13.1.6　國家文化與組織文化的關係

同一個國家的國民接受國民的基本教育、遵循相近的語言與家庭教育，使得同一個國家的人們有許多類似的行為表現，例如印度人用手吃飯、越南人偏好賭博等。雖然組織文化是由組織成員所共同抱持的意義體系，但組織文化仍離不開受到國家文化的影響[17]，例如：在外商公司中強調的是團隊合作與男女平

權的觀念，可是對成員所述的國家文化仍會根深蒂固地影響著他在組織中的行為，印度人到了用餐時間仍習慣用手吃飯，越南人下班之後在家中免不了小賭一把；在組織中形成的小團體也有類似的情形，就像同文同種的成員很自然地形成一個小團體，相同宗教信仰的成員仍會有較容易在一起。因此，國家文化對個人的影響勝過組織對個人的影響[7]。在組織中，管理者仍不可忽略國家文化對成員的影響。即使是同母國、同產業之企業等亦可能有截然不同之組織文化[4]。

不過，這些文化因素所造成的影響，可以從甄選員工的過程加以修正、控制。例如，某一跨國企業的義大利廠在招募員工時，所關切的重點並不在於應試者是否為典型的義大利人，只關心應徵者能否契合公司的處事方式。因此，跨國企業在甄選員工的過程，更應著重應徵者與公司主文化的契合度，即使其行事風格與當地文化有所差異也無妨[13]。

13.2 / 組織文化的功能與負面影響

13.2.1 組織文化的功能

文化在組織中有許多功能：第一，它扮演了釐清界限之角色，使組織不同於其他組織；第二，它在組織成員之間會感染對組織的認同感；第三，它使組織成員將組織大局放在個人利益之前；第四，提高社會系統穩定性，文化有著黏著功能（social glue），藉由提供組織成員言行的標準，提高組織的凝聚力；第五，文化提供了澄清疑惑及控制的機制，引導與塑造員工的態度及行為。

現代的職場中，組織文化在影響員工行為上所扮演的角色愈形重要。現在許多組織都忙著加寬控制幅度、將結構扁平化、引進工作團隊、降低正式化程度及增加員工權力，這時候強勢文化中所提供的「共同意義體系」，將會產生引導員工的功用。例如：中國商業信託銀行的核心文化就是「We are family」，不僅告訴顧客待客如親，對員工也建立了「我們公司正如一家人一樣」溫馨、和諧與互助的價值觀。不斷向員工強調──我們的關心，與其說是「家人間的親情」，不如說是一種「對周遭的人主動的關懷」，因為我們有一股打造更美好世界的熱情！經由洞察他人需求，協助他人實現未來，我們同樣讓自己的人生更充實，生活更富足[14]。

13.2.2 組織文化的負面影響

組織文化有助於提高組織承諾、降低離職率、增加員工行為的一致性等。從員工的觀點來看，文化能降低模糊，它能讓員工知道事情該如何做及什麼事是重要的。然而，我們不應該忽略組織文化的負面影響，特別是強勢文化對組織效能的負面影響[3]。

1. 阻礙員工多樣化

一個公司若存在著不允許有異議的強勢文化，將會逐漸侵蝕公司員工多樣化的政策。之所以雇用各種不同背景的員工，大多是想利用員工之間的差異性，來刺激組織。但員工進入組織感受到強勢文化後，往往會順從文化的價值觀，使得原本不同行為的特色逐漸消失。因此，不同背景員工所帶來的各種獨特差異，很可能會被強勢文化消磨殆盡。此外，若公司強勢文化中強調少數服從多數或忽略特定的員工時，這樣的文化對組織發展而言，同樣會是一項負面影響。

2. **阻礙變革**

   當外在環境變動時，組織文化即可能會對組織產生負面影響，因為當環境快速且持續改變時，意味著組織固有的文化可能將不再合適。當外在環境穩定時，員工行為的一致性是一項資產，但環境變動時，員工行為的一致性反而變成了一個負擔，使組織難以因應環境變動。換言之，組織的強勢文化往往對公司助益匪淺，但在環境已經產生轉變時，反而會阻礙公司的變革[13]。

3. **阻礙購併**

   購併主要的目的，是要改善財務狀況或讓雙方產品都能享受綜效（synergy），雙方文化是否能相容，愈來愈受到重視。近年來，許多購併案在結合不久後，就宣告失敗。最具代表性的例子就是明碁併購德國西門子，2005 年 6 月 7 日，在一片譁然與矚目當中，明碁宣布併購營業於遠遠高於自身數倍的西門子手機事業部門，西門子以淨值無負債方式將手機部門資產完全移轉至明碁，並支付價值 3 億歐元給明碁（含 2.5 億歐元現金與服務、5,000 萬歐元購入明碁股票），明碁因而躍居全球前四大手機品牌，並創下國內科技業歷來規模最大的國際併購案紀錄，震撼全球市場。創下臺灣企業史上以國內品牌併購國外企業營業額最大的紀錄。雖然國際併購的互補性高於國內併購，然而其中涉及的跨國文化差異，整合困難度亦相對為高，這也成為一年之後併購案破局的主要原因。根據顧問公司 A. T. Kearney 所做的調查顯示，有 58% 的購併案，無法達到高階主管在事前所設定的價值目標。失敗主因往往是源自於雙方相互衝突的文化[3]。因此，不論購併後的財務報表或是產品線有多吸引人，購併是否能成功，都要先看看兩者文化有沒有辦法交融，才能決定。

13.3　組織文化的創造與維護

13.3.1　組織文化的創造

　　組織的早期文化，主要受到其創辦人的影響，他們對組織的未來，有著清楚的願景，不會受到先前的習慣或意識型態所限制。而新成立的組織通常規模也都不大，這使得創辦人比較容易將他對組織的願景，也深植於其他成員的心中。組織文化常以三種方式產生[15]：第一，創辦人以身教來鼓勵員工認同組織，並進一步將自己的信念、價值觀與假設內化於員工心中；第二，創辦人只雇用及留住那些想法、作法與其相同的人；第三，他們教導並同化員工的想法與作法；最後，一旦組織成功了，往往會歸功於創辦人的眼光獨到，此時創辦人的人格特質也會被嵌入組織文化中。

13.3.2 組織文化如何形成

圖 13-1 顯示了組織文化如何形成與維護。文化最早根源於創辦人的理念，這一理念會強烈影響公司雇用準則。而現任高階管理當局的言行，也會成為員工言行的規範。至於員工如何社會化，則是經由甄選程序選入的新員工，與組織在價值觀上「契合」的程度，以及高階管理當局偏愛何種方式而定。在創辦人的理念、甄選準則、高階主管的言行等，加上社會化的歷程，一個組織漸趨形成該組織特有的文化。

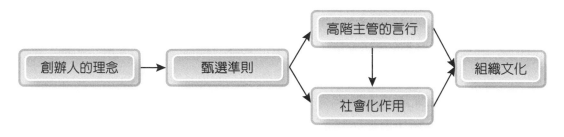

▶ 圖 13-1　組織文化的形成 [3]

13.3.3 文化的維護

文化一旦建立後，組織就會採用一些實務方式，讓成員有一些相似的經歷，以維護這個文化。在維護文化上，有三個重要因素：甄選、高階管理當局及社會化的方式。

1. **甄選**

    甄選的目的在於，找出並雇用專業知識、技術與能力足以勝任工作的應徵者。但是，通常經過幾個階段的篩選後，還是會留下多個符合條件的應徵者，最後由決策者判斷哪一位最適合這個組織。不論是故意還是偶然，經由這種方式雇用進來的員工，其價值觀在基本上與組織的大致相同。

2. **高階管理當局**

    高階管理當局對組織文化也有相當大的影響力 [16]。透過言行，資深的高階主管所建立的規範，將會貫穿整個組織，如是否高承擔風險、管理者給部屬多少自由、穿著方式，以及哪種表現將會加薪、升遷或獎賞等，都依循這個規範設立準則 [17]。

3. 社會化的方式

不論組織的甄選做得多好，新進員工在一開始都沒辦法完全融入組織文化，由於不熟悉，很可能反而會干擾原有信念與習慣。因此，組織將協助新進員工適應的過程即稱為社會化（socialization）[18]。如公司通常都會辦理的新進人員訓練（orientation），其目的就是希望讓新進人員能在最短的時間內透過社會化的過程了解組織的制度、工作方式與態度，甚至潛規則，以逐漸接受組織的文化[19,20]。

社會化最關鍵的時機在於員工進入組織之際，組織必須把這個外來者塑造成自己的「標準員工」，塑造失敗的話，該員工將無法學會基本關鍵的角色行為，有可能會被貼上「不合群」或「叛逆」的標籤，常成為鬧事的帶頭者。只要員工還在組織中，組織將持續地對每位員工進行社會化，其中有些方式可能較不明顯，但是這種持續的社會化行動，對維護文化是很有貢獻的[21]。

社會化過程，在概念上可以分為三個階段[5]：職前期、接觸期、蛻變期。第一階段，是指新進員工進入組織前的所有學習經驗。在第二階段，員工看清組織真貌，了解期望與現實狀況的差距有多少。第三階段裡，員工產生相當持久的改變，新員工開始熟悉工作所需的技術，成功地扮演新角色，並力求適應工作團體的價值觀與規範。員工歷經此三階段之後，將會反映在員工的生產力、對組織目標的認同感，以及決定是否繼續留在組織中。圖 13-2 表示此一社會化過程。

此外，利用甄選可確保進來的員工都能與組織契合。「事實上，個人在甄選時的外在表現，將決定其能否進入公司，因此應徵的成敗，即在於應徵者能否洞悉主試者的期望與要求。」同時，朋友與同事也可以扮演關鍵角色，協助新員工「搞清楚狀況」，當友誼網路擴大蔓延之際，新員工對組織的承諾也愈增加，所以組織可以藉由鼓勵內部友誼的建立，來幫助新員工進行社會化。

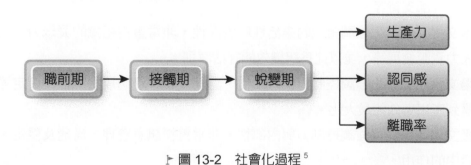

⊢ 圖 13-2 社會化過程[5]

13.4 組織文化的類型

　　不同型態的組織文化將對組織之創新發展產生不同結果。許多研究依組織成員互動將組織文化分為：官僚型、創新型、支持型三類。官僚型的組織文化代表該組織相當重視組織層級與組織倫理，創新型的組織文化表示組織中充滿了自由溝通及愉快的氣氛，支持型組織文化代表員工享有高度的決策參與；因此，官僚型組織文化對組織學習及組織創新具顯著負向關係，而創新型及支持型組織文化則對組織學習及組織創新具顯著正向關係；而組織文化亦會對知識取得產生影響：官僚型文化對知識取得具顯著負向關係，然創新型及支持型文化則對知識取得具顯著正向關係。組織文化會透過知識取得對組織學習與組織創新產生影響；另知識取得對組織創新之影響中，組織學習具完全中介效果。以企業領導者而言，若需有效率創新成長，不宜塑造官僚式組織文化[22]。

　　Quinn 和 Rohrbaugh（1983）的競值架構理論（Competing Values Framework）最初源自於一項關於有效組織衡量指標的研究。在對為數眾多的各項指標統計分析的基礎上，該理論提出支撐組織效能的兩個主要維度。第一個維度（即 X 軸）與組織重視方向（Organizational Focus）有關，左方組織重視內部性，即員工福利及發展，右方組織重視外部性，即組織自身的福利和發展。第二個維度（即 Y 軸）與組織結構偏好（Organizational Preference for Structure）有關，下方組織強調穩定與控制，上方組織強調變革與彈性。這兩個維度就組成了四個象限，即四種組織模型，如圖中的括號所列[23]。這一理論之所以被命名為競值架構，是因為這四個模型的原則看上去互相衝突。組織必須要有很強的適應性和柔韌性，同時，我們又希望組織是穩定的和可控制的[24]。圖13-3 競值架構的四個象限分別代表了四種最主要的組織文化：

1. **應變文化**：此文化強調組織的靈活性和外部性，非常重視組織的支持成長、資源獲取以及外部支持等。

2. **人本文化**：此文化強調組織的靈活性和內部性，非常重視組織的凝聚力、人員士氣及人力資源發展等，並以此為組織效能評估原則。

3. **市場文化**：此文化強調控制力與外部性，認為組織會透過規劃、目標設定等理性行為達到產出與效能最大化。

4. **層級文化**：此文化強調控制力與內部性，非常重視訊息管理、溝通及穩定、控制在組織中的作用。

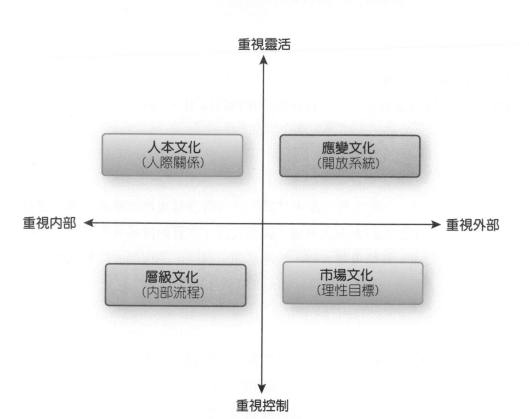

▷ 圖 13-3　以競值架構理論劃分的組織文化

13.5 員工如何學習組織文化

　　將組織文化傳輸給員工的方式很多，最重要的途徑有透過故事、儀式、實質象徵及語言。

13.5.1　故事

　　很多組織都有一些廣為流傳的故事，而且通常與組織創始人的生平事蹟、打破規定、從無到有的成功、縮減員工、重組員工、對以往錯誤的省思，以及組織順應情勢有關。這些故事將現在組織拉回過去場景中，替目前實務提供了合理解釋與正當性。但有些故事流傳已久且不可考，在歷經多位領導者之後，往往會加油添醋、穿鑿附會，與正確的史實有所偏差，而新近的員工從未質疑，也沒有去追究，有時重新追本溯源、緬懷前輩可以帶給員工振奮人心的效果[25]。

第 33 屆／點燃生命之火／班上第一名的好學生，下課後是什麼樣子？
https://www.youtube.com/watch?v=A--vpBniKAU

13.5.2 儀式

儀式（ituals）是一種重複出現的活動，該活動目的在於彰顯組織最重要的價值觀、最重要的目標、最重要的人，以及其他值得花費的事物[26]。例如：有些公司一開始上班全體員工都一起做早操或一起朗讀服務守則等。

13.5.3 實質象徵

企業總部的設備、高階主管的配車款式、公司有沒有規定的制服，都是實質象徵的例子，其他還包括辦公室的大小與設備、裝潢設計、主管的排場及穿著等。這些實質象徵都是要讓員工知道，誰是重要人物、管理當局一視同仁的程度，以及何種行為才是適當的（例如冒險、保守、權威、參與、個人主義及社交等風格）。

13.5.4 語言

隨著時間的演進，組織常會發展出許多獨特的用詞，用來描述與產業相關的機器設備、辦公室、重要的人員、供應商、顧客與相關產品。新進員工常被這些術語（jargon）打敗，但工作六個月之後，這些術語就會變成他們慣用語言的一部份。一旦熟悉後，這些術語將組織成員更融入文化或次文化中。管理當局如何創造一個更加重視道德倫理的文化？以下有幾點建議：

1. **以身作則**

   員工常以高階主管的言行，做為學習標竿。當資深主管的作為均謹守道德規範時，這些行為自然也對員工傳遞了正面訊息。

2. **釐清組織對道德的期望**

   訂定並傳達組織的道德倫理守則，可將模糊地帶減至最低。應清楚陳述組織最主要的價值觀，以及期望員工遵守的道德法則[27]。

3. **提供道德訓練**

   設立研討會、工作坊等類似的道德訓練課程，以強化組織想要建立的行為標準，釐清組織容許或不容許的實務作法，並且探討可能會面臨的道德兩難困境[28]。

4. **公開運用獎懲**

   考核管理者時，應逐項評估其決策是否曾違反組織的道德倫理守則。績效評估應同時重視目標達成情況，以及所採行的手段。對於遵守道德分際者，應給予公開獎勵，違反者則應公開懲處。最好掌握「揚善於公堂，規過於私室」的原則。

5.　提供保護機制

組織有必要提供一個正式機制，使員工得以在不必擔心遭受譴責情形下，討論所遭遇的道德困境，以及呈報違反道德的行為 [29]。這時或許可以設立道德諮商師、申訴委員會或視察人員，以作為保護機制。

13.6　建立正面的組織文化

正面組織文化（positive organizational culture）是個強調以員工長處為基礎、賞比罰更受用，以及強調個人生命力與成長的文化 [3]。茲說明如下：

1.　以員工長處為基礎

許多 OB 與管理實務，總是關切如何整頓員工問題，雖然正面組織文化不會忽略這些問題，但更會強調要讓員工知道如何發揮自己的長處。正如管理大師 Peter Drucker 所言：「多數美國人不清楚自己的長處，如果問他們這個問題，他們只會呆望著你，或是告訴你他主修的領域，而這些都不是正確答案。」你知道自己的長處嗎？身處於能幫你發現自己長處及學習如何發揮所長的組織文化中，會不會讓你感覺更好？

2.　賞比罰更受用

總是有適當的時機會分別運用到賞與罰。雖然多數組織充分注意到像是酬勞、升遷這些外在酬償，但卻經常忘記一些比較小的（較便宜的）像是讚美這一類的獎賞。建立正面組織文化意味著「把對的人擺到對的位置」，接踵而至的會是讚美。但是許多管理者怕讚美會讓員工過於飄飄然，或是覺得讚美又不值錢，所以常會吝於稱讚。但是缺乏讚美與高血壓一樣，是個「隱形殺手」，因為員工通常不會開口索求讚美，所以管理者也就無從得知不稱讚員工的代價有多大了。

3.　強調個人生命力與成長

正面組織文化不僅重視組織效能，同時也重視個人成長。如果員工只把自己當成是組織的工具或是零件，這樣的組織絕對無法獲得員工的最佳產出。正面文化了解工作與生涯的差異，而不會只在意員工對組織效能的貢獻度，更在意的是組織在員工眼中，是否能勝出其他數以千計的組織，在這些組織裡，有三分之一員工覺得毫無學習與成長機會，在有些產業中數字還會更高一些，例如製造業、通訊業與公營事業。在有些產業裡，則需要多點創意才能鼓勵員工成長，像是服務業、速食業就要如此。

13.7 結論及對管理者的啓示

組織文化是中介變數。員工對組織的一些特性，諸如風險容忍度、講求團隊的程度、支持員工的程度等，都會產生主觀的知覺，而整個知覺情形就會形成組織文化。這些正面或負面的知覺，還會影響員工績效及工作滿意感，而且文化愈強勢，影響力愈大。

組織文化對管理的另一項重大啓示之一，就是人事甄選了。如果所招募的新員工，其價值觀與組織文化差距很大時，該員工會難以被激勵、無法對組織產生歸屬感、對工作與組織心生不滿，這些員工的離職率高於一般水準，也不足爲奇了。

其次，當全球化與知識經濟潮流席捲全球之際，希望於遍布全球分支機構中建立具一致性價值觀組織文化之跨國企業，應深刻體認跨國組織內存在不同民族文化的差異影響力，例如亞洲地區特別重視社會和諧，像日本企業特別重視團體和諧，故其雇用均質員工、獎懲一致、傾向規避風險且不鼓勵創業；但西方文化則強調個人權利和責任，故美國企業傾向聘用具創業及冒險精神之員工；可謂民族文化塑造組織責任、運作及傳統，並對組織文化的形成產生重要影響[4]。跨國企業全球組織文化建構必須考慮到各分支機構所在國之民族文化，此爲跨國經理人所必須正視之問題[7]。管理者當然也可以塑造工作環境的文化，管理者可以參考前述作法建立重視道德文化，當然也可以考慮性靈或是正面組織文化。愈是投注心力塑造組織文化，組織文化就愈會雕塑員工。

要改變文化是極爲困難的，但還是可以完成，只是需要一些時間。證據顯示在下列情況下文化是比較容易被改變的[3]：

1. 重大危機。
2. 領導階層的換血。
3. 歷史尚淺且規模小的組織。
4. 弱勢文化。

若上述情況存在的話，那麼再配合下列行動，就不難導入變革了：高階主管改用新的故事或儀式、甄選及拔擢服膺新價值觀的員工、配合新價值觀改變酬償系統，以及透過調職、工作輪調或遣散來打擊現行的次文化。

OB專欄

抓到了，就是這 6 種人造成企業文化亂源！[30]

　　我們都知道文化是組織重要的長期資產，也是 CEO 要花很多心思才能建立的，無論透過風行草偃，或是定下良好的鐵律。一旦 CEO 開始用文化去拉動組織，除非試圖推行的是非常爭議的價值觀，否則不應該在企業內碰到明顯的反抗。但即使沒有反抗，你還是會感受到組織內有一種慣性，自然而然的想要變得混亂，無法完全依照由上而下的文化進行，也就是所謂的 Entropy。

　　Entropy 是必然的，因為每個人的價值觀本就與組織想要的文化不盡相同，而當「主流」文化沒有被貫徹，或是幾個人的「另類」價值產生了共鳴，則混亂的程度就會增加。（這裡用主流與另類相比是以企業為主觀的角度，不是指社會上的主流或另類文化。）

　　一般而言，輕微的亂度是可以被接受的，畢竟建立文化就像推動飛輪，必須努力好一陣子才能達到慣性。但如果發現以下幾種不良份子，由於他們的行為會對其他同仁造成嚴重的負面影響，很有可能是你必須考慮請走的。

1. 混蛋高手

   我們身邊都有這種朋友，他們實力超強，工作表現總是高人一等，做業務的業績年年爆表，寫程式的半天就能搞定人家一星期的東西。本來他們應該是企業最重用的人才，只可惜這些人個性超差，不僅為人傲慢，對同事也極端尖酸刻薄。他們沒有耐心且脾氣暴躁，動不動就把隊友罵到臭頭，好像他的人生只能與天才為伍，不值得浪費在其他麻瓜身上。

   這些是讓 CEO 最頭痛的人物，因為他的工作表現真的很好，尤其極需業績的成長期企業，實在很難說服自己把有生產力的人請走。即使真的體認到他的存在弊多於利，下定決心要與他分手，也得提防他的大嘴巴，離開之後對公司名譽造成的傷害。這種人必須要用最謹慎的方式處理，真的沒辦法時可能得給一筆解約金，約法三章請他三緘其口，並且協助他找到更適合的公司，來把傷害降到最低。所以千萬記得下次請人時，無論是老手還是新人，還是先確認價值觀合不合最重要。

2. 哀哀叫

   另一種人是莫名的抱怨者，無論工作是多還是少、放不放假、新規則或舊規則，反正什麼事情他都可以哀哀叫。這些人其實不一定是真心反對，但口頭上總是改不了抱怨的習慣。這種行為很容易感染其他同仁，形成一種好像很酷的反對權威文化。有些哀哀叫甚至還把矛頭指向同事，無論大家完成了什麼，他總是不會鬆口，老要雞蛋裡面挑骨頭，講得好像沒什麼了不起。公司裡面當然忌諱盲目的樂觀，但過度的負面情緒對士氣也很有傷害。CEO 應該要跟哀哀叫好好聊聊，請他們改掉壞嘴的毛病，如果屢勸不聽，那麼可能要果斷處理。

3. 資訊販子

在傳統資訊不發達的時代，很多資訊販子靠著提供 CEO 重要情報在組織裡得到地位。但現在都什麼時代了，多數網路企業從根本就改成講求透明，公司的大多事情都攤在陽光下給全體同仁檢視，正在進行中不方便公布的，也會在成熟後儘快與大家分享。在這種時代還在那邊故弄玄虛的人，對文化帶來的傷害當然大過價值。一樣，你得好好跟他們談談，如果是慣犯的話，那還是請他另謀高就吧。

4. 用人唯忠

這比較是針對中階經理人，那些過分注重鞏固勢力，造成本末倒置的管理者。當經理人把忠誠度放在工作表現前面，久而久之團隊當然會出現錯誤的文化。要偵測這樣的病灶，CEO 必須要養成與基層員工對話的習慣，偶爾找他們去吃飯、喝咖啡，或是一起運動，都能協助你聽到企業更真實的脈搏。

5. 花花公子

另一種經理人還更糟糕，他們假公濟私，經常利用職務上的方便與異性同事搞曖昧。如果是正正當當的男歡女愛也罷，但這些人根本只是在拈花惹草，不但造成被玩弄感情同事的心理傷害，甚至還引來掏金者利用機會提昇自己的位階。自古英雄難過美人關，但傷害公司員工的向心力，那就不妙。

6. 守門員

守門員手中掌握了企業的某個關卡，像是預算、出貨，或資訊系統，這些人為了自己工作的方便輕鬆，常常把守護的關卡大門鎖得超緊，時間、空間上都不留給同仁彈性，不但造成所有人的負擔，久而久之還會引起部門間不必要的敵對、仇視，讓公司難有一致的文化。CEO 得好好注意這些關鍵的門檻，適時介入、調度，才能避免傷害公司的整體性。

當然每家企業想建立的文化都不一樣，因此上述這些份子，對你而言不一定就是亂源。但無論如何，從正面去建立企業文化已經夠難，如果還放任病毒肆虐，日子一久將很難回天。希望今天的文章有給你一些力量，下次在組織裡面發現對文化有害的行為，能更勇敢的去面對、處理。

資料來源：林之晨（2014）。抓到了！就是這 6 種人造成企業文化亂源。
取自 http://www.businessweekly.com.tw/article.aspx?id=6139&type=Blog

一、個案背景

　　成立於 1986 年的宏碁，曾為台灣個人電腦產業帶來無比榮景，一度躋身世界排名第 2。只是後來一連串策略失當，帝國搖搖欲墜，2013 年的虧損高達 205 億元。2014 年初，陳俊聖接下執行長的燙手山芋，在那之前 2 個月，已經換了 3 個執行長。那時的宏碁，風雨飄搖，不少員工跳船保命。陳俊聖深深記得，他到任後第一位技術助理的太太去吃喜酒，被同桌人問到先生在哪裡工作，她回答宏碁時，「對方居然問她，她先生何時要換工作，

圖片來源：天下雜誌

我覺得是特別大的恥辱！」當時，全世界都知道宏碁執行長位置不好做，為何要來？他回想，4 年前，他向台積電申請留職停薪，一位台灣朋友到香港見他，一起吃早餐時，兩人聊到，宏碁風雨飄搖，hTC 也差不多，如果都倒下，對台灣士氣影響會很大，「這句話真正點到我，不然宏碁有問題，跟我沒關係啊！」在他留職停薪期間，有不少公司接觸他，為何偏偏選上宏碁？「學管理都是教你如何成功，誰有 turnaround（逆轉勝）的機會啊？當然要來呀！」他以前都在很好的公司服務，「那是公司厲害，還是我的本事，我不知道，這次就是真的了。」抱著測試自己能力，與希望給台灣正能量的使命感，陳俊聖抓住他認為千載難逢的好機會，走馬上任。上任前，他問過宏碁創辦人施振榮，「宏碁集團曾經有 11 個上市公司，怎麼搞到剩下台北與倫敦兩家？」施振榮回答：「過去的就不要看了，未來有辦法，就做出來。」施振榮對他充分授權，從不會要求他快點賺錢，反倒最常提醒陳俊聖思考「如何永續經營」。「他沒有一直逼我賺錢，但我逼自己要創造價值，要做到讓宏碁強大，台灣可以強大」陳俊聖充滿信心地說。

二、策略分析

策略一：轉虧為盈 提升品牌價值

這位成大畢業、美國密蘇里大學企管碩士，在宏碁拿出穩住人心的首要策略，就是「轉虧為盈」。他上任第 1 年，稅後淨利近 18 億，之後營收逐年減少，但始終獲利，2017 年截至第 3 季止，毛利率達到 10.7％，創下近 13 年來新高；1.4％的營業淨利，也是 6 年來的最佳紀錄，「我就是要把營收做小，獲利做大，提升品牌價值」他說。這份亮麗的成績單，連英國牛津大學都特別邀請他演講。轉虧為盈有了成績，陳俊聖馬不停蹄要帶領公司「轉型」。轉型的第一步，陳俊聖想得很深，不忘本是原則，要先固守老本行，並從中找出機會點。4 年前的宏碁，人心惶惶，每個員工都告訴新長官，不要做電腦了，要轉行，「一天到晚跟我說這個，但我想想不行，把本業都拋棄了，不是答案」。當時雲端服務正成為新顯學，同仁們興奮建言，要往雲端走，但怎麼走，不清楚。陳俊聖打趣形容，「這就像鮪魚季來了，你說要去抓鮪魚，但你根本不會抓啊，你只會吃鮪魚。」所以初期，仍得把老本行做好。4 年前，宏碁電腦在業界堪稱最低價，利潤極低，陳俊聖重整隊伍，朝高價、高附加價值電腦前進。亞馬遜（Amazon）剛公布 2017 年耶誕筆電銷售榜前 10 名裡，宏碁就占了 6 名；即使是同等級的小筆電，宏碁價格也較他牌高。

策略二：保本闢新局 用電競突圍

接著，轉型的第二步，是用電競突圍。在不丟棄本業，陸續推出二合一、輕薄和 Chromebook 等筆電的同時，宏碁定位出高單價、毛利高的「電競」，是最適合從核心專長延伸的新市場。在陳俊聖到任前，其實宏碁早有一個工業設計總處下的祕密基地「A-corner」，負責產品創意發想。觀察到電競產業蓬勃發展，他們邀請玩家們一起討論夢想中的電競筆電，再由宏碁生

圖片來源：cnet.com

產出來。一年半前，宏碁終於推出全世界最貴、近 30 萬的電競筆電 Predator 21x，全球限量 300 台，一下子震撼世界。曲面螢幕讓玩家完全沉浸在遊戲裡，絕佳的散熱系統、加上價值三萬元的裝箱，根本像是裝著狙擊槍的軍用提箱，讓玩家收到就看得目瞪口呆，

拉著在路上走，更是威風十足。這款電競筆電，吸引全球玩家自動錄製超過 7 萬支開箱文影音，其中一位加拿大網紅 David Lee 的自拍影音，十分逗趣，影片中，只見他邊拆箱邊介紹，「你看這個箱子，是一個叫 Pelican 的牌子，非常特別，是裝 RPG、火箭筒的」吸引全球超過 1000 萬人點閱。Predator 21x 推出沒幾天，陳俊聖到杜拜出差，只見零售店人山人海，搶看這台電腦。第二天他要離開杜拜時，已經收到 10 張訂單。「就是要 Shake the world，原來電競電腦可以做成這樣，技術可以到這種程度」陳俊聖自豪地說。

2017 年 9 月，宏碁推出電競主機 Orion 9000，這次不再限量，售價從 6 萬到 30 萬都有，再度引起討論。目前，宏碁的電競產品甚至打入軍方渠道，美國、加拿大軍方的福利中心，都成為重要銷售處。同時，看準 VR 熱潮，宏碁也朝 VR 技術深耕。2016 年和瑞典遊戲公司 StarBreeze 成立合資公司 StarVR，2018 年 1 月，即將在杜拜的商場開設全世界最大的 VR 主題樂園，近 2000 坪。做了 VR，陳俊聖又發現沒有內容，難以獲利，便和 iMAX 合作，成立內容基金，針對好的 IP 製作 VR 內容，以收取內容利潤，像是《正義聯盟》《神鬼傳奇》的 VR 電影版，都是宏碁的傑作。

策略三：主攻人工智慧 拚永續經營

轉型最終曲，是主攻人工智慧與大數據。但，這個市場實在太大了，必須聚焦。宏碁先集中智慧城市。但智慧城市仍然太廣，最終鎖定智慧交通中的智慧停車，做為利基。宏碁收購新創企業「停車大聲公」，用 App 通知車主哪裡有停車位，且汽車直接感應停車柱，便可結帳，目前已經在台北、台南、高雄試行；另外，也和台灣大車隊合作，用人工智慧幫司機預測可能的載客點，提高收入。包括 STAR VR、停車大聲公等旗下新事業，未來都可能上市櫃。陳俊聖強調說：「轉型有沒有成功，不是我自己說，要讓中華民國證交所來說，我們要成為能產生公司的企業」。

《經理人》為什麼好人才都待不住？可能是組織沒做好這 5 件事
https://www.managertoday.com.tw/articles/view/53849

本章摘要

1. 組織成員所共同抱持的意義體系，使得組織不同於其他組織即為組織文化（organizational culture）。我們透過了解組織文化的組成分子及它如何產生、持續，並如何讓員工學習這個文化，將可提高我們解釋及預測員工行為能力。

2. 用來描述組織文化的特質有：(1) 創新與冒險的程度；(2) 要求精細的程度；(3) 注重結果的程度；(4) 重視人員感受的程度；(5) 強調團隊的程度；(6) 要求員工積極進取的程度；(7) 強調穩定的程度。

3. 主文化（dominant culture）代表組織中大部份成員所共有個核心價值觀（core values）；次文化（subcultures）可能因部門化的設計，或地理上的區隔所造成，反映出某部分成員所共同面對的問題、情況或經驗。

4. 強勢文化對員工行為有較大的影響力，且與降低離職率有較直接的關係。在強勢文化（strong culture）中，員工廣泛接受並強烈持有核心價值觀。

5. 國家文化對個人的影響勝過組織對個人的影響。

6. 文化在組織中有許多功能：第一，它扮演了釐清界限之角色，使組織不同於其他組織；第二，它在組織成員之間會感染對組織的認同感；第三，它使組織成員將組織大局放在個人利益之前；第四，提高社會系統穩定性，文化有著黏著功能（social glue），藉由提供組織成員言行的標準，提高組織的凝聚力；第五，文化提供擔任了澄清疑惑及控制的機制，引導與塑造員工的態度及行為。

7. 組織文化的負面影響有：(1) 阻礙員工多樣化；(2) 阻礙變革；(3) 阻礙購併。

8. 組織文化常以三種方式產生：第一，創辦人以身教來鼓勵員工認同他們，並進一步將自己的信念、價值觀與假設內化於員工心中；第二，創辦人只雇用及留住那些想法、作法與其相同的人；第三，他們教導並同化員工的想法與作法。

9. 在創辦人的理念、甄選準則、高階主管的言行等，加上社會化的歷程，一個組織漸趨形成該組織特有的文化。

10. 在維護文化上，有三個重要因素：甄選、高階管理當局及社會化的方式。

11. 社會化的過程，可分為三個階段：職前期、接觸期、蛻變期。

12. 組織文化分為：官僚型、創新型、支持型三類。

13. 組織文化通常以故事、儀式、實質象徵及語言等方式傳輸給員工。

14. 管理當局創造一個重視道德倫理的文化的方法有：(1) 以身作則；(2) 釐清組織對道德的期望；(3) 提供道德訓練；(4) 公開運用獎懲；(5) 提供保護機制。

15. 建立正面的組織文化，通常採用以下方式：(1) 以員工長處為基礎；(2) 賞比罰更受用；(3) 強調個人生命力與成長。

本章習題

一、選擇題

( ) 1. 組織所接受的主要價值稱為：(A) 共享價值 (B) 核心價值 (C) 基本價值 (D) 弱勢價值。

( ) 2. 由組織多數成員所共享的核心價值為：(A) 主文化 (B) 次文化 (C) 社會化 (D) 正式化。

( ) 3. 某種文化之核心價值強烈並具有廣泛的共享特性稱為：(A) 主文化 (B) 次文化 (C) 強勢文化 (D) 弱勢文化。

( ) 4. 組織中的文化通常是因為部門設計所導致稱為：(A) 部門文化 (B) 主文化 (C) 次文化 (D) 結構文化。

( ) 5. 主文化是：(A) 次文化的總和 (B) 由領導人所定義 (C) 由成員大家開會決議 (D) 與組織文化類似。

( ) 6. 下列哪一個不是強勢文化的定義之一？ (A) 會強烈影響成員的行為 (B) 為廣泛的共享價值 (C) 多數人所遵守 (D) 對組織成員的行為採低度控制。

( ) 7. 哪一種文化對個人的影響最大？ (A) 國家文化 (B) 組織文化 (C) 部門文化 (D) 學校文化。

( ) 8. 下列對次文化的敘述何者為非？ (A) 組織內的文化之一 (B) 依照組織的部門所定義 (C) 僅在組織內分享 (D) 因部門劃分所造成。

( ) 9. 下列敘述何者非「儀式」所導致的結果？ (A) 重複的活動 (B) 強調組織的階層結構 (C) 組織成員都會遵守 (D) 迷信 。

( ) 10. 在社會化的過程中，個人面對它自身的期望與現實之間的差距是屬於：(A) 職前期 (B) 接觸期 (C) 蛻變期 (D) 形成期。

二、名詞解釋

1. 組織文化（organizational culture）
2. 主文化（dominant culture）
3. 社會化（socialization）
4. 次文化（sub-culture）
5. 強勢文化（strong culture）

三、問題與討論

1. 組織文化如何形成？又應如何維護？
2. 組織文化可能改變嗎？為什麼？如果可以改變，又應如何進行？
3. 組織成員如何學習組織文化？有哪些方式？

參考文獻

1. 經理人 (2013)【王品集團個案全解析】戴勝益的「人性管理學」，取自 http://www.managertoday.com.tw/?p=1385

2. Hong, R. & Barbara, G. (2009). Repairing relationship conflict: How violation types and culture influence the effectiveness of restoration rituals. Academy of Management Review, 34(1), 105-126. 03. 黃家齊譯 (2011)。組織行為學。(Stephen Robbins 原作者 , 13th ed)。臺北：華泰。

3. 黃家齊譯 (2011)。組織行為學。(Stephen Robbins 原作者 , 13th ed)。臺北：華泰。

4. Mitchell, C. (2008). International business culture. Petaluma, CA: World Trade Press.

5. Robbins, P. S. & Judge, T. A. (2012). Organizational behavior (15th ed.). Harlow, England: Pearson Education, Inc.

6. Cameron, K. S., Quinn,R. E., DeGraff, J., & Thakor, A. V. (2006). Competing values leadership: creating value in organizations. Cheltenham, UK and Northampton, MA: Edward Elgar.

7. Sabine, S. (2011). Multinational enterprises- organizational culture vs. national culture. International Journal of Management Cases, 13(4), 73-78.

8. Ehrhart, K. H., Schneider, B., Witt, L. A., & Perry, S. J. (2011). Service employees give as they get: Internal service as a moderator of the service climate-service outcomes link. Journal of Applied Psychology, 96(2), 423-431.

9. Jermier, J. M., Slocurn Jr., J., Fry, W. L. W., & Gaines, J. (1991). Organizational subcultures in a soft bureaucracy: Resistance behind the myth and facade of an official culture. Organization Science, May, 170-194.

10. Lok, P., Westwood, R., & Crawford, J. (2005). Perceptions of organizational subculture and their significance for organizational commitment. Applied Psychology: An International Review, 54(4), 490-514.

11. Hartnell,C. A., Ou, A. Y., & Kinicki, A. (2011). Organizational culture and organizational effectiveness: A meta-analytic investigation of the competing values framework's theoretical suppositions. Journal of Applied Psychology, 96(4), 694.

12. Harrison, J. R. & Carroll, G. R. (1991). Keeping the faith: A model of cultural transmission in formal organizations. Administrative Science Quarterly, 36(4), 552-582;

13. 郭思妤、蔡卓芬譯 (2012)。組織行為。(Stephen Robbins 原作者, 14th ed)。臺北：高立圖書。

14. 中國信託金控 (2014)。品牌故事 - 品牌特質。取自 http://www.ctbcholding. com/intro. html

15. Schein, E. H. (1983). The role of the founder in creating organizational culture. Organizational Dynamics, Summer, 13-28.

16. Hambrick, D. G. & Mason, P. A. (1984). Upper echelons: The organization as a reflection of its top managers. Academy of Management Review, 9(2), 193-206.

17. Denison, D. (1996). What is the difference between organizational culture and organizational Climate? A native's point of view on a decade of paradigm wars. Academy of Management Review, 21(3), 619-654.

18. Cable, D. M. & Parsons, C. K. (2001). Socialization tactics and person-organization fits. Personnel Psychology, 54(1), 1-23.

19. Feldman, D. C. (1981). The multiple socialization of organization members. Academy of Management Review, 6(2), 310.

20. Morrison, E. W. (2002). Newcomers' relationships: The role of social network ties during socialization. Academy of Management Journal, 45(6), 1149-1160.

21. Bauer, T. N., Bodner,T., Erdogan, B., Truxillo, D. M., & Tucker, J. S. (2007). Newcomer adjustment during organizational socialization: A meta-analytic review of antecedents, outcomes, and methods. Journal of Applied Psychology, 92(3), 707-721.

22. 廖述賢、吳啓娟、胡大謙、樂薏嵐 (2008)。組織文化、知識取得、組織學習與組織創新關聯性之研究。人力資源管理學報，8(4)，1-29。

23. 葛珍珍(2012)。中國式領導、組織文化與組織創新之相關研究以臺灣中小企業為例（未出版之博士論文）。國立彰化師範大學，彰化市。

24. MBAlib(2017)。組織效能競值架構理論。http://wiki.mbalib.com/zh-tw/%E7%BB%84%E7% BB%87%E6%95%88%E8%83%BD%E7%AB%9E%E5%80%BC%E6%9E%B6%E6%9E%84%E7%90%86%E8%AE%BA

NOTE

14

組織變革及壓力管理

學習目標

1. 指出組織變革的定義與內涵。
2. 描述何時是組織變革的最佳時機。
3. 描述組織成員抗拒變革的因素。
4. 描述組織變革的策略、方法與步驟。
4. 描述變革管理的理論基礎與方法。
5. 描述工作壓力與績效的關係。
6. 論述組織成員如何進行壓力管理。

本章架構

14.1 何謂組織變革？
14.2 組織變革的時機
14.3 組織變革的基本觀念
14.4 變革管理的理論基礎與方法
14.5 組織變革的實務議題
14.6 壓力管理
14.7 結論與建議

臺鹽的組織變革

你有聽過「綠迷雅」（LU-MIEL）的美容保養品嗎？您可能不知道「綠迷雅」可是臺鹽實業股份有限公司（以下簡稱臺鹽）所創造的化妝品品牌喔！在 20 多年前臺鹽公司還只是臺灣鹽業的專賣公司，歷經多次的組織變革與改造，臺鹽公司現在可是保健食品、醫療用品、美容保養、包裝飲用水等產品多角化經營的一家民營上市公司[1]。早期臺鹽公司是臺灣地區唯一的鹽業公司，隸屬於行政機關，自日本政府手中接收後，歷經數度更名為「臺灣製鹽總廠」。為貫徹公營企業民營化政策，於 1995 年 7 月先改制成公司組織，訂名為「臺鹽實業股份有限公司」，以擴大營運範圍，活化企業經營。2003 年 11 月正式民營化並於股票市場掛牌上市。臺鹽公司發展歷經四次組織變革，其中以鄭寶清董事長時期變革最多，而現任陳啓昱董事長也持續以創新行銷、品牌掛帥，在帶領臺鹽公司走向成長之路。臺鹽的發展歷史可分為四大階段[2]，茲簡列如下：

1. 傳統的臺鹽

   1952 年 3 月臺灣制鹽總廠成立

   1975 年 6 月通霄精鹽廠完工量產

   1981 年 7 月改隸經濟部（原隸屬財政部）

2. 多角化經營的臺鹽

   1995 年 7 月改制為臺鹽實業公司

   1999 年 6 月成立南科分公司、超市

   1999 年 9 月成立加油站

   2000 年 7 月嘉義廠、科技廠、生技廠

3. 聚焦經營的臺鹽

   2002 年 4 月建立不具效益產品下市制度

   2002 年 7 月採用微笑理論、六標準差

   2002 年 8 月董事會通過事業部組織

   2002 年自創綠迷雅保養品上市

   2003 年 11 月公營化，生技事業部成立

   2009 年文化創意園區成立

   2010 年 TAIYEN BEAUTY 年輕系列保養品上市

4. 創新經營的臺鹽

2011 年

- · 綠迷雅晶鑽淨白系列及膠原千姿膠囊新產品上市。

- · 推動全食品產品履歷制度。

- · 生技妝品廠取得「自願性化妝品優良製造（化妝品 GMP）」及 ISO 22716 認證。

2012 年

- · 研究分析實驗室取得 ISO / IEC 17025:2005 TAF 國家實驗室認證。

- · 推出「委託加盟」新制，由台鹽提供生技門市店面、設備、租金，委由加盟主經營。

- · 包裝飲用水產品（海洋鹼性離子水、運動鹼性離子水、海洋生成水、海洋活水及 AlkaOcean- Alkaline Ion Water PH8.0-9.5）通過台灣清真產業品質保證推廣協會 HALAL 認證。

2013 年

- · 公司 44 項化妝品，取得社團法人台灣清真產業品質推廣協會頒發之清真美妝品認證資格證書，成為全國首家取得化妝保養品清真（HALAL）全廠認證的公司。

2014 年

- · 本公司鹽品取得台灣清真產業品質保證推廣協會 HALAL 認證。

- · 本公司由化工類股變更為食品類股。

2015 年

- · 本公司推出之不易形成體脂肪「優青素」健康食品受市場青睞，提升營收。

2016 年

- ·「台鹽海洋鹼性離子水」榮獲歐洲國際風味品質評鑑（ITQI）2 星金獎、讀者文摘信譽品牌白金獎，並蟬聯廣州國際品水大賽金獎。

 問題與討論

1. 如果你是臺鹽的董事長，請問你會維持原有的經營型態嗎？還是跨足到你不熟悉的產業？

2. 要跨足到你原有不熟悉的產業，你覺得有哪些地方要克服？

3. 一旦跨足到新的產業別之後，你如何維持公司原有的競爭優勢？

14.1　何謂組織變革？

　　組織變革（organizational change）是管理上非常重要的課題。通常企業的發展都離不開組織變革，內外部環境的變化、企業資源的不斷整合與變動，都會為企業帶來機遇與挑戰，組織唯有不斷地變革，才能為組織帶來迎接機遇與挑戰的能量。甚麼是組織變革呢？中外學者都有不同的定義與看法，例如：Daft（1994）認為組織變革是一個組織採用新的思維或行為模式，人員的行為及態度的改變是組織變革的根本[3]。Isern & Pung（2007）認為組織變革是企業從目前的狀態到未來理想的情境而增加其競爭優勢的活動，主要包括改造、流程重組和創新三種活動[4]。李新鄉（2008）認為組織變革包含了有計畫性的、無計畫性的、全面的或只是小環節的改變，諸如改革、革新、創新、發展等導致組織的變化[5]。戴國良（2008）認為組織變革指任何組織，常由於內在及外在因素而使整個結構不斷改變[6]。這些變革有些是主動性與規劃性的改變，有些則是被動性與非規劃性的改變。組織變革表現在結構、人員或科技等方面，都是為使組織更具高效率，創造更高的經營效果。

　　綜觀而言，所謂組織變革係指組織受到外在環境衝擊，並配合內在環境的需要，而調整其內部的若干狀況，以維持本身的均衡，進而達到組織生存與發展的目的，這種調整過程即為「組織變革」[7]。

【魔球】Moneyball 中文電影預告
https://www.youtube.com/watch?v=EntXQjSdUMw

14.2　組織變革的時機

　　組織何時需要變革？這是經理人在決策時常常在心中會有的問題，不過我們可以仔細檢視組織出現的一些徵兆來判斷。一般來說，企業中的組織變革是一項「快不得也急不得」的任務，即有時候組織結構不改變，企業彷彿也能運轉下去，但如果要等到企業無法運轉時，再進行組織結構的變革就為時已晚了。因此，企業管理者必須透析組織變革的徵兆，及時進行組織變革，這些徵兆通常有以下幾點[8]：

1. 企業經營成績的下降，如市場占有率下降、產品質量下降、消耗和浪費嚴重、企業

資金周轉不靈等。

2. 企業生產經營缺乏創新，如企業缺乏新的戰略和適應性措施、缺乏新的產品和技術更新、沒有新的管理辦法或新的管理辦法推行起來窒礙難行等。

3. 組織機構本質的問題，如決策遲緩、指揮不靈、資訊交流不暢、機構冗員過多、運作支出成本過高、職責重疊、管理幅度過大、管理效率下降等。

4. 員工士氣低落，不滿情緒增加，如管理人員離職率增加、員工曠職率、事病假率增加等。

5. 企業成員認同感下降，不認同企業價值與遠景，私心大於公益。

6. 組織不同部門的衝突加劇，造成部門本位主義取代了團隊合作。

7. 組織決策權集中在少數高層人員手中，大多數成員無力改變現況，便成為得過且過，事不關己的狀態。

8. 組織既得利益階層排斥學習新技術與新知識，甚至不支援自發性的員工學習。

　　當企業出現以上徵兆之一時，應及時進行組織診斷，確認問題的所在，用以判定企業組織是否有加以變革的必要，如果管理者視而不見，很可能因為「蝴蝶效應」的作用，而對組織造成無法弭補的缺憾。

14.3　組織變革的基本觀念

14.3.1　組織中自然存在的兩種力量

　　我們常聽到：「目前企業裡唯一一樣不變的，就是『變』！」在現今的環境中，無論是技術、人力、經濟、社會、市場等，均在快速的變化。面對到這麼劇烈變遷的環境，組織往往需要進行計畫變革（planned change）[9]，組織要如何進行有計畫的變革呢？在回答這個問題之前，我們先介紹勒溫（K. Lewin）所提出的力場分析模型（force field analysis model）。

　　勒溫將組織視為一個開放系統（open systems）。他認為有兩種力量存在於變革的過程中，一種力量是將組織推向新的方向，或稱驅動力（driving forces）；另一種力量則是阻止組織進行改變，或稱抑制力（restraining forces）。當驅動力較大的時候，組織會朝向新的方向前進；當抑制力較大的時候，組織將會保持現狀；如果兩者力量相當，將會是一種暫時性的平衡狀態（equilibrium）。若驅動力大於抑制力，組織將會開啟變革的過程。在這個過程中，組織需要採取兩種不同的作法，一種稱為解凍（unfreezing），另一

種稱為再凍（refreezing）。解凍指的是克服各種抗拒變革之因素所做的努力。一旦解凍，即意味著變革的步伐開始邁進；再凍則是指將進行中的變革予以停止所做的努力[10]。一旦再凍，就表示組織已變革到另一種狀態而暫告穩定。而這些努力需要透過專責的人員來負責，我們稱這些人為「變革觸媒（change agents）」。扮演變革觸媒的人將被賦予責任，進行變革過程的管理，這些人有時候是委由外界顧問來擔任，有時候則是指派組織內部的人員擔任[9]。

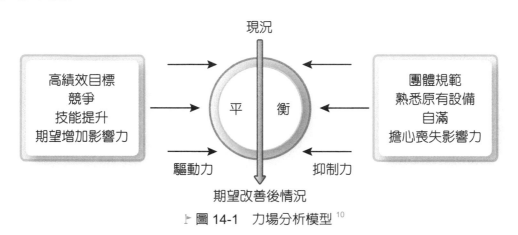

▶ 圖 14-1　力場分析模型[10]

14.3.2　組織成員抗拒變革的因素

一旦組織確定要進行變革時，往往各種不利變革的流言就會開始在組織四處流竄，抗拒變革的力量，如排山倒海而來。尤其是因變革受影響的單位或個人可能因此而提高了離職率與曠職率[11]，對組織造成相當大的內耗。此時，組織的效能可能因此而降低，嚴重的話，甚至可能陷入空轉（例如罷工）。因此，管理者尚需有效掌握抗拒變革的真正因素才能竟其功。

通常抗拒組織變革有以下幾個原因[12,13]：習慣不易改變、缺乏安全感、經濟不穩定、對未知的恐懼、選擇性資訊處理等。因此，下列的說詞通常就會被組織成員拿來作為抗拒變革的藉口，管理者需要非常留意檢視這些理由是否正確無誤[8]。例如：

1. **成本過高**：變革會涉及高成本，因此最好不要變！
2. **面子問題**：變革會讓某些人失去面子，因此最好不要變！
3. **害怕未知**：變革會帶來未知，需要冒風險，因此最好不要變！
4. **破壞常規**：變革打破了行之已久的常規，因此最好不要變！
5. **系統不相容**：變革使得某些過去建立的系統變得不相容，因此最好不要變！
6. **團隊不相容**：變革使得某些團隊規範變得不相容，因此最好不要變！

組織成員會抗拒變革多數是因爲不了解變革的最終目的，有時透過溝通、澄清之後，反而就不再抗拒了[18]。因此，組織在面對抗拒變革時，往往會透過各種溝通管道或諮商來進行組織發展，常見的技術有[9]：

1. **過程諮商**：外界顧問透過診斷過程來協助當事人了解問題所在，幫助他們學會如何診斷問題、增進溝通技能、界定角色期望、促進合作。

2. **團隊建立**：著眼於強化團隊有效運作的各種活動，例如：在團隊中如何有效達成任務、如何增進團隊成員間的關係、增進團隊成員與團隊領導人之間的關係。

3. **調查回饋**：使用調查問卷來獲得資訊，由各個工作團體根據問卷結果發展他們的行動方案，藉以解決問卷結果所呈現的問題。

4. **跨團體發展**：讓兩個或兩個以上團體共同達成某個目標，藉以增團體間的默契，並且使得不同的團體朝向相同的目標，激發跨團體效能。

5. **組織發展時序**：針對整個組織的變革，一開始的重點爲主管技能的改善，然後再提昇團隊效能，進而促使跨團體關係的改善，最後是組織整體的規劃與執行，並且評估組織變革的改變與未來方向。

14.3.3　組織變革的策略

組織變革是一個系統工程，涉及到各方面的關係，因此必須講究策略，其組織變革的策略主要包括[8]：

1. **改良式的變革**：這種變革方式主要是在原有的組織結構基礎上修修補補，變動較小。它的優點是阻力較小，易於實施，缺點是缺乏總體規畫、頭痛醫頭，腳痛醫腳，帶有權宜之計的性質。

2. **破壞式的變革**：這種變革方式往往涉及公司組織結構重大的，以致根本性質的改變，且變革期限較短。一般來說，破壞式的變革適用於比較極端的情況，除非是非常時期，如公司經營狀況嚴重惡化，一定要慎用這種變革方式，因爲破壞式的變革會給公司帶來非常大的衝擊。

3. **計劃式的變革**：這種變革方式是通過對企業組織結構的系統研究，制訂出理想的改革方案，然後結合各個時期的工作重點，有步驟、有計劃的加以實施。這種方式的優點是：有戰略規劃、適合公司組織長期發展的要求；組織結構的變革可以如同人員培訓，以管理方法的改進同步進行；員工有較長時間的思想準備，阻力較小。爲了有計劃的進行組織變革，應該做到以下幾點：專家診斷、制定長期規畫與員工參與。

14.3.4　變革管理的步驟

面對市場競爭的壓力，技術更新的頻繁和自身成長的需要，或當組織成長遲緩，內部不良問題產生，而愈無法因應經營環境的變化時，企業必須做出組織變革策略，將內部層級、工作流程以及企業文化，進行必要的調整與改善管理，以達企業順利轉型。既然組織變革是組織必然要面對的關卡，身為管理者勢必將組織變革視為他的重要工作之一，變革管理的觀念也就相形重要了。變革管理（Change Management）可視為個人、團隊、組織從現在狀況轉變為另一種理想的未來狀態的管理，是一種幫助變革相關者在其商業環境中，接受、擁抱變化的組織流程，也是接受、磨合、穩定各種因素變化的管理流程。

具體而言，一個組織在推動組織變革可以依循組織變革大師 John P. Kotter（1996）所提的組織變革發展 8 步驟來進行 [14]：

1. **建立危機意識**：分析市場和競爭情勢，找出並討論危機或重要的機會。
2. **成立領導團隊**：組成強而有力的領導小組負責領導變革，促使小組成員團隊合作。
3. **提出改變願景**：創造願景協助引領變革行動，擬定達成願景的相關策略。
4. **溝通變革願景**：運用可能管道，持續傳播新願景及策略，領導團隊以身作則改變員工行為。
5. **授權員工參與**：修改破壞變革願景的體制或結構，鼓勵創新的想法和行動。
6. **創造近程戰果**：規劃具體的績效目標，並公開表揚有功人員。
7. **鞏固戰果並再接再厲**：培養能夠達成變革願景的員工，以新方案主題在變革過程中注入新活力。
8. **讓新做法深植企業文化之中**：創造顧客導向和生產力導向的努力目標，及更有效的管理。

14.4 變革管理的理論基礎與方法

14.4.1 冰山理論

在組織中推動變革，困難往往不是來自制度、流程等「硬體」的改變，而是來自成員價值觀、情緒、行為等「軟體」的重塑。德國管理學家威爾弗瑞德·克魯格（Wilfried Kruger）博士提出的「變革管理冰山」（change management iceberg）理論，說明了經理人推動變革所需要的三項重要能力：「議題管理能力」、「改變觀念、信念的能力」與「處理權力、政治的技巧」[15,16]。

克魯格強調，變革管理是一項長期挑戰，分辨出是誰在抗拒變革後，還必須要靠經理人改變觀念與信念的能力、處理權力與政治的技巧，才能融化抗拒變革的阻力，成為推動變革的助力。克魯格教授把變革形容為一座飄浮在海中的冰山，露出水面的，是變革的成本、品質、時間等議題，處理這些議題的能力很重要，但僅僅是冰山一角；而超過 90%、潛伏在水面下的，是對變革抱持不同感受的成員。其中有明確的支持或反對者，也有隱性的支持與反對者。領導者若想成功地推動變革，就像要融化冰山下端，必須從改變成員的觀念，以及適當運用權力和政治技巧[16]做起。

克魯格根據不同的「態度」與「行為」反應，將面對變革時的組織成員分為四種類型（如圖 14-2 所示），其中有明顯表態支持或反對者，也有隱性的支持與反對者，這些是變革管理冰山潛藏在水面下的部分，如何化反對為支持，是融化冰山的關鍵[16]。冰山底層是變革管理的基礎，它反映出人際行為、組織變革的各種面向，也決定了變革所需要的成本。要成功推動變革，除了監控時間、品質、成本的管理「硬」能力，更需要具備能改變成員態度與行為的「軟」技巧。潛藏在水面下的組織情緒、人際行為，才是變革行動成功與否的最大關鍵[15]。

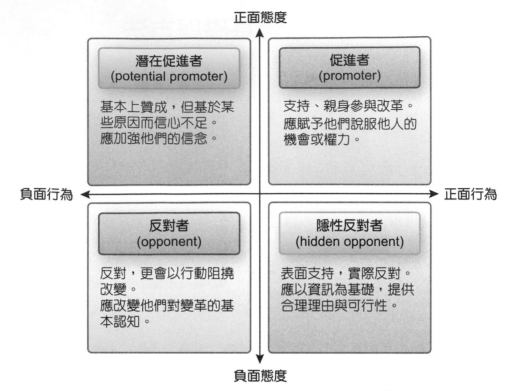

▷ 圖 14-2　面對組織變革時組織成員的類型 [16]

14.4.2　Lewin 的變革三步驟

John Kotter 以 Lewin 的三步驟模式為基礎，發展出一套更詳細的變革方式，利用基本結構和工具，控制企業變革努力的管理，減少變化對員工的影響，避免員工士氣降低，貢獻在於提供管理者與變革驅動者一個更詳細的指引，以成功地完成變革。Kurt Lewin 認為，成功的組織變革會遵循下列三個步驟，以穩固變革效果 [9]。

1. **解凍（unfreezing）**：承認現況不好，釋放原先被掩蓋的組織不利訊息。致力變革，以克服個人抗拒及團體壓力。

2. **推動（movement）**：謀定而後動，先確定變革策略，擬定明確的目標、環境評估、行動方案與各種配套措施。利用溝通與引進學習型組織，使組織成員逐漸接受改變是正向價值的觀念。將組織由現狀轉變到理想狀態的變革過程。

3. **再凍（refreezing）**：藉由平衡驅動力（driving forces）及約束力（restraining forces），來穩定變革後的新狀態。

14.4.3　變革管理的內容

變革管理的內容包含了：戰略變革、結構變革、技術變革、流程變革、企業文化變革等五大方向，分別敘述如下 [8]：

1. 戰略變革

企業的戰略變革往往具有創新性和革命性。轉變企業生產經營和長期發展的戰略和目標，這是企業變革管理的核心，例如日本富士公司的消費影像部門，由於全球數位影像技術的出現，認識到膠片技術將走向衰落，公司消費影像的發展戰略很快由化工膠片轉變為數位影像的發展戰略。

2. 結構變革

企業組織結構的變革大多是由於內部和外部環境因素所引發。外部因素，如市場競爭環境愈加激烈、企業購併重組、客戶需要；內部因素，如新產品的生產和營銷、技術變革、人的變革。原有的金字塔型組織結構將轉變成扁平化結構，企業可以透過改變組織內部結構，改變組織效率低下、人浮於事、溝通困難的狀況，從工作的分工、授權、管理層次，以及溝通效率方面進行調整和設計。

3. 技術變革

由於經濟環境發生變化，導致需求變化而產生，包括生產技術和管理技術的變革。企業為了取得競爭優勢，必須不斷研發新的技術和產品，淘汰過時的技術、產品和生產線，這種變革包括產品、技術、品牌、質量的創新，管理技術必須在組織結構、人員配置、分工授權、溝通的方式、績效評估、目標定位方面進行變革，例如微電子工業研發高處理速度的晶元、汽車製造企業研發新的車型和品牌等。

4. 流程變革

傳統的管理流程是自上而下的，而變革管理過程中，由於組織結構和技術的變革，流程必然發生變革。按照聯邦分權制的原則，由於每個事業部，以及下屬業務單位的自主管理，管理流程應當由以往串列的流程轉變為併行的流程，即單向單管道的流程轉變為互動式多管道的流程。互動式多管道的流程可以使企業各管理層級之間有效地完成雙向溝通，應對來自企業自身的流程加以變革，以及面對外界環境的變化，優化資源配置，高效率地完成組織的目標。

5. 企業文化變革

企業文化是一個企業由其價值觀、信念、習俗儀式、處事方式和企業環境組成的特有文化形象。戰略變革、結構變革、技術變革、流程變革勢必帶來企業文化的變革，企業文化變革的核心是價值觀的變革。在企業變革過程中，由於權力差距縮小，以及不確定性的增加，企業文化在文化的維度上發生改變，企業的管理者必須引導全體成員建立新的價值觀，以團隊精神爲核心，建立以團隊導向、成果導向、相互信任、分工明確、企業利益高於一切的企業文化是企業成功變革的重要保證。

14.5 / 組織變革的實務議題

14.5.1 組織變革的關鍵成功因素

企業變革管理的模式是動態的，相關研究指出：人的主動性是變革成敗的關鍵所在，故爲了成功地實現變革，應該以人爲本，一開始就要充分認識到人的問題，並將其融入到項目管理計畫之中，然後在實施過程中反覆地重新審視，以保證獲得期望的戰略成果。對於正在策劃著一項變革管理方案的人來說，必須能夠促成變革的發生。鞏固變革的成果，除了理論方法之外，專家還提出一套全面的變革管理必須包含五大關鍵成功因素[17]，其貫穿於變革方案實施的始末，才能成功領導變革。

1. 充分評估變革的影響

任何一種切實可行的改革方案都有不可或缺的必要條件，即首先要清晰敏銳地評估變革方案對組織中各個人群的影響。

2. 理性與感性雙管齊下

員工的情緒才是轉型動力的眞正所在，讓每一個員工對變革都擁有主觀的認識，必須讓他們從感性上理解變革，如此，他們才能感覺到自己眞正投入了轉型之中。

3. 領導團隊以身作則

高層管理者不僅需要掌控整個變革方案，發號施令，更應該身先士卒，率先以他們要求下屬接受的行爲方式來規範自己，爲變革的可行性與成功提供有力證明。

4. 與員工搏感情

高層管理者通常無法掌控非正式文化，故應充分利用非正式組織—同事之間的交際網路，如採用有力的情感激勵，引導員工貢獻思想見解，那麼公司就能加快與深化變革。

5. **將變革制度化**

要讓變革深入公司，保證其成果堅不可摧，必須重視已經得到的教訓，並認真研究如何讓員工長期潛心於鞏固變革，以及如何將最佳的變革實踐方法制度化，從而獲得當前變革與未來轉型的全部收益。

上述推動組織變革的關鍵成功因素頗值得管理者參考，事實上，推動變革管理的最大阻礙，就是糾纏不清的人情包袱。「而最直接、最有效的動力就是高層支持。」正因為公司高層支持並充分授權給執行單位，許多組織才得以在變革過程中步履穩健，且績效也同步提升。

14.5.2　變革管理之應用實務

1. **改變員工的心智模式才是上策**

變革過程中最怕遇到員工的阻力：員工的行動慣性會對變革產生不安全感，因他們不敢確定改變的效益，於是變革的動作就慢了，所以成功的變革得維持勞資和諧，必須資訊透明化[19]。然而當企業到達巔峰時，便容易耽於組織慣性，慣性往往來自過去的成功，而改變是要組織放棄過去認為是對的事情；因此，若外在環境改變，從心智到行動也都要跟著轉型。變革如果找企管顧問公司操刀，或由外面空降某人，通常是公司已經發生了危機，而自己無法改變，例如公司出現權力、結構或派系鬥爭，得借助外力，實行激進式改革才能解決，而進來的外人就要扮黑臉。若是企業內部的人執行改革，不是老闆自己就是他信任的人，這個人必須熟知運作模式，又能保持客觀[20]。

2. **了解並運用文化差異**

除了外在環境，不同文化下的人對變革的抗拒程度也有所差異。舉例來說，義大利人很注重傳統，但相比之下，美國人關注的是當下。文化的差異，使得義大利人對變革的反彈就會比較大。

中國和美國有不同作法，中國偏向英明領導，從上到下，一紙命令就可以交代改革；而美國則重視員工參與，每個人參與發揮創意想出解決方法，比較有滿足感。臺灣近來強調品牌路線，這在企業裡會和代工製造發生衝突，兩者著眼點不同：品牌要創造廣大的想像空間，砸錢行銷，好賺取高利潤；而代工要節省成本，為的是多爭取一些毛利，於是認為走品牌是花大錢，以宏碁為例，便在品牌和代工之間，和緯創分家了，大家了解合作的優勢而達成共識。後來，宏碁與緯創也都各自闖出一片天。

3. 善用簡潔有力的口號

此外，進行變革的過程，要善用比喻，華碩提出的巨獅、銀豹策略，便是拿動物當象徵。他們在主機板、筆記型電腦市場，擴大市占率，不但爭取國際大廠的代工訂單，也力推自有品牌。從 B2B 做到 B2C，這當中雖然有衝突，但要變革，就得面對衝突，他們卻因此而更了解消費者。

綜合上述，在具體實施變革時，首先，應對變革期望達到的目標進行明確定義[21]。其次，深入了解當前的組織，包括其文化、能力以及關於變革的成敗得失經驗。隨後，進行變革影響分析並給出清晰的變革說明，內容須包括為何要改變員工的行為方式。變革方案絕非一套固定刻板的方法，而是一種根據特定環境來選擇最有效的工具和技術，從而早日獲得成功的方法。

14.6 壓力管理

談到組織變革，往往會論及壓力管理，因為在變革的過程中，組織往往因為結構的調整，改變了原有的工作模式，或多或少都會帶來有形或無形的壓力[22]。工作壓力其實未必會降低績效，研究顯示，壓力對績效的影響可能是正面，也可能是負面的。對大部分人來說，適度的壓力可以讓人更專注，也能促進績效；但是如果長時間暴露在壓力下，績效反而會降低。另外，壓力對工作的滿足感也有直接的影響，工作帶來的緊張和壓力，都會降低員工的工作滿足感。即使適度的壓力可以增進績效，員工多數還是不會喜歡有工作壓力的。

這群人 TGOP｜職業大暴走 Wrath of the Industry
https://www.youtube.com/watch?v=5ZQUuER667w

14.6.1 壓力的形成

壓力原為工程名詞，指在單位面積所承受之力，直到 1978 年，學者 Selye 首次將壓力套用在心理學上，他認為壓力是適應外在要求的一項極特殊之生理反應，Selye 指出壓力有三個基本概念[23]：(1) 壓力的生理反應不因外在壓力源的性質或承受壓力之個體所含有的獨特性而有所不同；(2) 如果不斷重複處在壓力刺激情況下，個體的防衛反應是必然的經歷，即所謂「一般適應症候群」（General Adaptation Syndrome, GAS）；(3) 處於抗拒壓力源的狀態時，如果抗拒的反應過度劇烈或長期持續，會導致適應性疾病的發生，這是為了抗拒壓力所付出的一種代價。在現代社會中，大致上可將壓力分為兩方面：工作上與非工作上[24]。工作壓力是員工對工作內容或環境的需求，大幅超過其工作能力範

圍時，生理狀態產生之一種調適性反應[25]。因此，工作壓力（job stress）與壓力（stress）的區別就在於，工作壓力是指所有與工作有關的事件所引起的壓力反應，而一般壓力係指包括工作壓力以外的所有生活上的各項事情所引發的壓力反應皆可稱之。壓力有兩種類型，端賴是否有消極思想或激發情緒[26]。我們以參加球類比賽的選手為例加以說明。

壓力形式 1：

環境刺激→激發→消極思想＝壓力

例：選手在比賽之前到了比賽場地，首先，呼吸和心跳加快，覺得肌肉緊張、瀕尿、冒汗等現象；接著，想到可能輸掉比賽，因為對手太強可能會輸的消極思想。

壓力形式 2：

環境刺激→消極思想→激發＝壓力

例：選手在比賽之前到了比賽場地，看到對手在實施熱身運動，產生負面的思想，即認為不可能擊敗對手，並且聯想到自己可能在眾人面前會輸掉比賽而被眾人羞辱，然後感覺到自己的心跳加速，你的頸部和背部肌肉緊張，同時在你密集分析情境時，你的思緒雜亂無章及消極思想會被再次激發，並超過之前的壓力水準。壓力大的選手往往容易輸掉比賽。因此，專注於比賽，不胡思亂想的選手，往往也會有較好的成績表現。

綜合各學者所述，壓力所導致之負面影響可以歸納以下各點：(1) 生理現象：如頭痛、呼吸加快、口乾舌燥、心跳加速、頻尿、失眠等；(2) 動作情形：不安、手腳亂動、走路速度加快、說話速度加快、吃東西速度加快、有驚悸的反應、顫抖等；(3) 心智活動：注意力不集中、判斷力減弱、做事效率差、視野縮小等；(4) 情緒狀況：不安、煩躁、討厭別人、不喜歡與別人交談等[27]。在感受到工作壓力的過程中，個人應主動解決工作中有關的問題，而非被動的逃避、反應或接受，此目的就是在進行想法方面的調整，以減輕心理或生理的負擔[28]。

14.6.2　工作壓力與壓力源的關係

在組織變革過程中，時常伴隨而來的是員工經歷到相當大的心理壓力，他們有可能害怕失去工作，或是擔心原本的工作酬勞被削減。其實，不只是變革的過程，在平時，組織成員為了完成工作任務也會經歷到一定程度的壓力。所謂壓力（stress）是指，當一個人面對到他所關切的某種機會、外在需求，或是資源時，由於對結果具有不確定性，而使其經驗到的一種動態心理狀態。外在需求包括一個人的工作職責，或工作場所對於

他的各項角色期許；資源則是指當事人可以用來解決外在需求的各項因素（如：金錢、時間等）。造成壓力的因素我們稱之為壓力源（stressor），有三種可能的壓力源：環境因素、組織因素、個人因素。

1. **環境因素**

   環境的不確定性會產生一定程度的壓力。在臺灣，政治的對立與衝突往往會讓許多人經歷到不安感；經濟景氣的好壞也會帶來心理的壓力，尤其是對那些瀕臨失業的人來說更是如此；技術的變革也是一種可能的壓力來源，例如工作者過去擅長的技能，因為新技術的發明而面臨被淘汰的命運，這時候工作者被迫需要接受第二或甚至第三專長的訓練，否則將無法達成新工作的需求。

2. **組織因素**

   組織中也存在許多導致工作壓力的因素。例如：主管或是同事便是一種很常見的壓力源[29]。對於某些人來說，前往辦公室上班的本身就是一個很大的壓力，因為他不喜歡面對他的上司或是他的同事（甚至是他的部屬！）。除此之外，任務需求以及角色需求也可能帶來很大的壓力。假如工作者為了達成工作任務，必須面對一些態度不好的顧客，或是他需要在極短的時間內做出決定，或是需要同時接收不同的指令，這些情形都會讓工作者感到相當程度的壓力。

3. **個人因素**

   除了前面的兩種因素之外，有時候後壓力的來源在於當事人本身。在第四章我們談到的 A 型人格，便是一種與壓力有關的人格特質。另外，個人的工作時數、個人的經濟狀況，以及家庭的狀況都會影響到他的壓力大小。

14.6.3 壓力的結果

壓力所造成的結果包括生理的、心理的，以及行為的症狀。負面的生理症狀如：心跳與血壓上升、食慾不振、注意力不及集中等，嚴重的情況可能導致頭痛或心臟病。此部分的研究結果可以參考醫學的相關報導。壓力的心理症狀中，最直接的結果是對工作的不滿足感，其他如易怒感、焦慮感等均是常見的結果。至於行為症狀則可能包括飲食習慣改變、睡眠失調等。不過，上述的症狀並不表示壓力必然造成工作績效的降低。研究顯示，壓力與工作績效的關係呈現倒 U 形曲線（見圖 14-3）。換言之，當壓力量處於中等以下的程度時，壓力的增加會帶來一定程度的緊張感，反倒會使得工作效率增加，也會增強工作者的反應力。然而壓力過低時，很可能會有工作量不飽和症候群（因為工作沒有挑戰感而產生的頭痛、疲勞、容易生病等症狀）；當壓力過高的時候，工作績效

會隨著壓力的增加而明顯下降。除此之外，即使是處在中等的壓力下，若是時間過長，也會因為壓力的累積而產生負面的影響，因此需要格外小心。

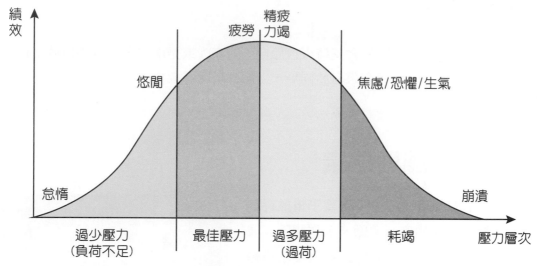

> ▶ 圖 14-3　壓力與工作績效的關係 [30]

14.6.4　壓力管理

要如何進行壓力管理（Stress Management）呢 [31]？一般可以從個人與組織兩方面來著手。在個人方面可以透過下列方法進行壓力管理：

1. **保持樂觀**：以樂觀心境面對困難。
2. **時間管理**：改善時間的規劃，設定優先順序。
3. **休閒活動**：在緊湊的時程表中安排適度的休閒活動。
4. **定期運動**：適度的運動可以減緩壓力所造成的負面生理症狀。
5. **舒緩練習**：透過安靜或是祈禱，讓自己的緊張狀態得以舒緩。
6. **注意飲食**：攝取均衡適量的飲食。
7. **坦率說出**：找個信任的人，把內心的壓力說出來。
8. **專業協助**：尋求專業的心靈、醫學或心理諮商。

在組織方面，則可以透過以下方式來減低員工的過度壓力：

1. **工作重設計**
   工作需求或是決策無力感，往往會使得員工感到極大的壓力。透過工作內容的重新設計，可以增強員工對工作任務的掌控感，並增強自我效能。

2. **目標設定**
   組織可以透過目標設定來提升員工的激勵水準。

3. **角色協商**

   員工時常會有來自角色不明確的壓力,透過角色澄清,讓當事人了解他人的期望,減低壓力感。

4. **社會支持**

   許多時候,人們獲得的社會支持來自於自己的家人或是朋友,較少來自於工作夥伴或是上司。不過,如果有來自於同事、上司或是團隊成員的正向支持,將可以有效降低壓力[29]。

14.7 結論與建議

變革所牽涉的層面,幾乎涵蓋了組織行為的所有觀念。舉凡態度、激勵、工作團隊、溝通、領導、組織結構、人力資源實務及組織變革等,變革總是一直在發生,在過去幾年裡,科學技術日新月異,全球性危機接連不斷,各行各業皆遭遇洗牌,幾乎沒有公司不曾經歷重大的變革。即使變革發生得愈加頻繁,但是變

革本身的難度卻從未降低。變革管理應以人為本,人創造了習慣,抵制著不願意接受新的思維模式、新的實踐,乃至新的行為方式,為了實現轉型,守護變革成果,公司必須將新的思維模式融入組織裡,雖然萬分艱難,但仍有一些公司還是成功制定出了能夠全面應對變革管理的措施。這些成功經驗有一個共通點,即成功的企業轉型必須始終牢牢把握人心,讓每一個員工都心甘情願地做好自己的工作,最終實現期望的結果。

壓力和我們的生活息息相關,而工作又佔了我們大部分的生活。在工作中,我們總會碰到一些棘手的狀況。這時候,因應壓力就是一個很重要的議題了。透過本章對組織變革的了解,並進行壓力管理,我們才能持續適應這個不停變動的環境。

由以上的討論,我們可以整理出以下幾點結論:

1. 變革所牽涉的層面,幾乎涵蓋了組織行為的所有觀念。
2. 如果組織要保持競爭力,那麼動態變革(或稱滾動修正)是不可或缺的。
3. 通常組織的變革驅動者所做的決策與言行,將容易形成該組織的文化。
4. 壓力管理可以透過組織與個人兩方面進行,往往個人減壓效果比組織的效果更好、也更直接快速[32]。
5. 壓力對員工績效的影響,可能是正面的,也可能是負面的。

OB專欄

推動變革的 8 大步驟 [33]

　　從 SARS（急性嚴重呼吸道症候群）一夕間橫掃全球、石油價格居高不下、到部落格風潮席捲消費者，在在說明了企業所面對的經營環境，比起以往要更為詭譎多變。因此，企業的領導者若要常保企業的競爭優勢，就必須在組織編制、經營模式、生產流程、市場定位等各方面，都能隨時因應環境的變化，進行相對應的調整。不過，根據一份最近的研究顯示，企業的變革大約有七成五的比例，無法達到預期的成效。特別是一些會對組織造成巨大衝擊、或是組織內部有很多地方需要進行轉變的變革，例如合併與收購其他企業、擴張市場、引入新的領導團隊等，都是屬於高風險、容易失敗的變革。 這些變革之所以失敗機率高，是因為它們往往會在企業內部形成一種看似矛盾的狀況，例如新老闆要在很短的時間內看到研發成果，或是合併的企業要在不同的利害關係人之間尋得利益的平衡等。對於企業的領導者而言，就必須處理這些困難的狀況，才能讓變革持續進行下去。

　　進行高風險的變革，企業的領導者必須做到兩件事：「建立急迫性」以及「溝通、再溝通」。為什麼這兩件事如此重要？其原因有二：首先，當員工被要求去接受和以往不同的事物時，如果缺乏必須進行轉變的理由，他們就會退回他們已經習慣的「舒適區」，所以領導者必須能夠提出強而有力的理由，來證明大家非得改變不可。其次，一般人如果覺得自己沒有參與「創造」就不會想要「擁有」，所以！領導者要設法刺探什麼可以讓員工願意去改變自己，設法激起員工的參與感，讓員工「擁有」變革的動力，便可以在變革的矛盾狀態中取得平衡。

　　領導者建立急迫性的意義，就在於讓眾人了解變革的理由，建立一種「被感受的需求」。這種心理過程要透過下列前 4 個步驟來讓員工理解；而後 4 個步驟能燃起急迫性的溝通方式，幫助領導者將已建立的急迫性為他人所「擁有」。這 8 個步驟說明如下：

1. 解釋

　　首先，問問自己「你能夠了解與體會嗎？」。如果要讓眾人信服，所參與的改變是有意義的，領導者必須要能「說故事」，也就是用有趣且具戲劇張力的故事來讓大家了解：「為什麼我們要改變？」，並清楚地回答變革能夠帶給他們什麼。

2. 確認

　　將你對急迫性的感受，與周遭員工的想法做個比較。人們總是樂於被徵詢意見，領導者可以好好地運用這個技巧！在此同時，領導者也得仔細探查外面的趨勢並收集資料，以便驗證你的假設是正確的。

3. 綜合整理

   領導者要將自己的感受與收集而來的資料，整理成一部「組織變革企畫案」。若要讓人信服，這份企畫案必須要能清楚回答下列 5 個問題：(1) 為什麼必須要改變？ (2) 為什麼要現在就做？ (3) 不這麼做的下場會怎樣？ (4) 要如何進行改變？ (5) 完成改變的方式為何？ (6) 這些改變對你自己（或員工）有何意義？

4. 界定範圍

   若要成功完成變革，最好的方式就是循序漸進、按部就班一步一步來。很少有領導者能夠一口氣完成所有改變，因此，先從組織內部已經準備好迎接變革的部分—也就是有急迫性存在的地方，開始做起吧！

5. 確定變革的時程

   較大規模的變革可能得為時數年，不過最好將變革的時間縮短至 6 ～ 18 個月，讓變革可以符合「急迫」的意義。在變革的初期，甚至可以每天或每週透過各種管道來進行溝通。

6. 找出核心訊息

   變革的核心訊息是變革的精神象徵。核心訊息最好不要超過 3 句話，而且起頭要簡短有力，抓住變革行動的精髓，像是三星電子（Samsung）的變革標語就是「打倒新力！」，或是像全家便利商店的「全家就是你家」，都能很適當地傳達變革的核心意義。

7. 建立宣傳計畫

   炒熱氣氛吧！這一點並不難，因為溝通的最終目的，就是要以各種行動來團結士氣、建立變革的決心。領導者可以嘗試以下的做法：(1) 定時開會：定期舉行會報，以隨時補充重要訊息、回報進度。(2) 指定傳令：整合幾名重要幹部當傳令部隊，以協調各單位人員，並提供一致的訊息。(3) 集中精力：除非你有明確的指示，否則千萬別讓員工像無頭蒼蠅般著急亂竄。

8. 以身作則

   領導者光說不夠，必須做了才算。如果有人明顯偏離變革的航道，你必須趕緊糾正。除了可以維持你的可信度外，也向眾人證明你是認真的。

資料來源：經理人－推動變革的 8 大步驟。

取自 http://www.managertoday.com.tw/?p=302

在分析臺鹽實業股份有限公司的變革與轉型之前,我們先看一下公營組織與民營組織的差異[2],我們便可以知道臺鹽從公營事業機構推動民營化的艱辛與困難。

	公營組織	民營組織
企業文化	純樸、和諧、關懷	專業、創新、效率
經營方式	保守、依循往例	滿足顧客、變革頻繁
法規限制	公營事業規定	鬆綁、有彈性
員工心態	鐵飯碗、活得越久領得越多	戰戰兢兢
獎懲方式	以和為貴,大鍋飯	重賞重罰
營運導向	生產導向	市場導向

資料來源:改自郭芳琪(2013)。臺鹽公司組織變革之案例分析。經營管理專題研討報告。臺南:長榮大學經營管理研究所。

其次,我們從臺鹽的轉型與變革的歷史分析,我們可以歸納臺鹽公司有四個相當重大的變革與變革方向[2]。

1. 第一次變革(1976 ～ 1985):組織體制與生產作業變革

2. 第二次變革(1989 ～ 2001):企業多角化與產品多樣化

3. 第三次變革(2002 ～ 2005):風箏理論、鑽石理論、「猛難辣魅」創新守則。

4. 第四次變革(2008 ～迄今):飛躍藍海、創新研發、聚焦式創新行銷、品牌掛帥。

臺鹽公司歷經三階段的經營策略調整,四次的組織變革,讓公司經營從傳統保守的單一鹽業跨足到以創新及行銷為本的生技保健品、保養品、清潔用品、包裝飲用水與文創產業,並成功自創品牌及通路,其優良的技術與產品品質獲得多項獎項與榮耀,產品廣受市場肯定,是臺灣地區公營事業民營化的成功案例之一。

圖片來源:臺鹽實業官網

我們進一步分析臺鹽的產品與市場布局策略包括 [2]：(1) 以既有產品獨特性精耕現有市場，進行市場滲透；(2) 利用品牌差異化優勢推廣新市場，進行市場開發；(3) 產品創新開發滿足市場的新需求，進行產品研發；(4) 在不同的區隔市場積極擴展，進行版圖擴充。臺鹽公司現階段在實行聚焦經營的同時，另在大陸廈門成立子公司同步發展兩岸三地的行銷策略。展望未來，臺鹽公司將以製造業服務化、服務業科技化及國際化提升企業競爭力，以立足臺灣、行銷大陸、拓展全球，實現臺鹽公司「健康、美麗、好鄰居」的企業願景。

本章摘要

1. 組織變革係指組織受到外在環境衝擊，並配合內在環境的需要，而調整其內部的若干狀況，以維持本身的均衡，進而達到組織生存與發展目的的調整過程。

2. 需要組織變革的徵兆：(1) 企業經營成績的下降；(2) 企業生產經營缺乏創新；(3) 組織機構本質的問題；(4) 員工士氣低落；(5) 企業成員認同感下降；(6) 組織不同部門的衝突加劇；(7) 組織決策權集中在少數高層人員手中；(8) 組織既得利益階層排斥學習新技術與新知識。

3. 抗拒組織變革有以下幾個原因：習慣不易改變、缺乏安全感、經濟不穩定、對未知的恐懼、選擇性資訊處理等。

4. 組織變革的策略主要包括：(1) 改良式的變革；(2) 破壞式的變革；(3) 計劃式的變革。

5. Kotter 所提的組織變革八步驟有：(1) 建立危機意識；(2) 成立領導團隊；(3) 提出改變願景；(4) 溝通變革願景；(5) 授權員工參與；(6) 創造近程戰果；(7) 鞏固戰果並再接再厲；(8) 讓新做法深植企業文化之中。

6. 面對組織變革時組織成員可以由正負面的行為與正負面的態度組合成四種類型，包括：(1) 促進者；(2) 潛在促進者；(3) 反對者；(4) 隱性反對者。

7. Lewin 認為成功的組織變革會遵循：(1) 解凍；(2) 推動；(3) 再凍三個步驟。

8. 變革管理的內容包含了戰略變革、結構變革、技術變革、流程變革、企業文化變革等五大方向。

9. 組織變革的關鍵成功因素有：(1) 充分評估變革的影響；(2) 理性與感性雙管齊下；(3) 領導團隊以身作則；(4) 與員工搏感情；(5) 將變革制度化。

10. 造成壓力的因素我們稱之為壓力源 (stressor)，有三種可能的壓力源：環境因素、組織因素、個人因素。

11. 適度的工作壓力，有助於提高工作績效；壓力太少或壓力過高，都會降低工作者的工作績效與反應能力。

12. 壓力管理可以透過個人與組織兩個方面減低壓力，在個人方面包括：保持樂觀、時間管理、休閒活動等；在組織方面包括：工作重設計、目標設定、角色協商等。

13. 變革所牽涉的層面，幾乎涵蓋了組織行為的所有觀念。

本章習題

一、選擇題

( ) 1. 下列何者不是抗拒變革的原因：(A) 習慣不易改變 (B) 缺乏安全感 (C) 經濟不穩定 (D) 為反對而反對。

( ) 2. 面對組織變革時組織成員可以分為四種類型，若是抱持正面行為卻是負面態度則是屬於：(A) 促進者 (B) 潛在促進者 (C) 反對者 (D) 隱性反對者。

( ) 3. 承上題，若是抱持正面行為也是正面態度則是屬於：(A) 促進者 (B) 潛在促進者 (C) 反對者 (D) 隱性反對者。

( ) 4. 承上題，若是抱持負面行為卻是正面態度則是屬於：(A) 促進者 (B) 潛在促進者 (C) 反對者 (D) 隱性反對者。

( ) 5. 承上題，若是抱持負面行為也負面態度則是屬於：(A) 促進者 (B) 潛在促進者 (C) 反對者 (D) 隱性反對者。

( ) 6. 壓力管理的目的是：(A) 提高出席率 (B) 減緩壓力 (C) 避免躁鬱症 (D) 提高工作滿意度。

( ) 7. 下列敘述何者為真？ (A) 壓力越大，工作績效越低 (B) 壓力越小，工作績效越高 (C) 適度壓力，工作績效越低 (D) 適度壓力，工作績效越高。

( ) 8. 造成壓力的因素我們稱之為？ (A) 壓力 (B) 壓力源 (C) 高壓力 (D) 低壓力。

( ) 9. 下列何者非 Lewin 的組織變革三步驟？ (A) 結凍 (B) 解凍 (C) 再凍 (D) 推動。

( ) 10. 下列何者非組織變革的關鍵成功因素？ (A) 充分評估變革的影響 (B) 理性與感性雙管齊下 (C) 領導團隊以身作則 (D) 強勢要求員工。

二、名詞解釋

1. 組織變革（organizational change）
2. 變革管理的冰山理論（the theory of change management iceberg）
3. 變革觸媒（change agents）
4. 工作壓力（work pressure）
5. 壓力管理（management of pressure）

三、問題與討論

1. 組織如何有計劃的進行變革？
2. 試述勒溫（Lewin）的變革三步驟模式如何處理對變革產生的抗拒？
3. 組織中減輕員工壓力的方法有哪些？

參考文獻

1. 臺鹽實業股份有限公司。http://www.tybio.com.tw/webc/html/product/index.aspx

2. 臺鹽 (2017)。臺鹽公司歷史沿革。取自 http://www.tybio.com.tw/webc/html/about/index. aspx

3. Daft, R. L. (2001). Organization theory design (7th ed.). Cincinnati, Ohio: South-Western College.

4. Isern, J., & Pung, A. (2007). Harnessing energy to drive organizational change. McKinsey Quarterly, 1, 16-19.

5. 李新鄉 (2008)。組織心理學。臺北市：五南。

6. 戴國良 (2008)。組織行為學。臺北市：五南。

7. Robbins, P. S. & Judge, T. A. (2013). Organizational behavior (15th ed.). Harlow, England: Pearson Education, Inc.

8. MBALIB(2014)。組織變革。取自 http://wiki.mbalib.com/zh-tw/%E7%BB%84%E7% BB%87%E5%8F%98%E9%9D%A9

9. 戚樹誠 (2008)。組織行為（增訂一版）。臺北：雙葉書廊。

10. Zand, D. G. (1995). Force field analysis. In N. Nicholson (ed.), Blackwell Encyclopedic Dictionary of Organizational Behavior(pp.160-161). Oxford, England: Blackwell.

11. Rafferty, A. E. & Restubog, S. L. D. (2010). The impact of change process and context on change reactions and turnover during a merger. Journal of Management, 36(5), 1309-1338.

12. Peccei, R. Giangreco, A., & Sebastiano, A. (2011). The role of organizational commitment in the analysis of resistance to change: Co-predictor and moderator effects. Personnel Review, 40(2), 185-204.

13. 郭思妤、蔡卓芬譯 (2012)。組織行為。(Stephen Robbins 原作者 , 14th ed)。臺北：高立圖書。

14. John P. Kotter (1996). The 8-step process for leading change. Retrieved June 12, 2013, from http://www.kotterinternational.com/our-principles/changesteps/changesteps

15. 劉揚銘 (2013)。3 個管理技巧，化反對者為變革支持者─變革管理冰山理論。經理人月刊電子報。取自 http://www.managertoday.com.tw/?p=33975

16. 經理人─[圖解] 將成員分類、化反對為支持，有效推動組織變革。取自 http://www.managertoday.com.tw/?p=32010

17. 毛穎穎 (2012)。中國經濟網綜合 - 什麼是變革管理？變革管理應以人為本。取自 http://big5.ce.cn/gate/big5/biz.ce.cn/sx/201203/05/t20120305_23130045.shtml

18. Oreg, S. & Sverctlik, N. (2011). Ambivalence toward imposed change: The conflict between dispositional resistance to change and the orientation toward the change agent. Journal of Applied Psychology, 96(2), 337-349.

19. 李吉仁 (2005)。組織變革的臺灣經驗。遠見電子雜誌，231。取自 http://www.gvm.com.tw/Boardcontent_11264_1.html

20. Foster, R. D. (2010). Resistance, justice, and commitment to change. Human Resource Development Quarterly, 21(1), 3-39.

21. Harshak, A. (2011)。和訊商學院 - 變革管理以人為本。取自 http://bschool.hexun.com.tw/2011-02-15/127333812.html

22. Illies, R. Dimotakis, N. & DePater, I. E. (2010). Psychological and physiological reactions to high workloads: Implications for well-being. Personnel Psychology, 63(2), 407-463.

23. Selye, H. (1978). The stress of life (2nd ed.). New York: McGraw-Hill.

24. 藍采風 (1990)。壓力與適應。臺北：幼獅文化事業股有限公司。

25. 曾柔鶯、簡新曜 (2001)。臺灣高科技產業白領階級員工參與、員工態度與員工績效之相關研究。企銀季刊，24(40，35-60。

26. Uliaszek, A. A., Zinbarg, K. E., Mineka, S., Craske, M. G., Sutton, J. M., Griffith, J. W., Rose, R. Waters, A., & Hammen, C. (2010). The role of neuroticism and extraversion in the stress-anxiety and stress-depression relationships. Anxiety, Stress, and Coping, 23(4), 363-381.

27. 陳彥君、洪文藝 (2001)。放鬆訓練對壓力管理探討。遠東學報，19，395-401。

28. 李聲吼 (1997)。工作壓力管理。人力發展，45，26-36。

29. Wallace, J. C., Edwards, B. D., Arnold, T. Frazier, M. L., & Finch, D. M. (2009). Work stressors, role-based performance, and the moderating influence of organizational support. Journal of Applied Psychology, 94(1), 254-262.

30. Nikolaos Chairetakis (2014). Chronic stress. Retrieved Feb. 15, from http://heretis.gr/en/stress/

31. McKay, M., Davis, M., & Fanning, P. (1981). Thoughts & feelings: The art of cognitive stress intervention. CA: New Harbinger Publications.

32. Hahn, V. C. Binnewies, C. Sonnentag, S., & Mojza, E. J. (2011). Learning how to recover from job stress: Effects of a recovery training program on recovery, recovery-related self-efficacy, and well-being. Journal of Occupational Health Psychology, 16(2), 202-216.

33. 經理人－推動變革的 8 大步驟。取自 http://www.managertoday.com.tw/?p=302

34. 陳婧詒 (2012)。壓力管理 6 心法：能做的下手，不能做的放手。取自 http://www.cw.com.tw/article/article.action?id=5031713

歡迎加入 全華會員

● **會員獨享**

　會員享購書折扣、紅利積點、生日禮金、不定期優惠活動…等。

● **如何加入會員**

　填妥讀者回函卡直接傳真 (02) 2262-0900 或寄回，將由專人協助登入會員資料，待收到 E-MAIL 通知後即可成為會員。

如何購買 全華書籍

1. 網路購書

全華網路書店「http://www.opentech.com.tw」，加入會員購書更便利，並享有紅利積點回饋等各式優惠。

2. 全華門市、全省書局

歡迎至全華門市（新北市土城區忠義路 21 號）或全省各大書局、連鎖書店選購。

3. 來電訂購

(1) 訂購專線：(02) 2262-5666 轉 321-324
(2) 傳真專線：(02) 6637-3696
(3) 郵局劃撥（帳號：0100836-1　戶名：全華圖書股份有限公司）
※ 購書未滿一千元者，酌收運費 70 元。

全華網路書店 www.opentech.com.tw
E-mail: service@chwa.com.tw

※ 本會員制如有變更則以最新修訂制度為準，造成不便請見諒。

得　分

組織行為
教學活動
CH1　認識組織行為學

班級：＿＿＿＿＿＿＿＿＿
學號：＿＿＿＿＿＿＿＿＿
姓名：＿＿＿＿＿＿＿＿＿

▶壹、活動名稱：管理他人的企圖心

　　許多人都想當老闆，但老闆有時也會面臨兩難的情境，今天如果你的組織有人提出辭呈，你會如何面對？費盡唇舌留他？還是當個君子成全他？

▶貳、活動方式說明：

1. 約5人為一組，分別輪流向組員描述「你對離職的看法」。
2. 每位組員均有1張管理他人的企圖心量表，如表A及心得感想，如表B。
3. 一位組員描述以下的「事件描述」後，其餘組員如有不清楚可以詢問描述者，組員請依據敘述，分別判斷描述者的管理企圖心強度，並填入表C中最後一列，填完撕下分別交給描述者。
4. 組員在填寫之同時，描述者自行推測自己的管理企圖心強度，亦填入自己的表中。

▶參、「事件描述」，以5分鐘為限，可以參考之議題或方向：

　　離職是OB一個很重要的依變數，許多主管認為員工離職，對組織而言有負面的影響。當員工離職時，他要在短時間找人來替補。此時，組織又得重新招募、面談、教育訓練等，又可能在職位懸缺期間有生產力降低及團隊士氣的打擊等效應，都是員工離職付出的代價，所犧牲的直接與間接的成本相當高。但也有一些主管認為員工離職有利於組織，因為不適任的員工最好自願離職、年資深但生產力不高的員工年年加薪，也最好自動離職、因組織的調整，希望減少冗員，以降低人事成本。也有一些是組織無法控制的員工自願性離職，刻意強留員工，反而對組織而言是一種負擔。如果您是單位主管，您如何去蕪存菁，留下好員工？還是照單全收，不分勞苦還是功高？

（請沿虛線撕下）

表A 管理他人的企圖心量表

想像自己未來從事的工作（或是現在的打工），對於下列的描述，您的態度是哪一種程度？請在適當的數字上圈起來，並加總合	非常弱	很弱	稍弱	中等	稍強	很強	非常強
1. 與上司維持良好的關係。	1	2	3	4	5	6	7
2. 為了公司的需要，常會委屈求全。	1	2	3	4	5	6	7
3. 為了公司的需要，而積極投入在工作。	1	2	3	4	5	6	7
4. 主動積極提出改善公司績效的方案或建議。	1	2	3	4	5	6	7
5. 企圖說服或影響別人你認為重要的事。	1	2	3	4	5	6	7
6. 希望自己與眾不同，受人注意。	1	2	3	4	5	6	7
7. 想要有升遷的機會。	1	2	3	4	5	6	7

姓名：_____　　　總分：_____

附註7～21分：管理企圖心較低，22～34分：中度管理企圖心，35～49分有高度管理企圖心。

表B

自己的姓名	總分	備註
		自填
（貼上組員給的意見）		

心得感想：

1. 如果您是單位主管，您如何去蕪存菁，留下好員工？還是照單全收，不分勞苦還是功高的員工？

2. 擔任單位主管的自我省思：您覺得別人對你的描述符合嗎？是否還需要調適？

表C

組員姓名	給你的總分	備註
（1）		貼上
（2）		貼上
（3）		貼上
（4）		貼上

1. 姓名：_____　　　總分：_____（撕下交給描述者1）

2. 姓名：_____　　　總分：_____（撕下交給描述者2）

3. 姓名：_____　　　總分：_____（撕下交給描述者3）

4. 姓名：_____　　　總分：_____（撕下交給描述者4）

得　分

組織行為
教學活動
CH2　組織內的多樣性

班級：_____

學號：_____

姓名：_____

▶壹、活動主題：誰是領導者？

　　每一組的成員都有6人，但每個人的想法各異，你如何從這些人的想法中，找出最適合當領導者的人。

▶貳、分組方式：

　　以6個人為一組的方式，採異質性分組（即由不同性別、高中職的背景組成），各組成員報數，每一組的成員都是1～6號。

▶參、活動方式：

1. 每個成員先用1分鐘閱讀「事件描述」。
2. 每個成員再用4分鐘在表A寫下「如果我是王大明，我會……」的5個管理作法。
3. 寫完後，從1號開始，分別輪流向組員描述「如果我是王大明，我會……」。
4. 每位組員均有1張檢核表（表B），如果對方所講的管理作法與你相同，打「O」；不同者打「X」。
5. 統計最多相同、短期有效、成本最高的看法，填入（表C）。

▶肆、「事件描述」：

　　王大明是一位奉公守法、任事負責的好青年，剛到公司不過滿3周年，有一天他收到派令，公司要他擔任某個部門的主管，但他並未因此興奮，反而憂心自己無法勝任這個只有6個人的小部門，因為他知道在這個部門中，平常大家和平相處，也沒爭執，但遇到重大事件時，A、B、C、D、E這5個人都有不同的反應；A君常自導自演苦肉計，無非是希望撇清自己的責任，當有了一點成果後，就搶功勞為己有，B君較為寡言，常在背後默默盡心盡力，不想讓人知道，但出了紕漏往往卻成了代罪羔羊，C君為領班，較沒主見常會自亂陣腳，不但沒有肩膀挑起責

任，還常指責部屬你們亂成一團，D君常對C君奉承，而C君也很會替D君袒護，兩人簡直就是狼狽為奸，E君只會放馬後炮，真正遇到事情就找藉口開溜。如果您是王大明，您如何去面對他們？

表A （我個人的看法）

如果我是王大明，我會採取下列的管理措施：（可提出部門的管理措施，亦可分別針對A、B、C、D、E作描述列出5項）
1.
2.
3.
4.
5.

表B （其他組員的看法）

如果我是王大明，（組員姓名：　　　　　　）會採取下列的管理措施：	和我的看法相同者，打「O」；不同者打「X」。
1.	
2.	
3.	
4.	
5.	

表C （統計組員的看法）

1.組員中，最多採取的管理措施是：
2.組員中，短時間有效的管理措施是：
3.組員中，成本最高的管理措施是：

得　分

組織行為	班級：＿＿＿＿＿＿＿
教學活動	學號：＿＿＿＿＿＿＿
CH3　價值觀、態度與工作滿足感	姓名：＿＿＿＿＿＿＿

價值觀課堂活動：以Rokeach Value Survey價值量表為應用例

▶壹、Rokeach價值量表：

　　價值觀可能是引導我們面對問題或面對工作任務時，會選擇的方法策略或面對時因應的態度，以及完成任務的品質與目標要求的重要因素。Rockeach 將價值分成兩組，各有18個題項的架構：一組為工具性價值（instrumental value）、另一組為終極性價值或稱為目的性價值（terminal value），做為分析每個人（含自己）對某項工作價值的描述。本課堂活動主要目的在於讓參與本教學議題的學習者，透過自己以及其他同儕，進行自我（或他人協助）分析、以了解面對某些事務之當下所表露的價值觀，或者價值觀與做決策之關連。

▶貳、活動方式說明：

1. 請在下列各內容選出您感興趣的某項「為人」或「處事」，做為價值判斷的主題：
   (1) 應徵一職務時的終極性價值（目的）與工具性價值（過程）。
   (2) 參加一個活動，例如：加入團隊、加入社團、加入球隊的終極性價值（目的）與工具性價值（過程）。
   (3) 您對相處或工作當下，例如：交友、婚姻、家庭、公司工作的終極性價值（目的）與工具性價值（過程）。
   (4) 其他任何與價值有關的為人或處事的看法，說明其終極性價值（目的）與工具性價值（過程）。
2. 針對所選的主題，參考P.3-7之18個終極性價值，選出您認為最優先考慮的5個價值項目，按序寫在表A左欄中。

＜背面尚有內容＞

3. 同樣步驟，針對所選的主題，參考P.3-7之18個工具性價值，選出您認為最優先考慮的5個價值項目，按序寫在表B左欄中。

4. 請注意：表A與表B的主題應相同。

5. 重新再檢視是否需要調整上述兩個步驟所選出的5個優先價值項目，如需修正可加以調整。

6. 請依序將為何選擇該項價值項目之原因加註在表A及表B價值項目緊鄰之右邊欄位。

7. 請以5位同學或學員為一組，每位分別以3分鐘以內的時間與同儕分享，最後推派一位組員，與全體同學報告心得。

▶參、活動注意事項：

1. 活動完後可以了解自己與同儕對事物的看法以及面對人或事的價值觀。

2. 價值觀沒有對錯的問題，應該以正向價值觀或負向價值觀的角度看待。

3. 在分享或討論的過程中，不宜以批判的態度面對同儕所提的觀點，應該持了解或接納異己的態度處之。

表A　終極性（目的性）價值

	選擇的主題	
序	終極性價值項目	為何這項是您認為重要的價值因素項目
1		
2		
3		
4		
5		

<背面尚有內容>

表B　工具性（過程）價值

序	選擇的主題	
	工具性價值項目	為何這項是您認為重要的價值因素項目
1		
2		
3		
4		
5		

得　分

組織行為
教學活動
CH4　人格與情緒

班級：＿＿＿＿＿＿
學號：＿＿＿＿＿＿
姓名：＿＿＿＿＿＿

人格特質課堂活動：以五大人格特質（Big Five）為主軸

▶壹、Big Five人格特質

　　Big Five人格特質測驗已是標準量表，公司或學校可在市面上購得。當然也可以自行依據五個向度發展出問卷在公司自行使用。有興趣自我測試者，亦可以在網路搜尋相關網頁（如http://www.outofservice.com/bigfive/）進行填答提交後，以獲得分析說明。本課堂活動主要目的在於加深Big Five人格向度的認識，藉此，可做自我人格特質的初步認識。

人格小測試
http://www.outofservice.com/bigfive/

▶貳、活動方式說明：

1. 約5人為一組，分別輪流向組員自我描述某項「親身經歷事件」與感想。
2. 每位組員均有1張人格屬性及心得感想附表。如表A。
3. 一位組員描述後，其餘組員如有不清楚可以詢問描述者，組員依據敘述，分別判斷描述者可能的人格屬性強度，並填入附表B中最後一列，填完撕下給描述者。
4. 組員在填寫之同時，描述者自行推測自己的人格屬性強度，亦填入自己的表中。

＜背面尚有內容＞

（請沿虛線撕下）

▶參、自我「事件描述」以5分鐘爲限，可以參考之議題或方向：

1. 公司交辦某項工作的執行或處理過程，同仁對您這項工作表現的看法？您事後的感想爲何？

2. 工作（或工讀過程）中，主管的指責、褒獎、建議、或對同事的協助等過程或結果之心得。

3. 在學期間同學相處的經驗，愉快的部分、不悅的部分、成就感、挫折感…等，其形成的因素或過程，以及自我檢討心得。

4. 在系所辦理各種活動被安排的工作項目、扮演之角色、工作的心得…等。

5. 參加校外的活動的感想，以及這種感受形成的原因。

6. 其他（可以呈現自己人格屬性的事件描述或感想）。

表A

自己姓名	人格特質屬性															備註
	外向性			親和性			專注感			情緒穩定度			經驗開放度			
	強	中	弱	強	中	弱	強	中	弱	強	中	弱	強	中	弱	
																自填
（貼上組員給的意見）																組員給的屬性強度參考
心得感想： 1.Big Five人格屬性自我省思： 2.其他方式自我描述人格特質屬性（如：內外控、MBTI、A或B型） 3.您的人格特質需做自我調適嗎？如何調適？																

表B

組員姓名	外向性			親和性			專注感			情緒穩定度			經驗開放度			備註
	強	中	弱	強	中	弱	強	中	弱	強	中	弱	強	中	弱	
(1)																剪下
(2)																剪下
(3)																剪下
(4)																剪下

（請沿虛線撕下）

得　分	組織行為 教學活動 CH5　知覺與個體決策	班級：＿＿＿＿＿＿＿ 學號：＿＿＿＿＿＿＿ 姓名：＿＿＿＿＿＿＿

▶壹、知覺與歸因理論教學活動引言

　　相同的事物、情境或景象所產生的「知覺」（perception），因每個人的生活與知識背景，以及對事務的經驗與敏銳度（所謂的Sense）之差異，而有不同的知覺感受。當觀察到某項事務、或某件事情在眼前發生，我們可能會追究或猜測其影響或形成的因素，或採用更科學的方式分析判斷出可能的原因，這種推測判斷，我們稱之為「歸因理論」（attribution theory）。歸因理論較常用的判斷因素有：事件的獨特性、共同性、或一致性等三種，而獨特、共同、或一致性的高低現象可將其造成之原因加以歸類為內部或外部因素。

　　本課堂活動主要在於應用現有之真實情境，再由同學們以小組或個別的方式，針對情境進行歸因分析，再將分析結果分享給學員或同學們，進而加深歸因理論的了解。

▶貳、活動方式說明

1. 請以5～6人為一組，利用10～15分鐘的時間，走出教室，無論是到校園任何角落，或者是上課場所附近任何地點，仔細觀察熟悉人物或事件場景，記憶所見之情境並詳細記錄在表中。

2. 每位組員至少應記憶兩件以上之人物、事件詳細填入「情境描述」欄中，且盡可能採用條列式為佳。

3. 請將每位組員所見及所描述「人物行為」或「事件現象」，例如：看見某個標誌牌不同了、某位店員裝扮不同了、某位老師的服裝奇特了、某個店面的裝潢、某個店面特別折扣訊息、某位熟悉臉孔店員（職員）的表情與之前不一樣…，進行情境原因分析，並將可能因素在相鄰欄位中勾選或做記號。

4. 如果無法透過上述1～3點，以課堂外場景做觀察，可由同學們虛擬一種同事或同學上班的異常表現情形，進行歸因分析。

＜背面尚有內容＞

5. 請同組同學共同討論，依序將勾選之情境原因分析進行知覺判斷，並將討論結果寫在最右邊欄位中。例如：店員裝扮不同係內在因素且是屬於獨特性，其分析結果可能是該店員昨天休假後，來不及回宿舍更換衣服，直接到上班地點，因此未更換制服，屬於偶發事件。

6. 各組完成各項次之知覺結果判斷後，每組推派一位代表與其他組分享心得或結果。

▶參、活動注意事項：

1. 所選擇的場景或人物，越熟悉的越好，越容易進行知覺分析判斷。

2. 如無適當的人選，可以由同組同學假設一種情境進行活動，例如：先行描述某位同學的角色，並說明可能遭遇的情境或背景，再共同以歸因理論分析，討論出知覺結果。

項次	組員姓名	情境描述（可採條列式）	形成情境之原因分析						知覺結果判斷	
			獨立		共同		一致		內在	外在
			高	低	高	低	高	低		

得　分	組織行為 教學活動 CH6　激勵	班級：＿＿＿＿＿＿ 學號：＿＿＿＿＿＿ 姓名：＿＿＿＿＿＿

需求與激勵之課堂活動

▶壹、需求理論與激勵的關係

　　一個人對事物的需求會依據個人的人格、價值觀、個別的背景、或成長等等因素有所差異，且可能會因時空變遷，而持續改變需求層次的高低落點或同時滿足不同階層的需求。以馬斯洛（Abraham Maslow hierarchy of needs theory）的需求理論而言，大致上有五個層級上的差異；當然也可以從賀茲伯格（Frederick Herzberg）二因子理論、麥克格列革（Douglas McGregor）的XY理論、或者David McClelland的三需求理論等，探討個人在需求上的差異，以及組織可能對員工個人需求層次別，規劃激勵措施或激勵的方式，據以提升個人的工作效能，增加組織的團隊績效。

　　在臺灣的現況，公務人員現階段還是統一的薪級制度、大同小異的激勵措施，如：年終獎金、不休假獎金、考績獎金、職務加給等，個人能選擇獎勵方式的機會微乎其微。但，私人機構或公司在激勵措施方面，有很大的彈性。本課堂活動期能透過個人對獎勵方式的期望，比對各種激勵理論的類別或層次，加深個人對激勵理論的了解。

▶貳、活動方式說明

1. 假設您是在一般私人機構或公司任職，在工作一段時間後，就個人的需求或期望，提出您最希望獲得的獎勵。
2. 活動表格中，左欄為機構或公司較常提供的獎勵方式，請各位檢視後，依序選擇最希望獲得的3（或5）種，並標註順序於第二欄（順位欄）中。如選其他項目，請註明獎勵方式。
3. 請在所選順位相鄰之第三欄位（理由欄）簡略說明選擇該激勵方式的主要原因。

<背面尚有內容>

4. 其次，對應所選的激勵方式項目及理由，在右邊三個不同激勵理論，分別勾選歸屬的類別或層次（例如：所選的獎勵方式第一順位為「加薪」，在「二因子」欄位下，是屬於激勵還是生存；在「McCelland」的理論中，應屬於成就、權力、或是親和；在「Maslow」的理論中，落在生理、安全、社會、尊重、或者是自我實現的哪個層次？）。

5. 如果課堂上活動時間不足，可針對Maslow欄位先行完成，其他理論當作課後自行練習。如果時間允許，亦可自行增加欄位找出相關理論，以深入探討激勵理論之應用。

6. 請以5～6位同學為一組，每組組員在組內相互分享，之後再推選出一位代表向全班同學分享心得。

▶參、活動注意事項

1. 每個人對於獎勵的需求不同，這涉及個人的價值觀，價值觀沒有對錯的問題，應該以正向價值觀或負向價值觀的角度看待。

2. 持了解或接納異己的態度處之。我們的活動目的在於了解激勵理論與獎勵制度之關係為主。

3. 分享的時候，盡量著重在選擇獎勵方式的理由，以及為何這方式歸屬在理論的哪個類別或層次。當然可以分享這單元活動的感受或心得。

獎勵方式	順位	理由	二因子		McClelland			Maslow				
			激勵	保健	成就	權力	親和	1 生理	2 安全	3 社會	4 尊重	5 實現
加薪												
彈性上班												
減少工作時數												
股利												
獎狀												
紅利												
職務升遷												
供膳宿												
給加給												
表揚												
其他(I)												
其他(II)												

<table>
<tr><td rowspan="2">得　分

</td><td>**組織行為**</td><td>班級：＿＿＿＿＿＿＿＿</td></tr>
</table>

得　分

組織行為	班級：＿＿＿＿＿＿＿＿
教學活動	學號：＿＿＿＿＿＿＿＿
CH7　團隊與合作	姓名：＿＿＿＿＿＿＿＿

▶壹、團隊合作教學活動引言

　　本章節所討論之個案為我國籃球好手林志傑在球場上的表現，進而分析其表現對團隊的影響。所以希望同學們也能藉由相同活動，親自上場在追逐勝利的過程中，運用課本理論分析出我（敵）方勝出的原因。

▶貳、活動方式說明

1. 請以5人為一組，至少兩組，可將球向任何方向傳、投、拍、滾或運，目的是將籃球投入對方球籃得分，並阻止對方獲得球或得分。
2. 在正常比賽時間（10～40分鐘）內，球員若將球投進球籃，即可得分。若球員站在三分線上或線內投籃，可以得到2分，若在三分線外投籃，可以得到3分。在比賽結束時，得分最多的球隊獲勝。亦或者，設立一個目標分數，先達成之隊伍為獲勝方。

得　分	

**組織行為
教學活動
CH8　溝通**

班級：＿＿＿＿＿＿＿＿
學號：＿＿＿＿＿＿＿＿
姓名：＿＿＿＿＿＿＿＿

▶壹、主題名稱：17秒令人深刻記憶的自我介紹

▶貳、適用人數：35人

▶參、教材參照：本章節課文

▶肆、單元時間：50分鐘

▶伍、教學方法：課程講述、VCR欣賞、腦力激盪、小組討論。

▶陸、教學目標：

1. 經由教師的講述，使學生認識溝通之內涵與效益。
2. 教師播放科技公司招募暑假實習生，以進電梯的有限時間進行自我介紹VCR單元，討論其中一位競賽者，在自我介紹的表現。
3. 經由角色扮演，讓學生掌握時間，學習有邏輯與特色的自我介紹。

▶柒、理論依據：

　　早在1950年代末期，布朗—彼得森典範（Brown-Peterson Paradigm）的記憶實驗發現，其實人類的短期記憶時間，在經過15～18秒左右就會開始逐漸消逝，簡而言之，一段對話若超過17秒鐘，我們就只能留下模糊的印象，總記得結尾，卻忘了開頭。

（請沿虛線撕下）

　　實驗結果令人咋舌，因此《關鍵17秒說話術》作者安田正提醒我們，工作者短時間溝通的機會很多，電話聯繫、晨會簡報或是初次見面的破冰關鍵時刻，如果我們沒有辦法在有限時間內，抓住對方的心思與注意力，那很可能就失去留下好印象的良機。

　　17秒，是人對話語記憶最深刻的時間。

　　除了外在的時間與字數限制之外，為什麼需要「說對方聽得懂的話、寫對方看得懂的文字」，也跟記憶力有密切關係。

　　安田正建議在話說出口前，先「俯瞰」過自己說話的內容，找出結構。《一秒就能作對決定》、《關鍵17秒說話術》中都提及的三角邏輯，意即在說話內容中必須包含：原因、條件、結果，這也與麥肯錫的「金字塔原則」所找出思考結構的方法，不謀而合。

　　先將主要訊息拋出，再分點條列次要訊息、次次要訊息，將層次整理一致之後，就能理順邏輯，見樹又見林的表達方式，應用在話術、文字上都很實用。

▶教導

▶捌、分析：

1. 請教師先撥放科技公司招募暑假實習生，以進電梯的有限時間進行自我介紹 VCR。

2. 請同學分組討論，寫出此類招募時採用的自我介紹方法，目的與達成的效果。

3. 請一組同學進行角色扮演，並向全體同學說出如何邏輯規劃並在有限的時間內找出有特色與令人印象深刻的內容並表達。

4. 教師依據課程內容協助學生探討讓溝通有效益，除了時間的掌握，還要注意哪些關鍵的能力。

得　分

組織行為
教學活動
CH9　領導的基本論述

班級：＿＿＿＿＿＿＿＿＿
學號：＿＿＿＿＿＿＿＿＿
姓名：＿＿＿＿＿＿＿＿＿

▶壹、主題名稱：誰是領導者？

▶貳、適用人數：35人

▶參、教材參照：本章節課文

▶肆、單元時間：50分鐘

▶伍、教學方法：課程講述、VCR欣賞、腦力激盪、小組討論。

▶陸、教學目標：

1. 經由教師的講述，使學生認識領導的特性就是影響力。

2. 教師播放Youtube天下雜誌發佈的「好的領導者，會讓你感到有安全感」。

3. 將同學分組後進行觀後討論，透過腦力激盪分析影片中三位主角（美國威廉斯・文森上尉、英國紐約「下一跳」科技公司查理・金執行長、美國海軍軍官）的領導風格與領導特質相同與相異之處。

▶柒、理論依據

好的領導者，會讓你感到有安全感
https://www.youtube.com/watch?v=dgatEBVMAQo&t=14s

　　引申自俄亥俄興密西根的研究，Blake和Mouton(1982)提出了管理方格（managerial grid亦可稱為「領導方格」）。此乃恨據「關心員工（concern for people）和關心生產（concenl for production）」，也就是以俄亥俄州立大學的體恤和倡導結構向度，或者是密西根大學的員工導向和生產導向向度為基礎所建構出的領導風格。

（請沿虛線撕下）

▶教導

▶捌、分析：

1. 請教師先撥放YouTube--「好的領導者，會讓你感到有安全感」。
2. 請同學分組討論，寫出三位領袖行為風格與特質之相同與相異處。
3. 請一組同學進行角色扮演，議題：教室不應有霸凌事件。
4. 教師依據課程內容協助學生探討，深度了解領導就是影響力，並有正面與善用領導力的共識。

得　分

組織行為
教學活動
CH10　權力與政治行為

班級：＿＿＿＿＿＿＿＿
學號：＿＿＿＿＿＿＿＿
姓名：＿＿＿＿＿＿＿＿

▶壹、主題名稱：組織政治如何影響個人績效

▶貳、適用人數：35人

▶參、教材參照：本章節課文、誰是接班人VCR。

▶肆、單元時間：120分鐘

▶伍、教學方法：課程講述、VCR欣賞、腦力激盪、小組討論、角色扮演。

▶陸、教學目標：

1. 經由教師的講述，使學生認識組織政治之內涵與個人身處其中的角色。
2. 以我是接班人VCR某單元，討論其中一位競賽者，在團隊中的角色與資源。
3. 經由角色扮演，讓學生掌握競賽團隊中重要角色的利益關係與角色關係。
4. 使學生了解組織中常存在的組織政治及關鍵因素。

▶柒、理論依據

　　Ferris, Russ, and Fandt,（1999）探討員工對組織政治的反映，提出當政治行為與理解程度都很高時，個體視政治行為是一種機會，因此反而會使績效提升，這與我們所預期的政治高手一致。但是通常理解程度很低時，個體將視政治行為是威脅，因而對工作績效產生負面結果。

（請沿虛線撕下）

▶**教導**

▶**捌、分析 暖身活動：**

1. 請教師任選一集《誰是接班人》某一單元VCR於第一節課播放。

2. 第二節課，先請同學分組討論，寫出團隊中的重要角色與角色所擁有的資源與角色認知。

3. 請一組同學進行角色扮演，並向全體同學說出角色的問題在哪裡？是否如理論中所言——當政治行為與理解程度都很高時，個體視政治行為是一種機會，因此反而會使績效提升，這與我們所預期的政治高手一致。但是通常理解程度很低時，個體將視政治行為是威脅，因而對工作績效產生負面結果。

4. 請各組依據討論出的觀點，討論與理論相符或不符之處。

5. 教師依據課程內容協助學生探討組織政治對個人績效影響之因素。

得　分

組織行為
教學活動
CH11　衝突與協商

班級：＿＿＿＿＿＿＿
學號：＿＿＿＿＿＿＿
姓名：＿＿＿＿＿＿＿

▶壹、主題名稱：認識角色衝突

▶貳、適用人數：35人

▶參、教材參照：本章節課文

▶肆、單元時間：50分鐘

▶伍、教學方法：課程講述、腦力激盪、小組討論、角色扮演。

▶陸、教學目標：

1. 經由教師的講述，使學生認識角色衝突。
2. 經由小組的討論，使學生清楚角色間衝突的要素。
3. 經由角色扮演，讓學生將解決衝突的能力應用在生活中可能發生的衝突上。
4. 使學生了解溝通的重要，在真實的生活中發生衝突時，用適當的方式化解衝突，創造雙贏。

▶陸、理論依據：

　　每個人生活、學習、工作中，扮演多重的角色，角色間因資源、利益、競爭等因素，或多或少都有因不同的角色所產生的衝突。Robbins（1974）柒、提出：衝突—緊張連續帶理論，將衝突分為惡意與極端之最嚴重的衝突程度，反之為輕微的意見不合到無衝突。因此，學會用適當的方式去解決衝突，還可以增進人與人之間的關係。在青年階段，學習如何與人溝通、相處，對於親子關係、同儕關係、兩性關係等能夠有良好的影響。

　　其實衝突並不一定會造成負面的結果，如果教導青年運用有效的方法去化解衝突，不但能解決問題，對於青年處理人際關係的技巧也能有所幫助。

▶教導

▶捌、分析：

1. 暖身活動：請同學以「家庭」為核心，寫出自己有多少角色。
2. 目標活動：
   (1) 父子或母女間因「學期成績不及格」發生衝突。
   (2) 教師提供三張圖片或VCR活化衝突情境。
   (3) 請小組先行腦力激盪，依圖或VCR討論出衝突的因素與程度並書寫。
   (4) 請一組同學進行角色扮演，並向全體同學說出角色的問題在哪裡？為何衝突？之後，各組再進行相同的議題討論。
   (5) 各組依據討論出的觀點，提出解決的辦法。
   (6) 教師依據課程內容協助學生找出可行的辦法。

得　分

組織行為
教學活動
CH12　組織結構的介紹

班級：＿＿＿＿＿＿＿＿

學號：＿＿＿＿＿＿＿＿

姓名：＿＿＿＿＿＿＿＿

▶壹、活動名稱：您喜歡哪一種組織結構？（單選題）

▶貳、活動說明：以下有五個問題，請你依據實際的感受與個人想法回答下列問題。

1. 當我在工作中面臨決策時，
   A.由老闆替我決定。
   B.我喜歡問我老闆的意見再做決定。
   C.我喜歡和他人討論，再做決定。
   D.我喜歡自己做決定。

2. 我發現自己比較喜歡的任務型態是：
   A.一成不變的工作任務。
   B.稍加變化的工作任務。
   C.各種不同但難度不高的工作任務。
   D.各種不同且具有挑戰的工作任務。

3. 我喜歡的工作環境是：
   A.維持不變。
   B.稍加變化。
   C.常常變化，但幅度不大。
   D.變化很大。

4. 當主管突然交辦一堆工作任務時，我會：
   A.不太高興，並婉拒。
   B.不舒服，但仍接受。
   C.照單全收，認命完成。
   D.充滿喜悅，迎接挑戰。

（請沿虛線撕下）

＜背面尚有內容＞

5. 我喜歡工作的場域是：

A.大公司。

B.小公司。

C.大小公司都可以。

D.自己成立工作室，當老闆。

▶參、計分與解釋：

A為1分；B為2分；C為3分；D為4分，滿分為20分，如果你的得分為5～10分代表你很適合到機械式的組織工作；得分為11～14分代表無論你到有機式或無機式的組織都可適應，12～20分代表你很適合到有機式的組織工作。

▶肆、問題與討論：

想想你曾經打工或工作過的組織是屬於何種組織？（假設沒有工作經驗，請你想像，如果你是老闆，你想經營何種組織型式）該組織為什麼要這樣運作？你覺得這樣的組織結構合適嗎？

得　分

<table>
<tr><td rowspan="3"></td><td>組織行為</td><td>班級：_____</td></tr>
<tr><td>教學活動</td><td>學號：_____</td></tr>
<tr><td>CH13　組織文化</td><td>姓名：_____</td></tr>
</table>

▶壹、活動名稱：我最喜歡的組織文化

▶貳、活動時間：15分鐘

▶參、活動準備：請每位同學準備一張A4的白紙、一枝筆。

▶肆、活動內容：

1. 請用10分鐘，以下列7個角度描述你曾經工作（或打工）的單位的組織文化：
   (1) 創新與冒險的程度
   (2) 要求精細的程度
   (3) 注重結果的程度
   (4) 重視人員感受的程度
   (5) 強調團隊的程度
   (6) 要求員工積極進取的程度
   (7) 強調穩定的程度
2. 你覺得這樣的文化你喜歡嗎？為什麼？
3. 你比較喜歡什麼樣的組織文化？
4. 你覺得有可能改變原有的組織文化？為什麼？
5. 如何找尋你喜歡的文化的組織？

得　分

組織行為
教學活動
CH14　組織變革及壓力管理

班級：＿＿＿＿＿＿＿＿＿
學號：＿＿＿＿＿＿＿＿＿
姓名：＿＿＿＿＿＿＿＿＿

▶壹、活動名稱：我平常的減壓方式

▶貳、活動時間：15分鐘

▶參、活動準備：請每位同學準備一張A4的白紙、一枝筆。

▶肆、活動內容：請閱讀以下的6個減壓方法並逐一將其內容確實完成。

　　正向心理學專家阿克爾教授（Shawn Achor）表示「壓力是好是壞，端看你如何管理。」要釋放壓力的方式有很多，例如：多運動、給自己休息時間等，還可運用六心法來舒緩[34]：。

方法一：釐清壓力源－《主管智商》的作者孟吉斯（Justin Menkes）指出：「如果沒什麼大不了，你也不會如此憂慮。」所以壓力本身不是問題，問題在於，讓你緊張、擔憂的刺激是什麼？釐清壓力源，才能從疑懼的情緒中跳脫出來。請列出讓你緊張、擔憂的是什麼？

方法二：挑能做的下手，不能做的就放手－絕大多數人，都浪費太多的精力在煩悶那些不能改變的無奈。阿克爾建議，寫下你的「壓力清單」，把讓你感到壓力的狀況都寫下來，並且分成兩大類，一類是你可以控制的；一類則是你無法控制的。無法掌控的部分，就放手吧。

方法三：轉化壓力－你如何看待壓力，就決定了壓力將如何影響你。將壓力視為威脅，陷在消極負面的情緒中，只會癱瘓你的腦袋，看不見其他的可能。你通常都如何釋放壓力？

（請沿虛線撕下）

＜背面尚有內容＞

方法四：減法思考－我們容易將憂慮看得太重，被惶惶不安的情緒折磨。面對壓力，我們得學著反向操作，利用減法思考。壓力終有盡頭，眼前的困境絕對不是永恆。你覺得有哪些事情可以對外求援？

方法五：建立支持系統－人際網絡，是管理壓力最有力的支持網。難解的問題、無能為力的困擾、複雜的心情，不需要自己一肩扛起，獨自面對。找尋可信任的家人、朋友、同事，一方面為情緒的抒解的尋找出口；一方面也可以從不同的角度提供建議或協助。請列出可以幫你的家人有誰？會主動關心你的知心好友？你可以傾訴內心事件的對象？

方法六：規劃放空時段－處在壓力下，身體常不自覺地緊繃，累積的疲累，又造成更大的壓力。給自己一段完整的時間，適度地放空，即便只有五分鐘，放下手邊惱人的任務，從頭到腳、從內而外專心放鬆。你在假日或空閒時間你都在從事甚麼休閒活動？可以有效放鬆嗎？